全国环境监测培训系列教材

近岸海域环境监测技术

中国环境监测总站　编

中国环境出版社·北京

图书在版编目（CIP）数据

近岸海域环境监测技术／中国环境监测总站编. —北京：
中国环境出版社，2013.9
全国环境监测培训系列教材
ISBN 978-7-5111-1547-8

Ⅰ．①近…　Ⅱ．①中…　Ⅲ．①海岸带—环境监测—技术培训—教
材　Ⅳ．①X834

中国版本图书馆 CIP 数据核字（2013）第 189844 号

出 版 人	王新程
责任编辑	曲　婷
责任校对	扣志红
封面设计	陈　莹

出版发行	中国环境出版社
	（100062　北京市东城区广渠门内大街 16 号）
	网　　址：http://www.cesp.com.cn
	电子邮箱：bjgl@cesp.com.cn
	联系电话：010-67112765（编辑管理部）
	发行热线：010-67125803，01067113405（传真）
印　　刷	北京市联华印刷厂
经　　销	各地新华书店
版　　次	2013 年 10 月第 1 版
印　　次	2013 年 10 月第 1 次印刷
开　　本	787×1092　1/16
印　　张	26.5
字　　数	610 千字
定　　价	80.00 元

《全国环境监测培训系列教材》
编写指导委员会

主　　任：万本太

副 主 任：罗　毅　陈　斌　吴国增

技术顾问：魏复盛

委　　员：（以姓氏笔画为序）

《近岸海域环境监测技术》
编写委员会

主　编：刘　方　唐静亮

编　委：（以姓氏笔画为序）

丁　页　王　剑　王艳华　王晓华　王益鸣　王婕妤

毛宏跃　方　杰　母清林　过美蓉　孙　毅　李俊龙

李　曌　何松琴　佘运勇　邹伟明　张　立　张庆红

胡序朋　胡颢琰　贾海波　柴小平　钱　红　黄　备

曹柳燕　潘静芬　魏　娜

序

  党的十八大把生态文明建设纳入中国特色社会主义事业总体布局，提出建设美丽中国的宏伟目标。环境保护作为生态文明建设的主阵地和根本措施，迎来了难得的发展机遇。环境监测是环保事业发展的基础性工作，"基础不牢，地动山摇"。环境监测要成为探索环保新路的先锋队和排头兵，必须建设一支业务素质强、技术水平高、工作作风硬的环境监测队伍。

  我国各级环境监测队伍现有人员近 6 万人，肩负着"三个说清"的重任，奋战在环保工作的最前沿。我部高度重视监测队伍建设和人员培训工作，先后印发了《关于加强环境监测培训工作的意见》、《国家环境监测培训三年规划（2013—2015 年）》，并启动实施了环境监测大培训。

  为进一步提升环境监测培训教材的水平，环境监测司会同中国环境监测总站组织全国环境监测系统的部分专家，编写了全国环境监测培训系列教材。这套教材深入总结了 30 多年来全国环境监测工作的理论与实践经验，紧密结合当前环境监测工作实际需要，对环境监测各业务领域的基础知识、基本技能进行了全面阐述，对法律法规、规章制度和标准规范做了系统论述，对在监测管理和技术工作中遇到的重点和难点问题进行了详细解答，具有很强的科学性、针对性和指导性。

  相信这套教材的编辑出版，将会更好地指导全国环境监测培训工作，进一步提高环境监测人员的管理和业务技术能力，促进全国环境监测工作整体水平的提升。希望全国环境监测战线的同志们认真学习，刻苦钻研，不断提高自身能力素质，为推进环境监测事业科学发展、建设生态文明做出新的更大的贡献！

吴晓青

2013 年 9 月 9 日

前　言

　　《近岸海域环境监测技术》分册是全国环境监测培训系列教材之一。内容以全国近岸海域环境监测网开展的近岸海域环境质量监测工作为主，同时包括入海河流和直排海污染源监测要求。教材主要针对全国近岸海域环境监测网各级环境监测站的监测技术人员的技术培训。同时，亦可作为大专院校和科研机构开展近岸海域环境监测教学、科研监测的参考书籍。

　　近岸海域环境质量监测包括海水水质、沉积物和生物监测内容，涉及监测的准备、布点、采样、前处理、常用分析方法、质量保证和质量控制、数据上报和管理等内容。入海河流和直排海污染源监测以介绍相关基本要求和开展入海河流、直排海污染源监测的相关特殊要求；入海河流、污染源监测的具体监测分析方法等参见相关水环境监测、污染源监测和监测分析技术分册，有关其他综合评价方法参见综合评价分册，在本分册不再重复叙述。

　　由于近岸海域环境监测的不断发展，编写人员的业务水平、工作经验和工作局限，尚存有诸多不尽人意之处，敬请专家和广大读者批评指正，使本书不断完善，更好地为广大读者服务。

编者

2013 年 5 月于北京

目　录

第一章 概 论

第一节 海洋环境

一、地表海陆分布

地球表面总面积约 $5.1\times10^8 km^2$，分属于陆地与海洋。陆地面积为 $1.49\times10^8 km^2$，占地表总面积的 29.2%，海洋面积为 $3.61\times10^8 km^2$，占地表总面积的 70.8%，陆海面积之比为 1∶2.5。北半球海洋和陆地的比例分别为 60.7% 和 39.3%，南半球海陆比例分别是 80.9% 和 19.1%。

（一）海洋的划分

地球上互相连通的广阔水域构成统一的世界海洋。根据海洋要素特点及形态特征，可将海洋分为主要部分和附属部分。主要部分为洋，附属部分为海、海湾和海峡。

洋（ocean）是海洋的主体部分（占海洋总面积的 90.3%）。世界大洋分 4 部分，即太平洋、大西洋、印度洋和北冰洋。

海（sea）是海洋边缘部分，全世界共有 54 个海，其面积占世界海洋总面积的 9.7%。按照海所处的位置可将其分为：

陆间海：指位于大陆之间的海，面积和深度都较大，如地中海、加勒比海。

内海：为伸入大陆部分的海，面积较小，水文特征受周围大陆的影响强烈，如渤海。

边缘海：位于大陆边缘，以半岛、岛屿或群岛与大洋分隔，但水流交换通畅，如东海。

海湾（bay）：是洋或海延伸进入大陆且深度逐渐减小的水域。在海湾中常出现最大潮差，如杭州湾最大潮差可达 8.9 m。

海峡（narrow）：是两端连接海洋的狭窄水道，如台湾海峡。

（二）海洋环境的区分

海洋环境分为水层和海底两大部分，它们又各自划分为不同的环境区域（见图 1.1）。海洋生物也相应地生活在水层中或栖息于海底环境中，前者包括浮游生物和游泳生物，后者包括各种底栖生物，这是海洋生物的三大生态类群。

1. 水层部分（pelagic division）

浅海区（neritic province）：浅海区指大陆架海域，包括潮间带和潮下带，平均深度不超过 200 m，宽度变化大，平均为 80km。

大洋区（oceanic province）：大陆架以外的全部海洋区域。从垂直方向将大洋水体分为：上层（0～200 m）、中层（200～1 000 m）、深海（1000～4 000 m）、深渊（＞4 000 m）。

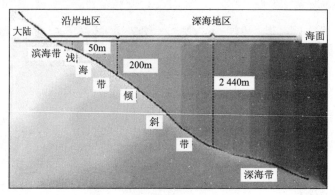

图 1.1　海洋环境的区分示意图

2. 海底部分（benthic division）

滨海带（littoral zone）：或称海岸带，包括潮间带和高潮时浪花可以溅到的岸线。

浅海带（sublittoral zone）：海岸带下缘到大陆架边缘的陆架海底。

深海带（deep sea zone）：大陆架以外的海底。

（三）海域划分

《联合国海洋法公约》把海域分为内水、领海、毗连区、专属经济区、大陆架、群岛水域、用于国际航行的海峡、公海和国际海底区域等九种。其中，群岛水域只有群岛国家才有；用于国际航行的海峡，只有一部分沿岸国才有；公海和国际海底区域是人类共同继承财产，任何国家都不得对其主张主权和行使管辖权。

根据《中华人民共和国领海及毗连区法》和《中华人民共和国专属经济区和大陆架法》的规定，中华人民共和国领海基线采用直线基线法划定，由各相邻基点之间的直线连线组成。从基线向外延伸 12 海里的水域是中国的领海。领海基线向陆地一侧的水域为中华人民共和国的内水。中华人民共和国毗连区的外部界限为一条其每一点与领海基线的最近点距离等于24 海里的线，即毗连区宽度为12 海里。中华人民共和国的专属经济区，为中华人民共和国领海以外并邻接领海的区域，从测算领海宽度的基线量起延至 200 海里。中华人民共和国的大陆架，为中华人民共和国领海以外依本国陆地领土的全部自然延伸，扩展到大陆边外缘的海底区域的海床和底土；如果从测算领海宽度的基线量起至大陆边外缘的距离不足 200 海里，则扩展至 200 海里。根据海洋法公约和我国政府的主张，渤海为我国的内水，属于我国管辖的海域面积为 300 多万 km^2。

在海洋、近岸海域管理和监测中，常涉及的一些概念及含义如下：

1. 内水

指沿海国领海基线向陆一面的水域，包括海港、领湾、河口湾、领峡及领海基线与海岸之间的其他水域。内水是国家领土的一部分，与国家陆地领土具有相同的法律地位。

2. 领海基线

是内水的外部界限，测算领海宽度的起算线，也是测算毗连区、专属经济区和大陆架的起算线。按《联合国海洋法公约》领海基线有正常基线和直线基线两种。正常基线就是低潮线；直线基线就是在沿岸向外突出的地方和沿海岛屿上选定一系列的点（基点），将这些点之间连接起来划出的一条线。

3. 领海

指沿着沿海国的海岸、受沿海国主权支配和管辖下的一定宽度的海水带。领海与内水一样属于沿海国的领土部分，沿海国不仅及于领海的水域也及于领海的上空及其海床和底土。按国际法和国际惯例，领海内外国船舶（主要指民用船舶）享有无害通过权。

4. 毗连区

指沿海国为着特定的目的行使一定管制权的、在领海之外而与领海相毗连的一定宽度的海域。

5. 专属经济区

指领海以外并邻接领海具有特定法律制度的一个区域，其宽度从基线量起不应超过200海里。

6. 大陆架

沿海国的大陆架包括其领海以外依其陆地领土的全部自然延伸，扩展到大陆边外缘的海床和底土，如果从测算领海宽度的基线量起到大陆连的外缘的距离不到200海里，则扩展到200海里的距离。

7. 近岸海域

广义上，近岸海域从地理上为陆缘海的边缘部分。根据国家环境保护总局1999年发布的《近岸海域环境功能区管理办法》，对这一术语界定为："近岸海域是指与沿海省、自治区、直辖市行政区域内的大陆海岸、岛屿、群岛相毗连，《中华人民共和国领海及毗连区法》规定的领海外部界限向陆一侧的海域。渤海的近岸海域，为自沿岸低潮线向海一侧12海里以内的海域。"

二、海洋污染及生物效应

（一）海洋污染

由于人类活动，直接或间接地把物质或能量引入海洋环境，造成或可能造成损害海洋生物资源、危害人类健康、妨碍海洋活动（包括渔业）、损坏海水和海洋环境质量等有害影响，称为海洋污染。

污染影响特点：一是污染源广，不仅人类在海洋的活动可以污染海洋，而且人类在陆地和其他活动方面所产生的污染物，也将通过江河径流、大气扩散和雨雪等降水形式，最终都将汇入海洋。二是持续性强，海洋是地球上地势最低的区域，不可能像大气和江河那样，通过一次暴雨或一个汛期，使污染物转移或消除；一旦污染物进入海洋后，很难再转移出去，不能溶解和不易分解的物质在海洋中越积越多，往往通过生物的浓缩作用和食物链传递，对人类造成潜在威胁。三是扩散范围广，全球海洋是相互连通的一个整体，一个海域污染了，往往会扩散到周边，甚至有的后期效应还会波及全球。四是防治难、危害大。海洋污染有很长的积累过程，不易及时发现，一旦形成污染，需要长期治理才能消除影响，且治理费用大，造成的危害会影响到各方面，特别是对人体产生的毒害，更是难以彻底清除干净。

（二）污染的种类和来源

1. 物理性污染

所谓物理污染系指水中声音频率改变或水温温差变化较大造成对海洋生物的污染，前者系由船舶、潜艇或海中施工爆破等所引起，后者通常为电厂或工厂的温排水导致海水水温升高且时间持续不断造成。

2. 化学性污染

化学性污染大多数都是由化学物质所引起，对生态的影响尤为严重，大部分的海洋污染研究也都集中在此领域，化学污染可分成无机及有机物质污染。

（1）无机化学污染依元素型态不同可分成三种污染

一是营养盐元素（氮、磷、硅元素）污染，目前主要来源于农业施肥、水土流失、生活及工业废水；二是重金属元素（镉、铬、钴、铜、镍、铅、锌、汞等元素）污染，主要来源于工业、部分来源于农业生产和生活废水；三是放射性核种元素污染，由天然核素（^{235}U、^{232}Th、^{238}U）、核分裂核素（^{90}Sr、^{137}Cs）及活化核素（^{60}Co、^{54}Mn、^{65}Zn 等）造成，来源于军事、能源、医学或工业。

（2）有机化学污染依化学型态不同可分成两类污染

一是石油及煤等天然碳氢化合物污染，由海上油田开发、采油，海底裂缝渗油，船舶、油轮船难造成；二是人类合成之有机碳氢化学物质污染，包括杀虫剂、灭菌剂、农药、除草剂、工业及家庭用的表面活性剂、电厂、工厂、船舶使用之抗生物涂料，家庭及污水处理厂排放有机物质等。

上述污染物质大多由陆域排入海洋，部分是海上事故引入，部分通过大气输送到海洋。这些污染物质在各个水域分布是极不均匀的，因而造成的影响也不同。

（三）污染的生物效应

海洋环境污染对生物的个体、种群、群落乃至生态系统造成的有害影响称为海洋污染生物效应（biological effects of marine pollution）。

海洋污染对海洋生物的效应，有的是直接的，有的是间接的；有的是急性损害，有的是亚急性或慢性损害。污染物浓度与效应之间的关系，有的是线性，有的呈非线性。对生物的损害程度主要取决于污染物的理化特性、环境状况和生物富集能力等。海洋污染与生物的关系是很复杂的，生物对污染有不同的适应范围和反应特点，表现的形式也不尽相同，可以体现在从生物分子到生态系统各个层面。

海洋污染生物效应的研究，是认识和评价海洋环境质量的现状及其变化趋势的重要依据，是海洋环境质量生物监测和生物学评价的理论基础，对于防治污染、了解污染物在海洋生态系统中的迁移、转化规律和保护海洋环境均具有理论意义和实际意义。

1. 营养盐及有机物

从过量的有机质和营养物入海→无氧水层的形成→有毒气体的产生→"死海"，是海洋有机物污染的普遍发展过程。主要表现为过量的营养物促使某些生物急剧繁殖，大量消耗海水中的氧气；有机质分解也需要大量的溶解氧，造成海水缺氧危害，引起包括鱼、贝在内的海洋生物大批死亡，甚至使局部海区变成"死海"或爆发"赤潮"。过量的营养物质进入海洋后，也成为各种细菌和病毒的良好养料，促使它们大量繁殖，毒害海洋生物，或者直接传染人体。

2. 石油类

海洋上大规模的污染事件大都是由石油污染所引起，海上油田开发、采油，海底裂缝渗油，船舶、油轮船难和岸边储油设施等均会造成大规模油污染事件。石油因油轮船难等污染海洋外，燃烧产生的多环芳香烃（PAHs）在生物体内累积过量，会造成生物新陈代谢不良及免疫系统破坏，通过食物链使人增加致癌机率，目前多环芳香烃化合物对海洋环境的污染也是一个严重问题。

1L 石油被完全氧化，将要耗尽 40 万 L 海水中的氧气，相当于面积 1 m^2，深 400 m 水体中的全部溶解氧量。一旦海面有油膜存在，浮游植物光合作用就会减弱，生产力就会下降。同时，浮游生物一旦遇上漂浮在海面的石油，就会被紧紧粘住，失去自由活动的能力，最后随油块一起冲上海滩或沉入海底。

海洋鱼类大多对油污染很敏感。溶解在海水中的石油可通过鳃或体表进入鱼体，并在体内蓄积起来，损害各种组织和器官。如出现鳃上皮细胞脱落性病变和皮肤表层病变，引起表皮红肿、膨胀甚至破裂。受油污染的鱼类，肝脏和肾也会发生异常，肝脏的颜色和正常鱼类显著不同，酐糖和类脂物显著减少。石油污染物还能损害鱼的眼睛，引起视力衰退，使性腺成熟期紊乱，引起早产。石油对鱼卵和仔鱼危害明显。鱼卵除被油膜粘住而不能孵化外，即使孵化出来的幼鱼大部分也是畸形的，生命力很低。只要 1L 海水中含 0.1 mg 的油，所有孵化出来的幼鱼就都是畸形的，而且只能活 1～2 天。

飘油也会粘住海鸟的羽毛，破坏羽毛的组织结构；油污染会使鸟蛋遭殃，使孵化出来的雏鸟畸形。近年来，世界上一些海鸟产地消失，海鸟繁殖率逐年下降，一个重要原因就是海洋油污染。

3. 重金属

重金属元素根据生物生长所需要，分为必需元素（如 Cu、Zn、Mn）和非必需元素（如 Hg、Pb）。多数重金属元素由河流和相关直排海污染源输入，因此重金属在河口水域和相关的直排海污染源污水排放区域污染较为严重。

汞在海洋中能抑制浮游植物光合作用，减慢浮游植物的生长速度，甚至会将它们置于死地。鱼类、贝类和虾类等通过鳃的吸附进入体内，经过生物链各个环节的富集，使体内的汞含量比周围海水中的浓度高出几百倍直至几万倍，通过食物链使人类的生命受到极大的威胁。例如，1953—1968 年，发生在日本的"水俣病"，就是由于人们食用了含汞污水污染的海湾中富集了汞和甲基汞的鱼虾和贝类及其他水生物，造成近万人得中枢神经疾病，其中甲基汞中毒患者 283 人中有 60 余人死亡。

镉是一种毒性很强的元素，进入人体后很难排出来，能在骨骼中"沉淀"，因此它具有潜在的毒性作用。长期接触低浓度的镉化合物，就会出现倦怠乏力、头痛头晕、神经质、鼻黏膜萎缩和溃疡、咳嗽、胃痛等症状。随后还会引起周身骨骼疼痛，骨质疏松或软化以及肝脏损伤。1955—1977 年日本富山的"痛痛病"事件，是生活在日本富山的人们饮用了含镉河水、食用了含镉的大米及其他含镉食物引起的，造成 207 人死亡。

铅在海洋环境中是长效的，容易被海洋生物吸收并在体内蓄积。铅对人体的毒害是累积性的，在体内主要沉淀在骨骼中，也有少量贮存在肝、脑、肾和其他脏器中。当血液含铅超过每毫升 80 μg 时，就会引起中毒。铅还是一种潜在的泌尿系统致癌物质。因此，如果人们过多食用被铅污染的海产品，就难免受到种种损害。

铜是海洋生物中有较强的蓄积能力的物质，有的体内含铜量可以高出周围海水里的 7 500 倍。牡蛎就属于这类蓄积能力很强的海洋生物。如果每升海水里含 0.13 mg 的铜，牡蛎就会变成绿色。含量再高，还能导致牡蛎死亡。

锌能影响牡蛎幼体的发育，在海水中含量太高，也会引起牡蛎变绿，1L 海水中含有 0.3 mg 的锌，牡蛎幼体的生长速度就会明显减慢，当含量达到 0.5 mg 时，幼体发育就会停止或死亡。

4. 合成有机化学物质

20 世纪 40 年代以后，由于科学家研发合成有机化学物质，尤其是卤素组碳氢化合物如四氯化碳、三氯甲烷、有除病虫害用途的杀虫剂和灭菌剂（如滴滴涕-DDT、毒杀芬-toxaphene、五氯酚-PCP）、农药、除草剂（阿特灵-aldrin、地特灵- dieldrin）等，以及工业及家庭用的表面活性剂等。这些物质对生物大都极具毒性，生物体内若累积过量此污染物质，会破坏生物体内之新陈代谢、免疫系统、生殖能力及产生致癌效果。

5. 合成涂料

使用在海洋上的抗生物涂料主要有两种，分别以铜和三丁基锡（tributyltin，TBT）为主要材料，其中含有 TBT 的抗生物效果比以铜为主的抗生物涂料为佳，因此在 1980 年以前，欧美各国大都使用以 TBT 为主要材料的抗生物涂料。TBT 化合物能够使牡蛎壳增厚、空腔以及螺类性畸变；在牡蛎贝壳的空腔中有大量的胶状蛋白质，不能正常钙化；TBT 可以影响螺体内激素代谢，在雌体内产生雄性激素睾酮，雌体表现雄性特征。有机锡等有机金属化合物还能干扰哺乳类动物生殖系统正常功能，并可能引起不育或畸形。

6. 水温

水温污染对海洋生物或生态的影响较大，在一般电厂附近海域所产生的珊瑚白化（coral bleaching）或是核电厂温排水附近海域发现畸形鱼，即是海水水温过高所造成。一般认为，长期将超过周围海水正常水温 4℃以上（有人认为是 7～8℃）的热水排到海洋里就会产生热污染。

7. 放射性物质

20 世纪初人类发展核能（军事、能源、医学或工业用途），使海洋环境面临放射核种污染的潜在威胁。较有名的事件为英国雪乐飞（Sellafield）核能厂在 1975 年辐射外泄，当时在爱尔兰海域捕获鱼体中 ^{137}Cs 的强度为 10pCi/g，北海正常鱼体中 ^{137}Cs 的强度 0.1pCi/g 高出 100 倍。生物体内蓄积高辐射性核种将产生肌肉、骨骼等严重病变，严重者立即死亡，人亦同，轻则致癌，产生畸形儿，严重者立即死亡。

8. 海洋噪声

海洋噪声主要来自于海上的货船、渔船、大型油轮、海底石油勘探、新式军事声呐系统等，这些装备发出的强噪声不仅直接刺激海洋生物的神经，更为严重的是干扰了海洋生物的"通信"系统，迫使它们改变迁移路线，严重的还会使它们放弃多年来赖以生存的捕食区。舟山历史上的敲舟古作业就是利用这种强烈的声波使鱼类产生恐惧，从而赶集鱼群，达到诱捕目的，其最后结果是导致大小黄鱼资源的毁灭性打击。

频繁使用声呐可能造成海洋动物的死亡。2001 年 12 月美国海军和国家海洋渔业管理局的一份联合报告承认，海军舰艇的声呐使北巴哈马海域的 16 头鲸在 2000 年 3 月搁浅，随后有 6 头鲸冲上海滩死亡，另 10 头回到海中侥幸逃生。

三、我国近岸海域基本状况

中国海域位于亚洲大陆东侧的中纬度和低纬度带，其他各海与大洋之间均有大陆边缘的半岛或群岛断续间隔，基本属封闭性海区，跨越热带、亚热带和温带三个气候带。中国海域岸线漫长、海域辽阔、岛屿众多、资源丰富，海洋生物物种和生态系统具有丰富的多样性。过去 70 多年的调查研究已在我国管辖海域记录了 20 278 种生物，其中包括许多特有属、种和珍稀物种。中国海域拥有丰富的海洋生物资源、矿产资源、油气资源、滨海旅游资源和可再生能源，开发潜力十分巨大。中国大陆岸线长达 18 000 多 km，海域分布有 6 500 多个岛屿，沿海滩涂 380 万 hm^2。改革开放以来，中国沿海地区已经初步形成了以重点海域为依托的沿海经济地带。占国土总面积 13%的沿海地区承载了全国 40%的人口，沿海地区在全国 GDP 中的比重达到了 60%，仅珠江三角洲地区，在占全国 0.4%的国土面积上聚集了全国 3%的人口，创造了占全国近 9%的国内生产总值，在未来全面建设小康社会的进程中沿海地区还将继续作出重要贡献。

20 世纪 70 年代以前，中国近岸海域环境总体未受污染。70 年代末期至 90 年代，随着沿海经济建设速度的逐步加快和海洋开发活动的日益频繁，海洋环境污染问题日渐凸显，至 20 世纪末，已有 20 万 km^2 的近岸和近海海域受到污染，其中约 4 万 km^2 海域的水质污染较重，海洋沉积物和海洋生物质量均受到不同程度影响，赤潮频繁发生，海洋生态环境破坏加剧，生物多样性降低。进入 21 世纪以来，又出现绿潮。

21 世纪以来，全球海洋环境，特别是海岸带环境持续恶化。如何有效保护近岸海域环境已成为世界各国普遍面对的问题。海洋环境监测尤其是近岸海域环境监测是开展海洋环境管理工作的基础，准确快速地获取近岸海域环境监测数据，并采用科学的评价方法对数据进行评价，对海洋环境保护、海洋资源开发和可持续发展具有重要的科学依据和决策支持作用。

第二节　海洋环境保护

一、海洋环境问题

人类对海洋的认识是从以获取资源为目的的行为开始的，迄今为止可溯到 5 000 年左右，而真正意识到海洋环境对人类社会发展的重要性则是 21 世纪下半叶的事情。1972 年夏天，在瑞典的斯德哥尔摩召开的"联合国人类环境会议"，第一次把环境作为影响地球与人类生存的问题提到世界各国政府的议事日程上来。20 年后，1992 年在巴西的里约热内卢又召开了各国政府首脑参加的"联合国环境与发展会议"，并通过了《21 世纪议程》，把海洋资源的可持续开发与保护作为重要的行动领域之一，指出海洋是全球生命支持系统的一个基本组成部分，也是一种有助于实现可持续发展的宝贵财富。1998 年为联合国教科文组织所确定的"国际海洋年"。

在《中国海洋 21 世纪议程》中，中国政府将下一个世纪发展的战略目标明确为："建设良性的海洋生态系统，形成科学合理的海洋开发体系，促进海洋经济持续发展"；"坚持以发展海洋经济为中心、适度快速开发、海陆一体化开发、科教兴海和协调发展的原则"。

在过去几十年海洋事业的发展中，特别是对海洋生命与非生命资源的开发与利用中，存在着许多不合乎科学的因素，这对海洋本身造成了很大的损害。一些事件是受科学发展与进步水平的限制，使我们对自然界的演替规则缺乏足够的认识而造成的；另外一些则是置已有的科学知识和已掌握的自然发展规律于不顾，盲目运作而造成的。海洋环境问题主要可分为以下几类。

（一）近岸的陆源环境污染

我国入海河流中的营养盐浓度在过去的几十年中逐渐增加，例如黄河与长江中的营养物质浓度（硝酸盐），自 20 世纪 60 年代以来增加了数倍，这种情况在中、小河流就更为严重一些。我国是世界上人口第一的农业大国，为了在有限的耕地上养活愈来愈多的人口，除了改良作物品种与耕作条件以外，一个直接且有效的方法是施用农药与化肥。而化肥与农药中的一部分被地下水与地表水携带入海，造成对海洋的污染。与发达国家的部分近岸水体相比，我国河流的 N/P 比可达到 $10^2 \sim 10^3$。由于西北太平洋的开阔水域的初级生产为氮限制，我国近岸水体成为初级生产作用由淡水生态系的磷限制到开阔海洋氮限制的过渡区域。大量的营养物质输入海洋，使得近岸水体处于富营养化状态并引发赤潮。70 年代，有关赤潮的报道是每年 2～3 次，赤潮生物也只有几种，90 年代初期则上升到每年 40～50 次；赤潮生物涉及硅藻、甲藻甚至浮游动物的几十个种类；造成的经济损失每年达几十亿元，给近岸的养殖与捕捞带来很大的危害。特别是一些赤潮生物种类可产生毒素并沿食物链（网）传递与富集，最终危害人类的健康。

全世界每年合成数百种新的化合物，这中间的一部分又通过不同的途径进入海洋，直接或间接地与海洋环境和生态系统的健康有关。以农药为例，我国在 80 年代就颁布了禁止使用一些有机氯农药的法令，但至今仍可在河口与近岸沉积物中检出这些农药的残留。由于害虫的抗药性和作物的推广与引进，我国每年进口和生产许多新的农药。对于这些日益增多的各种化合物，我们目前尚未有其在海水中的合适监测方法，对于这些化合物及其降解产物在海洋中的归宿以及对环境和生态系统的影响，有关的知识几乎仍是一纸空白。

自 70 年代起，发达国家将含有机锡（为三丁基锡）的涂料用于船底，可杀死附着生物，节约燃料费 20%～40%，能维持 5～7 年。有机锡还可用做杀虫、除草、防腐剂。1980 年盛产牡蛎的法国大西洋沿岸牡蛎大量死亡。后来在体内检出有剧毒的有机锡，于是采取措施禁止或限制其使用。可时至今日，我国还没有明确规定限制使用这种有毒涂料。

（二）近岸的养殖废水污染

我国的海洋养殖业自20世纪70年代以来发展很快，在养殖过程中投入大量的饵料，这些饵料中的相当一部分不能为养殖对象摄取而进入沉积物或悬浮于水中。此外，在养殖中为增加动、植物的抵抗力或减少疾病需加添其他的诸如维生素与杀菌剂之类的化合物。在目前的养殖条件下，含有上述物质的养殖废水经常不经处理就直接排入海洋，对局部或区域的环境破坏性很大。在一些地区，它的影响可超过河流污染的危害，甚至导致近岸水域大规模赤潮的发生。1989年夏季，河北省沿海发生赤潮，影响面积达1 300多 km^2，使鱼、虾、贝类大量死亡，经济损失达1亿多元。

（三）近岸工程破坏环境/生态

为保护陆地资源与环境或维护以经济发展为主的活动中建设的各种工程设施，若设计不当则会对近海环境与资源系统带来严重的后果。在过去几十年中，我国北方许多大河流域都修建了水坝，使得像辽河、滦河、海河的下游发生季节性甚至周年的断流。由于干旱与用水不当，黄河下游干枯的日子在近年来已达到了250～300天/年。

世界上50%～65%的渔业资源在它们的生活史的某一段时间内，都与近岸环境或生态系统直接或间接相连。污染或工程设施改变了这些环境，也就破坏了这些生命赖以生存的场所。一个十分普遍的现象是在大多数情况下，这种浅海环境与生态系统的演替在人为因素的干扰下不可逆转。

在热带地区，珊瑚礁分布在岛屿的周围，或者岛屿本身就是由珊瑚礁构筑的，除了构筑一个非常奇妙的生态系统外，它的发育也保护了岛屿免受风暴的侵害。海南省部分地区的居民从水下炸掉珊瑚礁用于烧制石灰，这是一件令人气愤的事。因为当珊瑚礁破坏之后，赖以维护的生态系统不复存在，而且岛屿失去了抵御灾害的屏障，随之而来的风暴很快便将海滩上的沙冲走，使那里的海岸被蚀退。

通常在近岸海湾筑坝进行养殖，即使原有海滩剖面遭到破坏，引起海岸侵蚀，又破坏了原有的生态系统，加速生物资源枯竭。山东半岛月湖曾是著名的海珍品产区，在海韭菜群落中繁衍着丰富的海参与贝类，而80年代在湖口筑坝改造用来发展养殖，使泥沙回淤，海韭菜减少了90%，海珍品产量大幅度下降。这不失为近岸工程破坏环境生态的一起值得记取的教训。

（四）溢油事件

1989年青岛市黄岛油库因遭雷击发生油罐爆炸事故，使近千吨原油外泄，不久原油开始附着在海滩、礁石上。如果说油库起火爆炸是一件非常偶然的事件，那么各种船舶失事造成的油料外泄却是很频繁的。我国每年发生船舶原油泄漏事件几十起，溢油可达上万吨，且这些事件大都发生在浅海或陆架区域。

石油中的不同组分在海洋中的降解速率差别很大，以致于它们在海洋中的半衰期可以从一天到数月之久的时间内变化。溢油除了造成直接的经济损失外，还能影响景观、水质及食物链。由于这些食物链（网）的终端为人类本身，海洋溢油不仅对于环境，而且对人类健康都具有直接威胁。

（五）放射性污染

在 70 年代后期，进入海洋中的人工放射性强度达到 37 Bq。目前人工放射性主要由四种途径进入海洋：①卫星的组件从空间进入海洋；②核动力船只；③核动力电厂；④核废料倾倒。与其他污染相比，放射性污染的程度和核素半衰期的长短有关，可在海洋存留相当长的时间（$10^3 \sim 10^4$ 年）。

即使那些正常运行的反应堆，其对环境的影响也不容忽视。反应堆在运行时都需要用大量的水冷却。冷却水除了对附近的水域有热污染效应外，随冷却循环水泄漏的放射性核素亦引起人工放射性污染，随着反应堆的老化，核素的泄漏也愈加严重。法国罗纳河流域是重要的核电基地，80 年代以来在罗纳河的下游与河口地区曾多次检测出来自上游核电站的放射性核素。在今后的 5~10 年内，我国计划在秦山与大亚湾核电站的基础上，再在沿海地区建造更多的核反应堆，对此，在计划实施之前对相关的环境问题及建立监测系统应予以充分的重视。

（六）倾废

固体与液体废料向海洋中的倾倒是发达与发展中国家常用的方式，其中包括港口与航道疏浚的沉积物、垃圾与其他废料（包括放射性废弃物）等。使一些有害物质在海洋中迁移，并在生物体中富集与积累。此外，那些盛装废料的容器受腐蚀或机械破损后，内容物就会泄漏出来。

在倾废时，固体与液体被排放到与它们原先完全不同的环境之中，这些固体或液体中含有的污染物质（或者它们本身相对于新的环境来讲就是污染物质），随着环境的改变会释放出来造成所谓的"二次污染"。这种污染通常会由于水的运动而波及到更大的范围，其危害不容忽视。

（七）温室气体与酸沉降

化石燃料在燃烧时向大气中排放大量的有害物质，除其主要成分二氧化碳浓度的增加使温室效应加剧外，其他成分像二氧化碳与氧化氮则是构成酸雨事件的主要因素。90 年代初，我国废气排放量就已达到了 $10 \times 10^{12} \ m^3$，二氧化碳的排放量达到 $15 \times 10^6 t$。大气污染对海洋中真光层的环境与生产力亦有着直接的影响。与地表水的污染输送相比，大气污染对海洋的影响可概括为具有空间的分布范围大，时间上的分布季节性强的特点，而且在陆架区大气沉降对海洋的贡献甚至超过了河流的输送。

二、海洋环境保护的发展历程和基本任务

海洋环境保护是在调查研究的基础上，针对海洋环境方面存在的问题，依据海洋生态平衡的要求制定的有关法规，并运用科学的方法和手段来调整海洋开发和环境生态间的关系，以达到海洋资源的持续利用的目的。海洋环境是人类赖以生存和发展的自然环境的重

要组成部分，包括海洋水体、海底和海面上空的大气以及同海洋密切相关，并受到海洋影响的沿岸和河口区域。海洋环境问题的产生，主要是人们在开发利用海洋的过程中，没有考虑海洋环境的承受能力，低估了自然界的反作用，使海洋环境受到不同程度的损坏。首先是向海洋排放污染物；其次是某些不合理的海岸工程建设，给海洋环境带来的严重影响；第三是对水产资源的酷捕，对红树林、珊瑚礁的乱伐乱采，也危及生态平衡。上述问题的存在已对人类生产和生活构成了严重威胁。为此，海洋环境保护问题已成为当今全球关注的热点之一。

（一）海洋环境保护法律体系与管理体制

中国重视环境保护法制建设，目前已经形成了以《中华人民共和国宪法》为基础，以《中华人民共和国环境保护法》为主体的环境法律体系。

海洋环境保护工作是国家环境保护管理工作的重要组成部分。中国针对海洋生态环境的保护对象，制定颁布了《中华人民共和国海洋环境保护法》。

《中华人民共和国海洋环境保护法》确立了保护和改善海洋环境，保护海洋资源，防治污染损害，维护生态平衡，保障人体健康，促进经济和社会的可持续发展的基本方针。

中国政府先后制定了一系列的环境保护法律法规。一些与海洋环境保护相关的法律法规对统筹考虑流域上下游、海洋与陆地、污染防治和生态保护，用系统思想保护沿海和海洋环境和资源发挥重要作用。包括：《中华人民共和国水污染防治法》《中华人民共和国环境影响评价法》《中华人民共和国固体废物污染环境防治法》《中华人民共和国水法》《中华人民共和国清洁生产促进法》《中华人民共和国水土保持法》《中华人民共和国野生动物保护法》《中华人民共和国自然保护区条例》等。

在海洋环境保护法制建设方面，继 1982 年中国颁布实施了《中华人民共和国海洋环境保护法》后，又先后颁布和实施了《防止船舶污染管理条例》《防治海洋石油勘探开发污染海洋管理条例》《防止倾废污染海洋管理条例》《防止陆源污染物污染损害海洋环境管理条例》《防止海岸工程建设项目污染损害海洋环境管理条例》和《防止拆船污染损害环境管理条例》等。此外，我国制定了《近岸海域环境功能区划》，并以局长令的形式颁布了《近岸海域环境功能区划管理办法》，为我国沿海海域环境实现目标责任制管理提供了科学的管理依据。

中国地方人民代表大会和地方人民政府为实施国家海洋环境保护法律，结合本地区的具体情况，制定和颁布了海洋环境保护的地方性法规。

在建立健全环境法律体系的过程中，中国把沿海和海洋环境执法放在与环境立法同等重要的位置，在开展全国环境执法检查的同时，还开展了全国海洋环境保护联合执法检查，对污染和破坏沿海和海洋环境的行为进行严肃查处，对违法行为进行严厉打击。今后，将按照全国环境保护执法检查工作部署，不定期地开展海洋环境保护联合执法检查，督促沿海地方政府在发展海洋经济的同时，依法保护海洋环境。

应该指出，中国的沿海和海洋环境保护法制建设还需要进一步完善，如海岸带环境管理等某些方面存在着立法空白、有些法律内容还需要补充和修改，有法不依、执法不严的现象依然存在。因此，继续加强沿海和海洋环境保护法制建设以及完善《海洋环境保护法》

的配套条例、办法、规定、标准仍是一项重要的任务。

中国同样重视海洋环境管理体制建设，现在已经建立起由全国人民代表大会立法监督，各级政府负责实施，环境保护行政主管部门统一监督管理，各有关部门依照法律规定实施监督管理的体制。环境保护部是国务院环境保护行政主管部门，对全国环境保护工作实施统一监督管理，对全国海洋环境保护工作实施指导、协调和监督。

中国重视建立有效的区域性共同防治污染机制。海洋、海岸带环境保护是一项跨地区、跨部门、跨行业的综合性工作。需要有关部门和地方政府共同努力，建立区域性共同防治海洋环境污染的协调机制，开展区域性环境科学研究，制定污染防治的区域法规、条例、污染控制标准以及共同防治污染的措施。通过区域环境合作机制协调解决海岸、海域和流域间重大环境问题。

（二）海洋污染防治

中国政府高度重视海洋环境污染的防治工作，采取一切措施防止、减轻和控制陆上活动和海上活动对海洋环境的污染损害。按照陆海兼顾和河海统筹的原则，将陆源污染防治和海上污染防治相结合，重点海域污染防治规划与其沿岸流域、城镇污染防治规划相结合，海洋污染防治工作取得了较大进展。面对新的严峻形势和挑战，中国将进一步采取一系列的政策和措施，坚持不懈地做好海洋污染防治工作。

——制定和实施"碧海行动计划"，努力改善海域生态环境。《渤海碧海行动计划》经国务院批复正式实施，并纳入国家环境保护"九五"和"十五"计划中的环境综合治理重点工程。通过"计划"中的城镇污水处理厂、垃圾处理厂、沿海生态农业、沿海生态林业、沿海小流域治理、港口码头的油污染防治、海上溢油应急处理系统的建设以及"禁磷"措施的实施，初步遏制渤海海域环境继续恶化趋势。为保护和改善海洋生态环境，促进沿海地区的经济持续、快速、健康发展，目前沿海其他七省、市、自治区也正在编制本区域的"碧海行动计划"，制订陆源污染物防治和海上污染防治的具体措施。此外，长江口及其邻近海域生态环境日趋恶化，赤潮频繁发生，并直接威胁长江三角洲社会经济的可持续发展，为改善长江口及毗邻海域的生态环境，中国正在制订长江口及毗邻海域碧海行动计划。

——实施陆源污染物排海总量控制制度，开展海洋环境容量研究。为把排污总量控制纳入程序化、法制化的轨道的要求，按照河海统筹、陆海兼顾的原则，制订以海洋环境容量确定陆源入海污染物总量的管理技术路线。在调查研究的基础上，测算各海域环境容量，依据各海域环境容量，确定各海域污染物允许排入量和陆源污染物排海削减量，制定各海域允许排污量的优化分配方案，控制和削减点源污染物排放总量，全面实施排污许可证制度，使陆源污染物排海管理制度化、目标化、定量化，为实现海洋环境保护的理性管理奠定基础。

——防止和控制沿海工业污染物污染海域环境。随着沿海工业的快速发展和环境压力的加大，中国政府采取一切措施逐步完善沿海工业污染防治措施。一是通过调整产业结构和产品结构，转变经济增长方式，发展循环经济。二是加强重点工业污染源的治理，推行全过程清洁生产，采用高新适用技术改造传统产业，改变生产工艺和流程，减少工业废物的产生量，增加工业废物资源再利用率。三是按照"谁污染，谁负担"的原则，进行专业处理和就地处理，禁止工业污染源中有毒有害物质的排放，彻底杜绝未经处理的工业废水直接排海。四是加强沿海企业环境监督管理，严格执行环境影响评价和"三同时"制度。五是实行污染物排放总量控制和排污许可证制度，将污染物排放总量削减指标落实到每一个直排海企业污染源，做到污染物排放总量有计划的稳定削减。

——防止和控制沿海城市污染物污染海域环境。中国自改革开放以来，沿海城市发展迅速，对沿岸海域环境压力加剧。对此，中国政府采取有力措施防止、减轻和控制沿海城市污染沿岸海域环境，调整不合理的城镇规划，加强城镇绿化和城镇沿岸海防林建设，保护滨海湿地，加快沿海城镇污水收集管网和生活污水处理设施的建设，增加城镇污水收集和处理能力，提高城镇污水处理设施脱氮和脱磷能力，沿海城市环境污染防治能力进一步加强。到 2010 年，所有沿海重点城市污水处理率达到 70%以上，垃圾无害化处理率达到 80%。同时，加强沿海城市污染治理的监督管理，结合国家"城考"、"创模"和"生态示范区"建设，将沿海城市近岸海域环境功能区纳入考核指标，强化防止和控制沿海城市污染物污染海域环境的措施。

——防止、减轻和控制沿海农业污染物污染海域环境。一些沿海省、市结合生态省、生态市建设，积极发展生态农业，控制土壤侵蚀，综合应用减少化肥、农药径流的技术体系，减少农业面源污染负荷。严格控制环境敏感海域的陆地汇水区畜禽养殖密度、规模，建立养殖场集中控制区，规范畜禽养殖场管理，有效处理养殖场污染物，严格执行废物排放标准并限期达标。

——流域污染防治和海域污染防治相结合。原国家环保总局组织编制了《辽河水污染防治计划》《海河水污染防治计划》《淮河水污染防治计划》等防治陆源污染综合治理计划，经国务院批复正式实施。通过上述《计划》中的城镇污水处理厂、垃圾处理厂、生态农业、生态林业、小流域治理等污染治理和生态建设工程，有效地削减河流入海污染负荷。

——防止、减轻和控制船舶污染物污染海域环境。在渤海海域，启动船舶油类物质污染物"零排放"计划，实施船舶排污设备铅封制度，加强渔港、渔船的污染防治。建立大型港口废水、废油、废渣回收与处理系统，实现交通运输和渔业船只排放的污染物集中回收，岸上处理，达标排放。

——制定海上船舶溢油和有毒化学品泄漏应急计划，制定港口环境污染事故应急计划，建立应急响应系统，防止、减少突发性污染事故发生。目前，《中国船舶重大溢油事故应急计划》已经完成，今后将积极协调有关部门和沿海省、自治区、直辖市人民政府制定《国家重大海上污染事故应急计划》。

——防止、减轻和控制海上养殖污染。我国海水养殖主要位于水交换能力较差的浅海滩涂和内湾水域，养殖自身污染已引起局部水域环境恶化。今后，应建立海上养殖区环境管理制度和标准，编制海域养殖区域规划，合理控制海域养殖密度和面积，建立各种清洁养殖模式，控制养殖业药物投放，通过实施各种养殖水域的生态修复工程和示范，改善被污染和正在被污染的水产养殖环境，减轻或控制海域养殖业引起的海域环境污染。

——防止和控制海上石油平台产生石油类等污染物及生活垃圾对海洋环境的污染。2003 年部分海洋油气区专项环境监测结果显示，油气田及周边区域的环境质量符合该类功能区环境质量控制要求，未对邻近其他海洋功能区产生不利影响，开发过程中无重大溢油事故发生。在钻井、采油、作业平台应配备油污水、生活污水处理设施，使之全部达标排放。海洋石油勘探开发应制定溢油应急方案。

——防止和控制海上倾废污染。严格管理和控制向海洋倾倒废弃物，禁止向海上倾倒放射性废物和有害物质。2003 年主要倾倒区及其周边环境监测表明：所监测倾倒区的底质环境状况总体保持正常，倾倒区尚有底栖生物存在，其优势类群主要为软体动物和节肢动物，倾倒区环境质量基本满足倾倒区的环境功能要求。今后应加强对倾倒区的监督管理和监测，严格执行倾废区的环境影响评价和备案制度，及时了解倾倒区的环境状况及对周围海域环境、资源的影响，防止海洋倾倒对生态环境、海洋资源等造成损害。

（三）海洋生态环境与生物多样性的保护

中国政府把沿海和海洋生态环境保护作为海洋环境保护工作的重点，坚持污染防治与生态保护并重。中国政府制定了《中国生物多样性保护行动计划》，它是指导全国生物多样性保护行动的纲领性文件，提出了包括海洋生物资源在内的各种生物资源保护目标和行动计划。中国政府制定了《全国生态环境建设规划》和《全国生态环境保护纲要》，这两个纲领性文件是全国海洋生态环境保护与建设的基本依据。经过长期努力，中国的沿海和海洋生态环境保护和建设取得了较大的成就。中国将进一步采取一系列的政策和措施，加强海洋生态环境保护工作。

——加强海洋自然保护区建设，保护海岸和海洋生态系统的多样性。海岸和海洋自然保护区的建立，保护了具有较高科研、教学、自然历史价值的海岸、河口、岛屿等海洋生境，保护了中华白海豚、斑海豹、儒艮、绿海龟、文昌鱼等珍稀濒危海洋动物及其栖息地，也保护了红树林、珊瑚礁、滨海湿地等典型海洋生态系统。然而，我国海岸和海洋自然保护区面临的问题依然十分突出，资源开发与保护的矛盾日益加剧，人为破坏等现象还未彻底杜绝。今后应加强协调海岸带和海洋资源开发与生态环境保护，科学合理地确定各类海岸带和海洋自然保护区的结构、布局和面积，规划建设新的海岸带和海洋自然保护区。加强现有保护区的能力建设，提高管理水平，控制人为因素造成的海岸带和海洋生态环境破坏。

——沿海防护林建设取得成效。中国政府高度重视沿海防护林建设，自《全国沿海防护林体系建设总体规划》实施以来，到 2000 年年底，经过十余年的建设，全国沿海防护林一期工程结束，取得巨大的成就。工程区森林覆盖率由一期建设前的 24.9%增加到 35.45%，提高了 10.55%。一期工程建设增加了沿海地区的森林资源，改善了生态环境。目前，《全国沿海防护林体系建设二期工程规划》已经编制完成。全国沿海防护林体系二期工程建设将进一步改善沿海地区的生态环境。

——实施伏季休渔制度，加强资源养护措施，保护渔业资源。实施《渤海生物资源养护规定》，做好渤海生物资源的增殖和养护，大力发展生态渔业和休闲渔业，控制海洋捕捞强度，积极引导和扶植渔民转产转业，调整和完善生物资源养护措施，规定保护资源的品种，加强新建、扩建和改建的海水养殖场的环境影响评价和监督管理，制订和实施水生生物产卵区、索饵区、育肥区和洄游通道的保护计划，建立渔业资源保护区，促进海洋生物资源的可持续利用。

——建立海岸带综合管理试验区，加强海岸带生态环境的保护。积极组织制订以修复和改善海岸带生态系统和生物多样性为目标，合理开发海岸带资源，保护海岸带生态环境的海岸带生态环境保护的指标体系，依此加强海岸带生态环境的评价和监督管理。在沿海重点地区建立海岸带生态环境保护与管理示范区，促进海岸带生态环境的改善。

——保护海岛生态环境，促进海岛的可持续发展。海岛陆域狭小，环境容量小，生态环境极其脆弱，因此保护海岛环境极为重要。鼓励岛上企业发展清洁生产，控制岛源污染，保持海岛周围优良水质，加强海岛生态建设，保护海岛水土资源，适度开发海岛旅游景观，制订海岛生态环境保护规划和生物多样性保护计划，加强海岛自然保护区建设，不断提高海岛环境质量，建设海岛及其沿岸海域生物资源保护与可持续利用工程，保护海洋珍稀和重要经济生物，努力实现海岛生产发展、生活富裕、生态良好的目标。开展环境保护模范海岛县或海岛镇评比，推动和促进海岛环境保护工作。

——加强近岸海域赤潮的监测、监视和预警，努力减轻赤潮灾害。国家加强赤潮监测、监视的能力建设，建立近岸海域环境与赤潮监测监视预警网络，制订赤潮监测、监视、预报、预警及应急方案，并重点近岸海域，水产养殖区和江河入海口水域进行特殊监测和严密监视，及时获取有关信息，千方百计减少赤潮灾害的损失程度，保障人民生命财产安全。

（四）海洋环境保护的国际合作

中国政府一贯主张：沿海经济发展与海洋环境保护相协调；保护海洋环境是全人类的共同任务，但经济发达国家负有更大的责任；加强国际合作要以尊重国家主权为基础；处理海洋环境问题应当兼顾各国现实的实际利益和世界的长远利益。

中国在采取一系列措施保护沿海和海洋环境的同时，积极参与海洋环境保护的国际合作，为保护全球海洋环境这一人类共同事业进行了不懈的努力。

中国支持并积极参与联合国系统开展的环境事务，是历届联合国环境署的理事国，与联合国环境署进行了卓有成效的合作。目前，中国已缔结和参加国际环境条约 50 多个，其中涉及海洋环境保护的国际条约和协议主要有：《1982 年联合国海洋法公约》《1969 年国际油污损害民事责任公约》《1972 年防止倾倒废弃物和其他物质污染海洋公约》《73/78国际防止船舶造成污染公约》《1990 年国际油污防备、反应和合作公约》《1992 年生物多样性公约》和《1971 年关于特别是作为水禽栖息地的国际重要湿地公约》等。

中国积极参与保护海洋环境免受陆基活动影响的全球行动计划、联合国环境署的区域海行动计划，如：西北太平洋行动计划、东亚海行动计划等，对保护亚太地区的海洋环境作出了贡献。

中国对已经签署、批准和加入的国际海洋环境公约和协议，一贯严肃认真地履行自己所承担的责任。在《中国 21 世纪日程》的框架指导下，编制了《中国环境保护21世纪日程》《中国生物多样性保护行动计划》《中国海洋 21 世纪日程》等重要文件及国家方案或行动计划，认真履行所承诺的义务。

国际海洋环境合作项目为我国海洋生态环境保护工作提供重要技术支撑，取得明显成效。南中国海项目中防治陆源污染物污染海洋、红树林、湿地及海草等研究工作在摸清我国南方沿海三省海洋生态环境和资源的污染现状和破坏程度基础上，分析原因，提出对策，对制订该区域海洋与海岸带生态环境保护行动计划起到重要的指导作用。此外，"西北太项目"、"东亚海"、"中韩黄海环境调查"、中美海洋与海岸带管理科技合作、中韩海洋科技合作项目均取得明显进展。

（五）实施海洋和沿海可持续发展战略

海洋使沿海地区成为经济、社会和文化最发达，人口最密集的地区。改革开放以来，中国沿海地区经济高速发展，人口快速增长，海岸带和海洋环境压力越来越大。在沿海地区经济快速发展的同时保护和改善海岸带和海洋生态环境，实现海洋和沿海地区的可持续发展是一个重大问题。中国政府非常重视海洋管理工作，为保障海洋资源与环境的可持续利用，促进沿海经济、社会与海洋环境的协调发展，中国制定了一系列的沿海和海洋环境保护的方针、政策、法律和措施。

——环境保护为中国的一项基本国策。防治海洋污染和生态破坏以及合理开发利用海岸带和海洋自然资源关系到国家的全局利益和长远发展，中国政府坚定不移地贯彻执行环境保护这项基本国策。

——颁布实施海洋环境保护的法律法规，把海洋环境保护建立在法制的基础上，不断完善涉及保护海洋环境的相关的环境法律法规标准，严格执法程序，加大执法力度，保证环境法律法规的有效实施。

——制定和实施《全国海洋经济发展规划纲要》，提出了海洋经济发展的总体目标、全国海洋经济增长目标、沿海地区海洋经济发展目标、海洋生态环境与资源保护目标。它的实施必将极大促进我国海洋经济的持续健康快速发展。

——制定和实施《全国海岸带和海洋环境保护规划》。中国沿海地区人口最为集中，经济最为发达，对海岸带和海洋环境压力大，导致海洋生态环境问题突出。为促进沿海地区社会经济与海岸带和海洋环境的协调发展，中国将制定和实施科学合理的全国海岸带和海洋环境保护规划。

——加强监测、科研和政策的结合，提高环境科学管理决策水平。依靠科技进步，促进监测、科研和政策的结合。吸收国际上最新的海岸带和海洋生态环境科学理论、先进经验和技术，结合中国实际情况，建立环境监测、科学研究和政策制定的综合体系，以便制定改善海岸带和海洋生态环境的更有效的环境政策和措施。

——加强信息化建设，建立信息共享机制，增强环境监控和综合管理决策能力。按照统筹协调、信息共享的原则，建立国家海岸带和海洋环境监测信息网络和环境监测信息共享和统一发布机制，加强环境监测计划的协调，盘活信息资产，节省国家投资，提高国家宏观决策水平。

——加强海岸带和海洋环境保护的宣传教育，不断提高全民海岸带和海洋环境保护意识。充分利用各种媒体，宣传海岸带和海洋生态环境保护知识，海洋馆、海滨旅游景区要增加宣传设施，组织特设的宣传教育活动，向公众普及海岸带和海洋生态环境保护知识。进一步加强新闻舆论监督，表扬先进典型，揭露违法行为。

——推进海洋环境保护领域的国际合作。积极发展同世界各国和国际组织在海洋环境保护方面的交流与合作，认真履行国际环境公约和有关协议，努力发挥中国在国际海洋环境保护事务中的作用。

三、海洋环境科学

海洋环境科学是研究生物活动引起的海洋环境变化及其影响和保护海洋环境的学科，是环境科学的一个组成部分。海洋环境科学，基于海洋科学各分支学科，同时也促进了物理海洋学、海洋化学、海洋生态学、海洋微生物学的发展。

海洋科学源于 20 世纪 50 年代不断地发生海洋污染事件。由于大量向海域倾注生产和生活废料，海上油田的开发和油品运输业的发展，大大超过了海洋自净能力，波罗的海和濑户内海在 60 年代一度因污染严重而成为"死海"，发生了水俣湾汞污染公害事件等，破坏了海洋生态环境。随着海洋污染和环境保护研究的不断深入，逐渐形成该学科。在 20 世纪 70 年代基本上确定了该学科的地位。

分支学科包括海洋环境化学、海洋环境生物学、海洋环境物理学、海洋环境工程学、海洋环境法学等。它们在综合防治、评价海洋环境中互相补充和融合，进一步推动海洋环境科学的发展。随着海洋开发事业的发展，对海洋环境的认识不断深化，研究领域和内容将不断扩大和深化；并以全球或局部海域的污染状况，污染物入海的途径和影响以及防治海洋污染为研究的重点。

四、海洋环境监测的定义和基本任务

（一）海洋观测和海洋环境监测

环境监测是随着环境科学的形成和发展而出现并在环境分析的基础上发展起来的。海洋环境监测是环境监测的分支和重要的组成部分。海洋环境监测的对象可分为三大类：海洋环境污染和破坏的污染源所排放的各种污染物质或能量；海洋环境要素的各种参数和变量；由海洋环境污染和破坏所产生的影响。海洋环境监测包括传统的海洋观测和海洋环境污染监测或称海洋环境质量监测。

海洋观测（observing）的对象仅为第二类中的海洋自然环境要素部分，目的是了解和掌握海洋自然环境的变化规律，趋利避害为海洋的开发利用服务。而海洋环境监测（monitoring）则以了解和掌握人类活动对海洋环境的影响为主，保护海洋环境是其主要目的。

海洋环境监测可定义为：在设计好的时间和空间内，使用统一的、可比的采样和检测手段，获取海洋环境质量要素和陆源性入海物质资料，以阐明其时空分布、变化规律及其与海洋开发利用和保护关系之全过程。目的是及时、准确、可靠、全面地反映海洋环境质量和污染来源的现状和发展趋势，为海洋环境保护和管理、海洋资源开发利用提供科学依据。

进行海洋环境监测的基本原则：

——有明确的监测目的；

——有完整合理的监测计划；

——有正确的监测方法、监测手段和质量保证措施；

——有分析评价监测数据的科学方法。这些原则应具体体现在由监测方案设计—样品采集及贮运—分析测试—数据处理—综合评价等主要环节所组成的监测过程之中。

海洋环境监测的作用：

——及时、准确的海洋环境质量信息是确定海洋环境管理目标、进行海洋环境决策的重要依据，这些信息的获取要依靠监测，否则很难实现科学的目标管理；

——海洋环境管理制度的贯彻执行要依靠环境监测，否则制度措施将流于形式；

——评价海洋环境管理和陆源污染治理效果必须依靠海洋环境监测，否则很难提高科学管理的水平。

海洋环境监测的基本任务：

——对海洋环境中各项要素进行经常性监测，及时、准确、系统地掌握和评价海洋环境质量状况及发展趋势；

——掌握海洋环境污染的来源及其影响范围、危害和变化趋势；

——积累海洋环境本底资料，为研究和掌握海洋环境容量，实施环境污染问题控制和目标管理提供依据；

——为制订及执行海洋环境法规、标准及海洋环境规划、污染综合防治对策提供数据资料；

——开展海洋环境监测技术服务，为经济建设、环境建设和海洋资源开发利用提供科学依据。

（二）海洋监测的分类

海洋环境监测按其手段和方式可分为：对海洋生态系统各种组分（水相、沉积物相、生物相）中污染水平进行测定的化学监测；测定海洋环境中物理量及其状态的物理监测；利用生物对环境污染的反应信息，如群落、种群变化、畸形变种、受害症候等作为判断海洋环境污染影响手段的生物监测；以及不同来源污染海洋的污染物监测。

按其实施周期长短和目的性质可分为：例行监测、临时性监测、应急性监测和研究性监测等。

例行监测，是在基线调查的基础上，经优化选择若干代表性测站和项目，对确定海域实行的长周期监测。它既包括应用常规手段对一般污染指标实施的例行常规监测，也包括为特殊目的而实施的例行专项监测。例行监测是确定区域、甚至全海域环境质量状况及其发展趋势的最重要的监测方式。一般通过完整的多级监测网来实施。其实施目的是：在确定海域内，按照固定频率和测站，观察和测定已知污染物指标的量值及其污染效应等的空间分布和时间的变化；判断环境质量变化趋向，检查控制和管理措施的效果。该类监测是海洋环境监测中主要的工作内容。

临时性监测，是一种短周期监测工作，其特点为机动性强，与社会服务和环境管理有着更直接的关系。适用于以下情况：当出于经济或娱乐目的对特定海域提出特殊环境管理要求时，可通过临时性监测提供环境可利用性评估；对即将有新的海洋开发活动或近岸工业活动的周边海域，通过此种短周期临时性监测，迅速全面掌握区域环境基线资料并提供环境预评价；用于监测局部海域已经受纳的额外污染物增量或局部海域海洋资源受到的意外损害程度及其原因，这种增量或损害可能来自临时性经济活动的短期影响、新经济活动的初始影响或较大型污损事件带来的滞后影响（不同于应急监测），也可能源自目前尚不清楚的原因。

应急性监测指突发性海洋污染损害事件发生后，立即对事发海区的污染物性质和强度、污染作用持续时间、侵害空间范围、资源损害程度等的连续的短周期观察和测定。应急监测的主要目的是及时、准确地掌握和通报事件发生后的污染动态，为海洋污损事件的善后处理和恢复提供科学依据；为执法管理和经济索赔提供客观公正的污损评估报告。

研究性监测又叫科研监测，属于高层次、高水平、技术比较复杂的一种监测工作。如确定污染物从污染源到受体的运动过程、鉴别新的污染物及其对海洋生物和其他物体的影响、为研制监测标准物、推广监测新技术等而进行的监测活动。

除上述分类外，还有按监测介质分类的水质监测、沉积物监测、生物（残毒）监测、陆源污染监测和界面大气监测；按监测功能和机制分类的控制性监测、趋势性监测和环境效应监测；按监测工作深度和广度划分的基线调查、玷污监测、生物效应监测和综合效应监测等。

（三）近岸海域环境监测

1. 概念

近岸海域环境监测有很多种方式的定义和历史用途，根据 1979 年美国海洋污染研究发展和监测联合委员会表述，它通常强调的是对自然环境时间序列上的重复测。而对于国家环境监测计划而言，它被视为环境管理体系中的一部分，包括环境问题的调整，制度和决策等方面的内容。根据美国国家研究理事会的定义，海洋环境监测是为提供环境状况和污染物管理信息所需要开展的一系列活动。根据特定情况的需要，这些活动可能包括概念和数值模型、实验室和现场研究、初步或范围研究、时间序列测量、数据分析、综合和解释等。而监测系统与任何这些单独活动的区别在于一个监测系统是与生产预定管理信息的目标的集成与协调，它是环境管理的感官组成部分。

根据欧洲保护东北大西洋海洋环境的"奥斯陆-巴黎公约组织"（OSPAR）定义，海洋环境监测的内容涵盖三个层次的内容：一要重复测定海洋环境各介质（包括水、沉积物和生物体）的质量和海洋环境的综合质量；二要重复测定自然变化及人为活动向海洋输入的，可能会对海洋环境质量产生影响的物质和能量；三要重复测定人类活动所产生的环境效应。

而对海洋环境质量进行评价，是指对特定海域及沿海地区的环境健康状况进行诊断，包括分析目标海域的水动力学、化学、生物学和生态学状况，评估人类活动在不同时空尺度上对具有天然可变性环境要素的影响效应等。按照过程论分析，海洋环境评价是在海洋环境监测的基础上开展的，它既是一个过程，也是一个产品。作为过程，海洋环境评价是一个采集（收集）和评估资料（主要是监测数据）的过程，是对海洋环境质量现状和变化趋势所进行的评估；作为产品，海洋环境评价是一个将各种资料挖掘、集成和合成的结果，揭示现实的海洋环境问题，并给出解决问题的各种建议。具体来说，海洋环境评价的工作内容主要包括以下几个方面：一要描述海洋环境要素的空间分布，包括各种物理、化学、生物要素和其他具有直接或间接关系的环境要素（例如直接污染源和间接污染源的分布情况，沿海地区人口统计分布，人类活动的范围、规模及其海洋环境效应，生物物种的分布和数量等）；二要确定环境要素的时间变化趋势，用以评估海洋环境保护管理措施的有效性；三要建立人类活动压力与环境效应及海洋环境其他变化间的相关关系；四要说清楚一定时间内海洋环境或生态质量潜在的风险。

作为海洋环境监测信息产品，既可以是针对海洋环境总体状况开展的综合性监测评价，也可以是针对海洋环境某个方面问题开展的专题性监测评价。

2. 目的

虽然监测有各种各样的目的，但它通常产生三种主要问题种类的信息：

（1）监督性监测（compliance monitoring），确保活动的执行与规章制度和许可相一致；

（2）模型验证（model verification），以检验作为采样设计或许可基础的假设和预测的准确性以及对管理方法的评估；

（3）趋势性监测（trend monitoring），来确定和量化由人类活动而引起的可预见的长时间的环境变化。

3. 作用

海洋环境监测的结果对海洋渔业养殖，废水排放、工程、政府环境管理等都具有非常重要的作用。监测信息满足多方面的需要，包括：为评估污染削减行动提供了必要的信息；提供风险预警系统，从而降低环境问题的损失；有助于了解海洋生态系统以及认知它们是如何被人类活动影响的，并基于这些知识建立环境保护优先计划，评估环境现状和趋势。海洋监测信息有助于回答此类问题："在海中游泳或吃海产品是否安全？"最终，海洋监测信息对于构建、调整和确定定量预测模型是至关重要的，而这些模型对于评估，建立和选择环境管理策略非常重要。监测信息为环境管理者提供设定环境质量标准的科学依据。

五、我国海洋环境保护的政策法规与管理制度建设

（一）国家法律、法规及标准

1. 国家法律

自 1984 年以来，中国已陆续颁布实施 10 余部与保护海洋环境相关的国家法律，内容涉及海域、陆域，涵盖环境、资源、经济等众多方面，主要包括：

《中华人民共和国环境保护法》（1989-12-26）

《中华人民共和国海洋环境保护法》（2000-04-01）

《中华人民共和国环境影响评价法》（2000-10-28）

《中华人民共和国固体废物污染环境防治法》（1995-10-30）

《中华人民共和国水污染防治法》（1996 年修正）（1984-11-01）

《中华人民共和国清洁生产促进法》（2003-01-01）

《中华人民共和国安全生产法》（2002-11-01）

《中华人民共和国水法》（2002-10-01）

《中华人民共和国防沙治沙法》（2002-01-01）

《中华人民共和国海域使用管理法》（2001-10-27）

《中华人民共和国专属经济区和大陆架法》（1998-06-26）

《中华人民共和国防洪法》（1997-08-29）

《中华人民共和国水土保持法》（1991-06-29）

《中华人民共和国野生动物保护法》（1988-11-08）

《中华人民共和国渔业法》（2004 年修正）（1986-07-01）

《中华人民共和国土地管理法》（1998 年修正）（1986-06-25）

《中华人民共和国矿产资源法》（1996 年修正）（1986-03-19）

《中华人民共和国森林法》（1998 年修正）（1985-01-01）

2. 国家法规

自 1983 年以来，中国已颁布实施了一系列与保护海洋环境相关的管理条例、规章等行政法规，为有关机构的具体管理工作提供了法律依据。主要如下：

《中华人民共和国防治船舶污染内河水域环境管理规定》（2005-08-20）

《中华人民共和国水污染防治法实施细则》（2000-07-01）

《建设项目环境保护管理条例》（1998-11-18）

《淮河流域水污染防治暂行条例》（1995-08-08）

《中华人民共和国自然保护区条例》（1994-12-01）

《中华人民共和国水生野生动物保护实施条例》（1993-10-05）

《中华人民共和国防治陆源污染物污染损害海洋环境管理条例》（1990-08-01）

《中华人民共和国防治海岸工程建设项目污染损害海洋环境管理条例》（1990-06-25）

《中华人民共和国防止拆船污染环境管理条例》（1988-05-18）

《中华人民共和国渔业法实施细则》（1987-10-14）

《中华人民共和国海洋倾废管理条例》（1985-03-06）

《中华人民共和国海洋石油勘探开发环境保护管理条例》（1983-12-29）

《中华人民共和国防止船舶污染海域管理条例》（1983-12-29）

3. 环境标准

截至目前，中国已出台了 20 余项与海洋环境保护相关的标准、污染治理技术规范，同时还颁布了监测方法和监测技术规范等，与海洋环境保护相关的标准、污染治理技术规范主要列举如下：

《地表水环境质量标准》（GB 3838—2002）

《海水水质标准》（GB 3097—1997）

《海洋沉积物质量标准》（GB 18668—2002）

《海洋生物质量标准》（GB 18421—2001）

《渔业水质标准》（GB 11607—89）

《污水综合排放标准》（GB 8978—1996）

《城镇污水处理厂污染物排放标准》（GB 18918—2002）

《污水海洋处置工程污染控制标准》（GB 18486—2001）

《畜禽养殖业污染物排放标准》（GB 18596—2001）

《畜禽养殖业污染防治技术规范》（HJ/T 81—2001）

《海洋石油开发工业含油污水排放标准》（GB 4914—85）

《船舶污染物排放标准》（GB 3552—83）

《港口溢油应急设备配备要求》（JT/T 451—2001）

《船舶油污染事故等级标准》（JT/T 458—2001）

《溢油分散剂　技术条件》（GB 18188.1—2000）

《溢油分散剂　使用准则》（GB 18188.2—2000）

《围油栏》（JT/T 465—2001）

《自然保护区类型与级别划分原则》（GB/T 14529—93）

《海洋自然保护区管理技术规范》（GB/T 19571—2004）

《自然保护区管护基础设施建设技术规范》（HJ/T 129—2003）

《海洋功能区划技术导则》（GB 17108—1997）

《海洋工程环境影响评价技术导则》（GB/T 19485—2004）

（二）管理制度与规定

1. 管理制度

在防止陆源污染、保护海洋环境方面，中国目前已建立和实施的相关管理制度主要如下：

环境影响评价制度

"三同时"制度

排污收费制度

环境保护目标责任制度

城市环境综合整治定量考核制度

排污申报登记与排污许可证制度

限期治理污染制度

排污总量控制制度

船舶油污损害民事赔偿责任制度

渔业捕捞限额制度

伏季休渔制度

市政公用事业特许经营制度

污水处理收费制度

海洋功能区划制度

海洋保护区制度

海洋倾废管理制度

海域使用论证制度

2. 管理规定和办法

在防止陆源污染、保护海洋环境方面，中国目前已实施的相关管理规定和办法主要列举如下：

《渤海生物资源养护规定》（2004-05-01）

《环境保护行政处罚办法》（修正案）（2003-11-05）

《排放污染物申报登记管理规定》（2003-05-19）

《国家级自然保护区范围调整和功能区调整及更改名称管理规定》（2003-04-15）

《排污费征收标准管理办法》（2003-02-28）

《渔业捕捞许可管理规定》（2002-12-01）

《淮河和太湖流域排放重点水污染物许可证管理办法》（试行）（2001-07-02）

《畜禽养殖污染防治管理办法》（2001-05-08）

《近岸海域环境功能区管理办法》（1999-12-10）

《国家重点保护野生植物名录——第一批》（1999-08-04）

《防止船舶垃圾和沿岸固体废物污染长江水域管理规定》（1998-03-01）

《水生动植物自然保护区管理办法》（1997-10-17）

《渔业水域污染事故调查处理程序规定》（1997-03-26）

《饮用水水源保护区污染防治管理规定》（1989-07-10）

《水污染物排放许可证管理暂行办法》（1988-03-20）

《报告环境污染与破坏事故的暂行办法》（1987-09-10）

《渤海海域船舶排污设备铅封程序规定》（2003-02-08）

《海洋自然保护区管理办法》（1995-05-29）

《海洋石油平台弃置管理暂行办法》（2002-06-24）

《海洋倾倒区管理办法》（2003-11-14）

《无居民海岛保护与利用管理规定》（2003-07-01）

《赤潮信息发布管理暂行办法》（2002-01-22）

《省级海洋功能区划审批办法》（2002-02-17）

《海洋特别保护区管理暂行规定》（2005-11-16）

《环境监测管理办法》（2007-07-25）

（三）缔结或者参加的有关国际环境条约

中国支持并积极参与联合国系统开展的环境事务，是历届联合国环境署的理事国，与联合国环境署进行了卓有成效的合作。

目前，中国已缔结和参加国际环境条约 50 多个，其中涉及海洋环境保护的国际条约主要有：

《联合国海洋法公约》（1982 年）

《国际油污损害民事责任公约》（1992 年）

《防止倾倒废弃物和其他物质污染海洋公约》（1972 年）

《防止倾倒废物和其他物质污染海洋的公约》及其 1996 议定书

《73/78 国际防止船舶造成污染公约》（1973 年通过，1978 年议定书）

《1990 年国际油污防备、反应和合作公约》

《生物多样性公约》（1992 年）

《保护海洋环境免受陆源污染全球行动计划》（1995 年）

《关于特别是作为水禽栖息地的国际重要湿地公约》（1971 年）

此外，中国先后与美国、朝鲜、加拿大、印度、韩国、日本、蒙古、俄罗斯、德国、澳大利亚、乌克兰、芬兰、挪威、丹麦、荷兰等国家签订了 20 多项环境保护双边协定或谅解备忘录。与联合国亚太经社会等组织保持密切合作关系，并通过参加东北亚地区环境合作、西北太平洋行动计划、东亚海洋行动计划协调体等，对亚太地区的环境与发展作出了贡献。

（四）管理措施及状况

自 1998 年以来，环境保护行政主管部门在海洋环境保护工作中采取了一系列措施，取得了明显成效。主要管理措施有：

加强陆源污染防治，全面推进《渤海碧海行动计划》的实施，同时，国家积极推进近岸海域污染防治计划。

环境保护行政主管部门组织编制的《渤海碧海行动计划》经国务院批复正式实施，并纳入《国家环境保护"十五"计划》中的"33211"的重点工程之一。在原国家环保总局（以下简称总局）的具体监督指导下，通过该《计划》中的城镇污水处理厂、垃圾处理厂、沿海生态农业、生态林业、小流域治理、港口码头的油污染防治、海上溢油应急处理系统的建设以及"禁磷"措施的实施，初步遏制渤海海洋环境继续恶化。2002 年以来渤海再未发生大面积赤潮，"禁磷"工作取得一定进展。为促进环渤海地区的经济持续、快速、健康发展起到重要作用。

积极开展近岸海域环境功能区划，为中国近岸海域环境管理提供了科学管理基础。经过十余年的不懈努力，由总局组织沿海 11 个省、市、自治区编制的《全国近岸海域环境功能区划》已经完成。出版了区划报告和图集，并以局长令的形式颁布了《近岸海域环境功能区划管理办法》，为中国沿海海域环境实现目标责任制管理提供了科学的管理依据。

努力指导沿海地方政府职能部门建立良好工作机制，共同做好近岸海域环境保护工作。根据《国家环境保护"十五"计划》目标，及时组织沿海其他 7 个省、自治区、直辖市编制并启动碧海行动计划。项目由地方政府负责组织实施，环保部门牵头协调，涉海部门分工负责，形成共同保护近岸海域生态环境的良好局面。

促进中国海洋环境保护与管理的能力建设，为中国海洋环境保护管理服务。环境保护管理是以环境监测现代化技术为手段、环境监测数据有效获取和科学分析结果为依据的决策管理。监测能力建设对海洋环境保护管理尤为重要。根据总局领导要求，2002 年，配合总局有关部门在已覆盖中国四个海区的近岸海域监测网的基础上，又在 7 个重点海域、海湾建立了近岸海域生态环境监测分站，使中国近岸海域的环境监测初步形成了"网站结合"的全方位监控、多要素监测，符合新形势下海洋环境保护管理要求的监测体系。同时，根据"环境外事服务于内事"的原则，利用总局的海洋环境国际合作项目经费资助有关研究、监测单位购置、更新海洋环境监测、分析、化验的仪器设备，使海洋环境监测能力有所加强。

强化海洋环境法制建设，规范海洋环境保护行政管理行为。

根据"海环法"的有关规定，积极组织有关单位和法律专家对"防治陆源污染物对海洋环境的污染损害"和"防治海岸工程建设项目对海洋环境的污染损害"两个条例进行修改；结合国家"城考"、"创模"、"生态示范区"指标体系建设，将沿海城市近岸海域环境功能区纳入考核指标；部署了对近岸海域环境功能区的监测工作，完成了近岸海域环境功能区监测站位调整；编制并发布"中国近岸海域环境质量公报"、"中国渔业生态环境状况公报"和"重点城市海水浴场水质周报"。

国际海洋环境合作项目为中国海洋生态环境保护工作提供了重要技术支撑，取得明显成效。通过艰苦的努力，"南中国海项目"于 2001 年获得 GEF 和财政部的 200 万美金、1 480 万元人民币的经费支持。项目中防治陆源污染海洋、红树林、湿地及海草项目的研究工作，在摸清中国南方沿海三省海洋生态环境和资源的污染现状和破坏程度基础上分析原因并提出对策，对制订该区域海洋与海岸带生态环境保护行动计划起到重要的指导作用。目前，已建立了项目的国家数据库，制订了国家行动计划。由于工作基础扎实、研究数据翔实、海洋环保思路清晰，在南中国海区域 7 国项目技术工作组会议上，广东防治陆源污染伶仃洋、珠江口湿地保护、海南清澜港红树林保护、广西合浦海草保护分别获得备选示范区第一名，进入示范区建设阶段。

此外，"西北太项目"、"中韩黄海环境调查"、"东亚海"及"GPA"项目均取得明显进展。"保护海洋环境免受陆源污染全球行动计划"（Global Program of Action for the Marine Environment from Land-based Activities，简称 GPA）是 1995 年由多个涉海国家和地区在联合国于美国华盛顿形成并通过的一项国际协定，该协定由联合国环境规划署（UNEP）负责，号召区域海和各成员国分别制定相应的行动计划（Regional Program of Action，简称 RPA 和 National Program of Action，简称 NPA），旨在推动从国家、区域到全球的 3 个层面共同采取行动来保护海洋环境。2001 年，在加拿大蒙特利尔举办了 GPA 第一次政府间审查会议（First Intergovernmental Review Meeting of the GPA）。截至 2005 年，已有 78 个涉海国家、15 个海区、11 个联合国所属机构、7 个政府间合作组织及 29 个非政府组织加入了 GPA 计划。其中，有 60 个国家已经提出或正在制定各自的国家行动计划。

（五）海域环境管理状况

1. 加强环境保护法制建设，促进社会经济可持续发展

海洋环境保护工作是国家环境保护管理工作重要组成部分。中国政府高度重视环境保护工作，自 1979 年和 1982 年相继制定并颁布实施了《中华人民共和国环境保护法》和《中华人民共和国海洋环境保护法》以来，中国海洋环境保护工作取得长足进展。尤其是在中国经济体制改革进程中，随着沿海经济建设持续、快速发展，国家加大了环境保护法制化进程。为保护海洋环境，规范海洋资源开发利用秩序，实施社会经济可持续发展，国家制定海洋环境与资源保护的法律、法规达 28 部。通过实施"循环经济战略"、《清洁生产促进法》，开展"一控双达标"、创建"国家环保模范城市"、建立"生态示范区"等环保活动以及防止陆源污染物污染海洋的综合治理工程，在一定程度上减缓了沿海经济建设和海洋产业开发所带来的海洋环境压力，促进了沿海地区社会经济的可持续发展。

2. 开展功能区划，为海洋环境保护与管理提供依据

自 20 世纪 80 年代末开始，环境保护行政主管部门就组织沿海 11 个省、市、自治区经过十余年的不懈努力，以使用功能与保护近岸海域环境相结合，完成了《全国近岸海域环境功能区划》编制工作，出版了区划报告和图集，以局长令的形式颁布了《近岸海域环境功能区划管理办法》。2012 年国家海洋局编制完成并经国务院批准发布了《全国海洋功能区划》。两个区划的实施为指导我国沿海地方政府，在可持续开发利用海洋资源过程中，强化海域环境实现目标责任制管理提供了科学依据。

3. 编制碧海行动计划，加强陆源防治防控

原国家环保总局组织编制的《渤海碧海行动计划》《辽河水污染防治计划》《海河水污染防治计划》等防治陆源污染综合治理计划，经国务院批复正式实施，并纳入国家环境保护"九五"和"十五"计划中的环境综合治理重点工程。在原国家环保总局的指导、协调和监督下，通过上述"计划"中的城镇污水处理厂、垃圾处理厂、沿海生态农业、生态林业、小流域治理、港口码头的油污染防治、海上溢油应急处理系统的建设以及"禁磷"措施的实施，初步遏制渤海海域环境继续恶化趋势，为促进渤海沿海地区的经济持续、快速、健康发展起到重要作用。

4. 推进涉海自然保护区建设，促进人与自然和谐发展

至 2003 年年底，我国已建成各种类型的海洋自然保护区 80 余个，其中，国家级海洋自然保护区 24 个，海洋自然保护区的建立，保护了具有较高科研、教学、自然历史价值的海岸、河口、岛屿等海洋生境，保护了中华白海豚、斑海豹、儒艮、绿海龟、文昌鱼等珍稀濒危海洋动物及其栖息地，也保护了红树林、珊瑚礁、滨海湿地等典型海洋生态系统。但部分典型海岸生态系统遭受破坏，具体表现在：滨海湿地丧失，红树林和珊瑚礁生境破坏，资源开发与保护的矛盾日益加剧，人为破坏等现象还未彻底杜绝。

5. 加强能力建设，不断提高海洋环境保护与管理水平

全国海域环境监测网对我国所辖海域和入海污染源进行定期监测，掌握海洋污染状况和变化趋势，为海洋环境管理、经济建设和科学研究提供基础。近 20 年来，监测网在我国近岸和近海海域共进行了 2 万多站次的环境监测，获取监测数据 80 万个，编发海域环境质量年报、公报 20 余期，通报近 40 期。

6. 开展国际合作，为环境保护提供重要技术支撑

"南中国海项目"中防治陆源污染物污染海洋、红树林、湿地及海草项目的研究工作在摸清我国南方沿海三省海洋生态环境污染的现状和海洋资源的破坏程度基础上，提出对策。对制订该区域海洋与海岸带生态环境保护行动计划起到重要的指导作用。

中韩黄海环境联合调查于 1997 年正式开始实施，目前已开展了 12 次的海上联合调查，调查海域为我国山东半岛至韩国江华湾以南，长江口以北至济州岛西南的除两国领海以外的整个南黄海海域。调查内容涉及海洋化学、海洋生物、海洋水文等专业。其目的在于科学、公正地分析该海域的环境质量状况，了解和掌握黄海的环境状况及其长期的变化趋势，为两国政府进行黄海海域环境质量控制与污染防治提供科学依据。

第三节　国内外海洋环境监测现状与发展

一、我国的近岸海域环境监测的现状与发展

（一）法律体系和管理体制

目前我国已经形成了以《中华人民共和国宪法》为基础，以《中华人民共和国环境保护法》为主体的环境法律体系。针对海洋生态环境的保护对象，制定颁布了《中华人民共和国海洋环境保护法》。《中华人民共和国海洋环境保护法》确立了保护和改善海洋环境，保护海洋资源，防治污染损害，维护生态平衡，保障人体健康，促进经济和社会的可持续发展的基本方针。

一些与海洋环境保护相关的法律法规对统筹考虑流域上下游、海洋与陆地、污染防治和生态保护，用系统思想保护沿海和海洋环境和资源发挥重要作用。包括：《中华人民共和国水污染防治法》《中华人民共和国环境影响评价法》《中华人民共和国固体废物污染环境防治法》《中华人民共和国水法》《中华人民共和国清洁生产促进法》《中华人民共和国水土保持法》《中华人民共和国野生动物保护法》《中华人民共和国自然保护区条例》等。

在海洋环境保护法制建设方面，继 1982 年中国颁布实施了《中华人民共和国海洋环境保护法》后，又先后颁布和实施了《防止船舶污染管理条例》《防治海洋石油勘探开发污染海洋管理条例》《防止倾废污染海洋管理条例》《防止陆源污染物污染损害海洋环境管理条例》《防止海岸工程建设项目污染损害海洋环境管理条例》和《防止拆船污染损害环境管理条例》等。此外，环境保护行政主管部门制定了《近岸海域环境功能区划》，并以局长令的形式颁布了《近岸海域环境功能区划管理办法》，为我国沿海海域环境实现目标责任制管理提供了科学的管理依据。此外，中国地方人民代表大会和地方人民政府为实施国家海洋环境保护法律，结合本地区的具体情况，制定和颁布了海洋环境保护的地方性法规。

海洋环境管理方面，我国建立了由全国人民代表大会立法监督，各级政府负责实施，环境保护行政主管部门统一监督管理，各有关部门依照法律规定实施监督管理的体制。原国家环境保护总局是国务院环境保护行政主管部门，对全国环境保护工作实施统一监督管理，对全国海洋环境保护工作实施指导、协调和监督。

但同时，我国的沿海和海洋环境保护法制建设还需要进一步完善，如海岸带环境管理等某些方面存在着立法空白、有些法律内容还需要补充和修改。

（二）环境监测职责分工

根据《中华人民共和国环境保护法》《中华人民共和国海洋环境保护法》《国务院办公厅关于印发环境保护部主要职责内设机构和人员编制规定的通知》（国办发[2008]73 号）和《国务院关于部委管理的国家局设置的通知》（国发[2008]12 号）及《国家海洋局主要职责内设机构和人员编制规定》，环境保护部作为对全国环境保护工作统一监督管理的部

门，负责"建立监测制度，制定监测规范，会同有关部门组织监测网络，加强对环境监测的管理"（《中华人民共和国环境保护法》"第十一条"），"对全国海洋环境保护工作实施指导、协调和监督，并负责全国防治陆源污染物和海岸工程建设项目对海洋污染损害的环境保护工作"（《中华人民共和国海洋环境保护法》"第五条"），"负责环境监测和信息发布，制定环境监测制度和规范，组织实施环境质量监测和污染源监督性监测。组织对环境质量状况进行调查评估、预测预警，组织建设和管理国家环境监测网和全国环境信息网，建立和实行环境质量公告制度，统一发布国家环境综合性报告和重大环境信息"（《国务院办公厅关于印发环境保护部主要职责内设机构和人员编制规定的通知》（国办发[2008]73号））。为履行国家法律法规赋予环境保护主管部门的义务，环境保护主管部门成立了全国近岸海域环境监测网，由中国环境监测总站、近岸海域环境监测分站和沿海各地环境监测站组成，组织开展近岸海域环境质量监督性监测、入海河流污染物监测、直排海污染源监测和海洋事故应急监测等方面的工作。

海洋主管部门组建全国海洋监测网，主要开展海上污染源监测，海洋工程验收监测，海洋生态环境质量监测，赤潮监测，应急监测，同时可开展陆源入海污染物的监督性监测。全国海洋监测网组成单位主要包括国家海洋环境监测中心，北海、东海和南海三个区域监测中心，直属海洋环境监测中心站以及沿海地方海洋与渔业监测中心等。

农业渔业主管部门组织全国渔业环境监测网络，依托研究机构，分为包括大区、省、市等层次的监测机构，开展有关渔业生态环境方面的监测工作，与环境保护行政主管部门共同发布《全国渔业环境生态公报》。

交通海事主管部门根据海事工作的需要，在渤海等重点区域建立了实验室，对海洋事故认定提供技术支持。

（三）监测网络组成

1984年国家海洋局成立了全国海洋环境监测网，网络成员由国家海洋局、交通部、水利部、农业部、海洋石油、海事局、海军、沿海省（自治区、直辖市）环保等部门和行业组成，约100余个成员单位，其中环保系统监测站约54个，占网络成员的一半。此后，从20世纪90年代起，由于管理和经济基础等原因，我国海洋环境监测网主要采用以满足部门管理需要的条块化组织方式，至今国家尚没有建立统一的海洋环境监测网体系。

1. 全国近岸海域监测网（环保系统）

1988年原国家环境保护局组建国家环境监测网络，有25个环境监测站承担海洋监测任务，1992年网络站调整为29个，1994年环境保护行政主管部门正式成立了近岸海域环境监测网，有65个网络成员单位，共布设360多个水质监测点位，网络中心站设在浙江省舟山海洋生态环境监测站。2004年近岸海域环境监测网调整为74个（7个总站分站），由中国环境监测总站负责，舟山海洋生态环境监测站为中国环境监测总站近岸海域环境监测中心站。目前在近岸海域共布设了301个环境质量监测站点，涉及56个城市，代表面积为28万 km^2。其中，重点海域9处（辽东湾、渤海湾、黄河口、胶州湾、杭州湾、长江口、闽江口、珠江口、北部湾），设置77个站点。2001年环境保护行政主管部门组织交通部（海事局）、农业部（渔业局）联合编写并发布《中国近岸海域环境质量公报》。

2．全国海洋监测网（海洋系统）

全国海洋监测网由海洋局组织，主要监测力量集中在国家海洋环境监测中心以及北海、东海和南海 3 个海区监测中心，其他成员由海洋局建设的专业海洋监测中心站，与地方共建海洋监测站和地方海洋与渔业局的监测中心构成。主要开展海洋污染源监测，海洋工程验收监测，海洋环境质量监测，赤潮监测和应急监测等。海洋监测网的发展大体经历了三个阶段，第一阶段自 20 世纪 70 年代至 1984 年，开展海洋环境污染调查和环境监测工作，主要以海水水质污染调查和监测为主。第二阶段自 1984 年至 1998 年，开展海洋环境污染趋势性监测，监测内容从水质污染扩展到海洋沉积物和生物体内污染物的含量监测，监测项目也从海水 COD、溶解氧、营养盐等扩展到重金属和有机污染物等。第三阶段自 2000 年修订的《中华人民共和国海洋环境保护法》颁布和实施至今，开始根据海洋经济发展和环境保护的需求开展了大、中、小不同尺度、不同内容的监测。

3．全国渔业环境监测网（渔业系统）

全国渔业环境监测网由农业部组织，主要依托黄海、东海和南海水产研究所下设的区域渔业环境监测中心，基本形成了区、省、市等三个层次的网络系统，主要开展有关渔业生态环境调查和鉴定等方面的监测工作。

（四）监测技术手段

近些年，我国的海洋环境监测技术发展日新月异，监测手段已经由原先的"单一性"向"多样性"发展，监测要素由原先的"污染型"向"兼顾生态型"发展，监测空间由原先的"点面性"向"立体性"发展，主要采用的技术手段有：

1．船舶监测

利用船载设备实施的海洋环境监测，主要包括船舶测报（志愿船观测）、断面监测、趋势性监测、应急监测和生态监测。其中，船舶测报是在航行于全球固定航线的商船上定时进行水文气象监测；断面监测是利用海洋监测船每年定期对我国主要海域的固定断面进行水文、气象和常规的化学、地质要素监测；趋势性监测是对我国海域几百个站位进行周期性的污染要素变化状况的监测；应急监测是对突发性污损事故如溢油、赤潮、病毒暴发等进行事故现场的临时性监测。目前承担全国海洋环境监测任务的各类监测船舶总计达200 余艘，航时 20 000 多小时。目前船舶监测是我国近岸海域监测的主要方式，除了 pH、水温和盐度等几个理化参数外，其他项目一般采取在现场用化学试剂固定水样，然后带回实验室分析的方式，个别具备条件的单位可在船上实验室分析部分简单项目。

2．卫星遥感监测

通过对卫星地面站接收的卫星遥感资料进行分析处理，对海洋环境常规要素、海岸变异、海冰、溢油和赤潮影响范围等实施监测。目前，主要利用的卫星资料包括海洋 1 号卫星、环境资源卫星、NOAA、风云、GMS 系列、MODIS、SeaWIFS 等。环境保护部卫星环境应用中心、中国环境监测总站和部分沿海省（市）环境监测站，国家海洋局海洋卫星中心、监测中心、预报中心、海洋二所、海区预报中心和部分省（市）海洋预报台都具备了接收和分析卫星遥感资料的能力。遥感技术监测中大尺度的优点能够很好弥补船舶监测的不足，在海岸线变化监控，赤潮和溢油应急监测等方面具有很好的应用前景。

3. 浮标监测

利用锚定于海上固定站位的资料浮标对常规海洋环境状况进行长期、定点、连续监测。目前，在我国黄海、东海和南海海域都有布设，常年不间断进行海洋风速、风向、海浪、海流、理化和生态学指标等要素的监测，所获资料可用于赤潮和溢油等环境事故的监测预警。广西和厦门的海上自动监测浮标站建设走在全国前列，厦门海域布设有 5 个自动监测浮标、广西海域布设有 16 个自动监测浮标，主要分布在赤潮高发区和重要敏感海域、港口和排污区、国界和省界海域。监测指标有水温、溶解氧、pH、氧化还原电位、电导、盐度、浊度、叶绿素、蓝绿藻、亚硝酸盐、硝酸盐及磷酸盐等 12 个参数。部分浮标还安装了气象监测仪，可监测风向、风速、气压、气温及湿度 5 个气象参数。浮标自动监测技术在我国发展比较迅速，具有连续性、时效性较好的特点，未来在监控预警方面将发挥重要作用。

4. 航空遥感监测

通过机载遥感设备，对我国海域主要环境条件和海洋环境污损事故进行监测。目前，海洋局系统有 5 架"海监飞机"用于海洋环境监测。机上装载了包括机载侧视雷达（SLAR）、微波辐射计（MWR）和红外/紫外扫描仪（IR/UV）、高光谱仪等传感器，对赤潮灾害、海冰灾害、海岸侵蚀和海面溢油、重大排污事件等进行监测。

5. 岸站监测

由海洋环境监测站和监测中心站建于岸滨、海岛或海洋平台站上的岸基监测设施完成的海洋环境监测。目前，在我国北起鸭绿江口、南至北仑河口的全国沿岸以及海南岛、西沙和南沙群岛共建有海洋环境监测中心站和监测站 70 余个。这些站以往主要承担水文气象观测监测任务，进行风暴潮、海啸等灾害的监测预报。近年来，新增加了海洋环境污染监测、赤潮监测、海面溢油监测和海洋生态要素监测等任务。

（五）实验室分析水平

我国近岸海域监测网实验室全部通过计量认证，监测分析人员按照持证上岗，严格执行质量管理和质量控制的规定和要求。现阶段近岸海域水质、入海河流和直排海污染源实验室监测和分析主要依据《海洋监测规范》（GB 17378—2007）、《水和废水监测分析方法》（第四版）及 USEPA 等，绝大多数监测站采用方法合理，能够达到环境监测管理和技术的标准要求，但也有个别监测站采用的方法不合理，特别是近岸海水低浓度的项目仍选用地表水和废水分析的方法，一些项目的检出限已超海水评价标准的一类标准限值，如活性磷酸盐、化学需氧量、铅、镍、汞等项目，需要在方法选择上加以改进。

此外，我国近岸海域部分已具备条件的监测站还按照《海洋监测规范》（GB 17378—2007）和《近岸海域环境监测规范》（HT 442—2008）开展了海洋生物、海洋沉积物、海岸带生态等要素的监测，但目前监测网络离规范化和标准化尚有差距，整体水平亟待提高，今后还需进一步加强能力建设和质量控制水平，保证监测结果的准确性和可比性。

（六）近岸海域监测的问题和原因

1. 管理方面

我国近岸海域环境监测管理工作，越来越引起重视，但还不能满足环境保护需求和发展趋势。

（1）职责分工不清导致网络管理效率低

由于没有《环境监测条例》统一全国的环境监测工作，对《海洋环境保护法》认识不足，普遍存在的部门利益保护使海洋监测协调存在极大难度，环保部在协调方面因掌握的资源难于协调各方利益，因此没有建立起全国统一的海洋监测网络，使得各部门基本按照自己的能力开展工作。其中，国家海洋局自己组织开展海洋环境监测，同时发布《全国海洋环境质量公报》。国家在海洋环境保护工作上未实现环境保护统一监督管理，网络管理基本各自为政。由于没有完整的国家海洋监测计划和规划对海洋监测力量整合，监测机构重复建设，近海区域监测没有统一规划，远海区域监测不足，出现问题多头回避或多头出击，重点不明，责任不清。

（2）经费投入不足制约监测工作开展

由于环境质量地方负责制，大多情况下要求地方监测开展工作多，统一监测经费标准和落实监测经费不足，加之海洋监测采样费用较高，制约了工作的开展，造成了部分离岸远的点位采样困难，开展的监测工作不能够全面反映国家海洋环境质量。由于工作与经费不挂钩，各地和部门监测机构在监测中，根据自己的财力、能力开展工作，对不能按照要求开展监测的机构也无法制约。

（3）监测能力尚未标准化，监测技术人员不足

由于过去工作基本上未开展海洋监测配备标准化研究和制定海洋监测的配备标准，同时技术人员不足和缺少一些专业的技术人员，各地方只能根据已有条件开展工作，到目前为止还有部分监测站不能按照《海水水质标准》（GB 3097—1997）全项开展监测。《海洋沉积物质量》（GB 18668—2002）中有 18 项，全国近岸海域监测网能够开展沉积物质量监测的监测站为数不多，大部分不具备监测条件。海洋生物监测工作由于缺少必要的配备和专业技术人员，因此大部分监测站不能够开展这方面的工作。

（4）质量控制与质量保证工作需要加强

目前，海洋环境监测质量控制和质量保证与全国环境监测的质量控制和质量保证工作一样尚处于考核、能力验证、计量认证的阶段，只停留在 20 世纪 80 年代中期水平。由于政府的行政干预和多种原因，部分地方的环境监测质量控制和质量保证工作还有倒退现象。主要问题表现在：国家和省级监测站未能发挥技术管理和技术支持职责，没有根据国情研究质量控制和质量保证投入比例，建立质量控制和质量保证投入保障制度，没有对新建立的标准方法及时培训，没有建立上级监测站对下级监测站监测数据的定期审核制度。目前，急需建立以质量控制和质量保证为中心的技术管理制度，特别是应立即制定和实施上级监测站对下级监测数据定期审核制度。针对这些问题，近岸海域监测网近些年通过质控抽测、质控检查和实验室能力验证等方式进行了探索，取得一定成效，但仍需重视和进一步加强。

（5）信息发布机制亟待完善

由于部门利益问题，在海洋环境管理、各自管理范围、监测及范围都存在无法统一的局面。也造成海洋环境信息多头发布和有些信息没有发布的结果，如：环境保护部、交通部和农业部编制发布《全国近岸海域环境质量公报》，农业部、环境保护部联合发布《全

国渔业环境生态公报》，海洋局发布《全国海洋环境质量公报》；环境保护部和海洋局各自发布《海水浴场周报》等。目前对远海环境质量没有比较全面的描述，对赤潮、海洋事故没有建立国家统一发布信息制度等。

2. 技术方面

我国近岸海域环境监测水平存在的问题在于：目前处在发展阶段，主要表现在以下方面：

（1）标准和技术规范需要补充和完善

标准建立没有扎实的研究基础和资金保障，滞后于需要。20 世纪 80 年代，我国的环境标准和监测分析方法标准以消化吸收国外技术为主，大多数环境标准没有自己研究的基础，大多数分析方法以验证为主。我国经过 20 多年的经济发展，标准制订的方式至今仍未改变，没有考虑标准制订的研究基础评估，使得照搬国外制订标准的方式仍然占标准制订工作的主导地位。同时，由于没有对标准制订经费的正常评估，标准制订的经费没有保障。在没有经费保障和经费不足的情况下，一方面需要制订的标准不能列入计划，而另一方面安排的标准制订工作不能按时、按质量完成，计划项目积压，造成了标准制订工作滞后局面。

（2）重点海域生态环境监测针对性不强

河口和海湾是反映陆域对海洋环境影响最直接和显著的区域，目前已对九个重要河口和海湾开展监测，但其中部分海域站位较少，空间识别度不高，监测项目、站位设置和监测频率等还需进一步优化；另一方面我国沿海各种污染源的排污状况近些年变化较大，目前重点海域的范围已不能全面反映整体状况，需要我们在调查的基础上有针对性地将部分污染严重型、生态敏感型和风险高发型的河口和海湾补充纳入国家监测方案。

（3）入海河流污染物和直排源监测体系尚不完善

入海河流和直排海污染源方面，目前全国近岸海域环境监测网每年对 200 多条入海河流，400 多家直排海污染源进行水质监测，并将水质评价和通量估算结果通过《中国近岸海域环境状况公报》对外发布，但现开展监测的入海断面和直排源企业数量有限，通量计算方法尚未统一和规范，还需完善污染物通量估算技术方法，增强监测数据的代表性和准确性，进一步说清入海总量。

（4）海洋大气沉降和陆源非点源监测体系尚未建立

海洋大气沉降和陆源非点源是污染物入海的又一重要途径，而环保系统目前尚未开展这方面的实际工作，国家海洋局从 2007 年开始在渤海旅顺老铁山等区域设置大气站监测营养盐和重金属等污染物的沉降通量，但在站位的选择上缺乏代表性，海上调查和监测也很少采集大气样品进行分析，无法准确反映大气污染物沉降通量。

（5）近岸海域水体富营养化监测和评价体系尚不健全

无机氮和活性磷酸盐是我国近岸海域水体的主要超标污染物，我国目前对无机氮和活性磷酸盐还停留在浓度监测和评价的阶段，从国外经验来看，富营养化问题应从营养盐过剩导致的综合生态效应角度进行评价，而现阶段我国的营养盐评价仍采用全国统一的标准，并未充分考虑营养要素的区域性背景值差异，近岸海域水体富营养化监测和评价计划尚未建立。因此有必要在近岸海域进一步开展富营养化专项监测和评价计划，有针对性地拓展监测项目，补充监测点位，完善监测频次，同时开展近岸海域区域营养盐背景值研究项目，实现近岸海域水体富营养化的业务化监测和评价。

（6）近岸海域污染监测和评价体系有待深入

目前近岸海域环境主要采用水质全项目的单因子评价法，污染监测和评价的科学性不足。从国外技术进展来看，通常单独考虑水体的富营养化问题，而近岸海域的污染监测关注的主要介质不再是水体，更侧重于生物体和沉积物，由此确定的监测项目主要是具有显著生态环境效应的"优先控制污染物"。因此根据近岸海域监测网现状，需要加强沉积物和生物体污染物的监测能力，完善监测指标，改进评价方法，针对污染较重海域和优先控制污染物名录，进一步优化监测和评价方案，建立覆盖水体、沉积物和生物体的综合性监测和评价体系。

（7）海洋污染物的输运-迁移转化规律尚缺乏研究

海洋水动力交换对解释近岸海域污染物空间分布和预测时间变化趋势具有至关重要的作用，而由于研究的复杂性和监测的难度较大，近岸海域监测网目前尚不能做到结合入海污染负荷和重点海域水动力特征分析污染原因和预测变化趋势，因此污染物入海总量与海域环境质量之间的定量化关系难以建立，从而影响了污染防治和应急工作的效果，这项工作还有待于进一步研究和深入。

二、美国海洋环境监测状况

从 20 世纪 50 年代初到 20 世纪 90 年代末，近岸海域环境监测技术进入第一个发展阶段，发达国家陆续制订了区域性监测计划。此阶段主要采用现场和实验室分析手段，侧重于污染性监测，指标比较单一，局限于水体、沉积物和生物体内的常规污染物，对富营养化等焦点问题形成了第一代评价方法。初期的近岸海域监测受经济社会发展和社会关注的影响较大，50 年代初期，海水放射性物质开始为监测 ^{90}Sr、^{90}Y 和 ^{137}Cs，后来变为更受关注的人造放射性同位素钸；DDT 监测也随着其浓度升高而不断增加监测频次。

1972 年美国商业部国家海洋大气局和南加利福尼亚大学制定《海洋污染监测指南》，推荐了采样、分析方法和分析辅助手段，使近岸海域环境监测开始规范化，监测的内容包括石油烃、PCBs、DDT、挥发性卤代烃、邻苯二甲酸酯等有机物，重金属等无机微量成分；提出了污染物大气、河流、海洋倾废和排污口的输运通量监测方法。1978 年，美国发射第一颗海洋卫星 SEASAT-1，开始海洋立体化监测的探索。1992 年，美国 EPA 近海监测处制定了《河口环境监测指南》，在常规污染指标的基础上，丰富了对沉积物、生物、群落结构、鱼类和贝类病理学、生物富集、细菌和病毒的监测方法，并应用于 PugetSound 湾和 Chesapeake 湾，取得了良好的效果，为以后近岸海域监测技术的发展奠定了基础。

2003 年，美国 EPA 建立了近岸海域综合监测和评价体系，按照科学性和代表性的原则，选择 5 类指标实施监测，包括：①水质溶解无机氮、活性磷酸盐、叶绿素 a、透明度和溶解氧；②沉积物毒性、特征污染物和 TOC；③底栖生物种群数量、群落特征和生物多样性；④近岸栖息地湿地面积下降率；⑤鱼/贝类体内 As、Cd、PAHs 和 PCBs 等 15 项污染物致癌风险。评价按综合各类指标及标准阈值对单个站点和区域状况进行分级，将环境状况分为 5 类：仅水生生物使用功能受到损害、仅人类使用功能受到损害、水生生物和人类使用功能均受到损害、水生生物和人类使用功能均受到威胁、或者两者之一受到威胁、水生生物和人类使用功能均未受损害。美国近岸海域监测手段上广泛采用在线监测、实验室分析和卫星遥感等技术，使评价结果更加全面和科学。

三、欧盟海洋环境监测状况

2000 年左右，欧洲东北大西洋沿海 15 个国家和欧共体签订了奥斯陆-巴黎协议（OSPAR），以生态质量为目标（EcoQO），开始生物多样性和生态系统、富营养化、有害物质风险、海上油气开发和放射性物质五大专题的监测评价，建立了针对海域水体、沉积物和生物介质的协同环境监测体系，陆源入海河流、污染源直排口污染物输入监测体系以及海洋大气沉降综合监测体系。OSPAR 基于各专题对海域环境进行综合评价，使生态质量与相应的人类活动联系起来，更有针对性和合理性。

OSPAR 协议的主要工作方针是以生态系统的方法对人类活动进行管理，从而保护海洋环境免受人类活动的影响。具体工作内容分为 6 个方面：①海洋生物多样性和生态系统的保护；②富营养化状况；③有害物质；④放射性物质；⑤海洋开发活动（主要指海洋油气开发）；⑥对海洋环境质量、污染物入海状况和海洋环境变化趋势的监测与评价。其中，前五个是针对 OSPAR 区域内不同的环境问题而设置的专题战略，每个专题战略的管理和组织实施均由相应的分委员会负责。

2000 年，欧洲水框架指令（WFD）建立了近岸海域环境监测和综合评价体系，其监测项目、评价标准及环境目标根据水体的类型特点确定，包括生物、水文、物理和化学指标。WFD 充分考虑了区域性特征，综合各类指标与背景值比较，根据分级阈值进行评价，最终确定近岸海域环境的优良、良好、中等、较差或极差等级。

WFD 是欧盟水资源环境管理方面的一个计划，工作体系中包含了大量的监测和评价工作，是支持水资源管理系统有效运行的重要基础。对欧洲地表水进行统一的分类，确定每种水体类型的背景环境条件，并根据监测结果判定每个水体单元及流域的质量状态等级，得到水质状态分布图，对于环境管理对策的实施和水体状态的改善具有重要意义。绘制水质状态分布图主要包括 5 个步骤，包含的内容也是 WFD 监测和评价最主要的工作：

（1）将所有水体按生态学类型进行分类；

（2）确定每种水体类型的背景环境；

（3）确定各质量状态级别之间的阈值；

（4）水体生态环境状态的监测；

（5）水体生态环境状态的评价。

WFD 要求监测指标、评价标准以及环境目标都应根据水体的类型进行研究确定；监测指标应包括生物、水文、物理和化学等各方面的要素，并将所有要素进行综合评价；监测和评价与管理体系密切结合，是管理方案制定的依据也是管理成果的有效反映。2008 年 6 月在 WFD 的框架下通过了《海洋战略框架指令》（Marine Strategy Framework Directive, MSFD）。

四、澳大利亚海洋环境监测状况

澳大利亚的水质监测主要由联邦政府、州、直辖区和当地政府、大学、研究机构、私人组织和社区等共同组织完成。其中与近岸和海洋相关的监测项目是河口和近岸水体的监测，数量约占各类水体监测项目总数的10%，见表1.1。

表1.1 澳大利亚开展的各类水体监测项目

类别	1993—1994 年的项目数量	1998—1999 年的项目数量
饮用水水源地	174	—
水库和湖泊	—	113
湖泊和堤坝	154	—
河流和溪流	210	291
一般的河流环境	89	—
城市雨水	43	14
地下水	112	69
河口	48	83
近岸水体	52	46
工业用水及中间排放	321	—
工业污水排放	—	177
农业径流	17	6
总数	1 489	999

1993—1994 年，72%的监测任务是由州、直辖区或当地政府完成的，而 1998—1999 年则上升为90%。大约20%的监测项目监测生物指标，23%的监测项目含有流速的测定。

澳大利亚监测网络按分级管理方式管理，各级政府分工如下：

（一）联邦政府

联邦政府提供资金支持州和直辖区开展水质监测研究和监测项目。例如，国家环境现状报告系统和水体监测国家办公室以及水研究公共机构开展的工作。联邦政府在水质监测中所起的作用是制定水质管理策略，督促采用统一的监测方法，并进行数据同化。水质问题的重要研究项目是由科学与工程研究院（CSIRO）、大学和研究机构共同完成。

（二）州和直辖区政府

管理辖区内的水资源是各个州和直辖区政府各自的责任，州和直辖区政府的水资源机构负责水质监测。

（三）地方政府

地方政府越来越多地参与到辖区的环境管理工作中，尤其是在水资源规划过程中的作用越来越重要。

（四）研究机构

研究机构负责研发新的监测技术，吸收新的科研成果，广泛的研究各类环境问题。参与水质监测的还有企业、社区的环境保护志愿者。

五、日本海洋环境监测状况

在日本，政府部门、研究所、大学等进行了各种海洋环境监测。环境省在汇总分析海洋环境监测调查结果之外，还进行了化学物质环境实态调查、公共用水域调查、广域综合水质调查等项工作。国土交通省的海上保安厅进行"海洋污染调查"，并公布"海洋污染调查报告"，监测数据和报告提交环境省。气象厅利用海洋气象观测船进行"海洋背景污染观测"。监测内容包括：污染物质、浮游焦油球、油分和重金属（汞和镉）。

监测目的基于履行联合国的海洋法条约（1967年7月生效）。从1998年日本开始实施海洋环境监测调查。在1998—2007年10年期间五年一个周期，进行了两次全海域调查。根据调查结果，对日本海洋环境进行了综合评价。另一方面，由于近年来西北太平洋计划（NOWPAP）和地球海洋评价（GMA）的实施，完成了反映地域性的海洋环境现状的状况报告。根据海洋监测调查结果，主要对日本周边海域以及远洋海洋的重金属类、PCB、有毒有害化学物质等污染情况进行汇总分析。

《2009年日本环境　循环型社会　生物多样性白书》和《日本周边海域海洋污染现状——海洋环境监测调查结果　1998—2007年度》对日本地表水和近岸海域水质状况进行了说明。

（一）公共用水域

经过近半个世纪的努力，日本水环境中的健康项目的达标情况有了显著提高，而标准也更加严格。在评价水体的水质状况时，健康项目的标准值是一致的，但对不同功能的水体，生活环境项目标准值不同。目前，日本近岸海域的生活环境项目（COD）的达标率在逐年提高，而三个封闭性海湾（东京湾、伊势湾和濑户内海）的达标率一直较低。

2007年健康项目监测结果为：公共用水域的环境标准达标率为99.1%。生活环境项目中代表有机污染状况的监测指标COD（湖泊和海域）的达标率，2007年为85.8%。其中海域为78.7%。闭锁性海域COD的达标率为：东京湾63.2%，伊势湾56.3%，大阪湾66.7%，濑户内海（大阪湾以外）78%。

总氮和总磷的达标率情况：2007年海域为82.2%；闭锁性海域总氮和总磷的达标率为：东京湾66.7%，伊势湾57.1%，濑户内海（大阪湾以外）96.5%。

2006年赤潮发生次数，濑户内海94次，有明海29次。东京湾及三河湾发生过青潮（Blue Tide）。在湖泊发生过绿藻（Water Bloom）及淡水赤潮。

根据地方政府实施的2008年海水浴场监测情况，监测的841个浴场全部达标。水质良好的浴场共有702个，占全体的83%。

（二）日本周边海洋环境现状

为摸清日本周边海洋环境历年变化，进行综合评价，日本实施了海洋的水质、地质等海洋环境监测。根据《日本周边海域海洋污染现状——海洋环境监测调查结果　1998—2007年度》，日本海洋环境监测及结果简述如下：

为了解陆源污染对海洋环境的影响，进行了从内陆港湾、沿岸以及近海的污染物分布及浓度调查。为把握投放到海洋污染的污染物状况，进行了海水、沉积物、海洋生物的调查和监测。

具体监测和调查项目有：①海水和沉积物的重金属类监测及 POPs 条约中规定的 PCB、dioxins 类、有机锡化合物（Organotin Compounds）的监测与调查。②沿岸到近海的底生生物群落的状况及 5 个种类的海洋生物的 PCB、dioxins 类的污染物累计状况。③ 塑料漂浮物调查。

调查结果如下：①在沿岸的沉积物中均检出了重金属类、PCB 以及 dioxins 类污染物。显示了工业和城市圈对沿岸海域的影响。而且，在近岸的堆积物中也检出了 PCB 以及 dioxins 类污染物，虽然数值较低。② 在纪伊水道周边海域的沉积物中，检出较高浓度的 PCB 污染物。在纪伊·四国冲以及日本海西部海域的沉积物中检出高浓度的有机锡化合物。③ 在部分沿岸海域，观测到由于缺氧而引发的底生生物组成发生变化的情况，但未能确认与污染物的相关性。没有发现在海洋生物体内的 PCB 以及 dioxins 类污染物浓度有下降趋势。④明确发现到近海都有塑料漂浮物。

六、国外海洋环境监测发展的特点

围绕海洋环境问题，发达国家和地区都非常重视和加大投入，陆续建立了中长期的海洋环境监测发展规划和战略，环境监测能力不断增强和提升。目前国际海洋环境监测体系已经向高分辨、大尺度、实时化和立体化发展；监测目标向生态功能延伸；监测区域由近岸海域向外海海域乃至大洋海域扩展；关注焦点从传统意义上的污染监测和评价，逐步涵盖到人类健康、海洋生物多样性保护、海洋环境可持续性、海洋环境保护措施成效和管理行动计划的优先排序等更深层次问题的内容。国外海洋环境监测与评价主要体现出以下特点：

（一）重视监测与评价统一

保护东北大西洋海洋环境的奥斯陆-巴黎协议（Oslo-Pairs Convention，OSPAR）和欧盟的水框架指令（Water Framework Directive，WFD）所开展的海洋环境监测项目涉及了多个成员国，除了少数统一的监测项目外，大部分的监测任务都被分配到各个区域或各个成员国。在这种情况下，要保证所有监测数据和评价结果的可比性和可靠性，就必须做到监测与评价方法体系的统一。因此，欧盟和 OSPAR 在实施海洋环境监测与评价项目的同时，首先推出了一系列完整的监测与评价技术指南，并在实际工作中不断修订和完善。同时，对于地理区域上有交叠的 OSPAR 和欧盟的 WDF 所开展的海洋环境监测和评价工作，也非常注重不同项目间技术方法的协调一致，既提高了监测与评价项目的运行效率和数据的使用效率，又避免了重复工作。

（二）重视富营养化评价

1972 年的斯德哥尔摩人类环境会议召开时，近岸海域水体的富营养化带来的生态系统问题尚未成为全球关注的主要环境问题。但自 20 世纪 70 年代末以来，由于生活污水排放量和农业施肥量的增加，富营养化已成为全球海洋环境关注的焦点。就目前的海洋环境监测而言，各国均将重点放在富营养化和相关问题上。欧盟和美国都有专门的监测计划对河口和海湾的富营养化状况进行监测和评价。并且，富营养化的评价方法也由第一代简单的富营养化指数评价，发展到第二代以富营养化症状为基础的多参数评价方法体系。评价要素涉及化学、生物和水文等多个学科；评价指标涵盖营养盐的富集程度、直接效应和间接效应等多种层次；监测对象也包括了水体、沉积物、生物、生态以及污染源的排放等。目前应用最为广泛的富营养化监测评价体系有美国的"河口营养状况评价综合法"（ASSETS）和 OSPAR 的"综合评价法"（OSPAR-COMPP）。这两种方法都是基于压力（P）-状态（S）-响应（R）评价指标框架的，评价参数较多，评价结果较为客观，能较科学地反映水体的富营养化状况。并且 2008 年以后美国 EPA 又对 ASSETS 方法进行了改进，更加提升了第二代富营养化评价方法的应用潜力。

（三）重视生态综合评价

目前海洋污染的问题依然严重，并且海洋生物资源的过度开发、生物栖息地丧失以及外来物种入侵也已经成为新的海洋生态环境问题。在海洋生态系统退化日趋严峻的形势下，海洋生态监测已越来越引起沿海国家地区以及海洋环境保护组织的关注。澳大利亚利用区域项目"生态系统健康监测计划"（Ecosystem Health Monitoring Program，EHMP）进行了定量化的生态健康状况综合评价的尝试，EHMP 在全国河口状况评价项目中采用系统化的指标，通过与未受人类活动干扰的参比环境条件的对比，对河口的综合生态状况偏离原始状态的程度进行定性评估。美国 EPA 在 2005 年近岸环境状况报告中也给出了一套定量的近岸海域生态状况的综合评价方法，并且至今每年发布报告，该套评价体系已趋于成熟。而欧盟 OSPAR 的海洋生物多样性和生态系统的监测结果目前主要以描述性评价为主，所关注的重点是人类活动对海洋生态系统的影响，并在进行其他海洋环境监测评价是以生态质量目标（EcoQO）为主线，贯彻海洋生态保护的理念。

总体而言，目前国际上生态监测和评价体系还尚未完全成熟，确定海洋生态系统健康状况的评价指标和评价阈值，建立适用的综合评价方法体系，是目前海洋生态环境监测评价面临的最大问题。

（四）重视入海污染源

对于海洋污染源来说，除了点源外，还有农业面源、城市径流和污染物大气沉降等非点源，具有数量庞大、分布范围广、管理难度高和不确定性大等特点。因此，世界很多国家在加强点源排放监测的基础上，制订了非点源污染防治行动计划，采取全流域水质保护的综合管理模式，来满足沿海地区点源和非点源污染防治工作的需要。

为降低营养盐向海洋的输入，美国最新的海洋政策要求沿海各州制定并强制执行营养盐水质标准，减少非点源污染，实施污染物日最大负荷（Total Maximum Daily Loading，TMDL）为指标的点源和非点源污染物排放量削减计划。TMDL 是指"在满足水质标准的条件下，水体能够接受的某种污染物的最大日负荷量，包括点源和非点源的污染负荷分配，同时考虑安全临界值和季节性的变化，从而采取适当的污染控制措施来保护目标水体达到相应的水质标准"。

OSPAR 的"联合评价与监测项目（JAMP）"对于点源和非点源的监测与评价均提出了详细的技术要求，并根据污染源类型分别开展了入海河流和直排海污染源监测（RID）以及大气综合监测（CAMP）。OSPAR 根据污染源多年监测数据和评价结果提出了陆源污染控制措施，包括某些化学物质的禁用和重点污染企业的技术革新等。

（五）强调区域特征

对于海洋环境体系来说，不同的区域都具有明显的区域特征，因此在制定监测和评价计划时不能"一刀切"，要根据不同海域的水动力、生物和化学等背景情况，划分适宜的单元，并选择具有区域特征的评价指标和评价标准。OSPAR、WFD 和澳大利亚的富营养化评价、污染评价和生态系统评价计划均有此特点。

在 20 世纪 70 年代末，美国 USEPA 指出水环境管理不仅要控制污染问题，还要强化水生态系统的结构与功能的保护，水生态区划的概念应运而生。这个区划是一个能反映水生态系统空间特征差异的管理单元体系，是具有相对同质的水生态系统。水生态区划方案一经提出，就得到了美国管理部门的普遍认可，很快就应用于水生态系统的管理中，特别是用于区域监测点位的选择和建立区域范围内受损水生态系统的恢复标准，达到基于区域风险和脆弱性选择管理措施的目的，实现了水质管理从水化学指标向水生态指标管理的转变。自美国提出水生态区划的概念和方法后，欧盟在 2000 年颁布的"欧盟水框架指令"中提出要以水生态区划为基础确定水体的参比条件，根据参比条件评估水体的生态状况，最终确定生态保护和恢复目标的水生态系统保护原则。

但是要注意的是，营养盐属于海洋环境中天然存在的化学要素，地域不同，其背景值的差异很大，像我国沿海区域地理跨度大的这种情况，若采用统一的标准进行评价，必然严重影响评价结果的科学性和准确性，必须建立以生态区划为基础的基准和标准体系，才能达到科学监测评价的目的。

（六）注重公众服务功能

美国 EPA 及其他部门发布鱼贝类消费提示报告，执行海滩关闭和警告制度，这些工作都是基于海洋环境是否满足人类使用海洋的需求为目的的监测和评价计划。OSPAR 的海洋环境监测和评价的服务功能主要体现在为加强对人类活动的管理提供科学依据和决策支持，切实将海洋环境监测和评价工作与保护海洋环境免受人类活动影响的管理工作紧密结合。

第四节　近岸海域监测技术路线

一、内涵

（一）概念

环境监测技术路线是指在一定的时期内，为完成一定的任务，达到一定的目标而采取的技术手段和途径。

（二）特点

监测技术路线的特点：一是稳定性与变动性。稳定性是指在一定时期内，技术路线一经确定，就保持其相对稳定，直到完成既定的任务，达到既定的目标为止。变动性是指不同时期，由于其监测的发展阶段不同，面临的历史任务不同，所要达到的目标不同，因而所采取的监测技术路线也必然不同。二是技术手段和途径多样性。主要是指我们达到目的和实现目标的手段和方法的多种多样。我们既可选择一种单一的手段，也可以选择多种手段的组合方式。三是目标任务与手段途径的最佳适配性。由于技术手段和途径的多样化，就有一个最佳的选择搭配问题，最好的技术路线应该是技术上科学先进，操作上切实可行，经济上成本最小，施行的时间周期最短，完成的任务最多，达到的目标最高，获得的效益最大。

（三）结构

环境监测技术路线的结构要素包括开展监测工作的目的和欲达到的目标，要达到既定目的与目标所经历的时间，在既定的时间里欲达到既定目的和目标所采取的技术手段和途径，监测的项目与频率，所使用的设备及分析测试的方法等。

（四）意义

近岸海域环境监测对于说清楚近岸海域环境现状，评估近岸海域环境质量变化趋势，确定环境压力和生态效应之间的因果关系，评估环境保护管理措施和规划的成效具有关键作用。

环境监测是环境保护工作的重要基础，是环境管理的基本手段，是环境立法、环境规划和环境决策的依据。环境监测发展方向是否正确，环境监测技术路线是否科学，环境监测的信息是否可靠，直接关系到环境管理的成败。环境监测的首要问题是制定出满足环境管理需要的科学先进而又切实可行的技术路线。环境监测的技术路线，决定着监测工作的发展方向，制约着监测技术的选择与应用，影响着监测政策的制定和监测产业的发展。认真研究适合中国国情的环境监测技术路线，对于指导 21 世纪环境监测工作的实践，无疑具有十分重要的现实意义。在过去 30 多年的发展历程中，环境监测为环境管理作出了重大贡献，同时也存在着自身的监测技术路线不完善，甚至是不明确的问题，尤其是我国近岸海域环境监测工作，一直未进行近岸海域环境监测技术路线的相关研究。因此，制定符合我国国情的近岸海域环境监测技术路线，对于中国环境监测工作的发展创新，满足新时期近岸海域环境管理的需要，完成时代赋予的历史任务，具有十分重要的意义。

二、近岸海域环境监测技术路线设计

（一）原则

1. 分类指导原则

近岸海域是一个完整的生态系统，其要素的复杂性、区域的差异性和监测目的的多样性决定了制定近岸海域环境监测技术路线必须按照分类指导的原则，在保证完整性的前提下，针对不同的监测要素，采取不同的技术手段与方法。

2．发展性原则

由于监测技术路线具有相对稳定性的特点，因此指导未来 10 年近岸海域环境监测工作的技术路线，必须既能充分满足现实需求，又能满足长远发展的需要。这样才能保证技术政策的延续性，才能有强的生命力。

3．先进性与可行性相结合原则

既要立足现实，充分考虑现有的技术基础、装备条件、人员水平和经费支持，又要着眼于未来的发展和世界先进水平，将先进性、前瞻性和可行性有机地结合起来。

4．突出重点原则

近岸海域是一个极其复杂的系统，各要素之间既有联系又有区别。因此，制定近岸海域监测技术路线，必须根据各监测要素的环境质量现状及变化规律，结合环境管理的实际需求、现有技术水平和未来发展方向，统筹兼顾，突出重点。

5．规范化与标准化原则

监测质量保证体系是环境监测工作的生命线，其关键是监测技术手段、方法和设备的规范化与标准化。因此，设计近岸海域监测技术路线时，必须充分考虑各个环节的规范化与标准化。

（二）依据

《国家环境保护"十二五"规划》

《国家环境监管能力建设"十二五"规划》

《国家环境监测"十二五"规划》

《海水水质标准》（GB 3097—1997）

《渔业水质标准》（GB 11607—89）

《地表水环境质量标准》（GB 3838—2002）

《污水综合排放标准》（GB 8978—1996）

《船舶污染物排放标准》（GB 3552—83）

《海洋石油开发工业含油污水排放标准》（GB 4914—85）

《污水海洋处置工程污染控制标准》（GB 18486—2001）

《海洋监测规范》（GB 17378—2007）

《近岸海域环境监测规范》（HJ 442—2008）

（三）目标

未来 10 年，我国近岸海域环境监测技术发展的总目标是：能全面、准确、及时地说清近岸海域环境质量状况和变化趋势，说清近岸海域污染源排放状况，说清近岸海域潜在的生态环境风险。人员技术和能力建设上形成完整的、统一的近岸海域监测体系，实现监测技术标准化和规范化。完善近岸海域监测网的组织运行机制，使网络布局更加合理，功能更加突出，管理更加科学。

2015 年，基本实现"说清近岸海域环境质量状况和变化趋势，说清近岸海域污染源排放状况，说清近岸海域潜在的生态环境风险"的规划目标。在东海、南海配备 2 艘千吨级以上监测船，加强海洋监督性监测能力，扩大海洋环境保护权益监督覆盖范围；建立国家重要河口名录，在国家重要河口区域配备 6 艘 200 吨级和 2 艘 500 吨级专业监测船，逐步完善河口和海湾监测，重点深化和加强污染严重型、生态敏感型、潜在风险型河口和海湾的监测和评价；近岸海域监测地级市站填平补齐近岸海域专业监测设备，实现现场采样和实验室分析能力的标准化建设；在全国 17 个近岸海域重点区域建设 51 个浮标自动站，在近岸海域中心区域开发卫星遥感业务化平台，积极拓展浮标自动、卫星遥感等新技术的业务化应用，制定业务化流程和技术规范，提高近岸海域预警和应急监测能力；创新近岸海域环境监测和评价体系，完善点位布设，优化监测频次，开展近岸海域水体富营养化评价，加强沉积物、生物体污染监测和评价体系建设；进一步完善入海河流和直排海污染源污染物入海监测技术规程，提高污染物通量估算准确性和代表性；加强海水浴场监测，完善健康风险指标，重点海水浴场能够做到环境风险监控预警；加强重点海域生物生态监测和功能区监测，对重点生态区和功能区的进行综合评价；开展大气沉降、非点源污染物通量和生物多样性监测试点，初步形成海洋大气沉降、非点源污染物通量和生物多样性监测技术规程。

2020 年，全面实现"说清近岸海域环境质量状况和变化趋势，说清近岸海域污染源排放状况，说清近岸海域潜在的生态环境风险"的目标。在实现近期目标的基础上，进一步提高科学监测水平。

（四）技术路线设计

近岸海域环境监测技术路线着重技术集成、海陆统筹、说清趋势、突出重点、预警风险。

监测手段以近岸海域河口和海湾为重点，优化监测点位为基础，浮标自动监测技术和卫星遥感应用技术为先导；先进科学的监测和评价体系为依据，富营养化和具有生态效应的优控污染物问题为导向；标准规范的船舶手工采样、船上实验室和陆地实验室分析技术为主体；移动式现场快速应急监测技术为辅助手段的自动监测、常规监测与应急监测相结合；监测范围在满足大尺度趋势监测的基础上，开展中微尺度重点区域和敏感海域的纵深监测和风险预警；监测要素由海水水质单一要素，向沉积物、海洋生物、海岸带生境、入海河流、直排海污染源、大气沉降等要素综合拓展。

根据职能分工和管理需求，近岸海域具体监测业务可分为监督性监测、例行性监测、预警性应急性监测、研究性监测等几个战略专项。具体设计如下：

1. 近岸海域环境监测原则

以科学发展观为指导，以基本说清近岸海域环境质量状况及其变化趋势、说清污染源排放状况、说清潜在的环境风险为目标，以统筹规划、突出重点、分类指导、保证质量为原则，以优化布点、现场手工采样-实验室分析、浮标自动监测和卫星遥感等技术方法为基本手段，以领海基线 12 海里向陆一侧海域为对象，以重要河口和海湾的富营养化及优先污染物为重点，依托国家现有环境监测网络，逐步健全近岸海域水体、生物、沉积物和生态健康监测项目，完善入海河流、直排海污染源和大气沉降监测技术，拓展以流域影响为主的面源监测技术，深入开展赤潮、溢油、滨海湿地和风险预警等专题性监测，不断探索先进监测技术和评价方法，完善近岸海域环境监测技术体系和监测网络体系。

2. 近岸海域环境质量监测

在现有近岸海域国控监测点位基础上，补充人类活动频繁影响和生态敏感监测点位；综合考虑入海径流、潮汐、污染源、生物栖息环境状况和国控水质监测点位分布，完善沉积物、生物和生物体残毒监测点位。

水质必测项目包括标准规定的各项指标（病原体除外），选测项目水文、气象和有区域特征的污染因子；沉积物必测项目包括标准规定的各项指标，选测包括色臭味、废弃物、大肠菌群、粪大肠菌群、硫化物、氧化还原电位、Cr、PCBs 和沉积物类型等；生物必测项目包括浮游植物、大型浮游动物、叶绿素 a、粪大肠菌群、底栖生物；选测初级生产力、赤潮生物、中小型浮游动物、底栖生物、大型藻类、细菌总数、鱼类回避反应等；生物体内污染物监测以贝类为主，并根据海区特征增选鱼类、甲壳类和藻类，必测项目包括 Hg、Cd、Pb、As、Cu、Zn、Cr、石油烃、六六六、DDT；选测项目包括粪大肠菌群、PCBs、PAHs、麻痹性贝毒等。

水质监测每年 2～3 次，监测期分别为 3—5 月、7—8 月和 10 月；沉积物监测每年 1 次，时间为 5—8 月；生物监测频次 2015 年前实现与水质监测同步；监测能力提高后，水质和生物监测按每年春、夏、秋、冬四期进行。

3. 近岸海域环境功能区水质与沉积物监测

在现有近岸海域环境功能区监测点位基础上逐步完善，达到面积 5km² 以上的功能区，至少在中心布设 1 个点；面积小于 5km² 功能区，如有陆域或海上直排海污染源，至少有 1 个点位布设在排污口混合区的外边界上；面积小于 5km² 功能区，如没有污染源，可参照邻近功能区点位。

水质必测项目包括化学需氧量、活性磷酸盐、亚硝酸盐、硝酸盐、氨氮、石油类，选测具有区域特征的污染因子和显著生态效应的优先污染物；沉积物必测项目包括有机碳和石油类，选测具有区域特征的污染因子和显著生态效应的优先污染物。近岸海域环境功能区水质和沉积物每年至少监测 1 次。

4. 海岸带环境质量监测

潮间带环境监测点位包括潮间带高潮带布设 2 个测点，中潮带布设 3 个测点，低潮带布设 1～2 个测点。海岸带遥感监测范围为沿海典型湿地区域。

潮间带水质必测项目包括水温、pH、盐度、溶解氧、石油类和营养盐，选测化学需氧量、悬浮物等；沉积物必测项目包括有机碳、石油类、硫化物、沉积物类型，选测 Hg、Cd、Pb、As、氧化还原电位等；生物必测项目包括生物种类、群落结构、生物量及栖息密度；海岸带变化必测项目包括滨海湿地面积和海岸带变化等。

开展潮间带监测前，应进行背景调查，综合调查拟监测断面春、夏、秋、冬四季潮间带生态背景状况。实际监测选取其中 1 个或 2 个季节进行，监测时间在调查月的大潮汛期间进行；海岸带变化遥感监测每年 1 次。

5．入海河流通量监测

在全国近 200 个入海断面基础上，调查和补充部分入海断面；断面原则上布设在零盐度处（盐度最高不超过 5），避开死水及回水区，选择河段顺直、河岸稳定、水流平稳、无急流湍滩、交通方便处，并尽量与水文监测断面相结合。必测项目包括《地表水环境质量标准》表 1 和表 2（包括总氮）；选测具有区域特征和显著生态效应的优先污染物，有条件地开展流速、流量和水量监测。监测频次每月 1 次。同时增加地级城市的入海河流入境断面，开展相应的入境断面污染物通量监测。

6．直排海污染源通量监测

在污水日排放量 100 m³ 以上规模直排口污染源调查清单的基础上，补充部分日排放量 30 m³ 以上高环境风险直排口。必测项目为排口执行标准规定的项目以及总磷和总氮；选测具有区域特征和显著生态效应的优先污染物。监测频次按照季节测定，每年至少 4 次。

7．大气沉降污染物监测

在现有国家大气监测网站的基础上，结合区域污染特征，选择离近岸海域距离最近的部分站位，并补充部分海洋大气背景站位。对干、湿沉降的重金属、有机物和营养盐浓度及通量进行监测。降水中必测项目为氨氮、硝酸盐氮和亚硝酸盐氮，干沉降必测项目为重金属、氨氮、硝酸盐氮和亚硝酸盐氮；干沉降选测具有区域特征和显著生态效应的优先污染物。湿沉降监测频次与酸雨监测相结合，逢雨必测；干沉降根据区域污染特征，按每月、双月或季度监测 1 次。

8．陆域面源通量监测

在入海河流断面以下、沿岸小径流流域区域设立监控区。必测和调查项目为土地类型变化、种植类型、农药化肥使用情况、排污系数、土地产流系数、有显著生态效应优先污染物排放量（日排放量大于 100 m³ 直排海污染源纳入直排海污染源通量监测范围）等；选测日排放量大于 30 m³、具有区域特征优先污染物。每年调查 1 次。

9．河口海湾生态监测

在现有国控点和功能区点位基础上，在国家重要河口，按每个河口至少布设 3 个点位，面积大于 30km² 的，每多于 20km² 面积增加 1 个点位，最多布设 20 个点位方式，以网格化要求补充布设监测点位。监测内容和监测频次按近岸海域环境质量监测要求。

10．海滨浴场环境监测

根据浴场长度确定监测断面，长度 2 000 m 及以下的，在沐浴人群较集中区域设 2 个断面，2 000 m 以上 5 000 m 以下的设 3 个断面，5 000 m 以上的设 4 个断面；根据浴场宽度确定监测断面，宽度 250 m 及以下的，在沐浴人群较集中区域设 1 个断面，250 m 以上 500 m 以下的设 2 个断面，500 m 以上的设 3 个断面。

必测项目包括水温、pH、石油类、粪大肠菌群及漂浮物质；选测项目根据浴场海域水质总体状况及周边入海污染物排放情况，选择对人体健康可能产生不利影响的污染物进行监测。监测时段：南方每年 6—9 月，北方每年 7—9 月；监测频次为每周 1 次，可根据气象及实际情况进行调整。

11．浮标自动预警监测

在国控点和功能区点位基础上，结合敏感海域预警需求进行设置。必测项目包括水温、溶解氧、pH、氧化还原电位、电导、盐度、浊度、叶绿素；选测氨氮、亚硝酸盐、硝酸盐、磷酸盐、蓝绿藻、有区域特征和可实现自动监测的优先污染物。一般为每小时 1 次，最小频次为每 4 小时 1 次。

12. 应急监测

针对赤潮、绿潮、溢油和化学品等灾害或突发性环境污染事故的应急监测，根据灾害或突发性环境污染事故影响区域及区域特点，布设监测点位。

赤潮和绿潮应急必测项目包括与之相关的种类和数量、叶绿素 a、气温、水温、水色、透明度、风速、风向、盐度、溶解氧、pH、活性磷酸盐、无机氮、非离子氨、活性硅酸盐以及影响面积；选测流速、流向、Fe、Mn、总有机碳、浮游动物、麻痹性贝毒等。监测频次原则上按高危期和爆发期每天进行 1 次，直至赤潮或高危消退后的第三天。

溢油和化学品应急事故必测项目包括水体中油污或化学品分布、影响面积、石油类或化学物质浓度；沉积物中石油类浓度或化学物质浓度、生物体中石油类残留量；选测项目根据事故类型，选择挥发性和半挥发性有机物、多环芳烃等或化学品衍生物。监测从事故发生起每天监测 1 次，直至海水中石油类浓度或化学物质连续 3 天稳定；对于重大溢油污染事故和可造成持久性污染的化学品污染事故，需在事故后开展追踪性监测。

第二章 近岸海域水质监测技术

第一节 样品采集、保存与运输

一、样品容器及采样器械准备

（一）样品容器的选择

采样、样品保存容器的选择决定样品在分析前是否发生物理、化学和生物等反应，影响分析的准确性。在选择容器时应考虑以下因素：

（1）容器的材质应化学稳定性强，不与被测组分发生反应，且器壁不应吸收或吸附待测组分，便于清洗，并具有一定的抗震性，能适应较大的温差变化，封口严密。

（2）一般选择由硬质玻璃和聚乙烯塑料材料等稳定性强材料制成的样品容器。大多数含无机成分的样品，多采用聚乙烯、聚四氟乙烯和聚碳酸酯材质制成的容器。常用的高密度聚乙烯，适合于水中硅酸盐、钠盐、总碱度、氯化物、电导率、pH 分析和测定的样品贮存。对光敏物质多使用吸光玻璃质材料，如棕色瓶，必要时采用锡箔遮光。常用玻璃质容器适合于有机化合物和生物品种样品的贮存。塑料容器适合于放射性核素和大部分痕量元素及常规监测项目的水样贮存。带有氯丁橡胶圈和油质润滑阀门的容器不适合有机物和微生物样品的贮存。

（3）一般容器有细口和广口之分，装贮水样要用细口容器。容器封口材料与容器材质要一致，封口瓶塞不得混用。在特殊情况下需要用木塞或橡皮塞时，必须用稳定的金属箔包裹。有机物和某些细菌样品容器不得用橡皮塞。碱性的液体样品容器不能用玻璃塞。禁止使用纸团和不稳定的金属作塞子。

（二）样品容器的洗涤

为了最大限度避免样品受玷污，新容器必须彻底清洗，使用的洗涤剂种类取决于待测物质的组分。常见的容器洗涤方法见表 2.1。

洗涤方法如下：

（1）用一般洗涤剂或无磷洗涤剂清洗时，用软毛刷洗刷容器内外表面及盖子，用自来水冲洗干净，然后用被监测项目分析要求的纯水冲洗数次。

表 2.1 海水样品处理、保存和容器的洗涤

项目	容器	样品量/ml	现场处理方式	保存方法	最长保存时间	容器洗涤
pH	P·G	50		现场测定	2 h	I
水色	—	—	—	现场测定	—	—
粪大肠菌群	P·G	60		现场测定	2 h	I
悬浮物	P·G	1 000		冷藏，暗处保存，最好现场过滤	24 h	I
浊度	P·G	50		冷藏，暗处保存，最好现场测定	24 h	I
溶解氧	G	50～250		加 $MnCl_2$ 和碱性 KI，现场测定	数 h	I
化学需氧量	P·G	300	0.45 μm 滤膜过滤	冷藏，加硫酸 pH<2，-20℃ 冷冻，最好现场测定	数 h 或 7d	I
生化需氧量	G	1 000		冷藏，最好现场测定	6 h	I
氨氮	P·G	50	0.45 μm 滤膜过滤	现场测定或-20℃冷冻	数 h 或 7d	II
硝酸盐氮	P·G	50	0.45 μm 滤膜过滤	现场测定或-20℃冷冻	数 h 或 7d	II
亚硝酸盐氮	P·G	50	0.45 μm 滤膜过滤	现场测定或-20℃冷冻	数 h 或 7d	II
活性硅酸盐	P	50	0.45 μm 滤膜过滤	现场测定或-20℃冷冻	数 h 或 7d	II
活性磷酸盐	P·G	50	0.45 μm 滤膜过滤	现场测定或-20℃冷冻	数 h 或 7d	II
总有机碳	G	100	0.45 μm 滤膜过滤	加磷酸 pH<4，冷藏，	7d	I
有机氯农药	G	500	现场萃取	或加硫酸 pH<2，冷藏	7d	III
有机磷农药	G	500	现场萃取	或加硫酸 pH<2，冷藏	7d	III
狄氏剂	G	2 000	现场萃取	冷藏	10d	III
多氯联苯	G	2 000	现场萃取	冷藏	7d	III
多环芳烃	A	2 000	现场萃取	冷藏	7d	III
挥发性酚	BG	500		加磷酸 pH<4，加 1 g $CuSO_4$	24h	I
氰化物	G	500		加 NaOH，pH>12	24h	I
硫化物	G	1 000		加 2 ml 50 g/L ZnAc 和 2 ml 40 g/L NaOH	7d	I
阴离子表面活性剂	G	500		加硫酸 pH<2	48h	III
重金属	P	500～1 000	0.45 μm 滤膜过滤	加硝酸，pH<2	90d	IV
石油类	G	500～1 000		加硫酸 pH<2，现场萃取后冷藏	48h	III
汞	G BG	100～500	*	加硫酸 pH<2	90d	IV
砷	P	50～200	0.45 μm 滤膜过滤	加硫酸 pH<2	90d	IV

注：（1）P—聚乙烯容器；G—玻璃容器；BG—硼硅玻璃容器；A—琥珀容器。
（2）洗涤方法 I 表示：洗涤剂洗 1 次，自来水 3 次，去离子水 2～3 次；
洗涤方法 II 表示：无磷洗涤剂洗 1 次，自来水 2 次，1+3 盐酸浸泡 24 h，去离子水清洗；
洗涤方法 III 表示：铬酸洗液洗 1 次，自来水 3 次，去离子水 2～3 次，萃取液 2 次；
洗涤方法 IV 表示：洗涤剂洗 1 次，自来水 2 次，1+3 硝酸浸泡 24 h，去离子水清洗。
*测试过滤态，经 0.45 μm 滤膜过滤；若测试非过滤态，则不经过滤直接按上表保存方法进行样品处理。

（2）对于具塞玻璃瓶，在磨口部位常有溶出、吸附和附着现象，聚乙烯瓶特别易吸附油分、重金属、沉淀物及有机物，难以除掉，要十分注意，对确实不能刷洗干净的容器不能用于采样。

（3）用于贮存有机物水样的玻璃瓶，用洗液或洗涤剂清洗烘干后，用纯化过的有机溶剂淋洗数次，阴干后分包装箱，避免污染。

（4）海水重金属的样品瓶应保证专瓶专用。对所购的新样品瓶必须彻底清洗，一般先用自来水和洗涤剂清洗尘埃和包装物质，再用 1 mol/L 的盐酸溶液清洗，然后用 1+3 硝酸溶液进行较长时间的浸泡。用蒸馏水淋洗以除去任何重金属残留物，应避免使用铬酸洗涤液浸泡用于测定重金属的样品瓶。对于已使用过的重金属样品瓶，一般不可省去酸清洗浸泡程序。对用于低浓度海水、排污口附近浓度较高海水和污染源监测的容器，应分别处理和存放，减少低浓度样品受到容器玷污的可能性。

（5）测定盐度、溶解氧的样品瓶洗涤，一般用稀酸浸泡 24 h，用自来水冲洗，最后用蒸馏水洗净；测定无机氮、总有机碳和总磷样品瓶洗涤，一般依次用自来水、铬酸洗涤液，用自来水漂洗，最后用蒸馏水洗净。

（6）测定油类的样品瓶洗涤：依次用自来水、铬酸洗涤，再用不含有机物的蒸馏水洗净，最后用脱芳烃正乙烷洗涤 2 次，待有机溶剂挥发后，在 160℃烘箱内烘干 1 h。

（7）测定叶绿素 a、有毒藻类样品瓶的洗涤：依次用自来水和蒸馏水洗净。

（8）用于贮存检验细菌水样的容器，除按一般清洗方法外，还应将容器置于高压锅中于 120℃并保持 15 min，或在 160℃烘箱内烘烤 2 h 予以灭菌。

（9）测定总磷样品瓶的洗涤：使用无磷洗涤剂清洗后，再经 50%的 2+1 浓盐酸和过氯酸浸泡 8 h，纯水洗净后，用铝箔盖住瓶口保存备用。

（10）用于贮存计数和生化分析的水样瓶，应该用硝酸溶液浸泡，然后用蒸馏水淋洗以除去任何可能存在的重金属和铬酸盐残留物，如果待测定的有机成分需经萃取后进行测定，在这种情况下，也可以用萃取剂处理玻璃瓶。

（三）采样装置

1．水质采样器的技术要求

（1）具有良好的注充性和密闭性。采样器的结构要严密，关闭系统可靠，且不易被堵塞，海水与采样器中水样交换要充分迅速。

（2）材质要耐腐蚀、无玷污、无吸附。痕量金属采水器，应为非金属结构，常以聚四氟乙烯、聚乙烯及聚碳酸酯等为主体材料，如果采用金属材质，则在金属结构表面加以非金属材料涂层。

（3）结构简单、轻便、易于冲洗、易于操作和维修，采样前不残留样品，样品转移方便。

（4）能够抵抗恶劣气候的影响，适应在广泛的环境条件下操作。能在温度为 0～40℃，相对湿度不大于 90%的环境中工作。

（5）价格便宜，容易推广使用。

2．采样器类型

（1）瞬时样品采样器：近岸表层采水器——在可以伸缩的长杆上连接包着塑料的瓶夹，采样瓶固定在塑料瓶夹上，采样瓶即为样品瓶。

抛浮式采水器——采样瓶安装在可以开启的不锈钢做成的固定架里，钢架以固定长度的尼龙绳与浮球连接，通常用来采集表层石油烃类等水样。

深度综合法采样器——深度综合法采样需要一套用以夹住采样瓶并使之沉入水中的机械装置，加重物的采样瓶沉入水中，同时通过注入阀门使整个垂直断面的各层水样进入采样瓶。

为了使水样在各种深度按比例采取，采样瓶沉降或提升的速度随深度不同也应相应变化，同时还应具备可调节的注孔，用以保持在水压变化的情况下，注入流量恒定。

在无上述采样设备时，可以采用开-闭式采水器分别采集各深度层的样品，然后混合。

（2）开-闭式采水器：是一种简便易行的采样器，两端开口，顶端与底端各有可以开启的盖子。采水器呈开启状沉入水中，到达采样深度时，两端盖子按指令关闭，此时即可以取到所需深度的样品。

（3）选定深度定点采水器（闭-开-闭式采水器）：固定在采样装置上的采样瓶呈闭合状潜入水体，当采样器到达选定深度，按指令打开，采样瓶里充满水样后，按指令呈关闭状。用非金属材质构成的闭-开-闭式采水器非常适合痕量金属样品的采集。

（4）泵吸系统采水器：利用泵吸系统采水器，可以获取很大体积的水样，又可以按垂直和水平方向研究水体的"精微结构"而进行连续采样，并可与 CTD、STD 参数监测器联用，使之具有独特之处。取样泵的吸入高度要最小，整个管路系统要严密。

各类采样器见表 2.2 和图 2.1 所示。

表 2.2　常见海水采样器

类型	材质	特点	生产单位
单层采水瓶	玻璃瓶	重量不等，可任选深度一次最大采水量 0.5L	国产
有机玻璃采水器	有机玻璃	重量不等，表面下 30～50 cm 采水体积分大中小	国产
NIO 标准采水器	聚乙烯或少量氯乙烯、橡胶填料	体积 1.3L，重约 1.4kg，包括颠倒温度计。用锤控制灌水，封闭性能好，涂以聚四氟乙烯	英国 Surreg Wormley 海洋科学研究所
GO-FLO	聚氯乙烯	体积 1.7～60L，在预定深度下用锤控制，密封性好	美国迈阿密通用海洋工程公司
Niskin TOP drop 型	聚氯乙烯	体积 5～90L，不带内锁合装置，样品仅与聚氯乙烯接触，灌水和密封性好，可从内部加压过滤	
Niskin	聚氯乙烯	体积 3～60L，锁合装置涂聚氯乙烯膜	
Nasen 改进型	聚碳酸酯	体积 1.7L，用大孔径塑料球阀密封，采水器和管子均透明，密封性好	德国 ki-el-Holtenam 流体生物研究所
P.C.W.S.D 半自动采水器	有机玻璃或聚丙烯	体积 5L，采集真光层水样，在现场靠流体静压力自动过滤	澳大利亚 Rauchfuss 仪器配件有限公司

　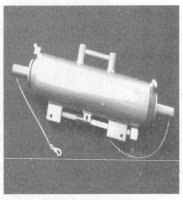　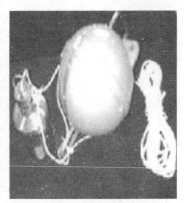

球阀式采水器　　　　　　卡盖式采水器　　　　　表层油类分析采水器

图2.1　常见海水采样器

3. 采样缆绳及其他设备

为防止采样过程的样品玷污，水文钢丝绳应以非金属材质涂敷或以塑料绳代替。使锤应以聚四氟乙烯、聚乙烯等材质喷涂。

水文绞车也应采取防玷污措施。其主要技术参数为：

（1）额定负荷70kg，最大负荷80kg；

（2）水文绳长度 100 m（ϕ 4 mm）；

（3）支架水平角 30°～80°；

（4）回转角度 360°；

（5）整机重量 50kg；

（6）直读机械式计数器；

（7）整机各部件可拆卸，安装简便。

4. 监测用船

监测用船应具备充分的安全性能，特别对于非专业监测船，要求在适航的条件下使用；船体结构牢固，抗浪性强，续航力大于一周和航速满足采样要求，开展生物监测的要求装有可变螺距和减摇装置，具有稳定的 2～3 节慢速性能；合适的样品采集用甲板及机械设备；准确可靠的导航定位系统和通讯系统；设可控排污装置，减少船舶自身对采集样品的影响；专用监测船实验室设置符合实验室基本要求（位置和空间、供水和排水、电源、照明和通风、冷藏装置、高压气瓶装置等）。

二、水质样品采集

（一）采样前环境情况检查

每次采样前均应仔细检查装置的性能及采样点周围的状况。

岸上采样——如果水是流动的，采样人员站在岸边，必须面对水流动方向操作。若底部沉积物受到扰动，则不能继续取样。

船上采样——由于船体本身就是一个重要污染源，船上采样要始终采取适当措施防止船上各种污染源可能带来的影响。采痕量金属水样应尽量避免使用铁质或其他金属制成的小船，采用逆风逆流采样，一般应在船头取样，将来自船体的各种玷污控制在一个尽量低的水平上。当船体到达采样点位后，应该根据风向和流向，立即将采样船周围海面划分成船体玷污区、风成玷污区和采样区三部分，然后在采样区采样。或者待发动机关闭后，当船体仍在缓慢前进时，将抛浮式采水器从船头部位尽力向前方抛出，或者使用小船离开大船一定距离后采样；采样人员应坚持向风操作，采样器不能直接接触船体任何部位，裸手不能接触采样器排水口，采样器内的水样先放掉一部分后，然后再取样；采样深度的选择是采样的重要部分，通常要特别注意避开微表层采集表层水样，也不要在被悬浮沉积物富集的底层水附近采集底层水样；采样时应避免剧烈搅动水体，如发现底层水浑浊，应停止采样；当水体表面漂浮杂质时，应防止其进入采样器，否则重新采样；采集多层次深水水域的样品，按从浅到深的顺序采集；因采水器容积有限不能一次完成时，可进行多次采样，将各次采集的水样集装在大容器中，分样前应充分摇匀。混匀样品的方法不适于溶解氧、BOD、油类、细菌学指标、硫化物及其他有特殊要求的项目；测溶解氧、BOD、pH 等项目的水样，采样时需充满，避免残留空气对测项的干扰；其他测项，装水样至少留出容器体积 10% 的空间，以便样品分析前充分摇匀；取样时，应沿样品瓶内壁注入，除溶解氧等特殊要求外放水管不要插入液面下装样；除现场测定项目外，样品采集后应按要求进行现场加保存剂，颠倒数次使保存剂在样品中均匀分散；水样取好后，仔细塞好瓶塞，不能有漏水现象。如将水样转送他处或不能立刻分析时，应用石蜡或水漆封口。

（二）采样层次

对不同水深，采用采集不同层次采用的方法采集，采样层次按照《近岸海域环境监测规范》确定，见表 2.3。

表 2.3　采样层次要求

水深范围/m	标准层次/m
<10	表层
10～25	表层，底层
>25	原则上分 3 层，可视水深酌情加层

注：1. 表层系指海面以下 0.1～1 m；

　　2. 底层，对河口及港湾海域最好取离海底 2 m 的水层，深海或大风浪时可酌情增大离底层的距离。

（三）现场采样操作的一般要求

（1）项目负责人或技术负责人同船长协调海上作业与船舶航行的关系，在保证安全的前提下，航行应满足监测作业的需要。

（2）按监测方案要求，获取样品和资料。

（3）水样分装顺序的基本原则是：不过滤的样品先分装，需过滤的样品后分装；一般按悬浮物和溶解氧（生化需氧量）→pH→营养盐→重金属→COD（其他有机物测定项目）→叶绿素 a→浮游植物（水采样）的顺序进行；如化学需氧量和重金属汞需测试非过滤态，则按悬浮物和溶解氧（生化需氧量）→COD（其他有机物测定项目）→汞→pH→盐度→营养盐→其他重金属→叶绿素 a→浮游植物（水采样）的顺序进行。

（4）在规定时间内完成应在海上现场测试的样品，同时做好非现场检测样品的预处理。

（5）采样事项：

1）船到达点位前 20 min，停止排污和冲洗甲板，关闭厕所通海管路，直至监测作业结束。

2）严禁用手玷污所采样品，防止样品瓶塞（盖）玷污。

3）观测和采样结束，应立即检查有无遗漏，然后方可通知船方启航。

4）在大雨等特殊气象条件下应停止海上采样工作。

5）遇有赤潮和溢油等情况，应按应急监测规定要求进行跟踪监测。

（6）样品要求：表征某一环境不可能检查其整体，只能取出尽量小的一部分，用以代表所要表征的整体。样品一旦采完，必须保持与采样时尽量相同的状态。

合格的样品要具有较高的代表性和真实性。欲使所得样品对所要表征的整体具有代表性，必须对被监测的海域水体的采样断面、采样点、采样时间、采样频率及样品数目进行周密的考虑与设计，使样品经分析所得数据能够客观地表征水体的真实情况。

样品在采集、贮存和分析测试过程中极易受到玷污，比如：来自船体、采水装置、实验设备、玻璃器皿、化学药品、空气及操作者本身所产生的玷污。样品中的待测成分也可因吸附、沉降或挥发而受到损失。从某种意义上讲，在海洋环境调查监测中，样品的质量保证，就是克服样品玷污和损失的全过程。

（四）一般样品的采集步骤

采样是海洋监测中最关键的步骤。由于海水以流动为特性的多变性和复杂性，按照海水样品的时空分布，样品的采集仍存在许多问题。为获得有代表性的水样，现仍需要有选择性的快速采样技术和进一步规范采样程序。

1. 单层采水器采样

将洗净并经特殊处理的样品瓶固定在采水器上，连接启瓶盖（塞）装置，检查各部位连接是否可靠；将采水器慢慢放入水体中；到达预定深度后，打开瓶盖（塞），从水面观察不坍塌冒气泡，样品瓶充满后迅速提出水面，盖上盖子，便获得所需样品。

2. GO-FLO 采水器采样

固定好采水器，检查固定是否牢靠，开启采水器锁合装置，关闭采水器出水口；将采水器放入水体中，应保持与水面垂直，当水深流急时，应加重铅锤的重量；采水器到达预定深度后，打开使锤使采水器锁合，稍停片段即可提出水面。在样品分装前，先放掉少量水样，再分装；在采样过程中，避免碰撞和采样不当。

3. 泵式采水器采样

连接采样装置，开启真空泵，堵住采水管的进水口，检查采样系统的密封性能；将采水管的进水口通过钢丝绳沉降到所需深度（一般由绞车操作），开启真空泵抽吸，当采样瓶中水样体积达到采水管内容积 5 倍以上后，关闭气路，将采水管内的水倒掉；将采水管上端插到采样瓶底部，以 1L/min 的速度抽吸水样。待采样瓶充满水样后，关闭气路，迅速从采样瓶中取出水管，把水样分装到样品瓶中。

4. 聚乙烯塑料桶采样

采样前先要用水样冲洗桶体 2～3 次；

采样时桶口迎着水流方向浸入水中，水充满桶后，应迅速提出水面，避免水面漂浮的物质进入采样桶（一般不用桶采样）。

（五）特殊项目的采样步骤

1. 溶解氧、生化需氧量样品的采集

应用碘量法测定水中溶解氧，水样需直接采集到样品瓶中。采样时，要注意不使水样曝气或残存气体。如使用有机玻璃采水器、球阀式采水器、颠倒采水器等则必须防止搅动水体，溶解氧样品需最先采集。将乳胶管的一端接上玻璃管，另一端套在采水器的出水口，放出少量水样荡洗水样瓶两次；将玻璃管插到分析瓶底部，慢慢注入水样，待水样装满并溢出约为瓶子体积的 1/2 时，将玻璃管慢慢抽出；立即用自动加液器（管尖靠近液面）依次注入 1.0 ml 氯化锰溶液和 1.0 ml 碱性碘化钾溶液；塞紧瓶塞并用手抓住瓶塞和瓶底，并把瓶缓慢地上下颠倒 20 次，使样品与固定液充分混匀。等样品瓶内沉积物降至瓶体 2/3 以下时方可进行分析。如样品瓶泡在水中，允许存放 24 h。避免阳光直射和温度剧烈变化，如温差较大，应在 12 h 内测定。

2. pH、电导率测定样品的采集

用少量水样荡洗水样瓶两次，慢慢将其充满，立即盖紧瓶塞，置于室内，等水样温度接近室温时进行测定。如加 1 滴氯化汞溶液固定，盖好瓶盖，混合均匀，允许保存 24 h；初次使用的瓶子应洗净，用海水浸泡一天。

3. 化学需氧量样品、浑浊度、悬浮物及残渣样品的采集

水样采集后，应尽快从采样器中放出样品；在水样装瓶的同时摇动采样器，防止悬浮物在采样器内沉降；除去非代表性杂质，如树叶、柱状物等。

4. 油类样品的采集

油类样品的采集应按照以下步骤：测定水中油含量应用单层采水器固定样品瓶在水体中直接灌装，采样后立即提出水面，在现场萃取；油类样品的容器不应预先用海水冲洗。

5. 营养盐样品的采集

营养盐采样器用前须用 1 mol/L 盐酸溶液漂洗，依次用自来水、去离子水洗净，采样时须用海水漂洗，最好将采样器放在较深处，然后提到采样深度。

样品采集——采样器内不同层次有不同的浓度梯度，采样时先放掉少量水样，混匀后再分装样品；在采样时，要立即分装样；在灌装样品时，样品瓶和盖至少洗两次（每次约为瓶容量的 1/10）；灌装水样量应是瓶容量的 3/4；过滤器要有 10～15 cm 软塑料管连接，以防玷污；采样时，要常换手套；应防止船上排污水的污染、船体的挠动；要防止空气污染，特别是防止船烟和吸烟者的污染。

过滤——为除去颗粒物质，水样须用 0.45 μm 滤膜过滤处理；过滤时，要防止人为（如手触及）的污染；过滤器不要用橡皮塞，过滤器注入水样后要盖上铝箔真空过滤。

在采集和处理过程中，不得同时开展使用氨水和硝酸等的实验和前处理，如应注意避

免同时使用硝酸固定重金属，防止硝酸对营养盐样品的玷污。

6. 重金属样品的采集

水样采集后，要防止现场大气降尘带来的玷污，尽快放出样品；防止采样器内样品中所含污染物随悬浮物的下沉而降低含量，灌装样品时必须边摇动采水器边灌装；立即用 0.45 μm 滤膜过滤处理，过滤后水样用硝酸酸化至 pH 值小于 2，塞上塞子存放在洁净环境中。在采集样品过程中，应特别避免任何可能出现的污染，如头屑和医用胶布对锌造成玷污。

7. 汞样的采集

用 250 ml 硬质塞玻璃瓶装水样，分析时采取严格的防玷污措施，避免来自周围环境的污染。用 0.45 μm 滤膜过滤，过滤水样用硝酸至 pH<2，塞紧塞子后存放在洁净的环境中。

8. 挥发性有机化合物样品的采集

样品在灌装时应尽量避免产生气泡和搅动，并且要求水样充满瓶体，不留顶部空间，如有余氯可添加抗坏血酸除去，并用盐酸调节水样 pH≤2，然后用带聚四氟乙烯衬垫的螺旋盖封瓶，放入冷藏箱保存。

按不少于 10%的比例采集现场平行、现场空白及现场加标样，且每批次不应少于两个。

三、样品保存与运输

（一）水样保存意义

样品采集之后，不管过滤与否，为使样品不失其代表性，应尽早进行分析。但往往由于船上实验室受条件限制或时间关系影响，不能立即进行分析，需要妥善保存样品。正确的样品贮存就是为了保证使待测组分的变化降到最低程度，尽量减少分析结果的偏高或偏低。由于海洋环境监测样品成分的不同，同样的贮存环境条件很难保证对不同类型样品中待测物都是可行的。贮存环境条件应根据样品的性质和组成，选择适当的保存剂，有效的贮存程序和技术。

海水样品过滤后盛于容器内，其温度、压力、气氛和光照情况不同，破坏了原来在水体相中的相对动态平衡，引起水样 pH 值和 Eh 的变化，导致污染物化学形式和价态的改变。某些金属离子容易被吸附或发生离子交换而损失。对这些金属离子样可采于干净的瓶中，用硝酸酸化至 pH<2.0 以减少沉淀和容器壁的吸附。

贮存期间，被测组分浓度变化主要原因包括：①被测组分贮存容器或悬浮物的吸附；②生物降解；③光化或其他反应；④热不稳定性；⑤化学反应；⑥蒸发；⑦排气；⑧沉淀；⑨玷污等。

样品采集后，温度和 pH 值会迅速变化，溶解气体也会损失，所以，要在现场测定温度、pH 值和溶解气体。碳酸钙的沉淀会引起总硬度值的减小。铁、锰以较低的氧化态易溶解，而在较高的氧化态不易溶解。因此这些离子的沉淀或溶出都取决于样品的氧化还原电位。微生物活动可引起氨氮、硝酸盐、亚硝酸盐的变化，减少酚的浓度，降低 BOD 含量，或使硫酸盐还原成硫化物等一系列变化。样品中发生的生态变化可改变某些组分的氧化状态。氮磷循环就是对样品组成的生态影响。可通过充满样品窗口而避免挥发物质的损失。

一般说来，采样与分析之间的时间越短，分析结果越可靠。在海洋环境监测中，pH和多数海洋物化参数要在现场测定。样品贮存时间，取决于样品的特性、分析人水平和贮存条件。适当的保护措施虽然能降低水样变化的程度和减缓其变化速度，但并不能完全抑制其变化。在样品出现重大变化之前，应该及时测定。

（二）水样贮存基本要求

水样贮存基本要求根据保存目的和可能发生的变化确定，包括：
（1）抑制微生物的作用。
（2）减缓化合物或络合物的水解及氧化还原作用。
（3）减少组分的挥发和吸附损失。
（4）防污染。

（三）水样的保存方法

水样的保存方法包括冷藏法、冷冻法、容器充满法和化学法等方法。

1. 冷藏法

样品在 4℃冷藏，在暗处贮存，冷藏贮存海水样品不能超过规定的保存期。冷藏法一般与其他方法结合使用，如化学法。

2. 冷冻法

将水样迅速冷冻至适宜温度，冷冻贮存海水样品时间一般较冷藏法长，但一般只用于重金属和无机物等不受水样解冻影响测试的项目，且不能超过规定的保存期。

3. 容器充满法

采样时要使样品充满容器，盖紧塞子，加固不使其松动，保证样品上方无空隙，可减少样品运输过程中的晃动，减少低价铁被氧化、溶解气体被逸出、氰和氨及挥发性有机物的挥发损失。

4. 化学法

通过控制 pH 值、加抗菌剂、加氧化剂和加还原剂的方法，保证样品稳定。

（1）控制 pH 值法：加入化学试剂控制溶液 pH 值。测重金属的海水样常加硝酸，使pH<2，既防止其水解沉淀，又防止金属在器壁表面上的吸附，同时还能抑制生物活动。测氰化物和挥发酚水样需加氢氧化钠调 pH 值至 12，测六价铬的水样应加氢氧化钠调 pH值至 8。

（2）加抗菌剂法：可抑制样品中的生物作用，一般加氯化汞、三氯甲烷、甲苯和硫酸铜等。

（3）加氧化剂法：海水样品中痕量汞易被还原引起汞的挥发损失，加入硫酸-过硫酸钾可使汞维持在高氧化态，使其稳定性提高。

（4）加还原剂法：加入还原剂使待测项目以稳定形态保存。

水样保存的具体要求参见表 2.1。

（四）样品运输

空样容器送往采样地点或装好样品的容器运回实验室供分析，应采取多种措施，防止破碎，保持样品完整性，使样品损失降低到最小程度。除现场测定样品外，所有样品都应及时运回实验室。

样品运输过程中应注意以下几点：

（1）样品装运前必须逐件与样品登记表、样品标签和采样记录进行核对，核对无误后分类装箱。

（2）塑料容器要拧紧内外盖，贴好密封带。

（3）玻璃瓶要塞紧磨口塞，然后用铝箔包裹，样品包装要严密，装运中能耐颠簸。

（4）用隔板隔开玻璃容器，填满装运箱的空隙，使容器固定牢靠。

（5）溶解氧样品要用泡沫塑料等软物填充包装箱，以免振动和曝气，并要冷藏运输。

（6）不同季节应采取不同的保护措施，保证样品的运输环境条件；在装运的液体样品容器侧面上要粘贴上"此端向上"的标签，"易碎—玻璃"的标签应贴在箱顶上。

（7）样品运输应附有清单，清单上注明：实验室分析项目、样品种类和总数。

（8）设专门的样品保管室，并由专人负责样品及相应采样记录的交接，及时作好样品的保存与分析测试过程完成后的样品的清理。

（9）作好样品交接、保存与清理的过程记录。

四、质量保证与质量控制

（一）海水采集质量保证

海水采集过程中的质量保证是一项重要而又繁琐的工作，国外有人提出了考查采水样的质控程序及方法。根据我国近期海洋环境监测的现状和所具备的条件，在海水采集过程中采用现场空白、现场平行样、运输空白和现场加标样或质控样等方法，对控制水样采集具有显著意义。

（1）现场空白样——指在采样现场以纯水作样品，按照测定项目的采样方法和要求，与样品相同条件下装瓶、保存、运输，直至送交实验室分析。通过将现场空白与室内空白测定结果相对照，掌握采样过程中操作步骤和环境条件对样品质量影响的状况。现场空白样所用的纯水，其制备方法及质量要求与室内空白样纯水相同。纯水要用洁净的专用容器，由采样人员带到采样现场，运输过程中应注意防止玷污。现场空白使用每台采样设备一天不得少于一个。

（2）运输空白样——从实验室到采样现场，又返回实验室以纯水做检验的样品。运输空白可用来测定样品运输、现场处理和贮存期间或由容器带来的总玷污。每批样品至少有一个运输空白样。

（3）现场平行样——在同等采样条件下，采集平行双样密码送实验室分析。测定结果可反映采样与实验室测定的精密度。当实验室精密度受控时，主要反映采样过程的精密度变化状况。现场平行样要注意控制采样操作和条件的一致。对水质中非均相物质或分布不均匀的污染物,在样品灌装时摇动采样器,使样品保持均匀。现场平行样占样品总量的 10% 以上,一般每批样品至少采集二组平行样。

（4）现场加标样或质控样——现场加标样是取一组现场平行样,将实验室配制的一定浓度的被测物质的标准溶液,等量加入到其中一份水样中,另一份不加标。然后按样品要求进行处理送实验室分析。将测定结果与实验室加标样对比,掌握测定对象在采样、运输过程中的准确变化状况。现场加标除加标在采样现场进行、按样品要求处理外,还要求应和实验室内加标样一致。现场使用的标准溶液与实验室使用的为同一标准溶液。现场加标应由熟练的质控人员或分析人员担任。现场质控样是指将标准样与样品基体组分接近的标准控制样,带到采样现场,按样品要求处理后与样品一起送实验室分析。现场加标样或质控样的数量,一般控制在样品总量的 10% 左右,但每批样品不少于 2 个。

（5）设备、材料空白——采样设备、材料空白是指用浸泡采样设备及材料的纯水作为样品,这些空白用于检验采样设备、材料的玷污状况。现场质量保证计划作为监测质量保证计划的一部分,它与实验室分析和数据管理质量保证计划一起,共同确保数据具有一定的可信度。其内容包括防污染、采样质量控制一系列步骤、程序和活动。除上述采样质量控制方法外,还应采取以下防范污染措施:

——现场测定应使用单独分样,测定结束后将样品抛弃,切不可送实验室作为其他项目分析样品。

——采样器、样品瓶等均须按规定的洗涤方法洗净,按规定容器分装测样。

——现场作业前,要先进行保存试验和抽查器皿的洁净度。

——用于分装有机化合物的样品容器,洗涤后用 Teflon 或铝箔盖内衬,防止污染水样。

——采样时,不能用手、手套等接触样品瓶的内壁和瓶盖。

——样品瓶要防尘、防污、防烟雾和污垢,须置于清洁环境中。

——过滤膜及其设备须保持清洁。其可用酸和其他洗涤剂清洗,并用洁净的铝箔包藏。

——消毒过的瓶子须保持无菌状况直到样品采集。如消毒纸或铝箔失效,或顶部封口被打破,则应弃之。

——外界金属手持不能与酸和水样接触,水样不可被阳光曝晒,按规定贮存。

——采样人员的手必须保持清洁,采样时要戒烟。

——船上采样,要防玷污采取适当措施。

——采样器可用海水广泛漂洗,或放在较深处,再提到采样深度采样。不推荐用桶采表层水样。

（二）其他质量保证

见第九章相关内容。

第二节　海水常规理化项目分析技术

一、水温——表层水温表法

（一）适用范围

用于测量海洋、湖泊、河流、水库等的表层水温度，它由测量范围为−5～+40℃，分度0.2℃的玻璃水银温度表和铜制外壳组成（图2.2和图2.3）。

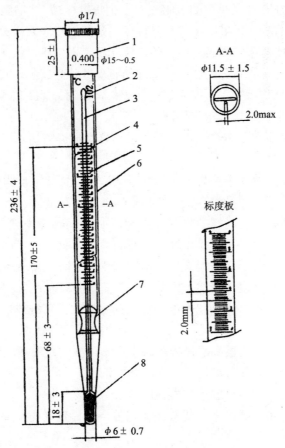

1—铜帽；2—出厂编号；3—毛细管；4—铜丝；5—标度板；6—外套管；7—鞍形托架；8—感温泡

图2.2　玻璃水银温度表

（二）测量方法

用表层水温表测量时应先将金属管上端的提环用绳子拴住，在离船舷0.5 m以外的地方放入0～1 m水层中，待与外部的水温达到热平衡之后，即感温3 min左右，迅速提出水面读数，然后将筒内的水倒掉，把该表重新放入水中，再测量一次，将两次测量的平均值按检定规程修订后，即为表层水温的实测值。

风浪较大时，可用水桶取水进行测量，测量时把表层水温表放入水桶内，感温 1～2 min 后，将水桶和表管中的水倒掉，重新取水，将该表再放入水桶中，感温 3 min 读数，然后过 1 min 再读数，当气温高于水温时，两次读数偏低的一次读数，按检定规程修订后的值，即为表层水温的实测值。反之，两次读数偏高的一次读数，按检定规程修度后的值，即为表层水温的实测值。

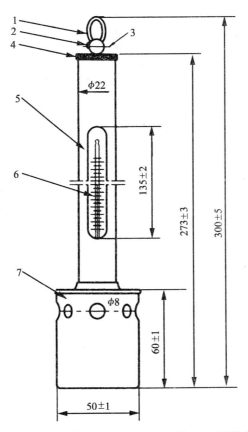

1—提环；2—销钉；3—开口销；4—帽头；5—表管；6—温度表；7—贮水筒

图 2.3　铜制外壳

（三）注意事项

（1）测温要避开船只排水的影响。

（2）读数时视线与表层水温表的毛细管顶端处在同一水平面，还要避免阳光的直接照射。

（3）冬季采水时应注意避免带有冰块或雪球。

（4）水桶由不易传热的材料制成。其容量约为 5～10L。

（5）表层温度表必须按检定规程进行定期检定。

二、盐度——盐度计法

盐度的测定方法常见的有盐度计法和温盐深仪（CTD）法等。本方法详细叙述盐度计法的主要操作过程。实验室用的盐度计分为感应式、电极式两种类型。

1. 适用范围

适用于在陆地或船上实验室中测量海水样品的盐度 S。典型的仪器应用范围为 $2 \ll S \ll 42$，$-2℃ \ll \theta \ll 35℃$。

2. 基本原理

测量海水样品与标准海水在 101 325Pa 下的电导率比 R_θ，再查国际海洋常用表，得出海水样品的实用盐度。或按下式计算：

$$S = a_0 + a_1 R_\theta^{\frac{1}{2}} + a_3 R_\theta^{\frac{3}{2}} + a_4 R_\theta^2 + a_5 R_\theta^{\frac{5}{2}} +$$
$$\frac{\theta - 15}{1 + K(\theta - 15)}(b_0 + b_1 R_\theta^{\frac{1}{2}} + b_2 R_\theta + b_3 R_\theta^{\frac{3}{2}} + b_4 R_\theta^2 + b_5 R_\theta^{\frac{5}{2}})$$

式中：
$a_0 = 0.008\ 0$ $a_1 = -0.169\ 2$ $a_2 = 25.385$
$a_3 = 14.094\ 1$ $a_4 = 7.026\ 1$ $a_5 = 2.708\ 1$
$K = 0.016\ 2$ $b_0 = 0.000\ 5$ $b_1 = -0.005\ 6$
$b_2 = -0.006\ 6$ $b_3 = -0.037\ 5$ $b_4 = 0.063\ 6$
$b_5 = -0.014\ 4$

R_θ—— 被测海水与实用盐度为 35 的标准海水在温度为 θ 时的电导率的比值（均在 101 325Pa 下）。

3. 试剂及其配制

标准海水。

4. 仪器与设备

仪器型号不限，仅以 WUS 型感应式盐度计为例介绍测量方法。主要技术指标一般为电导率比 0.07～1.2、测量准确度 0.01、测量精密度 0.003、盐度分辨率 0.001、测温电桥准确度 0.5℃。

5. 分析步骤

（1）准备

将被测样品放置至与标准海水温差在 ±2℃ 内，以备测量。

（2）测温测盐检查

将温盐转换开关转到测温档，将读取的温度与室温比较，其偏差在 ±1℃ 范围内，则测温桥路正常。

将储水杯下面的放水旋钮拧紧。将盐度已知的海水置于电导池下面的进水管处，电导池旋塞置进水位置，打开气泵开关，用左手中指按紧储水杯上面的气孔，此时海水将缓缓注入电导池。当电导池出水口有少许海水溢入储水杯时，即将电导池进水旋塞置关闭位置，放开手指，关闭气泵，此时电导池内充满海水。根据实测水温，从仪器面板温度换算表上查出对应的 R_2 值，将 R_2 置于相应的位置。将温盐转换开关转到测盐档，R_0 旋钮置于已知海水电导率比的位置，调节 R_1 旋钮，指零表头指零，则测盐系统正常。

（3）定标

标准海水缓缓充入电导池内，清洗 1～2 次后，测量标准海水的温度，记入记录表内。从仪器面板温度换算表上查出对应的 R_2 值，并将 R_2 旋钮旋至此值。按标准海水盐度值查国际海洋学常用表 Ⅰ a 给出电导率比 R_{15}，根据所测温度 t 和电导率比 R_{15} 查海洋学常用表 Ⅱ a，给出盐度修正量 ΔS，按公式 $S = S_{未修正} + \Delta S$，求得 S 未修正，再从表 Ⅰ a 查出对应的电导比 R_t。此值即为所测温度 t（℃）下，标准海水电导率比的定标值。

例：标准海水盐度值 $S = 34.544$，导池温度 $\theta = 21℃$，由 Ⅰ a 表查出 $R_{15} = 0.988\,35$，由 Ⅱ a 表查 $t = 21℃$，$R_{15} = 0.98～0.99$ 得 $\Delta S = -0.001$，$S_{未修正} = S - \Delta S = 34.545$，查 Ⅰ a 表 $R_{21} = 0.98838$；将标准海水的定标值 R_t 旋到电导率比的相应位置上。将温盐转换开关转到测盐档，调节 R_1 旋钮，使指零表头指零，关闭搅拌，将水放掉。如此重复充灌调节，直到出现重复读数为止，即完成仪器定标。将 R_1 值记入记录表内。

（4）样品测量

启动气泵，将样品水缓缓吸入电导池内，清洗 1～2 次。当样品水从电导池溢水口溢出时，立即关闭电导池进水旋塞，断开气泵电源，启动搅拌。温盐转换开关转到测温档，测量海水样品的温度，记入记录表内。将温盐转换开关转到测盐档，调节 R_t 旋钮，使指零表头指零，关闭搅拌，放掉电导池的水样。若两次测量，电导比旋钮最后一位变动小于 6 时，则认为两次测量是重复的，将测得的海水样品的电导率比 R_t 数值记入表内。

6. 记录与计算

计算实用盐度有以下两种方法：

（1）计算机处理

运用公式编制程序计算，计算结果应表示至小数点后第三位。

（2）查国际海洋学常用表

若在 15℃ 下测得电导率比值 R_{15} 时，可由表 Ⅰ a 内插表 Ⅰ b，直接得到实用盐度。

例 1：在 15℃ 时测得的电导率比为 0.954 27。

查表 Ⅰ a

$$R_{15} = 0.954\,20 \rightarrow S = 33.214$$

$$R_{15} = 0.954\,30 \rightarrow S = 33.217$$

$$\delta S = 3 \times 10^{-3}$$

查内插表 Ⅰ b（$\delta S = 3 \times 10^{-3}$）

$$\delta R \times 10^5 = 7 \rightarrow \Delta S = 2 \times 10^{-3}$$

则 $R_{15} = 0.954\,27$ 时，实用盐度

$$S = 33.214 + 2 \times 10^{-3} = 33.216$$

也可以查表Ⅰa，然后用内插法计算得实用盐度。

在温度 θ 下测得电导率比值 R_θ，可查表Ⅰa和表Ⅰb确定未修正盐度 $S_{未修正}$，据所测电导率比值 R_θ 和温度 θ，查表Ⅱa和表Ⅱb确定修正量 ΔS。实用盐度 $S=S_{未修正}+\Delta S$。

例2：当温度为 28.6℃ 时，测得电导率比为 0.823 54。

查表Ⅰa和表Ⅰb，得 $S_{未修正}=28.195$；查表Ⅱa，

$$t=28.0 \rightarrow \Delta S \times 10^3 = -40$$
$$t=29.0 \rightarrow \Delta S \times 10^3 = -43$$
$$\delta S \times 10^3 = -3$$
$$\delta t = 28.6 - 28.0 = 6 \times 10^{-1}$$

$$\left. \begin{array}{l} \delta t \times 10 = 6 \\ \delta S \times 10^3 = 3 \end{array} \right\}$$

查表Ⅱb，

$$\Delta' S \times 10^3 = 2$$

修正量 $\Delta S \times 10^3 = -40 - 2 = -42$

实用盐度 $S=S_{未修正}+\Delta S = 28.195 - 0.042 = 28.153$

7. 注意事项

（1）样品瓶及瓶塞必须用同一水样严格清洗 3 次后，再装取测试水样。使用后的样品瓶应盛有部分海水，在下一次取样时放掉。

（2）向导池内充灌海水样品时，要注意避免电导池内有气泡产生。若有气泡，测量读数一般会偏小，此时应重新充灌测量。

（3）充灌速度太快，气泡来不及逸出而附着在电导池壁上。消除方法：调节储水杯上面的调速小螺丝，使充灌时间大于 10s。

（4）电导池被脏物或油垢污染，容易附着气泡。一般情况下，可用配制的 30% 洗洁净溶液充灌清洗，再用蒸馏水清洗。特别情况下，需拆下电导池壳清除油污或脏物时，应特别小心，不要损坏电导池内的热敏电阻加热器。

（5）拧紧螺丝，但不宜过紧，以免损坏热敏电阻。

（6）进水旋塞磨损，气泡和水会同时进入电导池。可将旋塞左边有机玻璃螺母拧紧。若还不行，可取出旋塞，将孔清洗干净，薄薄地涂上一层真空脂（不可涂得过多，以免污染电导池），装上旋塞。

（7）向电导池充灌水样时，要先把进水管内的残留水样放掉，擦干进水管，再按分析步骤中所述程序进行。否则，残留水会污染水样。

（8）连续测量时，应用标准海水或工作副标准海水定时检验仪器，并将检测的数值填入记录表内。间断测量时，按需要随时检验校准仪器，确保测量数据的准确可靠，并将校准的情况，记入记录表内，以备分析参考。

（9）加热器一般在仪器调节温度补偿时使用，测量时不用。电导池无水时，严禁开加热器，以免烧坏加热器和探头。

（10）经常注意泄放储水杯内的残水，切不可使存水接近气孔。否则，开气泵时会把

水吸入气泵，损坏气泵。

三、浊度——浊度计法

浊度的测定方法常见的有目视比浊法、分光光度法和浊度计法等。本方法叙述浊度计法的主要操作过程。

1．适用范围

用于近海海域和大洋水浊度的测定。本规范规定 1L 纯水中含高岭土 1 mg 的浊度为 1 度。水样中具有迅速下沉的碎屑及粗大沉淀物都可被测定为浊度。

2．方法原理

以一定光束照射水样，其透射光的强度与无浊纯水透射光的强度相比较而定值。

3．试剂及其配制

（1）无浊纯水：取蒸馏水或去离子水，通过 0.2 μm 滤膜抽滤，贮于聚乙烯桶中，用过滤水淋洗聚乙烯桶两次，弃去初滤水 200 ml，最好当天制备。

（2）二氯化汞（$HgCl_2$）50 g/L：称取 5.0 g 二氯化汞（$HgCl_2$）溶于少量水中并稀释至 100 ml，贮于棕色试剂瓶中。

特别注意：二氯化汞剧毒，小心操作！

4．仪器及设备

光电式浑浊度计、具胶塞试剂瓶和一般实验室常备仪器和设备。

5．分析步骤

（1）浊度计接通电源，将光源灯预热 15～30 min。

（2）测定低浊度（0～30 度）水样，用长型测定池。用无浊纯水作参比调零：将无浊纯水倒入测定池内，并把测定池有号码的一面对着仪器测定槽右端，盖上盖子，缓慢地旋转微调，将表针调至表盘右端零标线处，即可取出测定池。水样测定：将被测水样倾入测定池的标线处，然后放回仪器的测定槽内，测定池有号码的一面对着测定槽的右端，盖上盖子，可直接读数。

（3）测定高浊度（20～100 度）水样，用短型测定池。将无浊纯水注入高浊度测定池至标线处，然后把 20 度基准板对着测定池有号码一端插入，将测定池有号码的一面对着仪器测定槽的一端，放入测定槽中间。盖上测定槽盖子，缓慢调节微调，将表针调至右端 20 度刻度值上。取下 20 度基准板，重新注入被测水样至测定池的标线，然后将水样测定池放入测定槽中间，盖上盖子，可直接读数。

（4）当水样浑浊度超过 100 度时，可用无浊纯水进行稀释后，再进行测定。

6．记录与计算

将测定值记入（浊度计法）浑浊度记录表。若水样经稀释按下式计算其浓度：

$$T_w = \frac{F \times (A+V)}{V}$$

式中：T_w——水样的浑浊度，度；

　　　A——无浊纯水体积，ml；

　　　V——原水样体积，ml；

F——查工作曲线所得到的浊度值。

7. 精密度和准确度

六个实验室共同测定浊度为 4.5 mg/L，25 mg/L 的人工合成水样，重复性相对标准偏差为 1.1%，相对误差为 0.70%。

8. 注意事项

（1）除非另作说明，本法中所用试剂均为分析纯，水为无浊水或等效纯水。

（2）在测定浊度时，要迅速，从水样或标样充分振匀后倒入测定池中算起，须在 3 min 内测读完毕。

（3）水样保存，在取样当天测定浊度，如果不可避免要保持更长时间，将水样保存暗处可达 24 h。如若在样品中加 0.5 g/LHgCl$_2$ 固定剂，可保存 22d。

四、悬浮物——重量法

海水中的悬浮颗粒物质主要来源于海底沉积物的再悬浮、河流的输入物、海水中的浮游生物。海浪是影响悬浮体分布的主要因素（特别是浅水区），潮流加强了海浪的作用，并与海流一起，将掀起的物质搬运他处。河流输沙的影响仅在近河口浅海区较为明显，如长江口外的浑水向黄海扩散的范围，一般不大于 60km，再往外，含量迅速下降。从输沙的角度上看，一般以底层为主，同时海水中常有明显的层化现象。在 40～50 m 水层附近，悬浮物含量梯度较大，其形式和特点类似于跃层：悬浮体跃层，跃层以下，悬浮体含量高，海水浑浊；以上，海水较为清澈。底部沉积物的再悬浮虽可影响到海水的透明度，但对水体营养盐的再生和补充以及有机碎屑的提供却起重要的作用，对维持海域的生产力水平有重要意义。

悬浮颗粒物质在控制海水溶解组分的含量以及某些生物营养要素的生物地球化学循环中起重要的作用，其中颗粒有机碳是生态系统营养结构的一个重要成分，也是评价海区生产力的重要参数之一。

1. 适用范围

本方法适用于河口、港湾和大洋水体中悬浮物质的测定。

2. 方法原理

一定体积的水样通过 0.45 μm 的滤膜，称量留在滤膜上的悬浮物质的重量，计算水中的悬浮物质浓度。

3. 仪器及设备

取样器，使用何种采水器，视所需水样体积和分析要求而定；过滤器、有机玻璃螺口过滤器（直径 60 mm，适用于河口或浅海的高浓度水体）、玻璃钳式过滤器（直径 47 mm，适用于低浓度水体）、真空泵（抽气量 30L/min）、量筒（250 ml，500 ml，1 000 ml）、滤膜（孔径 0.45 μm，直径 47 mm 或 60 mm）、滤膜盒（直径 50 mm，63 mm）、锥形烧瓶、洗瓶、橡皮管、水桶、气压表及样品箱等、不锈钢镊子、一般实验室常备仪器和设备。

4. 操作流程

悬浮物测定操作流程见图 2.4。

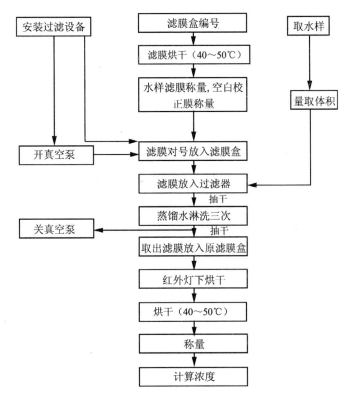

图 2.4　悬浮物测定操作流程

5．出海前准备

滤膜盒洗净、烘干、编号。滤膜烘干（40～50℃），恒温 6～8 h 后，放入硅胶干燥器，冷却 6～8 h。确定空白校正膜的数量点上色点，区别于水样滤膜。滤膜称量，并把称好的滤膜放入编号的滤膜盒内。

6．现场作业

安装过滤设备（图 2.5）。

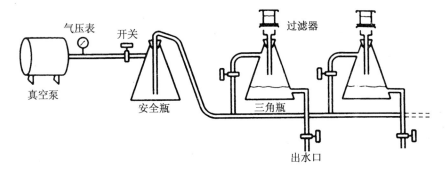

图 2.5　抽滤系统图

按图组装抽滤系统，过滤器装在抽滤瓶上，每个抽滤瓶由皮管连通到总管，并附各自独立的开关，可按需要连接若干个过滤器。在真空泵与过滤器之间装一个安全瓶，积聚倒吸的海水。

抽滤的适宜压力为 $5 \times 10^4 \sim 6 \times 10^4 \text{Pa}$，负压过大，悬浮物质颗粒嵌入滤膜微孔，妨碍过滤。为此，在真空系统中须有压力表。

用不锈钢镊子把预先称重为 W_2 的水样滤膜置于预先称得的 W_b 的空白校正膜的上面，放入过滤器中，装好。

将水样振摇均匀，倒入量筒，量取一定体积（视悬浮物浓度而定，大于 1 000 mg/L 者取 50～100 ml；小于 100 mg/L 时，量取 1～5L）。

开启真空泵，接通开关，将水样倒入过滤器内，量筒用蒸馏水洗净，并倒入过滤器。为了洗掉盐分，待抽干后，再用蒸馏水淋洗悬浮物质三次，每次 50 ml，再抽干。

用不锈钢镊子取下滤膜放在原滤膜盒内，置于红外灯下低温（50℃）烘干，或自然环境下风干。盖好滤膜盒盖，按次序保存，带回实验室。

7. 室内工作

烘干：将滤膜放入电热恒温干燥箱内（40～50℃），恒温脱水 6～8 h，取出放入硅胶干燥器，6～8 h 后再称量。

称量：选用分析天平的感量，应视悬浮物质的多少而定。小于 50 mg 时，用十万分之一天平；大于 50 mg 时，则用万分之一天平。称量要迅速，过滤前、后两次称量，天平室的温度、湿度要基本一致。

8. 滤膜空白校正

过滤时，醋酸纤维脂膜会因溶解而失重，直径 60 mm 膜失重 1.0～2.0 mg，直径 47 mm 膜失重 0.2～0.5 mg。为保证结果的准确性，滤膜的空白校正试验是必不可少的。滤膜空白校正与样品测定同时进行，当进行空白校正时使用两张滤膜过滤。其中一张点上色点，作为空白校正膜，放在水样滤膜的下面。在高浓度海区，10 个样品只需作 1～2 份空白校正。但每个测站至少有一张空白试验膜。

9. 记录与计算

现场取水样和过滤过程逐项记录。

按下式计算：

$$\rho = \frac{W_1 - W_2 - \Delta W}{V}$$

式中：ρ——悬浮物质浓度，mg/L；

$\quad$ W_1——悬浮物加水样滤膜重量（W_2），mg；

$\quad$ W_2——水样滤膜重量，mg；

$\quad$ ΔW——空白校正滤膜校正值，mg；

$\quad$ V——水样体积，L。

空白校正滤膜校正值计算公式：

$$\Delta W = \frac{1}{n} \sum_{n}^{n} (W_n - W_b)$$

式中：W_n——过滤后空白校正滤膜重量，mg；

$\quad$ W_b——过滤前空白校正滤膜重量，mg；

n——空白校正滤膜个数；

ΔW 应是负值。

10．注意事项

（1）水样要现场过滤、烘干、按顺序保存好。如果不能立即过滤，将水样放在阴凉处，但 24 h 内必须过滤完毕。

（2）各种器具必须保持干净，过滤前必须用清水洗涤干净。

（3）过滤时，为防止海水倒灌，损坏真空泵，要及时放掉废水。

（4）滤膜放入编好号的滤膜盒内，按站位顺序排列。

（5）用不锈钢镊子夹取滤膜，以免玷污。

（6）烘干样品时，必须保持周围环境清洁。样品置于红外灯下烘干时，温度不超过 50℃，一般红外灯泡与样品的距离不得小于 30 cm，避免滤膜卷曲或燃烧。

第三节　无机项目分析技术

一、pH 测定——pH 计法

1．适用范围

本法适用于大洋和近岸海水 pH 值的测定。

2．方法原理

将玻璃-甘汞电极对插入水样中，组成电池，则水样的 pH 与该电池的电动势（E）有如下线性关系式：

$$pH_s = A + \frac{E_x}{2.302\ 6RT/F}$$

当玻璃-甘汞电极对插入标准缓冲溶液时，则得：

$$A = pH_s - \frac{E_s}{2.302\ 6RT/F}$$

在同一温度下，分别测定同一电极对在标准缓冲溶液和水样中的电动势，则水样的 pH 值为：

$$pH_x = pH_s + \frac{E_x \cdot E_s}{2.302\ 6RT/F}$$

式中：pH_x——水样的 pH 值；

pH_s——标准缓冲溶液的 pH 值；

E_x——玻璃-甘汞电极对插入水样的电动势；

E_s——玻璃-甘汞电极对插入标准缓冲溶液中的电动势；

R——气体常数；

F——法拉第常数；

T——绝对温度 K。

3. 试剂及其配制

除非另作说明，所用试剂均为分析纯，水为去离子水或等效纯水。

（1）标准缓冲溶液均用 pH 标准缓冲物质配制。

1）苯二甲酸氢钾标准缓冲溶液：c（$KHC_8H_4O_4$）=0.05 mol/L（25℃时，pH_s=4.003）。苯二甲酸氢钾的 pH 标准缓冲物质，有小塑料袋和瓶装两种，配制方法如下：

① 袋装配制法：在 250 ml（或 500 ml）量瓶中（根据袋中标准缓冲物质量，选择量瓶大小），按袋上的说明配制成所需的浓度。保存于聚乙烯瓶中。

② 瓶装配制法：称取 5.10 g 苯二甲酸氢钾（$KHC_8H_4O_4$ 预先在 115℃±5℃，烘 2～3 h，于干燥器中冷却），溶于水并稀释至 500 ml，混匀。保存于聚乙烯瓶中。

2）0.025 mol/L 磷酸二氢钾（KH_2PO_4）和 0.025 mol/L 磷酸氢二钠（Na_2HPO_4）混合标准缓冲溶液（25℃时，pH_s=6.864）。磷酸二氢钾和磷酸氢二钠的 pH 标准缓冲物质，有小塑料袋装（混合磷酸盐）和瓶装（两种 pH 标准缓冲物质分别包装）两种。配制方法如下：

① 袋装配制法：在量瓶（根据袋上说明确定量瓶大小）中按袋上说明配制成所需浓度后，保存于聚乙烯瓶中。

② 瓶装配制法：迅速称取 3.40 g 磷酸二氢钾（KH_2PO_4）和 3.55 g 磷酸氢二钠（Na_2HPO_4）（均预先在 115℃±5℃烘 2～3 h，于干燥器中冷却）溶于蒸馏水，转入 1 000 ml 量瓶中，加水至标线，混匀。

3）0.008 695 mol/L 磷酸二氢钾（KH_2PO_4）和 0.030 43 mol/L 磷酸氢二钠（Na_2HPO_4）标准混合缓冲溶液（25℃时，pH=7.413）。磷酸二氢钾和磷酸氢二钠两种 pH 标准缓冲物质分别用瓶包装，配制方法如下：迅速称取 1.18 g 磷酸二氢钾和 4.31 g 磷酸氢二钠（均预先在 115℃±5℃烘 2～3 h，于干燥器中冷却），溶于水，全量移入 1 000 ml 量瓶中，加水至标线，混匀。保存于聚乙烯瓶中。

4）硼砂标准缓冲溶液：c（$Na_2B_4O_7 \cdot 10H_2O$）=0.010 mol/L（25℃时，pH_s=9.182）。硼砂的 pH 标准缓冲物质也有塑料袋装和瓶装两种，配制方法如下：

① 袋装配制法：在 500 ml 量瓶中，按袋上说明配制成所需浓度后，分装于 5 个 100 ml 聚乙烯瓶中，瓶口用石蜡熔封。

② 瓶装配制法：称取 1.91 g 硼砂（预先在盛有蔗糖饱和溶液的干燥器中平衡两昼夜），溶于刚煮沸冷却的蒸馏水，全量转入 500 ml 量瓶中，加水至标线，混匀。分装于 5 个 100 ml 聚乙烯瓶中，瓶口用石蜡熔封，有效期为三个月，经常使用的缓冲溶液，每周更换一次。

各种标准缓冲溶液的 pH 值随温度的变化而变化。0～45℃的 pH 值列于表 2.4 中。

表 2.4 0～45℃标准缓冲物质的 pH 值

温度/℃	苯二甲酸氢钾	混合磷酸盐	磷酸盐	硼砂
0	4.006	6.981	7.534	9.458
5	3.999	6.949	7.500	9.391
10	3.996	6.921	7.472	9.330
20	3.998	6.879	7.429	9.226
25	4.003	6.864	7.413	9.182

温度/℃	苯二甲酸氢钾	混合磷酸盐	磷酸盐	硼砂
30	4.010	6.852	7.400	9.142
35	4.019	6.844	7.389	9.105
40	4.029	6.838	7.380	9.072
45	4.042	6.834	7.373	9.042

（2）饱和氯化钾溶液：称取 40 g 氯化钾（KCl），加 100 ml 水，充分搅拌后盛于试剂瓶中（此溶液应与氯化钾固体共存）。

（3）氯化汞溶液：25 g/L。称取 2.5 g 氯化汞（$HgCl_2$），溶于水并稀释至 100 ml，混匀。盛于棕色试剂瓶中。

注意：氯化汞剧毒，小心操作。

4．仪器及设备

pH 计：精度为 0.01，附玻璃电极和甘汞电极；聚乙烯洗瓶：500 ml，1 个；

温度计：0～60℃，1 支；烧杯：150 ml，2 个；滴瓶：60 ml 棕色、无色各 1 个；聚乙烯瓶：100 ml，5 个；500 ml，1 个；1 000 ml，2 个；广口瓶：50 ml，1 个；试剂瓶：棕色 100 ml，2 个；量瓶：250 ml，1 个；50 ml，1 个；1 000 ml，2 个；一般实验室常备仪器和设备。

5．分析步骤

仪器接通电路，预热 20 min。将 pH-mV 选择开关置于"pH"位置。装上烧杯架、电极夹等，将玻璃电极和甘汞电极分别固定在夹子上（甘汞电极的下端应比玻璃电极的下端略低一些）。电极分别接入相应的插孔和接线柱上。用水淋洗电极（甘汞电极内要有结晶的氯化钾，并将下端橡胶塞拔出），经滤纸吸干后，电极移入定位的标准缓冲溶液中定位。

在测试样品前，要首先用标准缓冲溶液标定。选择 pH 值与待测溶液的 pH 值相近的标准缓冲溶液作为定位溶液，如果不知被测溶液的大概范围时，选用磷酸盐标准缓冲溶液。

定位步骤：使仪器温度补偿器的刻度与溶液的温度一致；仪器调零，使之显示于±0之间；按下"读数"开关，调节"定位器"，使显示读数为该温度下的 pH 值，注意定位时，必须使电极电位充分平衡稳定；定位完毕，放开读数开关"定位"旋钮就不得随意旋动，否则需重新定位。

样品测定：移上电极，用蒸馏水淋洗电极末端经滤纸吸干，插入待测溶液，不时旋动盛溶液的烧杯，使电极电位充分平衡；使仪器"温度补偿器"的刻度与被测溶液的温度一致；仪器调零，按下"读数开关"，读取被测样品的 pH 值，放开"读数开关"，将数据填在 pH 分析记录表中；如果仪器使用 2～3 h 后，或者温度变化超过 2℃时需重新定位。

测定结后，移出电极，用蒸馏水淋洗干净，将甘汞电极的橡皮塞套好，存放在电极盒内，玻璃电极浸放在蒸馏水中。

6．记录与计算

按分析记录表的要求将数据逐项填写并计算。

将实验室测得的数据换算成现场的 pH 值，应按下式进行温度和压力校正。

$$pH_w = pH_m + \alpha(t_m - t_w) - \beta_d$$

式中：pH_w，pH_m——分别为现场和实验室测定 pH 值；

t_w 和 t_m——分别为现场和实验室测定的水温，℃；

d——水样的深度，m；

α——温度校正系数；

β——压力校正系数。

α（$t_m - t_w$）和 β 值由表 2.5 和表 2.6 中查得。

表 2.5　pH 测定的温度校正值 α（$t_m - t_w$）表

（$t_m - t_w$）/℃	7.5	7.6	7.7	7.8	7.9	8.0	8.1	8.2	8.3	8.4	8.5	8.6
1	0.01	0.01	0.01	0.01	0.01	0.01	0.01	0.01	0.01	0.01	0.01	0.01
2	0.02	0.02	0.02	0.02	0.02	0.02	0.02	0.02	0.02	0.02	0.02	0.02
3	0.03	0.03	0.03	0.03	0.03	0.03	0.03	0.03	0.03	0.03	0.03	0.04
4	0.03	0.03	0.04	0.04	0.04	0.04	0.04	0.04	0.04	0.05	0.05	0.05
5	0.04	0.04	0.04	0.05	0.05	0.05	0.05	0.05	0.06	0.06	0.06	0.06
6	0.05	0.05	0.05	0.06	0.06	0.06	0.06	0.06	0.07	0.07	0.07	0.07
7	0.06	0.06	0.06	0.07	0.07	0.07	0.07	0.07	0.08	0.08	0.08	0.08
8	0.07	0.07	0.07	0.07	0.08	0.08	0.08	0.08	0.09	0.09	0.09	0.09
9	0.07	0.08	0.08	0.08	0.09	0.09	0.09	0.10	0.10	0.10	0.10	0.11
10	0.08	0.09	0.09	0.09	0.10	0.10	0.10	0.11	0.11	0.11	0.12	0.12
11	0.09	0.09	0.10	0.10	0.11	0.11	0.11	0.12	0.12	0.12	0.13	0.13
12	0.10	0.10	0.11	0.11	0.12	0.12	0.12	0.13	0.13	0.14	0.14	0.14
13	0.11	0.11	0.12	0.12	0.12	0.13	0.13	0.14	0.14	0.15	0.15	0.16
14	0.12	0.12	0.13	0.13	0.13	0.14	0.14	0.15	0.15	0.16	0.16	0.17
15	0.13	0.13	0.14	0.14	0.14	0.15	0.15	0.16	0.16	0.17	0.17	0.18
16	0.13	0.14	0.14	0.15	0.15	0.16	0.16	0.17	0.18	0.18	0.19	0.19
17	0.14	0.15	0.15	0.16	0.16	0.17	0.18	0.18	0.19	0.19	0.20	0.20
18	0.14	0.15	0.16	0.17	0.17	0.18	0.19	0.19	0.20	0.20	0.21	0.22
19	0.15	0.16	0.17	0.18	0.18	0.19	0.20	0.20	0.21	0.21	0.22	0.23
20	0.16	0.17	0.18	0.19	0.19	0.20	0.21	0.21	0.22	0.23	0.23	0.24
21	0.17	0.18	0.19	0.20	0.20	0.21	0.22	0.22	0.23	0.24	0.24	0.25
22	0.18	0.19	0.20	0.20	0.21	0.22	0.23	0.23	0.24	0.25	0.26	0.26
23	0.19	0.20	0.21	0.21	0.22	0.23	0.24	0.24	0.25	0.26	0.27	0.28
24	0.20	0.21	0.22	0.22	0.23	0.24	0.25	0.25	0.26	0.27	0.28	0.29
25	0.21	0.22	0.22	0.23	0.24	0.25	0.26	0.26	0.28	0.28	0.29	0.30

表 2.6　pH 测定的压力校正系数 β 表

pH_m	7.5	7.6	7.7	7.8	7.9	8.0	8.1	8.2	8.3	8.4
$\beta \times 10^6$	35	31	28	25	23	22	21	20	20	20

pH～$\alpha_H{}^+$换算见表 2.7。

表 2.7 pH～$\alpha_H{}^+$换算表

v	N	v	N	v	N	v	N
0.00	1.000	0.25	0.562	0.50	0.316	0.75	0.178
0.01	0.977	0.26	0.549	0.51	0.309	0.76	0.174
0.02	0.955	0.27	0.537	0.52	0.302	0.77	0.170
0.03	0.933	0.28	0.525	0.53	0.295	0.78	0.166
0.04	0.912	0.29	0.513	0.54	0.288	0.79	0.162
0.05	0.891	0.30	0.501	0.55	0.282	0.80	0.158
0.06	0.871	0.31	0.490	0.56	0.275	0.81	0.155
0.07	0.851	0.32	0.479	0.57	0.269	0.82	0.151
0.08	0.832	0.33	0.468	0.58	0.263	0.83	0.148
0.09	0.813	0.34	0.347	0.59	0.257	0.84	0.144
0.10	0.794	0.35	0.447	0.60	0.251	0.85	0.141
0.11	0.776	0.36	0.437	0.61	0.245	0.86	0.138
0.12	0.759	0.37	0.427	0.62	0.240	0.87	0.135
0.13	0.741	0.38	0.417	0.63	0.234	0.88	0.132
0.14	0.725	0.39	0.407	0.64	0.229	0.89	0.129
0.15	0.709	0.40	0.398	0.65	0.224	0.90	0.126
0.16	0.692	0.41	0.389	0.66	0.219	0.91	0.123
0.17	0.676	0.42	0.380	0.67	0.214	0.92	0.120
0.18	0.661	0.43	0.372	0.68	0.209	0.93	0.117
0.19	0.646	0.44	0.363	0.69	0.204	0.94	0.115
0.20	0.631	0.45	0.355	0.70	0.200	0.95	0.112
0.21	0.617	0.46	0.347	0.71	0.195	0.96	0.110
0.22	0.603	0.47	0.339	0.72	0.191	0.97	0.107
0.23	0.589	0.48	0.331	0.73	0.186	0.98	0.105
0.24	0.575	0.49	0.324	0.74	0.182	0.99	0.102

注：表中 v 为 pH 值的小数部分，Q 为 pH 的整数部分。由 v 值查表得相应的 N 值，代入：$\alpha_H{}^+ = N \times 10^{-Q}$ 即得氢离子活度

如果水样深度在 500 m 以内，不作压力校正，则上式简化为：

$$\mathrm{pH_w} = \mathrm{pH_m} + \alpha(t_m - t_w)$$

例：现场水温 t_w=24.36℃，测定时水温 t_m=22.45℃，$t_m - t_w$=22.45℃－24.36℃＝－1.91℃，测得 $\mathrm{pH_m}$=8.14。

从表 2.5 中查得校正值为－0.02（因为 $t_m < t_w$）

故：$\mathrm{pH_w}$=8.14－0.02=8.12

7．注意事项

（1）水样采集后，应在 6 h 内测定。如果加入 1 滴氯化汞溶液，盖好瓶盖，允许保存 2d。

（2）水的色度、浑浊度、胶体微粒、游离氯、氧化剂、还原剂以及较高的含盐量等干扰都较小，当 pH 大于 9.5 时，大量的钠离子会引起很大误差，读数偏低。

（3）仪器"读数"开关、玻璃电极插孔、甘汞电极、接线柱等必须保持干燥、洁净。

（4）出海前应检查仪器，方法如下：首先仪器用混合磷酸盐缓冲溶液定位，再分别测定硼砂缓冲溶液和苯二甲酸氢钾缓冲溶液的 pH 值，如果测定值与标准值之差超过±0.03，应查明原因，加以纠正。常见的故障及排除方法如下：因缓冲溶液变质（出现絮凝体等）引起 pH 值改变，应更换缓冲溶液。为防止缓冲溶液变质，可预先在溶液中加几颗百里香酚小晶体。因玻璃电极钝化，使 pH 响应不好，可用 6 mol/L 盐酸或 20%氟化氢铵溶液（NH_4HF_2）浸洗。若仍无改善，则更换玻璃电极。因甘汞电极的氯化钾溶液中有气泡，导致断路或测定不稳定，应排出液柱中的气泡。并注满氯化钾饱和溶液。因电极接线接触不好，或者仪器受潮仪表针不稳定，应将接线重新接好或者对仪器进行干燥处理。

（5）测量时，电极必须浸入溶液，否则容易造成开路，损坏仪器。

（6）每批水样测定前，仪器须用磷酸盐缓冲溶液定位一次，如测定值与标准值的偏差超过±0.01，必须重新定位。

（7）玻璃电极球部很薄，切勿与硬物相碰而破碎，使用时应使甘汞电极略低于玻璃电极。

（8）新玻璃电极在使用前应在水中浸泡 1～2 昼夜。

（9）测定浑浊水样后，电极要立即冲洗干净。

（10）海上测定工作结束后，应将玻璃电极小心放入盒中，并将 pH 计的"＋"、"－"极短路。

二、溶解氧的测定——碘量法

1．适用范围
本法适用于大洋和近岸海水及河水、河口水溶解氧的测定。

2．方法原理
水样中溶解氧与氯化锰和氢氧化钠反应，生成高价锰棕色沉淀。加酸溶解后，在碘离子存在下即释出与溶解氧含量相当的游离碘，然后用硫代硫酸钠标准溶液滴定游离碘，换算溶解氧含量。

3．试剂及其配制
除另有说明，所用试剂均为分析纯，水为蒸馏水或等效纯水。

（1）氯化锰溶液：称取 210 g 氯化锰（$MnCl_2 \cdot 4H_2O$），溶于水，并稀释至 500 ml。

（2）碱性碘化钾溶液：称取 250 g 氢氧化钠（NaOH），在搅拌下溶于 250 ml 水中，冷却后，加 75 g 碘化钾（KI），稀释至 500 ml，盛于具橡皮塞的棕色试剂瓶中。

（3）硫酸溶液：在搅拌下，将 50 ml 浓硫酸（$\rho_{H_2SO_4}=1.84$ g/ml）小心地加到同体积的水中，混匀。盛于试剂瓶中。

（4）硫代硫酸钠溶液 [$c(Na_2S_2O_3 \cdot 5H_2O)$=0.01 mol/L]：称取 25 g 硫代硫酸钠（$Na_2S_2O_3 \cdot 5H_2O$），用刚煮沸冷却的水溶解，加入约 2 g 碳酸钠，移入棕色试剂瓶中，稀释至 10L，混匀。置于阴凉处。

浓度的标定：移取 10.00 ml 碘酸钾标准溶液，沿壁流入碘量瓶中，用少量水冲洗瓶壁，加入 0.5 g 碘化钾（KI，化学纯，干燥），沿壁注入 1.0 ml 硫酸溶液（1+3），塞好瓶塞，轻荡混匀，加少许水封口，在暗处放置 2 min。轻轻旋开瓶塞，沿壁加入 50 ml 水，在不断振摇下，用硫代硫酸钠溶液滴定至溶液呈淡黄色，加入 1 ml 淀粉溶液，继续滴定至溶液蓝色刚褪去为止。重复标定，至两次滴定读数差小于 0.05 ml 为止。按下式计算其浓度：

$$c_{Na_2S_2O_3} = \frac{10.00 \times 0.010\ 0}{V_{Na_2S_2O_3}}$$

式中：$c_{Na_2S_2O_3}$——硫代硫酸钠标准溶液浓度，mol/L；

$V_{Na_2S_2O_3}$——硫代硫酸钠标准溶液体积，ml。

（5）淀粉溶液（5 g/L）：称取 1 g 可溶性淀粉，用少量水搅成糊状，加入 100 ml 煮沸的水，混匀，继续煮至透明。冷却后加入 1 ml 乙酸，稀释至 200 ml，盛于试剂瓶中。

（6）碘酸钾标准溶液[c（1/6KIO_3）=0.010 0 mol/L]：称取 3.567 g 碘酸钾：（KIO_3，优级纯，预先在 120℃烘 2 h，置于硅胶干燥器中冷却），溶于水中，全量移入 1 000 ml 量瓶中，加水至标线，混匀。置于冷暗处，有效期为一个月。使用时量取 10.00 ml 加水稀释至 100 ml，此液浓度为 0.010 0 mol/L。

4．仪器及设备

水样瓶（容积 125 ml 左右，瓶塞为锥形，磨口要严密，容积须经校正）、玻璃管（直径 5～6 mm，长 12 cm）、乳胶管（直径同玻璃管，长 20～30 cm）、溶解氧滴定管（25 ml，分刻度 0.5 ml）、电磁搅拌器（转速可调至 150～400r/min）、玻璃磁转子（直径约 3～5 mn，长 25 mm）、锥形烧瓶（250 ml）、碘量瓶（250 ml）、量筒（100 ml）、烧杯（500，1 000 ml）、双联打气球、试剂瓶（500 ml，5 个；棕色 10 个，2 500 ml）、定量加液器或大肚移液管（5 ml，4 个）、移液吸管（20 ml）、一般实验室常备仪器和设备。

5．分析步骤

（1）水样的固定：打开水样瓶塞，立即用定量加液器（管尖插入液面）依序注入 1.0 ml 氯化锰溶液和 1.0 ml 碱性碘化钾溶液，塞紧瓶塞（瓶内不准有气泡），按住瓶盖将瓶上下颠倒不少于 20 次。

（2）测定步骤：样品固定后约 1 h 或沉淀完全后打开瓶塞（若在水样瓶中全量滴定，则勿摇动沉淀，小心地吸出上部澄清液），立即用定量加液器注入 1.0 ml 硫酸溶液。塞好瓶塞，反复颠倒样品瓶至沉淀全部溶解。静置 5 min，小心打开溶解氧瓶塞，量取 100 ml（或适量）经上述处理后的水样，移入锥形瓶（若全量滴定，可不移入锥形瓶），并顺瓶壁轻轻放入一个玻璃磁转子，将锥形瓶置于滴定台上。将已标定的硫代硫酸钠溶液注满溶解氧滴定管，开动电磁搅拌器，进行滴定。待溶液呈淡黄色时，加 1 ml 淀粉溶液，继续滴定至蓝色刚刚退去。将滴定管读数记于溶解氧分析记录表中。

6．记录和计算

（1）水样中溶解氧浓度（见下式）：

$$\rho_{O_2} = \frac{c \times V \times 8}{V_0} \times 1\,000$$

式中：ρ_{O_2}——水样中溶解氧浓度，mg/L；

V——滴定样品时用去硫代硫酸钠溶液体积，ml；

c——硫代硫酸钠溶液的浓度，mol/L；

V_0——滴定用的实际水样体积（等于水样瓶体积－固定水样的固定剂体积），ml。

（2）饱和度的计算

$$氧的饱和度/\% = \rho_{O_2} / \rho_{O_2}' \times 100$$

式中：ρ_{O_2}——测得的含氧量，mg/L；

ρ_{O_2}'——现场的水温及氯度条件下，样品中氧的饱和含量，mg/L。

7．注意事项

（1）滴定临近终点时，速度不宜太慢，否则终点变色不敏锐。如终点前溶液显紫红色，表示淀粉溶液变质，应重新配制。

（2）水样中含有氧化性物质可以析出碘产生正干扰，含有还原性物质消耗碘产生负干扰。

8．其他测定方法

化学探头法。

三、海水中铜、铅、镉、锌、镍、总铬分析方法

（一）海水重金属分析的难点与常用样品前处理方法简介

海水样品中盐分高、重金属含量低是区别于其他水质样品的最大特点，这两个特点也是目前测定海水重金属要克服的难点。鉴于目前的测定手段和技术，要解决高盐、低含量的问题，测定前的样品就需要经过分离富集的处理过程。

常用的分离富集方法有：液-液萃取法、离子交换法、巯基棉吸着法、共沉淀法、活性炭吸附法、泡沫浮选法等。其中较常用的方法有液-液萃取法、离子交换法及巯基棉吸着法。另外，一种新兴的萃取方法——浊点萃取法，也应用在痕量重金属的前处理中。选用分离与富集的方法时要考虑的指标：富集倍数是否大，能否满足测定要求；尽量力求一次分离富集即可获得定量回收。

1．液-液萃取法

液-液萃取分离富集海水中的痕量金属是最有效的方法之一，不仅能富集待测元素，还能消除基体盐类的干扰。有机相的金属反萃取到水相再进行石墨炉测定，能取得较好的效果。优点是操作简单，快速，适合批量样品分析，缺点是富集倍数不高。常用的可供参考的螯合剂有：APDC、NaDDTC、高分子胺类、双硫腙、8-羟基喹啉、APDC-DDDC、

APDC-DDTC、APDC-HOX 等。常用的萃取溶剂有：MIBK、DIBK、乙酸丁酯、乙酸乙酯、乙酸戊酯等。考虑到萃取过程中的协同效应，实际中多使用协同萃取体系，如：APDC-DDTC/MIBK 等体系。

2．离子交换法

多数是将螯合离子树脂装柱，进行动态交换吸附，再用淋洗液洗脱，从而实现样品中重金属元素的富集分离。如 Chelex-100，DowcolA-1，401 型等螯合树脂柱。显著的优点是可以商品化，可以离线也可实现在线联机操作，自动化程度高。缺点是交换吸附能力的变化导致重现性不佳，商品化的富集分离系统性能有待进一步技术开发。

3．巯基棉吸着法

主要是利用含巯基的螯合离子交换纤维对痕量金属离子进行定量富集，类似于金属离子和硫化氢的反应，然后解吸测定。该方法具有很大的优点：分离富集操作简单；富集体积大，解吸剂用量少，富集倍数高，空白低；选择性好；可以在采样现场进行富集操作，克服了水样在运输保存中带来的玷污影响。缺点是需要巯基棉的制备环节，此外巯基棉对氧化剂的稳定性差，在浓酸或碱溶液中会水解。

4．浊点萃取法（cloud point extraction，简称 CPE）

是近年来出现的一种新兴的萃取技术。它具有经济、安全、高效、简便、富集倍数高（50～100 倍）、环境污染小等优点，已广泛用于生命科学、环境科学研究中。近年来，浊点萃取法也成功地用于金属元素的分离富集，并与分析仪器联用，用于痕量金属元素的检测。其萃取原理：以表面活性剂胶束水溶液的溶解性和浊点现象为基础，通过改变和优化实验参数（溶液 pH 值、络合剂和表面活性剂浓度、平衡温度和时间等条件），将疏水性物质与亲水性物质分离。常采用螯合剂 8-羟基喹啉（8-HQ）、1-（2-吡啶偶氮）-2-萘酚（PAN）和表面活性剂 Triton X-100（聚乙二醇辛基苯基醚）进行浊点萃取痕量重金属元素。

（二）目前主要使用的前处理方法及测定方法

目前主要的前处理方法是液-液萃取。我国海洋监测规范（GB 17378.4—2007）采用 APDC-DDTC/MIBK-环己烷萃取。美国多采用 APDC-MIBK，而日本 JIS 采用 DDTC-乙酸丁酯萃取。萃取后的样品通过硝酸解离、洗涤反萃取至水相，制备成无机水相溶液待测。无机相进样克服了有机相易挥发不稳定的特点，以改善待测样品的保存稳定性和进样测定的精密度。

目前最主流的测定方法仍然是原子吸收分光光度法。其他测定方法主要有：①电感耦合等离子体发射光谱法（ICP-OES）；②电感耦合等离子体质谱法（ICP-MS）；③极谱法；④分光光度法。

（三）海水中铜、铅、镉、锌、镍的测定——APDC-DDTC/乙酸丁酯萃取硝酸反萃取原子吸收分光光度法

1．适用范围

本方法适合海水中痕量铜、铅、镉、锌、镍的测定。

2．方法原理

在 pH 值为 5～6 时，水中溶解态铜、铅、镉、锌、镍与吡咯烷二硫代甲酸铵（APDC）及二乙氨基二硫代甲酸钠（DDTC）螯合，以乙酸丁酯萃取分离后的样品用硝酸反萃取，反萃取的样品待测。铜、铅、镉、镍为石墨炉法；锌为火焰法。

3．试剂及配制

（1）APDC-DDTC 混合液：分别称取 APDC 和 DDTC 各 1.0 g，溶于纯水中，经滤纸过滤后稀释至 100 ml，于分液漏斗内，每次加 10 ml 乙酸丁酯萃取提纯，收集下层水溶液，重复提纯 3 次。配制好的溶液盛于棕色瓶，冰箱内冷藏保存，保存期一周。

（2）溴甲酚绿指示液（1 g/L）：称取 0.1 g 溴甲酚绿，溶于 100 ml 20%的乙醇中。

（3）乙酸丁酯：优级纯，如果含干扰杂质，用石英亚沸蒸馏器蒸馏提纯。

（4）硝酸（1∶1）：硝酸和纯水等体积混合。硝酸为工艺超纯，检查空白，必要时多次蒸馏提纯。

（5）醋酸铵缓冲液：量取 100 ml 醋酸于分液漏斗，用氨水中和至 pH 为 5。检查空白，必要时加 APDC—DDTC 和乙酸丁酯萃取提纯 3 次。

4．分析步骤

（1）取样：准确量取 100 ml 过滤样（0.45 μm 滤膜）于 150 ml 分液漏斗中。调节 pH 值，加 1 滴溴甲酚绿指示液，混匀。滴加氨水或稀硝酸至溶液刚呈蓝绿色（pH5～6）为止。

（2）萃取：加入 1 ml 醋酸铵缓冲液，加入 2 ml APDC/DDTC 溶液，准确加入 5.0 ml 醋酸正丁酯，塞紧塞子，于振荡器上振荡 2 min。取下，静置分层（20 min），仔细弃去水相。继而用约 5 ml 超纯水洗涤有机相，静置分层，弃去水相。

（3）反萃取：准确移取 4.0 ml 上述有机相于 10 ml 具塞离心管（最好是 TFM、PTFE 等材质）中，准确加入 0.2 ml 硝酸（1∶1），塞紧塞子，振荡 1 min；再准确加入 2.8 ml（加入量根据自身实际情况确定）纯水，振荡 1 min，静置分层，移除上层有机相，剩下的无机相水溶液待测。

（4）工作曲线：曲线系列同样品分析步骤一致，同时做质控样、加标样及平行样分析。

（5）测定：锌——火焰原子吸收法（FAAS）；铜、铅、镉、镍——石墨炉原子吸收法（GFAAS）。其中石墨炉程序分别需要优化：对灰化温度和原子化温度做优化曲线，选择适当的温度。对于大批量样品的测定，要采取必要的手段来监测由于灯信号衰减和石墨管的灵敏度变化导致的测量误差及其程度，判断仪器的长期稳定性。

5．分析数据处理

校准曲线，对标准系列求回归方程，然后根据扣除空白值的样品信号值求得样品中待测元素的含量。可以根据样品含量的水平来确定取样量或需要富集的倍数，对于海水中的铜、镍和镉，一般富集 20 倍。对于锌和铅，由于海水中的含量低，为了满足灵敏度要求，可以适当增加取样量以提高富集倍数，测铅时可适当增加进样量。

6．注意事项

锌容易受到污染，在操作中要避免人体和环境对样品的污染。

（四）海水中总铬的测定——APDC-DDTC/乙酸丁酯萃取硝酸反萃取原子吸收分光光度法

1. 适用范围

本方法适合于海水中痕量总铬的测定，为仲裁方法。

2. 方法原理

在 pH 值为 3.8±0.2 的条件下，低价态铬被高锰酸钾氧化后，同二乙氨基二硫代甲酸钠（DDTC）螯合，以乙酸丁酯萃取分离后的样品用硝酸反萃取，反萃取的样品于铬的特征吸收波长处用无火焰原子吸收分光光度法测定。

3. 试剂及配制

（1）DDTC 溶液（20 g/L）：根据当天用量，称取适量 DDTC 加水溶成 20 g/L 溶液，临用时现配，用定性滤纸过滤。必要时萃取提纯。

（2）二甲基黄指示剂（10 g/L）：称取 1 g 二甲基黄，溶于 95%乙醇并稀释至 100 ml。

（3）乙酸丁酯：优级纯，如果含干扰杂质，用石英亚沸蒸馏器蒸馏提纯。

（4）缓冲液：称取 50.1 g 苯二甲酸氢钾（优级纯）溶于水中，加入 7 ml 盐酸溶液（1 mol/L）并用水稀释至 500 ml，最后用盐酸或氨水在 pH 计上调 pH 为 3.8±0.2。

（5）硝酸（1：1）：硝酸和纯水等体积混合。硝酸为工艺超纯，检查空白，必要时多次蒸馏提纯。

（6）高锰酸钾溶液（10 g/L）：称取 1 g 高锰酸钾（优级纯），溶于水并稀释至 100 ml。

4. 分析步骤

（1）取样——准确量取 20 ml 过滤样（0.45 μm 滤膜）于 25 ml 具塞比色管中。调节 pH 值——加 1 滴二甲基黄指示液，混匀。用稀氨水或稀硝酸调 pH，使溶液呈浅橙色。氧化——加 2 滴高锰酸钾溶液，水浴加热（控制温度在 70±5℃）10 min，取出放置冷却。萃取——加入 1 ml 苯二甲酸氢钾缓冲溶液和 1 ml 的 DDTC 溶液，混匀，准确加入 3.0 ml 醋酸丁酯，塞紧塞子，振荡 2 min。静置分层（20 min）。反萃取——准确移取 1.5 ml 上述有机相于 10 ml 具塞离心管（最好是 TFM、PTFE 等材质）中，准确加入 0.2 ml 硝酸（1：1），塞紧塞子，振荡 1 min；再准确加入 1.8 ml 纯水，振荡 1 min，静置分层，取下层无机相水溶液待测。工作曲线——曲线系列同样品分析步骤一致，同时做质控样、加标样及平行样分析。测定——反萃取后的溶液无火焰原子吸收分光光度法测定。

（2）分析数据处理：校准曲线，对标准系列求回归方程，然后根据扣除空白值的样品信号值求得样品中待测元素的含量。

5. 注意事项

（1）要保持加入高锰酸钾溶液足够量，一般氧化后的溶液显微紫色。

（2）氧化后的溶液需放置冷却后方可进行后续的萃取步骤。

（五）注意事项

（1）实验用水及试剂的纯化：超纯水（电阻率 18.2MΩ.cm）；所有涉及的试剂均应萃取提纯；硝酸须检查空白，必要时采用纯化器多次蒸馏提纯。

（2）实验所涉及的器皿的清洗：先用 1+3 硝酸溶液浸泡 24 h，再稀硝酸溶液反复荡洗，超纯水清洗，必要时可用萃取剂荡洗清洗。

（3）实验室环境要求：要防尘、防环境污染，尤其是对于锌和铅容易受到玷污。环境水质中的锌一般高于海水中几个数量级，极易玷污样品。

（4）由于 APDC、DDTC 易氧化，故须临用时现配。新配的溶液需过滤，萃取提纯几次，于冰箱内避光保存，保存期一周。另外，若样品中存在强氧化剂，可能会影响螯合效果，可以采取加入还原剂如盐酸羟氨等。新购买的 APDC 与 DDTC 瓶装试剂要检查生产日期，防止试剂失效而造成实验失败。

（5）仔细优化萃取条件，如：样品溶液酸度，萃取时间，相比等。保持螯合剂过量。萃取时振摇充分，分层彻底，除盐干净。

（6）调节酸度时用稀硝酸，尽量不用盐酸、硫酸、磷酸等，防止分子吸收等各种干扰。配制储备液、使用液最好是硝酸介质。尽量保持介质酸及氨水的一致性（同批次）。

（7）萃取操作时应避免光直射并远离热源。萃取完成的样品及时反萃取，防止螯合物不稳定而分解。

（8）校准曲线、质控等必须与样品萃取条件保持一致，同批次进行萃取操作。各种试剂加入量都应保持一致。

（9）空白极易玷污，尽量做 2 个以上的空白样。空白的影响带来的误差比较大。

（10）吸管、移液器等尽量专用，防止交叉污染。

（11）pH 调节是萃取实验中相当关键的部分，一定要仔细调节，使样品溶液与工作曲线、质控样等的 pH 保持一致。适当提高缓冲溶液的缓冲容量是改善 pH 调节的一个重要技巧。

（六）原子吸收法测定过程中应注意的问题

1. 火焰法

（1）测定样品前仔细检查燃烧器、光轴的位置；检查火焰颜色、形状及稳定性，如果有锯齿状则要采取措施清洁燃烧头。检查水封效果，保持雾化室内负压稳定而减少误差。检查雾化效果和提升量。

（2）测定前预热灯，检查灯稳定性。优化选择灯电流、吸收线、谱带宽度、负高压。灯电流的选择要兼顾灵敏度与精密度，都满足的情况下尽量选择较低的负高压（200～500V）。

（3）测定前检查测定灵敏度与进样精度。测定大批量样品时，要注意灯信号衰减带来的测定误差，可以采取等间距 5 个或 10 个样品，插入测定空白与已知浓度参考样，通过其测定信号值的变化判断仪器信号是否长期稳定。

（4）样品与校准曲线同批次测量。合理选择校准曲线的配制浓度范围。既要防止浓度过高而导致线性弯曲，也要防止浓度过低而导致测定进密度变差。

2. 石墨炉法

（1）灯电流、吸收线、狭缝及负高压等条件选择同火焰法。背景扣除（氘灯或塞曼，注：氘灯主要针对波长小于 350nm）。仔细优化石墨炉升温程序。干燥、灰化、原子化、除残的温度/升温方式及速率/保持时间等。

（2）氩气的纯度要高。含 O_2 或水分容易烧坏石墨管。

（3）石墨管的选择（普通、涂层、热解等）。

（4）进样量。10～20 μl 为宜。太少进样精度差，太多不易干燥。尽量少使用在线稀释。

（5）测定前校对进样针位置，检查灯的稳定性及进样精度。同时做灵敏度检查以确定进样量。

（6）经常（1+1 硝酸）清洗进样针管，防止挂液或带气泡造成进样精度差。

（7）记录石墨管的燃烧次数作为使用时的参考。大批量样品测定时等间距插入已知参考溶液及空白，以判断仪器信号是否长期稳定。

（8）加强仪器的保洁与维护，保持仪器良好性能。

（七）海水重金属测定面临的问题与方法进展

目前海水重金属测定需要前处理，流程较长，注意的细节较多，这都影响最终的数据质量。因此，简化甚至摒弃前处理步骤，实现海水样品间接或直接进样测定，是重金属测定方法发展的方向。

极谱仪、ICP-MS 等仪器的使用，能为海水重金属元素的测定提供更多的选择，进一步改善灵敏度，降低检出限，实现多元素同时测定及同位素分析，缩短样品前处理分析时间。但同样也面临诸多难点，如极谱仪可以直接测定海水，但检出限偏高，对较低重金属含量的海水无能为力；ICP-MS 由于海水盐分高而无法直接进样测定，即使是带有碰撞池等先进辅助技术的 ICP-MS 也只能通过稀释、标准加入等方法进行测定，最重要的是无法完全消除盐度的影响，同时测定盐度各异的样品可能带来较大系统性的误差，选择使用时尤其要慎重。对于盐度一致或十分接近的海水样品，ICP-MS 在部分元素的测定方面是一种不错的选择。离线或在线富集分离系统与 ICP-MS、ICP-OES 等的联用技术理论上显得更优异，能提高自动化分析程度并拓展测定深度，但价格高昂且目前各大仪器厂商的产品技术还不成熟。也有很多学者在电化学及生物传感技术等方面做了研究以实现海水的在线自动化动态监测。

四、海水中汞分析方法

海水中汞分析方法包括：原子荧光法、冷原子吸收分光光度法、金捕集冷原子吸收光度法、分光光度法。本文主要介绍冷原子荧光法和原子荧光法。

（一）冷原子荧光法

1. 适用范围
适用于大洋、近岸及河口区海水以及地表水中汞的测定。

2. 方法原理
水样经硫酸-过硫酸钾消化，有机汞转化为无机汞，在还原剂氯化亚锡的作用下，汞离子被还原为单质汞，形成汞蒸气。其基态汞原子受到波长 253.7nm 的紫外光激发，当激发态汞原子去激发时便辐射出相同波长的荧光。在给定条件与一定浓度范围内，荧光强度与汞的浓度成正比。检出限：1.0×10^{-3} μg/L。

3. 试剂及配制

浓硫酸、盐酸：优级纯，必要时检查空白并纯化；

过硫酸钾溶液（$K_2S_2O_8$）：50 g/L；

盐酸羟胺溶液：100 g/L；

氯化亚锡溶液（100 g/L）：称取 100 g 氯化亚锡于烧杯中，加 500 ml（1+1）盐酸，加热至氯化亚锡溶解，冷却盛试剂瓶中，临用时等体积纯水稀释，空白高时需同氮气除汞至汞含量检不出；

汞标准储备溶液、中间溶液和标准使用溶液。

4. 样品的消解前处理

测定水样中的汞含量时，需在样品中加入氧化剂进行消解。将不同存在形式的汞转化为游离态汞离子，然后用盐酸羟胺还原过剩的氧化剂。

硫酸-过硫酸钾消解法：将样品摇匀，取 100 ml 水样于 100 ml 具塞比色管中，加入 2 ml 浓硫酸，0.25 g 过硫酸钾（相当于 5 ml 50 g/L 的过硫酸钾溶液），充分振摇，在室温下放置消化 24 h 以上。临测试前加入 2 ml 盐酸羟胺，混匀，取样测定。其中，加入过硫酸钾是为了更有效地氧化有机物。

5. 分析测定

使用荧光测汞仪、载气以及屏蔽气选择高纯氩气。

仪器条件：设置负高压，增益以及载气和屏蔽气流量。

注意：若使用 WGY-S1A 数字荧光测汞仪时，气体流量控制在 600 ml/min，载气流量不得大于 120 ml/min。旋转控制阀时，旋转速度不宜过慢，试样注入速度不宜过快，为消除手动进样带来的误差，每个水样可以选择进 2~3 针，然后记录平均值。

6. 质量控制

空白的控制：10%以上平行样；10%以上标准参考物质。由于影响汞测定的因素较多，如载气流量、汞灯电流、负高压等，因此，每次测定均应测定标准系列，并用海水标准物质控制。

空白值的控制：①保证实验室环境清洁。室内温度应控制在 10~30℃，以恒定温度最佳。②保证测试用试剂的纯度。优级纯的酸能保证空白值的质量，盐酸羟胺和氯化亚锡还原剂纯度不够。处理方法：在还原剂中通入高纯氮气 30 min 以上或者煮沸 20~30 min，并且还原剂要现用现配。③器皿的清洁。金属汞离子在玻璃器皿上的吸附性较强，用 1+1 硝酸洗液或者选用铬酸洗液浸泡洗刷玻璃器皿，为防止污染所有玻璃器皿均应专用。

异常值的处理：出现异常高的测定值一般从两个方面进行考虑。一是水样被污染，需要重新取样消解测定。二是试剂纯度不够或者加入量过多，需要重新配制试剂并注意控制加入量。

7. 注意事项

（1）汞离子在蒸馏水中极不稳定，因此，汞的贮备液、中间液及使用液配于 5%硝酸溶液中，标准系列配于 2%硝酸溶液中。温度高的时候，汞的挥发损失厉害，标准系列配好后必须尽快测定。

（2）消解水样时，过硫酸钾以及盐酸羟胺切不可过量。

（3）进样口的胶塞的注射器口应尽量小，有空气进入，产生荧光淬灭的现象针头能够插入即可，如果胶塞老化要及时更换。

（4）测汞仪使用完毕后，用纯水代替氯化亚锡还原剂彻底冲洗管路。

（5）测量汞含量较高的水样后，将仪器开至测量档吹扫管路 5～10s 后再进行下一个水样的测定，避免影响下一个水样。

（6）由于冷原子荧光法灵敏度较高，记忆效应较大，每次测定完成后，应通入载气清洁仪器，使其读数最小或归零。

（7）所涉及的水与试剂纯度要高，要检查试剂空白，尤其是盐酸羟胺必要时需纯化处理。

（8）防止器皿玷污。所用器皿必须在（1+3）硝酸溶液中浸泡 24 h 以上，再用稀酸反复荡洗，用纯水仔细清洗干净。必要时检查器皿空白。

（二）原子荧光法

1. 适用范围

适用于大洋、近岸及河口海水、地表水以及地下水质中汞的测定。

2. 方法原理

水样经硫酸-过硫酸钾消化后，在还原剂硼氢化钾的作用下，汞离子被还原为单质汞。以氩气为载气将汞蒸气带入到原子化器中，以汞空心阴极灯为激发光源，测定汞原子荧光强度。由于一类海水中汞的限值为 0.050 μg/L，故所用原子荧光光谱仪器的性能要高，检出限要达到较低水平，在设备选用或采购时要特别注意。

3. 试剂及配制

浓硫酸、盐酸、硝酸：优级纯，必要时检查空白并纯化；过硫酸钾溶液：50 g/L；盐酸羟胺溶液：100 g/L；硼氢化钾溶液：0.05 g/L，根据实际情况调整浓度；汞标准储备溶液、中间溶液和标准使用溶液。

4. 分析步骤

（1）样品消化：量取 100 ml 水样于 250 ml 锥形瓶中，加 2.0 ml 硫酸，5.0 ml 过硫酸钾溶液，室温下放置 24 h 或加热煮沸 1 min，冷却至室温，加 2.0 ml 盐酸羟胺溶液，混匀，待测。同时做空白、质控、加标、平行样、校准曲线。

（2）测定：消化液和硼氢化钾溶液应分别从进样吸管和还原剂吸管吸入，预混合后进入雾化器，汞蒸气随载气进原子化器，测定荧光值。同时测定校准曲线等。

5. 结果计算

样品荧光值扣除空白荧光值后，用校准曲线法定量。

6. 注意事项

（1）汞离子在蒸馏水中极不稳定，因此，汞的贮备液、中间液及使用液应配置于 5% 硝酸溶液中，标准系列配置于 2% 硝酸溶液中。必要时加固定剂。当温度较高时，汞的挥发损失得很厉害，标准系列配好以后必须尽快测定。

（2）所涉及的水与试剂纯度要高，要检查试剂空白。必要时纯化处理。

（3）防止器皿玷污。所用器皿经（1+3）硝酸浸泡 24 h 以上，再用稀酸反复荡洗，用纯水仔细清洗干净，必要时检查器皿空白。

（4）影响测定的因素有灯电流、载气流量、负高压等，因此标准系列要与样品同批次测定。

（5）仪器在使用前后均应用酸溶液载流和硼氢化钾溶液充分冲洗进样管道，并检查载流空白荧光值大小，防止玷污。

五、海水中砷、硒分析方法——原子荧光法

1．适用范围
方法适用于海水中砷、硒的测定。

2．方法原理
在酸性介质中，样品溶液中的砷、硒经硫脲-抗坏血酸预还原为三价砷和四价硒，用硼氢化钾将三价砷、四价硒转化为砷化氢、硒化氢气体，由载气（氩气）导入到原子化器，在氩氢火焰中原子化。基态原子受砷、硒特种空心阴极灯激发产生原子荧光，测定原子荧光强度。标准曲线法定量。

3．分析步骤
（1）试剂配制：盐酸溶液（1+1）、硫脲-抗坏血酸还原剂（10%，1+1）、硼氢化钾溶液（1%）、砷、硒标准储备溶液、中间溶液和标准使用溶液。

（2）样品消化处理：取 25 ml 水样，加入 2.5 ml 硝酸-高氯酸（1+1）在电热板上加热消解，当溶液冒白烟时，取下冷却，再加 2.5 ml 盐酸（1+1），继续加热至溶液开始冒白烟，以完全将六价硒还原为四价硒。取下冷却，定容至 25 ml。

（3）样品预处理：量取 25.0 ml 过滤的水样于 25 ml 比色管中，加入 2.0 ml 盐酸溶液，2.0 ml 硫脲-抗坏血酸还原剂，混合均匀，放置 20 min 待测。（注：硫脲和抗坏血酸既能起到还原剂的作用，也能消除某些金属离子的干扰。）

（4）仪器参数：设定负电压、电流，氩气流速，采样时间等。负高压、电流对仪器的信号影响很大，不同的仪器设定值不一样，氩气的作用在于将氢化物带入石英炉的内管，过高的载气量会冲稀原子的浓度，过低的流速则难以迅速地将氢化物带入石英炉，一般可选用 300～700 ml/min。

（5）进样测试：利用蠕动泵，以盐酸溶液（5%～10%）作为载流进样。

（6）数据处理：绘制标准曲线，利用测定的荧光值减去空白值计算浓度。

4．注意事项
（1）盐酸试剂的空白值差别较大，使用前应进行空白检验，必要时应纯化。

（2）配制标准溶液及进行样品测试时应使用同一瓶盐酸。

（3）灯电流及负高压等仪器条件的优化。

（4）所有器皿必须清洁，水洗后经（1+3）硝酸浸泡 24 h 以上，稀硝酸溶液反复荡洗，再用纯水洗净。

（5）硼氢化物在酸性条件下会分解，因此配制时应加入一定量的氢氧化钾使溶液成碱性，但浓度不宜过大，否则会影响反应过程中的酸度，一般氢氧化钾浓度以 0.5%～1%为

宜。硫脲-抗坏血酸溶液不稳定，需临用前配制。

5．其他测定方法

①电感耦合等离子体发射光谱法（ICP-OES）；②电感耦合等离子体质谱法（ICP-MS）；③氢化物原子吸收法；④极谱法；⑤分光光度法。

六、海水中硒的测定——原子荧光法

1．适用范围

本法适用于河口与近岸海水中硒的测定。

2．方法原理

经加入硫脲后样品中的硒还原成四价。在酸性介质中加入硼氢化钾溶液，四价硒形成硒化氢气体，由载气（氩气）直接导入石英管原子化器中，进而在氩氢火焰中原子化。基态原子受特种空心阴极灯光源的激发，产生原子荧光，通过检测原子荧光的相对强度，利用荧光强度与溶液中的硒含量成正比的关系，计算样品溶液中相应硒的含量。

3．试剂和标准溶液

（1）硝酸、高氯酸、盐酸、氢氧化钾、硼氢化钾、硫脲均为优级纯。

（2）0.7%硼氢化钾溶液：称取 7 g 硼氢化钾（KBH_4）于预先加有 2 g 氢氧化钾（KOH）的 200 ml 去离子水中，用玻璃棒搅拌至溶解后，用脱脂棉过滤，稀释至 1 000 ml。此溶液现用现配。

（3）10%硫脲溶液：称取 10 g 硫脲（CH_4N_2S）微热溶解于 100 ml 去离子水中。

（4）硒标准贮备溶液：称取 0.100 0 g 光谱纯硒粉于 100 ml 烧杯中，加 10 ml HNO_3，低温加热溶解后，加 3 ml $HClO_4$ 蒸至冒白烟时取下，冷却后用去离子水吹洗杯壁并蒸至刚冒白烟，加水溶解。移入 1 000 ml 容量瓶中，并稀释至刻度，摇匀。此溶液含硒 0.100 0 g/ml。

（5）硒标准工作溶液：用硒的标准贮备溶液逐级稀释至 1 ml 分别含 10 μg、1 μg、0.10 μg Se 的标准工作溶液，并保持 HCl 浓度为 4 mol/L。

4．仪器及设备

原子荧光光谱仪，硒高强度空心阴极灯，工作条件灯电流 90～100 mA，负高压 260～280V，氩气流量 1 000 ml/min，原子化温度 200℃。

5．校准曲线

当天的系统校准至少应有 5 个标准系列点。每批次须新配系列校准曲线点，而每批次不超过 60 个样品。建议大批量样品测试时分几批进行并带相应的标准曲线测试。测定每批次样品前，应先进行校准曲线的测试，各标准系列点平行测定。校准曲线不少于 5 个标准点，相关系数达到 0.995。

用含硒 0.100 0 g/ml 的标准贮备溶液制成标准系列，在标准系列中硒的质量浓度分别为 0.0、1.0、2.0、4.0、8.0、12.0、16.0 μg/L。准确移取相应量的标准工作溶液于 100 ml 容量瓶中，加入 12 ml HCl、8 ml 10%硫脲溶液，用去离子水定容，摇匀后按样品测定步骤进行操作。记录相对的荧光强度，绘制校准曲线。

6．分析步骤

移取 20 ml 水样于 50 ml 烧杯中，加入 3 ml HCl，10%硫脲溶液 2 ml，混匀。放置 20 min

后，用定量加液器注入 5.0 ml 于原子荧光仪的氢化物发生器中，加入 4 ml 硼氢化钾溶液进行测定，或通过蠕动泵进样测定（调整进样和硼氢化钾溶液流速为 0.5 ml/s），但须通过设定程序保证进样量的准确性和一致性，记录相应的相对荧光强度值。从校准曲线上查得测定溶液中硒的浓度。

7. 数据分析及计算

由校准曲线查得测定溶液中硒元素的质量浓度，再根据水样的预处理稀释体积进行计算。

$$\rho_{硒} = \rho_s V_1 / V_2$$

式中：$\rho_{硒}$——硒的质量浓度，μg/L；

ρ_s——从校准曲线上查得 Se 的质量浓度，μg/L；

V_1——测量时水样的总体积，ml；

V_2——预处理时移取水样的体积，ml。

8. 注意事项

（1）分析中所用的玻璃器皿均需用（1+1）HNO_3 溶液浸泡 24 h，或热 HNO_3 荡洗后，再用去离子水洗净后方可使用。对于新器皿，应作相应的空白检查后才能使用。

（2）对所用的每一瓶试剂都应做相应的空白试验，特别是盐酸要仔细检查。配制标准溶液与样品应尽可能使用同一瓶试剂。

（3）所用的标准系列必须每次配制，与样品在相同条件下测定。

（4）本方法存在的主要干扰元素是高含量的 Cu^{2+}、Co^{2+}、Ni^{2+}、Ag^{2+}、Hg^{2+} 以及形成氢化物砷、锑、铋和硒等元素之间的互相影响。一般的水样中，这些元素的含量在本方法的测定条件下，不会产生干扰。其他常见的阴阳离子没有干扰。

七、营养盐的测定

（一）营养盐

在海洋化学的概念里，营养元素是指在功能上与海洋生物过程有关的元素。海洋生物控制其在海洋中的浓度与分布，而这些元素不仅是组成生物细胞原生质的重要元素，是物质代谢的能源，还参与海洋生物食物链，是一些海洋生物骨架和甲壳的重要组成部分——往往又称为"生源要素"或"生物制药元素"。

海水中氮、磷、硅、碳等营养盐是海洋浮游植物生长和繁殖所必需的营养物质，也是细胞物质中不可缺少的组分。它们在海水中的含量直接反映和决定了海洋生物生命活动的规律；并与其他水化学要素如溶解氧、pH 等的波动具有一定的联系。磷是生物体梳苷酸合成的重要元素。对于海洋脊椎动物，磷（磷酸钙）是构成其骨骼的主要材料，所以海水中磷酸盐也是海洋生物生产量的控制因素之一。观测海洋中磷酸盐的分布和变化情况对海洋生态具有重大的实际意义。氮则是生物体蛋白质合成的重要元素。浮游植物、底栖植物及光能自养细菌是海洋中初级生产者，它们的光合作用在物质循环与能量传递过程中起着关键作用。

　　在受人类活动影响较强烈而水体交换不良的河口和近岸海域，由地表径流和市政污水等陆源性输入，导致水体中氮、磷等营养物质十分丰富，导致某些生物生长繁殖异常发展，引起水环境恶化、水生生态系统结构和功能的异常即所谓的水体富营养化。《保护海洋环境免受陆上活动污染全球行动纲领》评估结果表明，在第三组污染源（污水、营养盐等）方面，情况令人担忧。水体富营养化是诱发赤潮的重要因子，近年来，由于人类活动的影响，世界上多数临海国家近海水域富营养化加剧，赤潮发生频繁，对渔业、水产养殖业及人类健康构成了严重威胁，引起了社会的广泛关注。

　　海水中的营养盐类主要来源于大气沉降、受污染的河流径流、工农业废水和生活污水的排放、人工海水养殖投放饵料的残体以及海底沉积物中营养物质的释放等，其中以工农业废水和生活污水的影响最甚。

　　氮　海水中的无机氮化合物有 NH_4^+、NO_3^- 和 NO_2^- 等，其中还原态的 NH_4^+ 主要是生物代谢产物和死亡分解的终产物，NO_3^- 是氧化态氮的主要形式，NO_2^- 在海水中含量较少（氨氮氧化或硝酸盐氮还原作用的中间产物）。海水中可溶性的有机氮（DON）组分比较复杂，主要来源于浮游生物和其他海洋生物代谢排出以及死亡后分解过程中的各种中间产物。在表层浓度可超过无机氮。最重要的一类 DON 是氨基酸和尿素。

　　硝化作用：Nitrosomonas 属细菌参与下的氨离子氧化为亚硝酸根，Nitrobacter 属参与第二步氧化，也可自发进行。

$$NH_3 \rightleftharpoons NH_2OH \rightleftharpoons N_2O_2^{2-} \rightleftharpoons NO_2^- \rightleftharpoons NO_3^-$$

　　反硝化作用：某些脱氮细菌在缺氧的情况下产生反硝化作用或称脱氮作用（denitrification）。

$$(CH_2O)_{106}(NH_3)_{16}H_3PO_4 + 84.8HNO_3 \longrightarrow 106CO_2 + 42.4N_2 + 16NH_3 + 148.4H_2O + H_3PO_4$$

　　氮的循环：陆源径流、大气干-湿沉降、生物固氮作用等是海洋中的主要氮源，而氮从海洋生态系统损失的主要途径是人类收获海产品和矿化沉积作用。

　　磷　海水中的磷包括颗粒性磷（POP-活有机体内的磷和有机碎屑的磷）、溶解有机磷（DOP）和溶解无机磷（DIP）。通常以颗粒磷的含量最高，DOP 和 DIP 的含量比例在不同海区或不同季节有变化，有时 DIP 在海水中的滞留时间只有几分钟。海水中的溶解无机磷几乎都是以正磷酸盐的形式存在。根据测定其表观离解常数，在盐度 33，温度 20℃时，大部分（87%）的正磷酸盐是以 HPO_4^{2-} 的形式存在，其次（12%）是以 PO_4^{3-} 存在，而 $H_2PO_4^-$ 的含量是极微的。溶解有机磷主要是磷酸酯类物质，大部分是容易水解的（如 ATP），不易水解的组分（如核酸）较少。

　　对沉积物而言，可溶性磷酸盐从缺氧沉积中释出的速率超过再沉淀的速率。海洋表层的磷酸盐由于浮游植物的快速吸收，所以浓度很低，另一方面，海洋动物特别是浮游动物代谢排泄磷的速率很快，加上其他矿化途径（包括微生物作用），使得磷的再生主要在水层内完成。在沿岸生态系统中，由于再生过程活跃，只有很少量的磷可能永久性地沉积在底部。

　　硅　海水中可溶性无机硅是海洋浮游植物所必须的营养盐之一，尤其是对硅藻类浮游植物，硅更是构成机体不可缺少的组分。在海洋浮游植物中硅藻占很大部分，硅藻繁殖时摄取硅使海水中硅的含量下降。在自然水域中，硅一般以溶解态单体正硅酸盐形式存在。硅藻类是构成浮游植物的主要成分，硅藻和一些金鞭藻纲的鞭毛藻对硅有大量需求。营养盐硅是浮游植物生长的主要发动机，对浮游植物生长的影响是强烈和迅速的，因此，硅在一定程度上限制着浮游植物的初级生产力。

自然界含硅岩石风化后，随陆地径流入海，使近岸及河口区硅的含量较高，这是海洋中硅的重要来源。通过硅藻的吸收，硅进入了生物体。死亡的硅藻和摄食硅藻的浮游动物的排泄物离开真光层沉降到海底，硅离开了海水表层沉降到海底。因此，硅通过这样一个亏损过程：河流输入（起源）——浮游植物吸收和死亡（生物地球化学过程）——沉降海底（归宿），展现了沧海变桑田的缓慢过程。海洋中营养盐硅的平衡和浮游植物生长的平衡硅酸盐浓度远离海岸的横断面的水平变化表明，离带有河口的海岸距离越远，水域中的硅酸盐浓度就越低。陆源提供的硅酸盐的浓度变化严重影响浮游植物的生长，硅不像氮或磷在海洋中以多种多样的无机物和有机物的形成存在。硅主要存在形式是正硅酸盐，这不能通过食物链到任何一级。而且，它的再生不是通过有机物的降解，而是通过蛋白石的溶解，它的再生要在海水的更深处才能完成。当径流将大量的硅酸盐带入海湾后，由于海流和硅藻的作用，硅酸盐的浓度分布一般从河口区依次到湾中心、湾口和湾外逐渐降低。在浮游植物的生化作用下，把硅垂直带向海底，而在海底的硅酸盐浓度又不能向上扩散，这展现了硅的亏损过程。

20 世纪以来，在沿海城市，工农业生产迅速发展，近岸工业地区日益增多，城市扩展加快，人口激增，工业废水和城市生活污水大量排放到海洋中，大量的氮、磷被输送到海洋中，相对减少硅的输送，造成海湾、河口和沿岸水域的严重污染和富营养化。在营养盐氮、磷很高的水域，浮游植物的初级生产力的高低值相差甚大的生态系统的机制是由营养盐硅控制机制。

（二）氨的测定

1. 氨的测定——靛酚蓝分光光度法

（1）适用范围

本法适用于大洋和近岸海水及河口水。

（2）方法原理

在弱碱性介质中，以亚硝酰铁氰化钠为催化剂，氨与苯酚和次氯酸盐反应生成靛酚蓝，在 640nm 处测定吸光值。

（3）试剂及其配制

所用试剂均为分析纯，水为无氨蒸馏水或等效纯水。

1）铵标准贮备溶液：100.0 mg/L（N）。

称取 0.471 6 g 硫酸铵[$(NH_4)_2SO_4$，预先在 110℃烘 1 h，置于干燥器中冷却，溶于少量水中，全量转入 1 000 ml 量瓶中，加水至标线，混匀。加 1 ml 三氯甲烷（$CHCl_3$），振摇混合。贮于棕色试剂瓶中，冰箱内保存。此溶液 1.00 ml 含氨氮 100 μg，有效期半年。

2）铵标准使用溶液：10.0 mg-N /L。移取 10.0 ml 铵标准贮备液置于 100 ml 量瓶中，加水至标线，混匀，此溶液 1.00 ml 含氨氮 10.0 μg。临用时配制。

3）柠檬酸钠溶液：480 g/L。称取 240 g 柠檬酸钠（$Na_3C_6H_5O_7·2H_2O$），溶于 500 ml 水中，加入 20 ml 氢氧化钠溶液，加入数粒防爆沸石，煮沸除氨直至溶液体积小于 500 ml。冷却后用水稀释至 500 ml。盛于聚乙烯瓶中。此溶液长期稳定。

4）氢氧化钠溶液[$c(NaOH)$=0.50 mol/L]：称取 10.0 g 氢氧化钠（NaOH），溶于 1 000 ml 水中，加热蒸发至 500 ml。盛于聚乙烯瓶中。

5）苯酚溶液：称取 38 g 苯酚和 400 mg 亚硝酰铁氰化钠[$Na_2Fe(CN)_5NO·2H_2O$]，溶于少量水中，稀释至 1 000 ml，混匀。盛于棕色试剂瓶中，冰箱内保存。此溶液可稳定数月。

6）硫代硫酸钠溶液：[$c(Na_2S_2O_3·5H_2O)$=0.10 mol/L]：称取 25.0 g 硫代硫酸钠，溶于少量水中，稀释至 1 000 ml。加 1 g 碳酸钠（Na_2CO_3），混匀。转入棕色试剂瓶中保存。

7）淀粉溶液（5 g/L）：称取 1 g 可溶性淀粉，加少量水搅成糊状，加入 100 ml 沸水，搅匀，电炉上煮至透明。取下冷却后加 1 ml 冰醋酸（CH_3COOH），用水稀释至 200 ml。盛于试剂瓶中。

8）次氯酸钠溶液：市售品有效氯含量不少于 5.2%。使用前标定：加 50 ml 硫酸溶液至 100 ml 锥形瓶中，加入约 0.5 g 碘化钾（KI），混匀。加 100 ml 次氯酸钠溶液，以硫代硫酸钠溶液滴定至淡黄色，加入 1 ml 淀粉溶液，继续滴定至蓝色消失。记下硫代硫酸钠溶液的体积，1.00 ml 相当于 3.54 mg 有效氯。

9）次氯酸钠使用溶液（1.50 mg/ml 有效氯）：用氢氧化钠溶液稀释一定量的次氯酸钠溶液，使其 100 ml 中含 150 mg 有效氯。此溶液盛于聚乙烯瓶中置冰箱内保存，可稳定数周。

10）硫酸溶液（0.5 mol/L）：移取 28 ml 硫酸（$\rho_{H_2SO_4}$=1.84 g/ml）缓慢地倾入水中，并稀释至 1L，混匀。

（4）仪器及设备

分光光度计（5 cm 测定池）、具塞比色管（50 ml）、自动移液管（1 ml 3 支）、一般实验室常用仪器和设备。

（5）分析步骤

水样经 0.45 μm 滤膜过滤后盛于聚乙烯瓶中。须从速分析，不能延迟 3 h 以上；若样品采集后不能立即分析，则应快速冷冻至 −20℃。样品溶化后立即分析。

1）绘制标准曲线：取 6 个 100 ml 量瓶，分别加入 0、0.30、0.60、0.90、1.20、1.50 ml 铵标准使用溶液加纯水或无氨海水至标线，混匀。系列各点的浓度分别为 0、0.030、0.060、0.090、0.12、0.15 mg/L（N）。移取 35.0 ml 上述各点溶液，分别置于 50 ml 具塞比色管中。各加入 1.0 ml 柠檬酸钠溶液，混匀。各加入 1.0 ml 苯酚溶液，混匀。各加入 1.0 ml 次氯酸钠使用溶液，混匀。放置 6 h 以上（淡水样品放置 3 h 以上）。选 640nm 波长，5 cm 测定池，以水作参比溶剂，测定吸光值 A_i，其中零浓度为 A_0。以吸光值（A_i-A_0）为纵坐标，氨-氮浓度（mg/L）为横坐标，绘制标准曲线。

2）水样测定：移取 35.0 ml 已过滤的水样，分别置于 50 ml 具塞比色管中。参照上述步骤测定水样的吸光度 A_w。同时取 35.0 ml 无氨蒸馏水，分别置于 50 ml 具塞比色管中，按水样步骤测定分析空白吸光度 A_b。查标准曲线或用线性回归方程计算水样中氨氮浓度。

（6）记录与计算

将测得数据记录，并按以下不同情况计算水样氨-氮的浓度。

1）测定海水样品，若绘制标准曲线用盐度相近的无氨海水时，可由 $A_w - A_b$ 值查标准曲线直接得出氨氮浓度。

2）对于海水或河口区水样，若绘制标准曲线时，用无氨蒸馏水，则水样的吸光度 A_w 扣除分析空白吸光度 A_b 后，还应根据所测水样的盐度乘上相应的盐误差校正系数 f（表2.8），即据 $f(A_w - A_b)$ 值查标准曲线或用线性回归方程计算水样中氨-氮的浓度。

表 2.8　盐误差校正系数表

S	0~8	11	14	17	20	23	27	30	33	36
系数 f	1.00	1.01	1.02	1.03	1.04	1.05	1.06	1.07	1.08	1.09

（7）精密度和准确度

精密度：氨-氮浓度为 30, 90, 150 μg/L 的人工合成样品，重复性相对标准偏差为 1.2%。氨-氮浓度为 1 400 μg/L 的人工合成样品，再现性相对标准偏差为 4%。

准确度：氨-氮浓度为 1 400 μg/L 的人工合成样品，相对误差为 2.8%。

（8）注意事项

1）测定中要避免空气中的氨对水样或试剂的玷污。

2）采集氨氮低于 0.8 μg/L 的海水，用 0.45 μm 滤膜过滤后贮于聚乙烯桶中，每升海水加 1 ml 三氯甲烷，混合后即可作为无氨海水使用。

3）若发现苯酚出现粉红色则必须精制。步骤如下：取适量苯酚置蒸馏瓶中，徐徐加热，用空气冷凝管冷却，收集 182~184℃ 馏分。精制后的苯酚为无色结晶状。在酚的蒸馏过程中要注意爆沸和火灾。

4）样品和标准溶液的显色时间保持一致，并避免阳光照射。

5）该法重现性好，空白值低，有机氮化物不被测定，但反应慢，灵敏度略低。

（9）其他测定方法：

流动注射分光光度法和气相分子吸收光谱法。

2. 氨的测定——次溴酸盐氧化法

（1）适用范围

本法适用于大洋和近岸海水及河口水中氨-氮的测定。本法不能用于污染较重、含有机物较多的养殖水体。水样经 0.45 μm 滤膜过滤后贮于聚乙烯瓶中。分析工作不能延迟 3 h 以上，若样品采集后不能立即分析，则应快速冷冻至 −20℃ 保存，样品熔化后立即分析。

（2）方法原理

在碱性介质中次溴酸盐将氨氧化为亚硝酸盐，然后以重氮-偶氮分光光度法测亚硝酸盐氮的总量，扣除原有亚硝酸盐氮的浓度，得氨氮的浓度。

（3）试剂及其配制

1）试剂均为分析纯，水为无氨蒸馏水或等效纯水。

2）铵标准贮备溶液：100 mg/L（N）。称取 0.4716 g 硫酸铵[(NH$_4$)$_2$SO$_4$]预先在 110 ℃下干燥 1 h]溶于少量水中，全量移入 1 000 ml 量瓶中，加水至标线，混匀。加 1 ml 三氯甲烷（CHCl$_3$），混匀。贮于 1 000 ml 棕色试剂瓶中，冰箱内保存。有效期半年。

3）铵标准使用溶液：10.0 mg/L（N）。移取 10.0 ml 铵标准贮备溶液于 100 ml 量瓶中，加水至标线，混匀。临用前配制。

4）氢氧化钠溶液：400 g/L。称取 200 g 氢氧化钠（NaOH）溶于 1 000 ml 水中，加热蒸发至 500 ml，盛于聚乙烯瓶中。

5）盐酸溶液（1+1）：将 500 ml 盐酸（ρ_{HCl}=1.19 g/ml）与同体积的水混匀。

溴酸钾-溴化钾贮备溶液：称取 2.8 g 溴酸钾（KBrO$_3$）和 20 g 溴化钾（KBr）溶于 1 000 ml 水中，贮于 1 000 ml 棕色试剂瓶中。

6）次溴酸钠溶液：量取 1.0 ml 溴酸钾-溴化钾贮备溶液于 250 ml 聚乙烯瓶中，加 49 ml 水和 3.0 ml 盐酸溶液，盖紧摇匀，置于暗处。5 min 后加入 50 ml 氢氧化钠溶液，混匀。临用前配制。

7）磺胺溶液：2 g/L　称取 2.0 g 磺胺（NH$_2$SO$_2$C$_6$H$_4$NH$_2$），溶于 1 000 ml 盐酸溶液中，贮存于棕色试剂瓶中。有效期为 2 个月。

8）盐酸萘乙二胺溶液：1.0 g/L　称取 0.50 g 盐酸萘乙二胺，溶于 500 ml 水，贮存于棕色试剂瓶中，冰箱保存。有效期为 1 个月。

（4）仪器及设备

船用分光光度计或其他类型分光光度计；量瓶：200 ml，6 个；100，500，1 000 ml 各 1 个；量筒：50，1 000 ml；具塞锥形瓶：100 ml；烧杯：50，100，500，1 000 ml；试剂瓶：1 000 ml；棕色 500，1 000 ml；聚乙烯瓶：250，500 ml；聚乙烯洗瓶：500 ml，1 个；自动移液管：1 ml，1 支；5 ml，2 支；刻度吸管：2，10 ml；吸气球：1 个；玻璃棒：ϕ 5 mm，长 15 cm，2 支；实验室常备仪器及设备。

（5）分析步骤

1）绘制工作曲线：取 6 个 200 ml 量瓶，分别加入 0，0.20，0.40，0.80，1.20，1.60 ml 铵标准使用溶液，加水至标线，混匀。标准系列各点的浓度分别为 0，0.010，0.020，0.040，0.060，0.080 mg/L。各量取 50.0 ml 上述溶液，分别置于 100 ml 具塞锥形瓶中。各加入 5 ml 次溴酸钠溶液，混匀，放置 30 min。各加 5 ml 磺胺溶液，混匀，放置 5 min。各加入 1 ml 盐酸萘乙二胺溶液，混匀，放置 15 min。选 543nm 波长，5 cm 测定池，以无氨蒸馏水作参比，测定吸光值 A_i；其中零浓度的吸光值为 A_0。以吸光度 A_i-A_0 为纵坐标，相应的浓度（mg/L）为横坐标，绘制工作曲线。

2）水样测定：量取 50.0 ml 已过滤的水样分别置于 100 ml 具塞锥形瓶中。参照上述步骤测定水样的吸光度 A_w。量取 5 ml 刚配制的次溴酸钠溶液于 100 ml 具塞锥形瓶中，立即加入 5 ml 磺胺溶液，混匀。放置 5 min 后加 50 ml 水，然后加入 1 ml 盐酸萘乙二胺溶液，15 min 后测定分析空白的吸光值 A_b。

（6）记录与计算

将测得数据和水样中原有亚硝酸盐氮的浓度（mg/L）记录。由 A_w-A_b 查工作曲线或用线性回归方程计算水样中（NO$_2$-N）+（NH$_3$-N）的总浓度，按下式计算水样中氨氮的浓度：

$$\rho_{NH_3-N}=\rho_总-\rho_{NO_2-N}$$

式中：ρ_{NH_3-N}——水样中氨氮的浓度，mg/L；

$\quad\quad\rho_总$——查工作曲线得氨氮（包括亚硝酸盐氮）的浓度，mg/L；

$\quad\quad\rho_{NO_2-N}$——亚硝酸盐氮的浓度，mg/L。

（7）精密度和准确度

精密度：相对标准偏差为 1%。准确度：相对误差为 0.4%。

（8）注意事项

1）测定中要严防空气中的氨对水样、试剂和器皿的玷污。

2）当水温高于 10℃时，氧化 30 min 即可，若低于 10℃时，氧化时间应适当延长。

3）在条件许可下，最好用无氮海水绘制工作曲线。

4）加盐酸萘乙二胺试剂后，必须在 2 h 内测定完毕，并避免阳光照射。

5）该法氧化率较高，快速，简便，灵敏，但部分氨基酸也被测定。

（9）其他测定方法

流动注射分光光度法和气相分子吸收光谱法。

3. 海水中氨的测定——流动注射比色法

（1）适用范围

本法适用于河口与近岸海水中氨的测定。

（2）方法原理

在 60℃的碱性溶液中，氨与苯酚和次氯酸盐在亚硝酰基铁氰化钠的催化作用下反应，生成靛酚蓝。靛酚蓝在 640 nm 的吸光值与样品中氨含量成正比。

（3）试剂和标准溶液

1）贮备溶液

络合剂贮备液：溶解 140 g 二水合柠檬酸钠（$Na_3C_6H_5O_7\cdot2H_2O$）、5 g 氢氧化钠（NaOH）、10 g EDTA（$Na_2C_{10}H_{14}O_8N_2\cdot2H_2O$）于约 800 ml 纯水中，混匀后稀释至 1L。该溶液的 pH 值约为 13。可稳定两个月。

硫酸铵贮备液（以 N 计，100 mg/L）：准确称量 0.472 1 g 硫酸铵[$(NH_4)_2SO_4$，预先在 105℃烘干 2 h]，转移至装有约 800 ml 纯水的容量瓶中，溶解后加入数滴氯仿，准确定容至 1 000 ml，置于玻璃瓶中 4℃下冷藏贮存。可稳定两个月。

低氨海水：采集低氨海水（以 N 计，<7 μg/L），用 0.45 μm 滤膜过滤。如无法获取，可购买低营养盐海水（盐度 35，<7 μg/L）。

2）使用溶液

亚硝酰铁氰化钠溶液：溶解 0.25 g 亚硝酰铁氰化钠[$Na_2Fe(CN)_5NO\cdot2H_2O$]于 400 ml 纯水中，混匀，稀释至 500 ml。室温下贮存于棕色瓶中。

苯酚溶液：溶解 1.8 g 固体苯酚（C_6H_5OH）和 1.5 g 氢氧化钠于 100 ml 纯水中。临用时配置。

次氯酸盐溶液：溶解 0.5 g 氢氧化钠和 0.2 g 二氯异氰脲酸钠盐（NaDTT，$NaC_3Cl_2N_3O_3$）

于 100 ml 纯水中。临用时配制。

标准使用液（以 N 计，5 mg/L）：溶解 5.0 ml 标准贮备液于 100 ml 纯水中。临用时配制。注意：该溶液应根据配制标准曲线系列的需要稀释，曲线系列的浓度改变，使用液的浓度也应作相应的变化。

标准曲线系列溶液：移取适量的标准使用液于 100 ml 纯水或低营养盐海水中，配制一系列的标准曲线溶液。临用时配制。样品浓度应落于标准曲线的浓度范围之内。曲线浓度范围不超过两个数量级。曲线至少应包括 5 个逐级递增的不同浓度点。

（4）仪器及设备

连续流动自动分析仪组成元件：自动进样器、反应分析模块和加热器、蠕动泵、装有钨灯（380～800 nm）的分光光度计或装有 640 nm 滤光片的光度计（最大狭缝宽度为 2 nm）、计算机数据处理系统。

玻璃器皿和材料：带有吸量球的自动移液管：100～1 000 μl、1～10 ml 两种不同规格、可精确到 0.1 mg 的分析天平，用于配制标准溶液、60 ml 的玻璃瓶或高密度聚乙烯样品瓶，玻璃容量瓶和玻璃样品管、烘箱、干燥器、孔径为 0.45 μm 的薄膜过滤器，塑料洗瓶、离心分离机、超声波水浴清洗器。

（5）校准与标准化

配制至少含 5 个点的标准系列用于校准。每 60 个样品需测量一组标准曲线系列样品。以平行测定两次的方式先分析标准曲线系列的各标准点，后分析实际样品。标准曲线至少包含 5 个点，曲线相关性系数 r 应等于或大于 0.995，曲线浓度范围不能超过两个数量级。

（6）分析步骤

冷藏和冰冻样品应先在室温下解冻和放置常温。开机预热 30 min。调整分析流程和泵管。调整分光光度计的波长为 640 nm，打开灯。根据所测样品最高氨浓度设置合适的光度计量程。准备好所有的试剂和标准溶液。选择合适的载流。测定盐度波动不大（＜±2）或氨质量浓度（以 N 计）较低（＜20 μg/L）的样品时，建议采用与样品盐度接近的低营养盐海水作载液。测定盐度波动较大和样品质量浓度较高（＞20 μg/L）的样品时，建议采用纯水作载液，同时进行盐度校正。泵入纯水至基线稳定后，加入试剂到进样通道，达到试剂基线稳定。准备好干净的样品杯，将标准曲线系列溶液、待分析样品、实验室试剂空白、实验室空白加标样、实验室基体加标样和质控样分别放置进样盘内，每十个样品测定一个空白。开始分析测试。分析结束后，泵入纯水清洗所有试剂管路。

（7）数据分析和计算

氨浓度的计算通过标准曲线的回归方程求得，其中标准系列点的质量浓度为自变量，相关的响应峰值为应变量。河口和近岸海水基体效应校正。当计算样品氨质量浓度时，需进行基体效应校正。常用基体校正方程如下：

校正后氨质量浓度（以 N 计，mg/L）=校正前氨质量浓度/1.17（mg/L）。

结果（以 N 计）以 mg/L 或 μg/L 表示。

（8）注意事项

1）样品采集后需经 0.45 μm 滤膜过滤预处理，过滤后应立即分析。如若在 3 h 内不能分析，则应快速冷冻至 −20℃ 保存。样品融化后立即分析。

2）海水与纯水的不同折射率可引起负误差，不同的基体可引起正误差，应进行相应的校正。

3）硫化氢质量浓度（以 S 计）高于 2 mg/L 时有负效应。可加入硫酸调节 pH 为 3 左右，再通氮气吹除。

4）在 pH 约为 13 的碱性溶液中，海水中的钙和镁易形成氢氧化物沉淀，可加入柠檬酸钠和 EDTA 除去。

5）载流和标准曲线溶液的盐度与样品不一致时，存在折射率和盐误差而需校正。对于低质量浓度样品（<20 μg/L），可用无营养盐海水配制与样品盐度接近的载流和校准溶液来消除基体干扰。

6）应尽量减少实验室空气中的氨质量浓度，以避免污染样品或试剂。放置在实验室里的氨水溶液应转移。严禁吸烟。如有必要，使用空气过滤器以获取无氨实验环境。

7）实验中使用的所有玻璃器皿都应无氨残留，以避免污染样品或试剂。测定高质量浓度氨样品时，玻璃器皿依次用洗涤剂、自来水、10%HCl（体积分数）、纯水清洗。因氨具有较强的表面反应性，在测定低浓度氨样品（<20 μg/L）时，需要更严格的清洗。塑料瓶和玻璃容量瓶应放置于纯水中，用超声波清洗 60 min。玻璃材质的瓶子和样品管可用纯水煮沸清洗。如有必要更换纯水重复清洗。

8）保证样品和试剂无颗粒物，如有必要应先行过滤。

（三）硝酸盐和亚硝酸盐的测定

1. 亚硝酸盐的测定——萘乙二胺分光光度法

（1）适用范围

本法适用于海水及河口水中亚硝酸盐氮的测定。

（2）方法原理

在酸性介质中亚硝酸盐与磺胺进行重氮化反应，其产物再与盐酸萘乙二胺耦合生成红色偶氮染料，于 543 nm 波长测定吸光值。大量的硫化氢干扰测定，可在加入磺胺后用氮气驱除硫化氢。

水样可用有机玻璃或塑料采水器采集，经 0.45 μm 滤膜过滤后贮于聚乙烯瓶中，应从速分析，不能延迟 3 h 以上，否则须快速冷冻至 −20℃保存。样品熔化后应立即分析。

（3）试剂及其配制

1）试剂均为分析纯，水为无亚硝酸盐的二次蒸馏水或等效纯水。

2）磺胺溶液（10 g/L）：称取 5 g 碘胺（$NH_2SO_2C_6H_4NH_2$），溶于 350 ml 盐酸溶液（1+6），用水稀释至 500 ml，盛于棕色试剂瓶中，有效期为 2 个月。

3）盐酸萘乙二胺溶液（1 g/L）：称取 0.5 g 盐酸萘乙二胺（$C_{10}H_7NHCH_2\text{-}CH_2NH_2\cdot2HCl$），溶于 500 ml 水中，盛于棕色试剂瓶中于冰箱内保存，有效期为 1 个月。

4）亚硝酸盐氮标准贮备溶液[100 μg/ml（N）]：称取 0.492 6 g 亚硝酸钠经 110℃下烘干，溶于少量水中后全量转移入 1 000 ml 量瓶中，加水至标线，混匀。加 1 ml 三氯甲烷（$CHCl_3$），混匀。贮于棕色试剂瓶中于冰箱内保存，有效期为两个月。

5）亚硝酸盐氮标准使用溶液[5.0 μg/ml（N）]：移取 5.00 ml 亚硝酸盐氮标准贮备溶液

于 100 ml 量瓶中，加水至标线，混匀。临用前配制。

（4）仪器及设备

船用分光光度计或其他类型分光光度计；量瓶：100，1 000 ml 各 1 个；量筒：50，500 ml 各 1 个；具塞比色管：50 ml（带刻度），30 个；烧杯：100，500 ml，各 1 个；试剂瓶：棕色 500 ml，2 个，1 000 ml，1 个；聚乙烯洗瓶：500 ml，1 个；自动移液管：1 ml，2 支；刻度吸管：1，5 ml，各 1 支；吸气球：1 只；玻璃棒：直径 5 mm，长 15 cm，2 支；一般实验室常备仪器和设备。

（5）分析步骤

1）绘制标准曲线：取 6 个 50 ml 具塞比色管，分别加入 0、0.10、0.20、0.30、0.40、0.50 ml 亚硝酸盐标准使用溶液加水至标线，混匀。标准系列各点的浓度分别为 0、0.010、0.020、0.030、0.040、0.050 mg/L。各加入 1.0 ml 磺胺溶液，混匀。放置 5 min。各加入 1.0 ml 盐酸萘乙二胺溶液混匀。放置 15 min。选 543nm 波长，5 cm 测定池，以水作参比，测其吸光值 A_i。其中零浓度为标准空白吸光值 A_0。以吸光值（$A_i - A_0$）为纵坐标，浓度（mg/L）为横坐标绘制标准曲线。

2）水样的测定：移取 50.0 ml 已过滤的水样于具塞比色管中。参照上述步骤测量水样的吸光值 A_w。量取 50.0 ml 二次去离子水，于具塞比色管中，参照上述步骤测量分析空白吸光值 A_b。

（6）记录与计算

将测得数据记录，按下式计算 A_n。

$$A_n = A_w - A_b$$

由 A_n 值查工作曲线或按下式计算水样中亚硝酸盐氮的浓度。

$$\rho_{NO_2-N} = \frac{A_n - a}{b}$$

式中：ρ_{NO_2-N}——水样中亚硝酸盐氮的浓度，mg/L；

　　　A_n——水样中亚硝酸盐氮的吸光值；

　　　a——标准曲线中的截距；

　　　b——标准曲线中的斜率。

（7）注意事项

1）水样加盐酸萘乙二胺溶液后，须在 2 h 内测量完毕，并避免阳光照射。

2）温度对测定的影响不显著，但以 10～25℃内测定为宜。

3）标准曲线一般应与样品分析同时进行。当分析工作量大、连续分析样品时，应至少每一周重制一次，且应每天测定两个浓度的标准溶液以核对曲线。当测定样品的实验条件与制定标准曲线的条件相差较大时，如更换光源或光电管、温度变化较大时，须及时重制标准曲线。

（8）其他测定方法

流动注射分光光度法和气相分子吸收光谱法。

2. 硝酸盐的测定——镉柱还原法

（1）适用范围

本法适用于大洋和近岸海水、河口水中硝酸盐氮的测定。

（2）方法原理

水样通过镉还原柱，将硝酸盐定量地还原为亚硝酸盐，然后按重氮-偶氮光度法测定亚硝酸盐氮的总量，扣除原有亚硝酸盐氮，得硝酸盐氮的含量。

水样可用有机玻璃或塑料采水器采集，用 0.45 μm 滤膜过滤，贮于聚乙烯瓶中。分析工作不能延迟 3 h 以上，如果样品采集后不能立即分析，应快速冷冻至 −20℃。样品融化后应立即分析。

（3）试剂及其配制

1）除非另作说明，本法中所用试剂均为分析纯，水为二次去离子水或等效纯水。

2）镉屑：直径为 1 mm 的镉屑、镉粒或海绵镉。

3）盐酸溶液：2 mol/L　量取 83.5 ml 盐酸（ρ_{HCl}=1.19 g/ml）加水稀释至 500 ml。

4）硫酸铜溶液：10 g/L　称取 10 g 硫酸铜（$CuSO_4 \cdot 5H_2O$）溶于水并稀释至 1 000 ml，混匀。盛于试剂瓶中。

5）硝酸盐标准贮备溶液：称取 0.721 8 g 硝酸钾（KNO_3），预先在 110℃下烘 1 h，置于干燥器中冷却，溶于少量水中，用水稀释至 1 000 ml，混匀。加 1 ml 三氯甲烷（$CHCl_3$），混合。贮于 1 000 ml 棕色试剂瓶中，于冰箱内保存。此溶液 1.00 ml 含硝酸盐氮 100 μg，有效期为半年。

6）硝酸盐标准使用溶液：量取 10.0 ml 硝酸钾标准贮备溶液，于 100 ml 量瓶中，加水稀释至标线，混匀。此溶液 1.00 ml 含硝酸盐氮 10.0 μg，临用前配制。

7）氯化铵缓冲溶液：称取 10 g 氯化铵（NH_4Cl，优级纯）溶于 1 000 ml 水中，用约 1.5 ml 氨水（ρ =0.90 g/ml）调节 pH 至 8.5（用精密 pH 试纸检验）。此液用量较大，可一次配制 5L。

8）磺胺溶液：称取 5.0 g 磺胺（$NH_2SO_2C_6H_4NH_2$），溶于 350 ml 盐酸溶液（1+6），用水稀释至 500 ml，混匀。盛于棕色试剂瓶中，有效期为 2 个月。

9）盐酸萘乙二胺溶液：称取 0.50 g 盐酸萘乙二胺（$C_{10}H_7NHCH_2NH_2 \cdot 2HCl$），溶于 500 ml 水中，混匀。盛于棕色试剂瓶中，于冰箱内保存，有效期为 1 个月。

10）活化溶液：量取 14 ml 硝酸盐标准贮备溶液于 1 000 ml 量瓶中，加氯化铵溶液至标线，混匀，贮于试剂瓶中。

（4）仪器及设备

分光光度计；镉柱：1～6 支；支持台；蝴蝶夹；自由夹；秒表：1 块；量瓶：100 ml，7 个，1 000 ml，1 个；量筒：50，1 000 ml，各 1 个；锥形分液漏斗：150 ml，1 个；具塞锥形烧瓶：125 ml，10 个；具塞比色管：50 ml（带刻度），30 个；烧杯：100，500，1 000 ml，各 2 个；试剂瓶：500，1 000 ml，各 1 个；棕色，500，1 000 ml，各 2 个；聚乙烯洗瓶：500 ml，1 个；滴瓶：50 ml，1 个；自动移液管：1 ml，2 支；刻度吸管：2，10 ml，各 1 支；吸气球：1 个；玻璃棒：直径 5 mm，长 150 mm，2 支；一般实验室常备仪器和设备。

（5）分析步骤

1）镉柱的制备

镉屑镀铜：称取 40 g 镉屑（或镉粒）于 150 ml 锥形分液漏斗中，用盐酸溶液洗涤，除去表面氧化层，弃去酸液，用水洗至中性，加入 100 ml 硫酸铜溶液振摇约 3 min，弃去废液，用水洗至不含有胶体铜时为止。

装柱：将少许玻璃纤维塞入还原柱（图 2.6）底部并注满水，然后将镀铜的镉屑装入还原柱中，在还原柱的上部也塞入少许玻璃纤维，已镀铜的镉屑要保持在水面之下以防接触空气，为此，柱中溶液即液面，在任何操作步骤中不得低于镉屑。

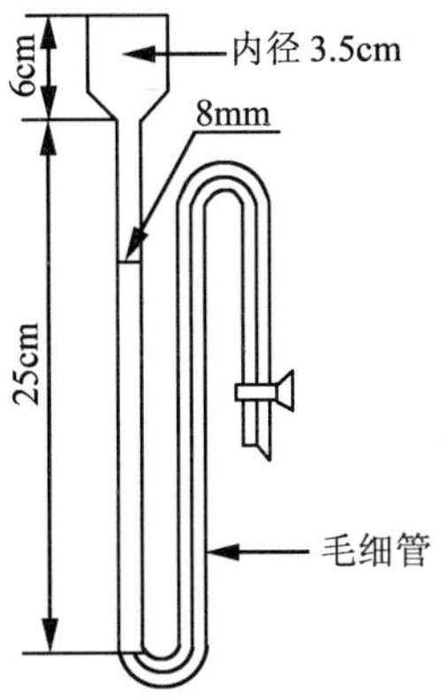

还原柱的活化：用 250 ml 活化溶液，以每分钟 7～10 ml 的流速通过还原柱使之活化，然后再用氯化铵缓冲溶液过柱洗涤 3 次，还原柱即可使用。

还原柱的保存：还原柱每次用完后，需用氯化铵缓冲溶液洗涤 2 次，而后注入氯化铵溶液保存。如长期不用，可注满氯化铵溶液后密封保存。

2）镉柱还原率的测定

配制浓度为 100 µg/L 的硝酸盐氮和亚硝酸盐氮溶液，测量

图 2.6 还原柱

其吸光值，其双份平均吸光值记为 A（NO_3^-）。同时测量分析空白，其双份平均吸光值记为 A_b（NO_3^-）。亚硝酸盐氮的测定除了不通过还原柱外，其余各步骤均按硝酸盐氮的测定步骤进行，其双份平均吸光值记为 A（NO_2^-）。同时测定空白吸光值，其双份平均值记为 A_b（NO_2^-）。按下式计算硝酸盐还原率 R。

$$R = \frac{A(NO_3^-) - A_b(NO_3^-)}{A(NO_2^-) - A_b(NO_2^-)} \times 100\%$$

当 $R < 95\%$ 时，还原柱须重新进行活化或重新装柱。

➢ 绘制工作曲线：

取 6 个 100 ml 量瓶，分别加入 0，0.25，0.50，1.00，1.50，2.00 ml 硝酸盐标准使用溶液，加水至标线，混匀。标准系列溶液的硝酸盐氮浓度分别为 0，0.025，0.050，0.100，0.150，0.200 mg/L。

分别量取 50.0 ml 上述各浓度溶液，于相应的 125 ml 具塞锥形瓶中，再各加 50.0 ml 氯化铵缓冲溶液，混匀。将混合后的溶液逐个倒入还原柱中约 30 ml，以每分钟 6～8 ml 的流速通过还原柱直至溶液接近镉屑上部界面，弃去流出液。然后重复上述操作，接取 25.0 ml 流出液于 50 ml 带刻度的具塞比色管中，用水稀释至 50.0 ml，混匀。

各加入 1.0 ml 磺胺溶液，混匀，放置 20 min。各加入 1.0 ml 盐酸萘乙二胺溶液，混匀，放置 20 min。于 543 nm 波长下（在光电比色计上，使用绿色滤波片）用 5 cm 测定池以二次去离子水作参比，测其吸光值 A_i 和 A_0（标准空白）。以吸光值（$A_i - A_0$）为纵坐标，浓度（mg/L）为横坐标，绘制工作曲线。

➢ 水样测定

量取 50.0 ml 已过滤的水样，于 125 ml 具塞锥形瓶中，加入 50.0 ml 氯化铵缓冲溶液，

混匀。按照上述步骤测量水样的吸光值 A_w。量取 50.0 ml 二次去离子水，于 125 ml 的具塞锥形瓶中，加入 50.0 ml 氯化铵缓冲溶液，混匀。参照上述步骤测量分析空白吸光值 A_b。由 $A_\mathrm{w}-A_\mathrm{b}$，查工作曲线或用线性回归方程计算得硝酸盐氮和亚硝酸盐氮浓度 $c_总$（mg/L）。

（6）记录与计算

将测得数据 $c_总$ 和水样中原有亚硝酸盐氮浓度 $c_{\mathrm{NO_2-N}}$（mg/L）记录。

按下式计算水样中硝酸盐氮浓度：

$$c_{\mathrm{NO_3-N}}=c_总-c_{\mathrm{NO_2-N}}$$

（7）精密度和准确度

精密度：硝酸盐氮浓度为 25，100，200 µg/L 的人工合成水样，重复性相对标准偏差为 1.1%，硝酸盐氮浓度为 210 µg/L 的人工合成水样，再现性相对标准偏差为 2.4%。

准确度：硝酸盐氮浓度为 210 µg/L 的人工合成水样，相对误差为 1.4%。

（8）注意事项

1）还原柱可用蝴蝶夹固定在滴定台上，并配备可插比色管的塑料底座。在船上工作时可用自由夹固定比色管。

2）水样通过还原柱时，液面不能低于镉屑，否则会引进气泡，影响水样流速，如流速达不到要求，可在还原柱的流出处用乳胶管连接一段细玻璃管，即可加快流速。

3）水样加盐酸萘乙二胺溶液后，须在 2 h 内测量完毕，并避免阳光照射。

4）工作曲线一般应与样品分析同时进行。当分析工作量大、连续分析样品时，应至少每一周重制一次，且应每天测定两个浓度的标准溶液以核对曲线。当测定样品的实验条件与制定工作曲线的条件相差较大时（如更换光源或光电管、温度变化较大时），必须重制工作曲线。

5）水样中的悬浮物会影响水样的流速，如吸附在镉屑上能降低硝酸盐的还原率，水样要预先通过 0.45 µm 滤膜过滤。

6）铁、铜或其他金属浓度过高时会降低还原效率，向水样中加入 EDTA 即可消除此干扰。油和脂会覆盖镉屑的表面，用有机溶剂预先萃取水样可排除此干扰。

7）船用分光光度计的测定池与参比池两者之间的吸光值（A_c）可能有显著差异，应在 A_w 及 A_i 中扣除。

8）海绵镉还原柱的处理过程及其他要求，可按产品特性说明书作相应调整。

9）锌镉法可与本法等效使用。参见 GB 12763.4—91 海洋调查规范　海水化学要素观测。

（9）其他测定方法

流动注射分光光度法和气相分子吸收光谱法。

3. 硝氮和亚硝氮测定——流动注射比色法

（1）适用范围

本法适用于河口与近岸海水中硝氮和亚硝氮的测定。

（2）方法原理

样品通过镀铜的镉还原柱，在缓冲溶液中硝酸盐被还原为亚硝酸盐。亚硝酸盐通过与

磺胺和 *N*-（1-萘基）-乙二胺盐酸盐发生重氮偶氮反应，生成含氮的染料，然后在 540 nm 波长处测定。其吸光值与样品中的亚硝酸盐+硝酸盐浓度呈线性关系。硝酸盐浓度通过从亚硝酸盐+硝酸盐浓度中减去亚硝酸盐浓度获得，亚硝酸盐浓度是在没有通过镉柱的程序中测定的。本方法不存在明显的盐误差。

（3）试剂和标准溶液

1）贮备溶液

磺胺贮备液：溶解 10 g 磺胺（$NH_2SO_2C_6H_4NH_2$）到 1 L 10%的盐酸溶液中。

硝酸盐贮备液（以 N 计，100 mg/L）：在 1 L 的长颈容量瓶中，加入 800 ml 纯水，溶解 0.721 7 g 硝酸钾（KNO_3，105℃烘干 1 h），用纯水稀释到标线。将贮备液用聚乙烯瓶储存在 4℃的冰箱里。溶液稳定 6 个月。

亚硝酸盐贮备液（以 N 计，100 mg/L）：在 1 L 的长颈容量瓶中预先加入 800 ml 纯水，溶解 0.492 8 g 亚硝酸钠（$NaNO_2$，105℃烘干 1 h），用纯水稀释到标线。将贮备液用聚乙烯瓶储存在 4℃的冰箱里。溶液稳定 3 个月。

低营养盐含量海水：获取低营养盐海水（以 N 计，<7 μg/L），用 0.45 μm 滤膜过滤。如果无法通过这种途径获得，可以购置盐度为 35，氮<7 μg/L 的低营养盐海水。

2）使用溶液

Brij-35 初始溶液：向 1 000 ml 纯水中添加 2 ml Brij 表面活性剂[聚氧化乙烯烷基酚醚，$C_{12}H_{25}(OCH_2CH_2)_{23}OH$]，轻轻摇匀。

磺胺溶液：200 ml 磺胺储备液中加入 1 ml Brij-35 溶液，轻轻混匀。注意：Brij 溶液加入磺胺溶液而非缓冲溶液，是为了避免因 Brij 吸附作用降低镉柱的表面活性而缩短镉柱的使用寿命。

盐酸萘乙二胺溶液：在 1 L 纯水中溶解 1 g 盐酸萘乙二胺（$C_{10}H_7NH_2$- $NH_2·2H_2O$）。

硫酸铜溶液（2%）：溶解 20 g 硫酸铜（$CuSO_4·5H_2O$）于 1 L 纯水中。

初级标准稀释液（以 N 计，5 mg/L）：用纯水稀释 5 ml 标准储备液到 100 ml，当天配制。注意：这种溶液是作为一种中间液而为进一步配制标准溶液而准备的，所以初级标准稀释液的质量浓度应该根据标准溶液的质量浓度范围来调整。

校正标准溶液：用纯水或者低营养盐海水，稀释一定体积的初级标准稀释液到 100 ml，制得一系列校准溶液，当天配制。校准标准的质量浓度范围应该涵盖样品的预期质量浓度，但不要超过两个数量级。一条校准曲线至少需要 5 个等量递增的标准点。

通过双重分析系统同步分析样品中硝酸盐+亚硝酸盐和亚硝酸盐时，应配制亚硝酸盐、硝酸盐的混标。总质量浓度（亚硝酸盐+硝酸盐）必须在亚硝酸盐+硝酸盐测定系统的校正标准曲线中计算。

3）镉还原柱

可以使用市售的镉还原柱，也可以使用实验室制备的镀铜镉粒还原柱。

如果使用镉还原柱，可以通过下面的步骤活化：在 3 个 50 ml 的烧杯里分别准备好纯水、0.5 mol/L 盐酸溶液和 2%的硫酸铜溶液，安装 3 个 10 ml 注射器。首先用 10 ml 纯水冲洗镉还原柱，然后在 3 s 内用 10 ml 0.5 mol/L 的盐酸溶液冲洗它，并立即用两注射器的纯水冲洗。缓慢地用硫酸铜溶液冲洗直到镉还原柱流出大量黑色的铜沉淀后停止。最后用纯水冲洗镉还原柱。

镉还原柱的制备：用锉刀锉镉棒以获得新制的镉屑。筛选镉屑，保留粒径为 25～60 目（0.25～0.71 mm）的镉屑。先用 10%的盐酸冲洗镉屑两次，然后用纯水冲洗。轻轻倒出纯水，加入 50 ml 2%的硫酸铜溶液，注入时，出现褐色的胶状铜，溶液蓝色褪去。倒出褪色的溶液再加入新的硫酸铜溶液并使其产生旋涡。重复这个步骤直到蓝色不再褪去。用纯水冲洗镉屑直到蓝色溶液全部流出，镉屑表面露出镀匀的铜微粒。保持镉屑浸没在水下，避免镉粒暴露在空气中。还原柱可以用 2 mm 直径的塑料或者玻璃管制备。用玻璃纤维装填还原柱底部。把还原柱注满水，用一个连接在还原柱上端的 10 ml 移液管尖端转移镉屑。轻轻敲打管子和移液管尖端，让镉粒分布均匀且紧密，防止气泡进入。在还原柱管上部装填玻璃纤维。如果使用 U 形管，移液管尖端连接在另一端，重复以上步骤。用一个充满缓冲溶液的塑胶管连接圆柱管的两端以形成一个封闭的循环。如果镉还原柱有几天没有使用，那么在分析样品之前应该先活化。

镉还原柱稳定性的测定：泵入缓冲溶液和其他试剂溶液通过测试系统，以获得稳定的基线。连续从进样管中抽吸 0.7 mg/L（以 N 计）的亚硝酸盐溶液，并记录稳定的信号。停止抽吸，在系统中安装镉还原柱，在安装时应确保没有气泡进入系统。重新抽吸并形成稳定的基线。连续从进样管中抽吸 0.7 mg/L（以 N 计）的硝酸盐溶液，记录信号，这个信号会缓慢地增大直到 10～15 min 时趋于稳定。这个稳定的信号应该接近于未经过还原柱的同质量浓度亚硝酸盐溶液的信号强度。通过测量硝酸盐标准溶液和同质量浓度的亚硝酸盐标准溶液的吸光率，可以确定还原柱的还原率，还原率通过下式计算：

$$还原率=硝酸盐吸光率/亚硝酸盐吸光率$$

（4）仪器设备

气体隔断连续流动自动分析仪由以下部分组成：自动取样器、带有硝酸盐反应管路的分析模块、镉圈或者实验室制备的镀铜镉还原柱、蠕动泵、配有钨灯（380～800 nm）的分光光度计或者装有 540 nm 滤光片（宽度 2 nm）的光度计、计算机数据处理系统。

玻璃器皿及设备：100～1 000 µl 和 1～10 ml 自动移液管，配不同规格及使用方便的高品质移液管头、精度为 0.1 mg 的分析天平、容量为 60 ml 的高密度聚乙烯样品瓶，玻璃容量瓶和塑料取样管、干燥炉、干燥器、薄膜过滤器，孔径 0.45 µm，带有过滤器的塑料注射器。

（5）校准与标准化

1）系统校准必须要当天配制 5 个校准标准。校准标准的浓度范围应包括样品浓度范围，但不要超过 2 个数量级。

2）通过分析一系列标准溶液为每批样品建立一条曲线。每批样品不要超过 60 个。数量很多的样品应分成几批，并对应每批样品做单独的工作曲线。

3）在分析样品前，用相同的方法校准工作曲线。

4）包含五个或者更多点的校准曲线的相关系数 r，应大于或等于 0.995。

（6）分析步骤

冷藏和冰冻样品应先在室温下解冻和放置室温。打开连续流动分析仪器和数据处理系统，并至少预热 30 min。根据分析亚硝酸盐或硝酸盐的类型设置分析通道，使镉柱开头处于关闭或打开状态。设置分光光度计的波长为 540 nm。根据样品中亚硝酸盐或硝酸盐最高浓度设定合适量程。配制所有用到的试剂与标准。运行系统使基线稳定。使用干净的样品杯，把标准曲线溶液、试剂空白、空白加标样、实验室基体加标样、质控样、待测样品分别放在取样架上，在每 10 个样品间放置一个空白。开始分析。分析结束后，泵入纯水清洗所有试剂管路。

注意：清洗时保证镉柱开头处于关闭状态。通过经常性向进样管交替泵入纯水、1 mol/L HCl 溶液、纯水、1 mol/L NaOH 溶液来清洗管路系统，尽量减少试剂基线的噪声。确认在 1 mol/L NaOH 泵入管路后用纯水清洗彻底，以免海水样进入后产生氢氧化镁沉淀。

（7）数据分析与计算

样品中硝酸盐的质量浓度通过曲线的回归方程求得，其中质量浓度为自变量，相应的峰高是应变量。结果（以 N 计）以 mg/L 或者 μg/L 表示。

（8）注意事项

1）样品采集后需经 0.45 μm 滤膜过滤预处理，过滤后应立即分析。如若在 3 h 内不能分析，则应快速冷冻至 −20℃ 保存。样品融化后立即分析。

2）所有实验室器皿的硝酸盐残留必须很低，以免玷污样品和试剂。用清洁剂湿润器皿，然后依次用自来水、10%（体积分数）的盐酸冲洗，最后用纯水彻底冲洗干净。

3）当质量浓度（以 S 计）高于 0.1 mg/L 的硫化氢会在镉柱形成沉淀而干扰亚硝酸盐的分析。硫化氢应先与镉或铜盐形成沉淀而被除去。

4）溶液中的铁、铜或其他重金属在高于 1 mg/L 时会降低镉柱的还原率。加入 EDTA 可以络合这些金属离子。

5）磷酸盐质量浓度高于 0.1 mg/L 会降低镉柱的还原率，在分析之前应稀释溶液或者用含氢氧化铁除去磷酸盐。

6）保证样品和试剂无颗粒物，如有必要应先行过滤。

（四）磷的测定

1. 磷的测定——磷钼蓝分光光度法

（1）适用范围

本法适用于海水中活性磷酸盐的测定。

（2）方法原理

在酸性介质中，活性磷酸盐与钼酸铵反应生成磷钼黄，用抗坏血酸还原为磷钼蓝后，于 882nm 波长测定吸光值。

（3）试剂及其配制

1）所用试剂均为分析纯，水为二次蒸馏水或等效纯水。

2）硫酸溶液：$c(H_2SO_4) = 6.0$ mol/L，在搅拌下将 300 ml 硫酸（$\rho_{H_2SO_4} = 1.84$ g/ml）缓缓加到 600 ml 水中。

3）钼酸铵溶液：溶解 28 g 钼酸铵$[(NH_4)_6Mo_7O_{24}\cdot 4H_2O]$于 200 ml 水中。溶液变混浊时，应重配。

4）酒石酸锑钾溶液：溶解 6 g 酒石酸锑钾（$C_4H_4KO_7Sb\cdot 1/2H_2O$）于 200 ml 水中，贮

于聚乙烯瓶中。溶液变混浊时，应重配。

5）混合溶液：搅拌下将 45 ml 钼酸铵溶液加到 200 ml 硫酸溶液中，加入 5 ml 酒石酸锑钾溶液，混匀。贮于棕色玻璃瓶中。溶液变混浊时，应重配。

6）抗坏血酸溶液：溶解 20 g 抗坏血酸（$C_6H_8O_6$）于 200 ml 水中，盛于棕色试剂瓶或聚乙烯瓶。在 4℃避光保存，可稳定 1 个月。

7）磷酸盐标准贮备溶液：ρ_P=0.300 mg/ml，称取 1.318 g 磷酸二氢钾（KH_2PO_4，优级纯，在 110～115℃烘 1～2 h）溶于 10 ml 硫酸溶液及少量水中，全量转入 1 000 ml 量瓶，加水至标线，混匀，加 1 ml 三氯甲烷（$CHCl_3$）。此溶液 1.00 ml 含 0.300 mg 磷。置于阴凉处，可以稳定半年。

8）磷酸盐标准使用溶液：ρ_P=3.00 μg/ml，量取 1.00 ml 磷酸盐标准贮备溶液至 100 ml 量瓶中，加水至标线，混匀，加两滴三氯甲烷（$CHCl_3$）。此溶液 1.00 ml 含 3.00 μg 磷。有效期为一周。

（4）仪器及设备

分光光度计，5 cm 测定池。量筒：10，50，100，250，500 ml。量瓶：100，1 000 ml。具塞量筒：50 ml。刻度吸管：1，5，10 ml。自动加液器：1 ml。一般实验室常备仪器和设备。

（5）分析步骤

1）绘制标准曲线：量取磷酸盐标准使用溶液 0，0.50，1.00，2.00，3.00，4.00 ml 于 50 ml 具塞量筒中，加水至 50 ml 标线，混匀。各浓度依次为 0，0.030，0.060，0.120，0.180，0.240 mg/L。各加 1.0 ml 混合溶液，1.0 ml 抗坏血酸溶液，混匀。显色 5 min 后，注入 5 cm 测定池中，以蒸馏水作参比，于 882 nm 波长处测定其吸光值 A_i。其中零浓度为标准空白吸光值 A_0。以吸光值（A_i-A_0）为纵坐标，相应的磷酸盐浓度（mg/L）为横坐标，绘制标准曲线。

2）水样测定：量取 50 ml 经 0.45 μm 微孔滤膜过滤的水样至具塞量筒中，按上述步骤测定吸光值 A_w。同时量取 50 ml 水按相同步骤测定分析空白吸光值 A_b。

（6）记录与计算

（A_w-A_b）值在标准曲线上查得水样的磷酸盐浓度（mg/L），或用标准曲线性回归方程计算。将所得数据记录。

（7）注意事项

1）水样采集后应马上过滤，立即测定。若不能立即测定，应置于冰箱中保存，但也应在 48 h 内测定完毕。

2）过滤水样的微孔滤膜，需用 0.5 mol/L 盐酸浸泡，临用时用水洗净。

3）硫化物含量高于 2 mg/L（S）时干扰测定。此时，水样用硫酸酸化，通氮气 15 min，将硫化氢除去，可消除干扰。

4）磷钼蓝颜色在 4 h 内稳定。

2．活性磷酸盐——流动注射比色法

（1）适用范围

本法适用于河口与近岸海水中活性磷酸盐的测定。

（2）方法原理

在酸性介质中,低含量的活性磷酸盐与钼酸铵-酒石酸锑钾混合溶液反应生成磷钼酸锑盐（磷钼黄）,磷钼黄被抗坏血酸溶液还原为磷钼蓝,它在 880 nm 处有吸收,吸光值与样品中的活性磷酸盐含量成正比。

（3）试剂和标准溶液

1）贮备溶液

钼酸铵溶液（40 g/L）：在约 400 ml 纯水中溶解 20.0 g 四水合钼酸铵 $[(NH_4)_6Mo_7O_{24}\cdot4H_2O]$,并稀释到 500 ml,用塑料瓶贮存并避免阳光直射,可稳定约 3 个月。

酒石酸锑钾溶液（3.0 g/L）：在约 800 ml 纯水中溶解 3.00 g 半水合酒石酸锑钾$[K(SbO)C_4H_4O_6C\cdot1/2H_2O]$,或溶解 3.22 g 三水合酒石酸锑钾 $[K(SbO)C_4H_4O_6C\cdot3H_2O]$ 稀释到 1 000 ml,棕色瓶中冷藏储存,可稳定约 3 个月。

抗坏血酸溶液：在约 700 ml 纯水中溶解 60.0 g 抗坏血酸（$C_6H_6O_6$）并稀释到 1 L。加入 1.0 g 十二烷基硫酸钠$[CH_3(CH_2)_{11}OSO_3Na]$。在加入十二烷基硫酸钠前脱气。每周制备,颜色变黄应弃用。

钼酸盐显色剂：在 1L 体积的容量瓶中,加入约 500 ml 去离子水,缓慢加入 35.0 ml浓硫酸（注意：溶液会发热）,摇晃混合,然后加入 213 ml 钼酸铵溶液和 72 ml 酒石酸锑钾溶液,稀释到 1 L,混匀,用超声波设备脱气。可在室温下保存,颜色变蓝应弃用。

2）活性磷酸盐标准溶液

活性磷酸盐贮备液：称取 0.439 g 磷酸二氢钾（KH_2PO_4,105℃烘 1 h）,溶解于纯水中并准确定容至 1L（1.00 ml=0.100 mg P）。在冰箱保存,稳定期约为 3 个月。

活性磷酸盐使用液：移取 1.00 ml 活性磷酸盐贮备液用纯水准确稀释到 100 ml（1.0 ml = 1.000 μg P）。放置于冰箱,每周重配。

标准曲线系列溶液：移取适量的标准使用液于 100 ml 纯水中,配制一系列的标准曲线溶液。临用时配制。样品质量浓度应落于标准曲线的质量浓度范围之内。曲线质量浓度范围不超过两个数量级。曲线至少应包括 5 个逐级递增的不同质量浓度点。

（4）仪器及设备

连续流动自动分析系统：取样器、单通道或多通道比例进样泵、反应单元和模块、比色检测器、加热单元、计算机数据处理系统。其他材料与设备：无磷的玻璃器皿和聚乙烯瓶、孔径为 0.45 μm 的薄膜过滤器。

（5）校准与标准化

配制至少含五个点的标准系列用于校准。每 60 个样品需测量一组标准曲线系列样品。以平行测定两次的方式先分析标准曲线系列的各标准点,后分析实际样品。标准曲线至少包含五个点,曲线相关性系数 r 应等于或大于 0.995,曲线质量浓度范围不能超过两个数量级。

（6）分析步骤

冰冻样品应先在室温下解冻。调整分析流程并设置特性参数（管路、流速、进样量等参考仪器分析系统）。准备所有试剂和标准溶液。开机预热 30 min。泵入去离子水通过所有试剂管路,检查管路是否泄漏,达到纯水基线稳定。泵入相应试剂到进样管道,达到试剂基线稳定。设定光度计波长为 880 nm，设定好合适的比色计量程。使用干净的样品杯，把标准曲线溶液、试剂空白、空白加标样、实验室基体加标样、质控样、待测样品分别放在取样架上，在每 10 个样品间放置一个空白。开始分析测试。分析结束后，泵入纯水清洗所有试剂管路。

（7）数据计算

磷质量浓度的计算通过标准曲线的回归方程求得，其中标准系列点的质量浓度为自变量，相关的响应峰值为应变量。测量结果应处于标准曲线的最高点和最低点之间。当水样的测定结果超过最高点时，应执行稀释并重测。结果（以 P 计）以 mg/L 或 μg/L 表示。

（8）注意事项

1）样品采集后需经 0.45 μm 滤膜过滤预处理，过滤后应尽快分析。如果样品不能在 24 h 内测定，则应快速冷冻至 −20℃保存，一般可存放 2 个月。样品融化后立即分析。

2）在河口或近岸海域水体中，铜、砷和硅的质量浓度一般较低，不会对活性磷酸盐测定产生干扰。高质量浓度的铁会引起沉淀并损失溶解态磷。水样如采自深海缺氧的盆地时，如有硫化物影响，可简单地通过水样稀释处理即可消除干扰，因含硫高的样品大多磷酸盐也高。

3）测定过程中的所有实验用品，其磷酸盐的残留应很低，对样品和试剂无玷污。可用 10%HCl（体积分数）清洗并用蒸馏水或去离子水冲洗干净。

保证样品和试剂无颗粒物，如有必要应先行过滤。

（五）硅酸盐的测定

1. 活性硅酸盐的测定——硅钼蓝法

（1）适用范围

本法适用于硅酸盐含量较低的海水。

（2）方法原理

活性硅酸盐在酸性介质中与钼酸铵反应，生成黄色的硅钼黄，当加入含有草酸（消除磷和砷的干扰）的对甲替氨基苯酚-亚硫酸钠还原剂，硅钼黄被还原硅钼蓝，于 812 nm 波长测定其吸光值。

（3）试剂及其配制

1）为取得最好的结果，使用硅含量更低的试剂。试剂溶液及纯水用塑料瓶保存，可降低空白值。本法中所用水均指无硅蒸馏水或等效纯水。

2）钼酸铵（酸性）溶液：称取 2.0 g 钼酸铵$[(NH_4)_6Mo_7O_{24}·4H_2O]$，溶于 70 ml 水，加 6 ml 盐酸（$\rho_{HCl}$=1.19 g/ml），稀释至 100 ml（如浑浊应过滤），贮于聚乙烯瓶中。

3）草酸溶液：100 g/L　称取 10 g 草酸（$H_2C_2O_4·2H_2O$，优级纯），溶于水，稀释至 100 ml，过滤，贮于聚乙烯瓶中。

4）硫酸溶液：1+3　在搅拌下，将 1 体积硫酸（$\rho_{H_2SO_4}$=1.84 g/ml，优级纯）缓慢地加入至 3 体积水中，冷却后盛于聚乙烯瓶中。

5）对甲替氨基酚（硫酸盐）-亚硫酸钠溶液：称取 5 g 对甲替氨基酚（米吐尔）

[(CH₃NHC₆H₄OH)₂·H₂SO₄]，溶于 240 ml 水，加 3 g 亚硫酸钠（Na₂SO₃），溶解后稀释至 250 ml，过滤，贮于棕色试剂瓶中，并密封保存于冰箱中，此液可稳定一个月。

6）还原剂：将 100 ml 对甲替氨基酚-亚硫酸钠溶液和 60 ml 草酸溶液混合，加 120 ml 硫酸溶液，混匀，冷却后稀释至 300 ml，贮于聚乙烯瓶中。此液临用时配制。

7）硅标准溶液：300 μg/ml。

8）硅标准使用溶液：15.0 μg/ml。

（4）仪器及设备

移液吸管：15，20 ml；棕色试剂瓶：500 ml；量瓶：100 ml。

（5）分析步骤

1）绘制工作曲线

取 7 个 100 ml 量瓶，分别移入 0，1.00，2.00，3.00，4.00，5.00，6.00 ml 硅标准使用溶液，加纯水至标线，混匀。即得一系列标准溶液。

向 7 个 50 ml 具塞比色管中各加 3 ml 钼酸铵溶液，再分别移入 20 ml 上述硅标准系列溶液，每加标准溶液后，立即混匀，放置 10 min，加入 15 ml 还原剂溶液，加水稀释至 50 ml，混匀，系列各点的含硅量分别为 0，3.00，6.00，9.00，12.0，15.0，18.0 μg。3 h 后，用 5 cm 测定池，以蒸馏水为参照液，于 812nm 波长处逐个测定吸光值 A_i。其中零浓度为标准空白吸光值 A_0。以吸光值（$A_i - A_0$）为纵坐标，相应硅的含量（μg）为横坐标绘制工作曲线。

2）水样测定

加 3 ml 钼酸铵溶液至 50 ml 具塞比色管中，移入 20 ml 水样与之混匀。放置 10 min 加 15 ml 还原剂，加水稀释至 50 ml，混匀。参照上述步骤，测量水样的吸光值 A_w。同时以 20 ml 纯水代替水样，同上述步骤，测定分析空白吸光值 A_b。

（6）记录与计算

将测得数据记录，由（$A_w - A_b$）值查工作曲线或用线性回归方程计算得水样中硅含量（x），按下式计算水样中活性硅酸盐的浓度：

$$\rho_{si} = \frac{x}{V}$$

式中：ρ_{si}——水样中活性硅酸盐的浓度，mg/L（Si）；

x——水样中含硅量，μg；

V——水样体积，ml。

（7）精密度和准确度

低浓度（0.13 mg/L）相对误差 4%。中等浓度（1.3 mg/L）和高浓度（4.2 mg/L）分别为 2.5% 和 6%。

（8）注意事项

1）测量水样时，硅酸盐溶液的温度与制定工作曲线时硅钼蓝溶液的温度之差不得超 5℃。

2）本法测量时最佳温度为 18～25℃，当水样温度较低时，可用水浴（18～25℃）。

3）采集水样后立即过滤，然后贮存于冰箱中（<4℃），在 24 h 内分析完毕。

4）如水样中硅酸盐含量很低，可多取水样或改用较长光程的测定池测量；如水样中硅酸盐含量较高，则改用较短光程的测定池测量。

5）工作曲线应在水样测定实验时制定，同时加测工作标准溶液，以检查曲线；每个站位加测一份空白，以保证监测分析质量。

6）此方法受水样中离子强度影响而造成盐度误差，除用盐度校正表外，最好用接近于水样盐度的人工海水制得硅酸盐工作曲线。

7）水中含有大量铁质、丹宁、硫化物和磷酸盐将干扰测定。加入草酸以及硫酸化可以清除磷酸盐的干扰和减低丹宁的影响。

（9）其他测定方法

流动注射分光光度法。

2. 活性硅酸盐的测定——硅钼黄法

（1）适用范围

本法适用于硅酸盐含量较高的海水。

（2）方法原理

水样中的活性硅酸盐与钼酸铵-硫酸混合试剂反应，生成黄色化合物（硅钼黄），于 380nm 波长测定吸光值。

（3）试剂及其配制

1）所有试剂、溶液及纯水用塑料瓶保存，并选用含硅更低的试剂可降低空白值。本法中所用水均指无硅蒸馏水或等效纯水。

2）钼酸铵溶液：100 g/L。称取 10 g 钼酸铵[$(NH_4)_6Mo_7O_{24} \cdot 4H_2O$]，溶于水中并稀释至 100 ml（如浑浊应过滤），贮于聚乙烯瓶中。

3）硫酸溶液（1+4）：在搅拌下，将 50 ml 硫酸（$\rho_{H_2SO_4}$=1.84 g/ml），缓慢加入 200 ml 水中，冷却，盛于试剂瓶中。

4）硫酸-钼酸铵混合溶液：1 体积 1+4 硫酸溶液与 2 体积钼酸铵溶液混匀，贮于聚乙烯瓶中。有效期为一周。

5）人工海水（盐度为 28）：称取 25 g 氯化钠（NaCl，优级纯）和 8 g 硫酸镁（$MgSO_4 \cdot 7H_2O$ 优级纯），溶于水，稀释至 1L。

6）人工海水盐度 35：称取 31 g 氯化钠（NaCl）和 10 g 硫酸镁（$MgSO_4 \cdot 7H_2O$，优级纯），溶于水，稀释至 1L。

7）其他盐度的人工海水可按上述比例配制。贮于聚乙烯桶中。

8）硅标准溶液：硅酸盐标准溶液系列（国家海洋局第二海洋研究所配制生产）。硅酸盐标准也可按下述方法自行配制，但必须定期用二所标准溶液校准。

用氟硅酸钠配制[300 mg/L（Si）]：将氟硅酸钠（Na_2SiF_6，优级纯）在 105℃下烘干 1 h，取出置于干燥器中冷却至室温，称取 2.009 0 g 置塑料烧杯中，加入约 600 ml 水，用磁力搅拌至完全溶解（需半小时）全量移入 1 000 ml 量瓶，加水至标线，此溶液 1.00 ml 含硅 300.0 μg，贮于塑料瓶中，有效期一年。

用二氧化硅配制硅标准贮备溶液[300 mg/L（Si）]：称取 0.641 8 g 研细至 200 目二氧化硅或色层用硅胶（SiO_2，高纯，经 1 000℃灼烧 1 h）于铂坩埚中，加 4 g 无水碳酸钠（Na_2CO_3）

混匀。在 960～1 000℃融熔 1 h，冷却后用热的纯水溶解，稀释至 1 000 ml，盛于聚乙烯瓶中。此溶液 1.00 ml 含硅 300.0 μg，有效期一年。

9）硅标准使用溶液：15.0 μg/ml。取 5.00 ml 硅标准贮备溶液加水稀释至 100 ml，盛于聚乙烯瓶中，此溶液 1.00 ml 含硅 15.0 μg，有效期 1d。

10）草酸溶液：100 g/L。称取 10.0 g 草酸（$H_2C_2O_4·2H_2O$，优级纯），溶于水并稀释至100 ml，过滤，贮于试剂瓶中。

（4）仪器及设备

分光光度计；铂坩埚；具塞比色管：50，100 ml；量瓶：100，500 ml；烧杯：50，500 ml；移液吸管：3，5，10 ml；刻度吸管：10 ml；聚乙烯瓶：500 ml；试剂瓶：500 ml；聚乙烯桶：5～20L；水样瓶：1 500 ml 聚乙烯瓶，初次使用前须用海水浸泡数天；一般实验室常备仪器和设备。

（5）分析步骤

1）绘制工作曲线

向 6 个 50 ml 具塞比色管中分别移入硅标准使用溶液，0，1.00，2.00，4.00，6.00，8.00 ml，加纯水至标线。系列各点浓度依次为 0，0.30，0.60，1.20，1.80，2.40 mg/L。用移液吸管分别加入 3 ml 混合液，混匀。放置 5 min，加 2.0 ml 草酸溶液，混匀（至少颠倒 6 次）。显色完全且稳定时（15 min），选 380nm 波长，2 cm 测定池以蒸馏水为参比测定吸光值 A_i 和 A_0（标准空白）。以吸光值（A_i-A_0）为纵坐标，相应硅的浓度（mg/L）为横坐标绘制工作曲线。

2）水样测定

量取 50.0 ml 水样于 50 ml 具塞比色管中，同时取 50 ml 纯水测定分析空白。参照上述步骤测定水样吸光值 A_w 及分析空白吸光度 A_b。如水样的硅酸盐含量较低，则改用 5～10 cm光程的测定池，测定水样及标准系列的吸光值，分别记录。

（6）记录与计算

将测得数据记录，由（A_w-A_b）值，查工作曲线或用线性回归方程计算得浓度值 ρ，按下式计算水样中活性硅酸盐浓度：

$$\rho_{Si} = f_s\rho$$

式中：ρ_{Si}——水样中活性硅酸盐的浓度，mg/L（Si）；

ρ——查工作曲线或用线性回归方程计算得硅的浓度，mg/L；

f_s——盐误校正因数，由表 2.9 查出。

表 2.9　盐度校正 f_s 表

盐度	1 ～	5 ～	10 ～	15 ～	20 ～	25 ～	28 ～	34
f_s		1.10，	1.15，	1.20，	1.22，	1.23，	1.24，	1.25

（7）精密度和准确度

精密度：硅酸盐浓度为 0.56 mg/L，相对标准偏差：1.93%。硅酸盐浓度为 2.8 mg/L，相对标准偏差：0.6%。重复性相对标准偏差为1.70%。

精确度：硅酸盐浓度0.56 mg/L，相对误差：2.17%。硅酸盐浓度为2.8 mg/L，相对误差：3.03%。

（8）注意事项

1）工作曲线在水样测定实验时制定，同时加测一次标准溶液以检查工作曲线；每个点位至少测一份空白，以保证监测分析的质量。

2）温度对反应速度影响较大，整个实验操作的温度变化范围应控制在±5℃以内。

3）当试液中加混合液后，一般60 min内颜色稳定，应及时完成测定，否则，结果偏低。

4）器皿和测定池要及时清洗，必要时可用等体积硝酸与硫酸的混合酸或铬酸洗液短时间浸泡，洗净。

5）此方法的显色受酸度及钼酸铵浓度影响，因此要注意测定条件尽量一致。

6）此方法受水样中离子强度的影响而造成盐误差，除用盐度校正表外，最好用接近水样盐度的人工海水制得硅酸盐工作曲线。

3．溶解态硅酸盐——流动注射比色法

（1）适用范围

本法适用于河口与近岸海水中溶解态硅酸盐的测定。

（2）方法原理

在酸性介质中，样品中的活性硅酸盐与钼酸盐溶液反应生成硅钼黄，硅钼黄被抗坏血酸溶液还原为硅钼蓝，测定波长为660 nm或820 nm，吸光值与样品中的活性硅酸盐含量成正比。海水与纯水的不同折射率可引起正误差，应进行相应的校正。

（3）试剂和标准溶液

1）贮备溶液

硫酸溶液（0.05 mol/L）：缓慢将2.8 ml分析纯浓硫酸加入到约800 ml的纯水中，冷却后稀释到1L。

钼酸铵溶液（10 g/L）：在约800 ml硫酸溶液（0.05 mol/L）中溶解10.0 g四水合钼酸铵[$(NH_4)_6Mo_7O_{24}·4H_2O$]，并用硫酸溶液（0.05 mol/L）稀释到1 000 ml。用棕色塑料瓶贮存，可稳定约1个月。每次使用前检查，如瓶壁有白色沉淀出现或颜色变蓝时应重配。

硅酸盐贮备液（以Si计，100 mg/L）：称取0.669 6 g六氟硅酸钠（Na_2SiF_6，105℃烘2 h）于1 L塑料容量瓶中（预先装有约800 ml纯水），塑料薄膜密封后用涂特氟隆的转子搅拌至完全溶解，一般需2～24 h，用纯水准确定容至1 L。装在塑料瓶里妥善保存，可稳定1年。

无营养盐水：采集天然低营养盐（以Si计，<0.03 mg/L）海水，用0.45 μm非玻璃滤膜过滤。

2）使用溶液

抗坏血酸溶液：在200 ml纯水和12.5 ml丙酮中溶解4.4 g抗坏血酸（$C_6H_6O_6$），用纯水稀释到250 ml，在塑料瓶中4℃条件下可存放一周。溶液变棕色应重配。

草酸溶液：在约800 ml纯水中溶解50 g草酸（$H_2C_2O_4·2H_2O$），稀释定容至1 000 ml

存放在塑料瓶中可稳定 3 个月左右。

标准曲线系列：用 100 ml 的纯水或无营养盐海水稀释相应体积的标准贮备液准备一系列校准标准点。当天配制。校准曲线至少有 5 个浓度等梯度增加的标准点，浓度范围应不超过 2 个数量级，并包括实测样品浓度范围。如样品的盐度变化范围（＜±2）很窄，建议用无营养盐海水稀释到相应盐度测定标准曲线。如无异常，可不用进行折射率修正。如样品的盐度范围较大，建议用纯水作标准曲线测定，再进行折射率校正计算。

含盐硅酸盐标准：如果校准曲线溶液不与实际样品的盐度一致，必须准备一系列含盐硅酸盐标准以消除因溶液中离子强度不同导致比色计响应差异引起的盐误差。

（4）仪器及设备

气体隔断连续流动自动分析系统：自动进样器、硅酸盐分析模块、蠕动泵、单色计或配有钨灯（380～800 nm）的分光光度计（流动池折射率要低）、计算机数据处理系统。

玻璃器皿和用品：全塑过滤系统，0.45 μm 非玻璃滤膜，塑料洗瓶、移液管、聚乙烯塑料样品瓶、容量瓶和 60 ml 瓶；烘箱、干燥器和分析天平。

（5）校准与标准化

当天的系统校准至少有 5 个标准系列点。每批次须新配系列校准曲线点，而每批次不超过 60 个样品。大批量样品应分几批及其各自的标准曲线测试。测定每批次样品前，应先进行校准曲线的测试，各标准系列点平行测定。校准曲线不少于 5 个标准点，相关系数达到 0.995。

（6）分析步骤

冰冻样品应先在室温下解冻，分析前应充分混匀水样。开机预热 30 min，调整分析流程（注意：实验室应尽量恒温，室温的波动可能引起显色过程的反应动力学速度变化。分析模块应避开加热系统或空调机的气流。在船上等温度波动明显的情况，可加长混合圈使显色反应完全）。设定合适的光度计测定波长（注意：硅钼蓝有 820 nm 和 660 nm 两个吸收峰，而 820 nm 高于 660 nm。因检测器工作范围为 380～800 nm，本法测定用 660 nm 波长，也可达到满意的灵敏度。不过如有条件，820 nm 的灵敏度更好）。根据样品的硅酸盐最高含量设定比色计的量程。准备所用试剂和标准。待测试系统达到稳定的基线。测定盐度波动不大（＜±2）的样品时，建议采用与样品盐度接近的低营养盐海水代替纯水作载流。否则，用纯水作载流，同时进行校正。使用干净的样品杯，把标准曲线溶液、试剂空白、空白加标样、实验室基体加标样、质控样、待测样品分别放在取样架上，在每 10 个样品间放置一个空白。开始分析测试。分析结束后，泵入纯水清洗所有试剂管路。在每天分析结束，通过经常性向进样管交替泵入纯水、1 mol/L HCl 溶液、纯水、1 mol/L NaOH溶液来清洗管路系统，以尽量减少试剂基线的噪声。确认在 1 mol/L NaOH 溶液泵入管路后用纯水清洗彻底，以免海水样进入后产生氢氧化镁沉淀。

（7）数据分析和计算

活性硅酸盐浓度的计算通过标准曲线的回归方程求得，其中标准的浓度为自变量而相关的响应峰值为应变量。河口和近岸海水样品的盐误差校正。当样品中的盐度与以纯水配制的标准溶液和载流有明显区别时，必须进行由于离子强度不同而影响显色反应的盐误差校正。代表性的盐误差校正计算如下：

校正质量浓度(以 Si 计,mg/L)=未校正质量浓度(以 Si 计,mg/L)/($1-0.021\,86\times\sqrt{S}$)

式中：S——盐度。结果（以 Si 计）以 mg/L 或μg/L 表示。

（8）注意事项

1）样品采集后需经 0.45 μm 非玻璃滤膜过滤预处理，过滤后应尽快分析。如果样品不能在 24 h 内测定，则应快速冷冻至－20℃保存。样品融化后立即分析。

2）采自深海缺氧的盆地的水样如存在硫化物影响，可用溴氧化或酸化后用氮气吹扫加以去除。活性磷酸盐含量（以 P 计）大于 0.15 mg/L 时会产生干扰，可在最后显色前用草酸以消除干扰。氟化物含量（以 F 计）大于 50 mg/L 时会产生干扰，用硼酸与氟离子配位以减少干扰。

3）测定硅酸盐时应避免使用硼硅酸玻璃器皿。样品瓶和容量瓶一般为聚乙烯塑料。

4）测定过程中的所有实验用品，其硅酸盐的残留应很低，对样品和试剂无玷污。可用 10%HCl 溶液（体积分数）清洗并用蒸馏水或去离子水冲洗干净。

5）如果载流和标准曲线溶液的盐度与样品不一致时，存在折射率和盐误差，应作校正。

6）保证样品和试剂无颗粒物，如有必要应先行过滤。

八、总氮——碱性过硫酸钾消解-比色法和流动注射比色法

总氮的测定方法主要区别在于前处理过程，前处理一般是碱性过硫酸钾氧化消解，可以手工消解或者通过仪器进行消解；测定过程可通过比色法或流动注射仪进行分析。

1. 适用范围

本法适用于大洋和近岸海水、河口水中总氮的测定。水样可用有机玻璃或塑料采水器采集，用 0.45 μm 滤膜过滤，贮于聚乙烯瓶中。分析工作不能延迟 3 h 以上，如果样品采集后不能立即分析，应快速冷冻至－20℃。样品融化后应立即分析。

2. 方法原理

海水样品在碱性和 110～120℃条件下，用过硫酸钾氧化，有机氮化合物被转化为硝酸氮。同时，水中的亚硝酸氮、铵态氮也定量地被氧化为硝酸氮。硝酸氮经还原为亚硝酸盐后与对氨基苯磺酰胺进行重氮化反应，反应产物再与 1-萘替乙二胺二盐酸盐作用，生成深红色的偶氮燃料，于 543nm 波长处进行分光光度测定。

3. 仪器设备

医用蒸汽灭菌器，压力可达到 1.1～1.4kPa，温度可达 120～124℃。其他仪器设备同硝酸盐的测定——镉柱还原法。

4. 试剂和标准

（1）氢氧化钠溶液（1.0 mol/L）：称取 20.0 g 氢氧化钠于 1 000 ml 烧杯中，加入 500 ml 水，煮沸 5 min，冷却后用水补充至 500 ml，贮于聚乙烯瓶中。所用氢氧化钠应经总氮试剂空白值检验合格后方可使用。

（2）碱性过硫酸钾（50.0 g/L）：称取 5.0 g 过硫酸钾溶解于 50 ml 氢氧化钠溶液中，用水稀释至 100 ml，存放于聚乙烯瓶中。此溶液于室温避光保存可稳定 7d；在 4～6℃避光保存可稳定 30d。所使用的过硫酸钾应进行试剂空白值检验，总氮空白值达不到要求时，

可用多次重结晶方法提纯。

（3）盐酸（1.5 mol/L）：量取 12.5 ml 浓盐酸（ρ =1.19 g/ml）加入到 87.5 ml 水中，混匀。

（4）其他试剂和标准的配制同硝酸盐测定——镉柱还原法。

5. 注意事项

样品采集、保存、分析步骤、干扰及注意事项等参见硝酸盐测定分光光度法和流动注射比色法。

6. 数据分析与计算

TN（mg/L）=[结果（mg/L）－空白（mg/L）]×稀释倍数

九、总磷——酸性过硫酸钾消解-比色法和流动注射比色法

总磷的测定方法主要区别在于前处理过程，前处理一般是酸性过硫酸钾氧化消解，可以手工消解或者通过仪器进行消解；测定过程可通过比色法或流动注射仪进行分析。

1. 适用范围

本法适用于海水中总磷的测定。

2. 方法原理

海水样品在酸性和 110～120℃条件下，用过硫酸钾氧化，有机磷化合物被转化为无机磷酸盐，无机聚合态磷水解为正磷酸盐。消化过程产生游离氯，以抗坏血酸还原。消化后水样中的正磷酸盐与钼酸铵形成磷钼黄。在酒石酸氧锑钾存在下，磷钼黄被抗坏血酸还原为磷钼蓝，于 882nm 波长处进行分光光度测定。

3. 仪器设备

医用蒸汽灭菌器，压力可达到 1.1～1.4kPa，温度可达 120～124℃。

仪器设备同无机磷的测定——磷钼蓝分光光度法。

4. 试剂和标准

（1）硫酸（1+3）

（2）酸性过硫酸钾：50 g/L。取 15 ml 硫酸（1+3），用水稀释至 90 ml，称取 5.0 g 过硫酸钾溶于其中，定容至 100 ml，混匀。此溶液室温避光保存可稳定 10d；4～6℃避光保存可稳定 30d。

（3）其他试剂和标准的配制同无机磷的测定——磷钼蓝分光光度法。

5. 注意事项

样品采集、保存、校准、分析步骤和干扰见无机磷的测定——磷钼蓝分光光度法和流动注射比色法。

6. 数据分析与计算

TP（mg/L）=结果（mg/L）×稀释倍数

十、硫化物的测定——亚甲基蓝分光光度法

1. 适用范围

本法适用于大洋、近岸、河口水体中含硫化物浓度为 10 µg/L 以下的水样。检出限：

0.2 μg/L（S^{2-}）。

2．方法原理

水样中的硫化物同盐酸反应，生成的硫化氢随氮气进入乙酸锌-乙酸钠混合溶液中被吸收。吸收液中的硫离子在酸性条件和三价铁离子存在下，同对氨基二甲基苯胺二盐酸盐反应生成亚甲基蓝，在650nm波长测定其吸光值。

3．试剂及其配制

除非另作说明，本法中所用试剂均为分析纯，水指去离子水或等效纯水。

（1）抗坏血酸（$C_6H_8O_6$）。

（2）盐酸溶液（1+2）量取333 ml盐酸（ρ_{HCl}=1.19 g/ml）于1 000 ml烧杯中，用铝棒搅拌一下，将盐酸缓缓加入667 ml水中。冷却后，盛于试剂瓶中。

（3）乙酸锌-乙酸钠混合溶液：称取50 g乙酸锌[$Zn(CH_3COO)_2·2H_2O$]和12.5 g乙酸钠（$CH_3COONa·3H_2O$）溶于少量水中，稀释至1L，混匀。如浑浊，应过滤。

（4）硫酸铁铵溶液：称取25 g硫酸铁铵[$Fe(NH_4)(SO_4)_2·12H_2O$]于250 ml烧杯中，加入水100 ml，浓硫酸（$\rho_{H_2SO_4}$=1.84 g/ml）5 ml溶解（可稍加热），加水稀释至200 ml，混匀。如浑浊，应过滤。

（5）对氨基二甲基苯胺二盐酸盐溶液：称取1 g对氨基二甲基苯胺二盐酸盐[$NH_2C_6H_4N(CH_3)_2·2HCl$，化学纯]溶于700 ml水中，在不断搅拌下，缓缓加入硫酸（$\rho_{H_2SO_4}$=1.84 g/ml）200 ml，冷却后，稀释至1L，混匀，盛于棕色试剂瓶中，置冰箱中保存。

（6）碘溶液（c（$1/2\ I_2$）=0.0100 mol/L）：称取10 g碘化钾（KI），溶于50 ml水中，加入1.27 g碘片（I_2），溶解后，全量移入1 000 ml量瓶中，稀释至标线，混匀。

（7）高锰酸钾溶液（c（$1/5\ KMnO_4$）=0.01 mol/L）。

（8）硫酸溶液（1+3）：在搅拌下，将1体积硫酸（$\rho_{H_2SO_4}$=1.84 g/ml）缓缓加至3体积水中，趁热滴加高锰酸钾溶液至溶液显微红色不褪为止，盛于试剂瓶中。

（9）盐酸溶液（1+9）：在搅拌下，将20 ml盐酸（ρ_{HCl}=1.19 g/ml）缓缓加入180 ml水中。

（10）冰乙酸（CH_3COOH）。

（11）淀粉溶液（5 g/L）：称取可溶性淀粉（化学纯）1 g，用少量水调成糊状，加入沸水100 ml，调匀，继续煮至透明。冷却后，加入冰乙酸1 ml，稀释至200 ml，盛于试剂瓶中。

（12）碳酸钠（Na_2CO_3）。

（13）硫代硫酸钠标准溶液（c（$Na_2S_2O_3·5H_2O$）=0.01 mol/L）称取25 g硫代硫酸钠（$Na_2S_2O_3·5H_2O$），用刚煮沸冷却的水溶解，加入碳酸钠约2 g，移入棕色试剂瓶中，稀释至10L，混匀，置于阴凉处，8～10d后标定其浓度。

浓度的标定：移取碘酸钾溶液15.00 ml，沿壁注入定碘烧瓶中，用少量水冲洗瓶壁，加入0.5 g碘化钾，用刻度吸管沿壁注入1 ml硫酸溶液，塞好瓶塞，轻摇混匀，加少量水封口，在暗处放置2 min，轻摇旋开瓶塞，沿壁加水50 ml稀释后，在不断振摇下，用待标定的硫代硫酸钠溶液，滴至溶液呈浅黄色，加入1 ml淀粉溶液，继续滴定至蓝色刚刚消失。记录滴定管读数。重复标定，至两次滴定极差不超过 0.05 ml 为止。

按下式计算：

$$c_{Na_2S_2O_3} = \frac{0.010\ 0 \times 15.0}{V_s}$$

式中：$c_{Na_2S_2O_3}$——硫代硫酸钠溶液的摩尔浓度，mol/L；

　　　V_s——标定所耗硫代硫酸钠溶液的体积，ml。

（14）碘酸钾标准溶液 c（1/6KIO$_3$）=0.010 0 mol/L：称取 3.567 g 碘酸钾（KIO$_3$）（预先在 120℃烘 2 h，置于干燥器中冷却），溶于水中，全量移入 1 000 ml 量瓶中，稀释至标线，混匀，置于阴凉处，此液浓度为 0.100 0 mol/L，有效期为 1 个月。使用前稀释至 10 倍。

（15）碘化钾（KI）。

（16）硫化钠（Na$_2$S·9H$_2$O）溶液（10 g/L）：硫化物标准贮备溶液的制备：使用硫化氢曝气装置（见图 2.7）。向 200 ml 硫化钠溶液中缓缓滴加 5.0 ml 盐酸溶液。产生的硫化氢随氮气逸出，被 500 ml 乙酸锌溶液[Zn(CH$_3$COO)$_2$·2H$_2$O，1 g/L]吸收。将吸收液用定量滤纸滤入棕色试剂瓶。

1）硫化物标准贮备溶液浓度的标定：移取硫化物标准贮备溶液 20.00 ml 于 250 ml 碘量瓶中，依次加入 40 ml 水，20.00 ml 碘溶液，10 ml 盐酸溶液，混匀。用已知浓度的硫代硫酸钠溶液滴定至溶液呈浅黄色，加入 1 ml 淀粉溶液，继续滴定至蓝色刚刚消失。记录滴定管读数（V_1）。

2）重复标定：至两次滴定差不超过 0.05 ml 为止。同时移取 20.00 ml 水两份，进行空白滴定，两次读数差不得超过 0.05 ml。记录读数（V_2）。按下式计算硫化物标准贮备溶液中硫（S^{2-}）的质量浓度：

$$\rho_{s^{2-}} = \frac{(V_2 - V_1) \times c_s \times 16.04 \times 1\ 000}{20.00}$$

式中：$\rho_{s^{2-}}$——硫的质量浓度，μg/ml；

　　　V_1——标定硫化物标准贮备溶液所耗硫代硫酸钠标准溶液的体积，ml；

　　　V_2——空白滴定所耗硫代硫酸钠标准溶液的体积，ml；

　　　c_s——硫代硫酸钠标准溶液的浓度，mol/L；

　　　20.00——硫化物标准贮备溶液的体积，ml。

3）硫化物标准使用溶液：20 μg/ml（以 S^{2-}计）。取一定量的硫化物标准贮备溶液，将其质量浓度调整为 20 μg/ml。按下式计算：

$$V_4 = \frac{\rho_3 \times V_3}{\rho_4}$$

式中：V_4——所取硫化物标准贮备液体积，ml；

　　　V_3——欲配制的标准使用液的体积，ml；

ρ_3——标准使用液浓度，$\mu g/ml$；

ρ_4——标准贮备液浓度，$\mu g/ml$。

4. 仪器及设备

硫化氢曝气装置见（图2.7）；钢瓶氮气：氮气纯度99.9%；分光光度计；恒温水浴；大孔；包氏吸收管：大型；锥形分液漏斗：50，100 ml；溶解氧滴定管：20 ml；具塞比色管：25 ml；定碘烧瓶：250 ml；试剂瓶：125，250 ml，棕色1 000，10 000 ml；砂芯漏斗：ϕ60 mm，G4；硫化氢发生装置：见图2.7，改用2 000 ml曝气瓶，包氏吸收管改用500 ml筒形；气体洗瓶；一般实验室常备仪器和设备。

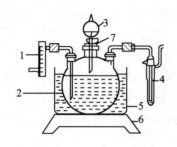

1—转子流量计：0.5～3L/min；2—曝气瓶：2 000 ml；3—分液漏斗：50 ml；
4—包氏吸收管：大型；5—水浴锅；6—电炉：1 000 W；7—软木塞，或改用磨口

图2.7　硫化氢曝气装置

5. 分析步骤

（1）绘制标准曲线：取6支25 ml具塞比色管，各加入10 ml乙酸锌-乙酸钠混合溶液，分别加入硫化物标准使用溶液0，0.20，0.40，0.60，0.80，1.00 ml。各加入5 ml对氨基二甲基苯胺二盐酸盐溶液，1 ml硫酸铁铵溶液，混匀。加水定容至25 ml，混匀。标准系列各点硫离子浓度分别为0、0.16、0.32、0.48、0.64、0.80 $\mu g/ml$。10 min后，将溶液置入1 cm测定池中，以水参比调零，于650nm波长测定其吸光值A_i。将数据记入附录表A1中。未加硫化物标准使用溶液者为标准空白A_0。以A_i-A_0为纵坐标，相应的硫（S^{2-}）浓度（$\mu g/ml$）为横坐标，绘制标准曲线。

（2）样品的测定：取水样2 000 ml（每一水样取两份）于曝气瓶中，加入2 g抗坏血酸，安装好曝气装置。量取乙酸锌-乙酸钠混合溶液10 ml于包氏吸收管中，安放在固定架上，与曝气瓶的出口相接。取盐酸溶液30 ml加于曝气瓶上端的锥形分液漏斗中，通氮气10 min（气流速度1L/min），将曝气瓶置于50～60℃的水浴中。当曝气瓶内水样温度达到50～60℃后，一次加完锥形漏斗中的盐酸，及时关闭锥形漏斗的旋塞，以免空气进入曝气瓶中。继续通氮气30 min，取下吸收管。加5 ml对氨基二甲基苯胺二盐酸盐溶液，1 ml硫酸铁铵溶液于吸收管中，充分混匀，全量移入25 ml具塞比色管中，稀释至标线。静置10 min后，将显色液移入1 cm测定池中，用水参比调零，于650nm波长测定其吸光值A_w。以2000 ml纯水代替水样，测定全程分析空白，得吸光值A_b。

6．记录与计算

将测得数据记入附录表 A2 中。查标准曲线或按线性回归方程计算ρ_1。按下式计算水样中硫化物的浓度：

$$\rho_s = \rho_1 \cdot \frac{V_2}{V_1}$$

式中：ρ_s——水样中硫化物的浓度，μg/L（S^{2-}）；

ρ_1——标准曲线上与$A_w - A_b$值对应的硫质量浓度，μg/ml；

V_1——水样体积，L；

V_2——吸收液定容体积，ml。

7．精密度和准确度

六个实验室测定同一天然海水加标样品，内含：硫化物（以 S^{2-} 计）427 μg/L；重复性（r）：91 μg/L；重复性相对标准偏差：7.6%；再现性（R）：118 μg/L；再现性相对标准偏差：9.9%。

8．注意事项

（1）水样不能立即分析时，1L 水样应加入乙酸锌溶液（1 mol/L）2 ml，予以固定。

（2）对氨基二甲基苯胺二盐酸盐溶液易变质，宜在临用时配制。

（3）测定水样与绘制标准曲线，条件必须一致，重新配制试剂或室温变化超过±5℃时，要重新绘制标准曲线。

（4）水样中 CN^- 离子浓度达到 500 mg/L 时，对测定有干扰。

（5）氮气中如有微量氧，可安装洗气瓶（内装亚硫酸钠饱和溶液）予以除去。

9．其他测定方法

离子选择电极法。

十一、氰化物的测定——异烟酸-吡唑啉酮分光光度法

1．适用范围

本法适用于大洋、近岸、河口及工业排污口水体中氰化物的测定。干扰测定的因素主要有氧化剂、硫化物、高浓度的碳酸盐和糖类等，消除干扰的方法见注意事项。脂肪酸不影响测定。检出限：0.05 μg/L（CN^-）。

2．方法原理

蒸馏出的氰化物在中性（pH7～8）条件下，与氯胺 T 反应生成氯化氰，后者和异烟酸反应并经水解生成戊烯二醛，与吡唑啉酮缩合，生成稳定的蓝色化合物，在波长 639 nm 处测定吸光值。

3．试剂及其配制

（1）氯化钠标准溶液（0.019 2 mol/L）：取氯化钠（NaCl，优级纯）于瓷坩埚中，于高温炉450℃灼烧至无爆裂声，置干燥器中冷却至室温。准确称取 1.122 g 加水溶于 1 000 ml 量瓶中，并稀释至标线。密闭保存。

（2）硝酸银标准溶液：称取硝酸银（$AgNO_3$）3.76 g，溶于水并稀释至 1 000 ml，于棕

色试剂瓶贮存，此溶液每周标定一次。

标定：最取 25.00 ml 氯化钠标准溶液于 250 ml 锥形烧瓶中，加入 50 ml 水，放入玻璃搅拌子，装好滴定装置，滴入 2～3 滴铬酸钾指示液，用硝酸银标准溶液滴定，颜色由白色变桔红色即为终点。平行二次，极差小于 0.02 ml 取平均值得 $\overline{V_1}$。以 75 ml 水代替氯化钠溶液，按上述步骤平行测定二次，取平均数得空白值 $\overline{V_2}$。按下式计算硝酸银标准溶液摩尔浓度（mol/L）：

$$c_{AgNO_3} = \frac{c_{NaCl} \cdot V_{NaCl}}{\overline{V_1} - \overline{V_2}} = \frac{0.019\,2 \times 25.00}{\overline{V_1} - \overline{V_2}}$$

（3）铬酸钾指示液（50 g/L）：称取 5 g 铬酸钾（K_2CrO_4）溶于水量水中，滴加硝酸银溶液至红色沉淀不溶解，静置过夜，过滤后稀释至 100 ml，盛于棕色瓶中。

（4）氢氧化钠溶液（2 g/L）：称取 5 g 氢氧化钠（NaOH）加水溶解并稀释至 2 500 ml，转入棕色小口试剂瓶，橡皮塞盖紧。

（5）氢氧化钠溶液（0.01 g/L）：取 5 ml 氢氧化钠溶液稀释至 1 000 ml，盛于小口试剂瓶中。

（6）对二甲氨基亚苄基罗丹宁（试银灵）-丙酮溶液：溶解 20 mg 试银灵[$(CH_3)_2NC_6H_4CH$：$CCONH$：SS]于 100 ml 丙酮（CH_3COCH_3）中，搅匀，转入 125 ml 棕色滴瓶中。

（7）丙酮（CH_3COCH_3）。

（8）氯胺 T 溶液（10 g/L）：取 1 g 氯胺 T（$CH_3C_6H_4SO_2NClNa \cdot 3H_2O$）加水溶解并稀释至 100 ml，盛于 125 ml 棕色试剂瓶中，低温避光保存，有效期一周。

（9）N-二甲基甲酰胺[DMF $HCON(CH_3)_2$]。

（10）异烟酸-吡唑啉酮溶液

吡唑啉酮溶液：称取 0.25 g 吡唑啉酮[C_6H_5NN：$C(CH_3)CH_2CO$]溶于 20 ml N-二甲基甲酰胺中。

异烟酸溶液：称取 1.5 g 异烟酸（$C_6H_6NO_2$），溶于 24 ml 氢氧化钠溶液（20 g/L）中。临用前，将吡唑啉酮溶液和异烟酸溶液按 1：5 混合。

（11）甲基橙指示液（2 g/L）：称取 0.2 g 甲基橙[$NaSO_3C_6H_4N$：$NC_6H_4N(CH_3)_2$]溶解于 100 ml 水中，转入 125 ml 棕色滴瓶中。

（12）磷酸盐缓冲溶液（pH=7）：称取 34.0 g 磷酸二氢钾（KH_2PO_4）和 89.4 g 磷酸氢二钠（$Na_2HPO_4 \cdot 12H_2O$）溶于水中并稀释至 1 000 ml，贮于小口试剂瓶中。

（13）醋酸锌溶液（100 g/L）：称取 50 g 醋酸锌[$Zn(CH_3COO)_2$]加水溶解并稀释至 500 ml，转入小口试剂瓶中。

（14）酒石酸溶液（200 g/L）：称取 100 g 酒石酸[$HOOC(CHOH)_2COOH$]加水溶解并稀释至 500 ml，转入小口试剂瓶中。

（15）氰化钾标准贮备溶液：称取 2.5 g 氰化钾（KCN），先用少量氢氧化钠溶液溶解，全量移入 1 000 ml 量瓶中，再以氢氧化钠溶液稀释至标线，混匀后转入 1 000 ml 小口试剂瓶中，用橡皮塞盖紧。特别注意：氰化钾剧毒，须小心操作，严禁遇酸；必须按照剧毒试剂使用办法领取、使用和保存。

标定：量取 25.00 ml 氰化钾标准贮备液于 250 ml 锥形烧瓶中，加 50 ml 氢氧化钠溶液，放入玻璃搅拌子，滴入 2～3 滴试银灵指示液，用硝酸银溶液滴定至白色变红色为终点，平行滴定二次极差小于 0.02 ml，取平均值得 $\overline{V'}_1$。

以 75 ml 氢氧化钠溶液代替氰化钾溶液，按上述步骤平行测定二次，取平均值得 $\overline{V'}_2$。

$$\rho_{CN^-} = \frac{c_{AgNO_3} \cdot (\overline{V'}_1 - \overline{V'}_2) \times 52.04}{25.00}$$

式中：ρ_{CN^-}——氰化物标准贮备溶液浓度，mg/ml；

c_{AgNO_3}——标定过的硝酸银溶液的浓度，mol/L。

（16）氰化钾标准中间溶液（10.0 μg/ml）：量取 V_3 ml 氰化钾标准贮备溶液放入 200 ml 量瓶中，用氢氧化钠溶液稀至标线，混匀。此溶液 1.00 ml 含 CN⁻ 10.0 μg。

$$V_3 = \frac{10.0 \times 200}{\rho_{CN^-} \times 1\,000}$$

式中：ρ_{CN^-}——氰化物标准贮备溶液的浓度，mg/ml。

（17）氰化钾标准使用溶液（1.00 μg/ml）：量取 10.00 ml 氰化钾标准中间溶液于 100 ml 量瓶中，加氢氧化钠溶液至标线，此溶液的 CN⁻ 浓度为 1.00 μg/ml（当天配制）。

4. 仪器及设备

分光光度计及配件；高温炉；1 000 ml 全玻璃磨口蒸馏器 6 套（配蛇形冷凝管）；6×600W 6 联电炉；25 ml 棕色酸式滴定管（附 1 000 ml 棕色瓶）；移液吸管：10 ml，25 ml（一级）；棕色小口试剂瓶：1 000 ml；棕色滴瓶：125 ml；具塞比色管：50 ml；沸石：若干。

5. 分析步骤

（1）绘制标准曲线：取 6 支 50 ml 具塞比色管，分别量入氰化钾标准使用溶液：0、0.40、0.80、1.60、3.20、6.40 ml 加水至 25 ml:，混匀。加入 5 ml 磷酸盐缓冲溶液，混匀。加入 0.5 ml 氯胺 T 溶液，混匀。加入 5 ml 异烟酸-吡唑啉酮溶液，混匀。加水至标线，混匀，在 40℃±1℃ 的水浴中加热 15 min，取出，冷却至室温。测定池 3 cm，以水调零，于波长 639nm 处测定吸光 A_i，须 1 h 内测完。数据记入附录表 A1 中，其中未加氰化钾标准使用溶液的为标准空白 A_0，以 $A_i - A_0$ 为纵坐标，相应的 CN⁻ 量（μg）为横坐标，绘制标准曲线。

（2）水样测定：取 500 ml 混匀水样于 1 000 ml 蒸馏瓶中，依次加入 7 滴甲基橙指示液，20 ml 乙酸锌溶，10 ml 酒石酸溶液，如水样不显红色则继续加酒石酸溶液直至水样保持红色，再过量 5 ml。放入少许沸石（或几条一端熔封的玻璃毛血管），立即盖上瓶塞，接好蒸馏装置（见图 2.8）。移取 10 ml 氢氧化钠溶液置于 100 ml 量瓶中（吸收液），并将冷凝管出口浸没于吸收液中。开通冷却水，接通电源进行蒸馏。当馏出液接近 100 ml 时，停止蒸馏，取下量瓶，加水至标线，混匀，此为溜出液 B。量取馏出液（B）25 ml 置于 50 ml 具塞比色管中，按上述步骤测定其吸光值 A_w。量取纯水 500 ml，按相同步骤，测定分析空白吸光值 A_b。

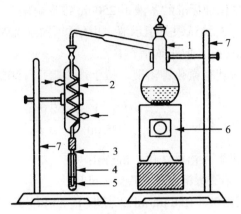

1—1L 全玻璃口蒸馏瓶；2—蛇形冷凝管；3—玻璃管；4—50 ml 具塞比色管；

5—氢氧化钠吸收液；6—万用电炉；7—铁架台

图 2.8 蒸馏装置示意图

6．记录与计算

将测得的吸光值记入附录表 A2 中。由 (A_w-A_b) 值从标准曲线中查得相应的 CN¯ 微克数。按下式计算：

$$\rho_{CN^-} = \frac{m_{CN^-}V_1}{V_2V}$$

式中：ρ_{CN^-}——样品中氰化物的浓度，mg/L；

m_{CN^-}——查标准曲线或由回归方程计算得到的氰化物量，µg；

V_1——馏出液定容后的体积，ml；

V_2——用于测定的馏出液的体积，ml；

V——量取水样的体积，ml。

7．精密度和准确度

五个实验室测定同一天然海不加标样品，内含氰化物（以 CN¯ 计）43.4 µg/L；相对误差：3.8%；重复性（r）：2.7 µg/L；重复性相对标准偏差：2.2%；再现性（R）：4.6 µg/L；再现性相对标准偏差：3.8%。

8．注意事项

（1）水样进行蒸馏时应防止倒吸，发现倒吸较严重时，可轻轻敲一下蒸馏器。

（2）须经常检查氯胺 T 是否失效，检查方法如下：取配成的氯胺 T 若干毫升，加入邻甲联苯胺，若呈血红色，则游离氯（Cl_2）含量充足，如呈淡黄色，则游离氯（Cl_2）不足，应重新配制。

（3）接触氰化物时务必小心，要防止喷溅在任何物体上，严禁氰化物与酸接触，不可用嘴直接吸取氰化物溶液，若操作者手上有破伤或溃烂，必须带上胶手套保护。

（4）含有氰化钾的废液应收集在装有适量硫代硫酸钠和硫酸亚铁的废液瓶中，稀释处理。

（5）50 ml 比色管和 1 000 ml 蒸馏器使用完毕后应浸泡在稀硝酸中。

（6）干扰因素的消除

氧化剂：在水样的保存和处理期间，氧化剂能破坏大部分氰化物。检验方法：点一滴水样于稀盐酸浸过的 KI-淀粉试纸上，如出现蓝色斑点，可在水样中加计量的 $Na_2S_2O_3$ 晶体，搅拌均匀，重复试验，直至无蓝色斑点出现，然后每升加 0.1 g 过量的硫代硫酸钠晶体。

硫化物：硫化物能迅速地把 CN^- 转化成 CNS^-，特别是在高 pH 值的情况下，并且随氰化物一起蒸出，对比色、滴定和电极法产生干扰。检验方法：点一滴水样于预先用醋酸盐缓冲液（pH=4）浸过的醋酸铅试纸上，如试纸变黑，表示有硫离子，可加醋酸铅或柠檬酸铋除去。重复这一操作，直至醋酸铅试纸不再变黑。

碳酸盐：高浓度的碳酸盐，在加酸时，可释放出较多的二氧化碳气体，影响蒸馏。而二氧化碳消耗吸收剂中的氢氧化钠。当采集的水样含有较高的碳酸盐（例如炼焦废水等），其碳酸盐含量较高，可使用熟石灰[$Ca(OH)_2$]，使 pH 提高至 12～12.5。在沉淀生成分层后，量取上清液测定。在水样中加氢氧化钠固体，直至 pH12～12.5 贮存于棕色玻璃瓶中。因氰化物不稳定，水样加碱固定后，亦应尽快测定。

9．其他测定方法

吡啶-巴比土酸分光光度法和流动注射分光光度法。

第四节　有机项目分析技术

一、海水中油类的测定

（一）油类的测定——环己烷萃取荧光分光光度法

1．适用范围

本法适用于大洋、近海、河口等水体中油类的测定。本法不适于 7℃ 以下的环境操作。采样后，4 h 内萃取。有效期 20d。检测限：6.5 μg/L。

2．方法原理

水样中油类的芳烃组分，经环己烷萃取后，在激发波长 310nm 的紫外光照射下，其 360nm 发射波长的相对荧光强度，与可萃取油类组分含量成正比。

3．试剂及其配制（本法中所用试剂均为分析纯，所用水均为蒸馏水或等效纯水）

（1）活性炭：市售层析用活性炭，60 目。

处理方法：先用 2 mol/L 盐酸溶液浸泡 2 h，依次用自来水、去离子水或蒸馏水冲洗至中性。倾水出分后，再用 2 mol/L 氢氧化钠溶液浸泡 2 h，同上述步骤依次冲洗，直至中性止，于 100℃ 烘干。

活化：将烘干的活性炭，转至瓷坩埚中，盖好盖子，于 500℃ 高温炉内活化 2 h。

装柱：将玻璃层析柱清洗干净后，自然干燥。于柱头先装少许玻璃毛或脱脂棉，待用。

（2）环己烷：市售环己烷（C_6H_{12}），经层析柱脱芳后方可使用。

脱芳处理方法：将上述处理过的活性炭，先用环己烷充分浸泡（排除活性炭内空气），边搅拌边倒入玻璃层析柱中，避免出现气泡。将待脱芳的环己烷倾入柱中，初始流出的环己烷质量较差，注意荧光强度待达到要求时，再以每分钟 60～100 滴的流速，收集于清洁容器中。

（3）盐酸溶液：1+1。取盐酸（ρ_{HCl}=1.19 g/ml，优级纯）一定体积与等体积蒸馏水混合。

（4）油标准贮备液：1.00 g/L。准确称取 0.100 g 统一提供指定油品于称量瓶中，加环己烷溶解后，全量移入 100 ml 量瓶中，并稀释至标线，混匀。此液 1.00 ml 含油 1.00 mg。

（5）油标准使用液：100 mg/L。取 5.00 ml 贮备液于 50 ml 量瓶中，加环己烷稀释至标线，混匀。此液 1.00 ml 含油 0.100 mg。

4．仪器及设备

荧光分光光度计及仪器条件：双光束或单光束型号不限，激发波长 310 nm，发射波长 360 nm，激发和发射狭缝（10±1）nm，仪器的负高压及仪器增益适度即可。

冰箱：存放样品；玻璃层析柱：直径约为 25 mm，长度 900 mm；锥形分液漏斗：800 ml，10 个；量筒：500 ml，10 个；量瓶：50，100 ml 各 1 个；具塞比色管：20 ml，10 支；刻度移液管：1.0，10 ml 各 1 支；试剂瓶：50 ml 或 100 ml；称量瓶：50 ml 或 100 ml；瓷坩埚：100 ml 或 200 ml 数个；一般实验室常用仪器和设备。

5．分析步骤

（1）绘制标准曲线：分别取 0、0.10、0.30、0.50、0.70、1.00 ml 油标准使用液于 6 个 20 ml 具塞比色管中，加环己烷稀释至标线，混匀。此时，各管含油类浓度分别为 0、0.50、1.50、2.50、3.50、5.00 mg/L。系列各点从低浓度向高浓度依次移入 1 cm 石英测定池中，按仪器条件，以溶剂作参比测定 360nm 处的相对荧光强度 I_0 和 I_i，以 $I_i - I_0$ 为纵坐标，相应的浓度为横坐标，绘制标准曲线。

（2）样品测定：将约 500 ml 水样全量转入分液漏斗中，加入盐酸溶液通常 5 ml；调 pH 至 4 以下。准确加入 10.0 ml 环己烷强烈振荡 2 min（注意放气），静置分层。仔细地将下层原水放入原水样瓶中，将环己烷放入比色管中。同法再萃取一次，合并两次萃取液，充分振荡，混匀。测量水样体积，减去盐酸溶液用量得水样实际体积 V_2。如果不能进入下一步操作，则将环己烷萃取液封严避光贮存于 5℃±2℃冰箱中，有效期 20d。移入 1 cm 石英测定池中，按仪器条件测定 360nm 处的荧光强度 I_w。同时取 500 ml 脱油水代替水样测定分析空白荧光强度 I_b，由 $I_w - I_b$ 查标准曲线。或用线性回归计算得浓度 Q。

6．记录与计算

将测得数据记录。按下式计算：

$$\rho_{oil} = Q \cdot \frac{V_1}{V_2}$$

式中：ρ_{oil}——油类浓度，mg/L；

　　　Q——由标准曲线查得环己烷萃取液的油浓度，mg/L；

　　　V_1——萃取剂环己烷的体积，ml；

　　　V_2——实取水样体积，ml。

7．精密度

测定添加大庆原油浓度 0.21 mg/L，重复性相对标准偏差 1.2%。

8．注意事项

（1）现场取样及实验室处理，应仔细认真，严防玷污。

（2）用过的玻璃容器，应及时用 1+1 硝酸溶液浸泡，洗净，烘干。

（3）判断环己烷的质量要求：经过脱芳处理的环己烷，按仪器条件测定，荧光强度与最大的瑞利散射峰强度比，不大于百分之二。

（二）油类的测定——氟利昂-环己烷体系荧光分光光度法

1．适用范围

本法适用于大洋、近海、河口等水体中油类监测。水样中的油类，经氟利昂溶剂萃取后，再蒸除氟利昂溶剂，所得残留物用环己烷溶解，在紫外光照射下，测定相对荧光强度。本法不受环境温度限制。采样后 4 h 内萃取。检出限：2.5　µg/L。

2．方法原理

同（一）油类的测定——环己烷萃取荧光分光光度法。

3．试剂及其配制

本法所用试剂均为分析纯，所用水均为蒸馏水或等效纯水。

（1）氟利昂 F113（1，1，2-三氟，1，2，2-三氯乙烷）：将市售的氟利昂 F113 于水浴 65℃ 以下，以 5 ml/min 速度水浴蒸馏，弃去初馏分，取中间馏分备用。

（2）空白海水：取清洁海水用 1+1 盐酸溶液调 pH 至 4 以下，经环己烷萃取后，海水存入试剂瓶中。

（3）盐酸溶液 1+1：取盐酸（ρ_{HCl}=1.19 g/ml）与等体积的水混匀。

（4）标准油：统一提供。

（5）活性炭：同（一）油类的测定——环己烷萃取荧光分光光度法。

（6）环己烷：同（一）油类的测定——环己烷萃取荧光分光光度法。

（7）油标准溶液：

标准贮备溶液：1.00 g/L。称取 0.100 g 标准油于 100 ml 量瓶中，用环己烷溶解并稀释至标线，混匀。此液 1.00 ml 含油 1.00 mg。

标准使用溶液：100 mg/L。取标准贮备溶液 5.0 ml 于 50 ml 量瓶中，用环己烷稀释至标线，混匀。此液 1.00 ml 含油 0.100 mg。

4．仪器及设备

荧光分光光度计及仪器条件，同本节一（一）方法；冰箱：型号不限，存放样品；浓缩装置：真空干燥箱及真空抽气机；标准口玻璃蒸馏装置；浓缩瓶：60 ml 标准口圆底烧瓶（能与蒸馏装置配套），数个；锥形分液漏斗：800 ml，10 个；具塞比色管：20 ml；试剂瓶：50 ml，1 个；刻度吸管：1，10 ml 各 1 支；量瓶：50，100 ml 各 1 支；玻璃层析柱：直径约为 25 mm，长度 900 mm；一般实验室常备仪器和设备。

5．分析步骤

（1）绘制工作曲线：分别移取 0、0.10、0.30、0.50、0.70、1.00 ml 油标准使用溶液于

6 个 800 ml 预先装有 500 ml 的空白海水的瓶中，仔细摇动，充分溶解。加入 10 ml 氟利昂，强烈振荡 2 min（注意放气），静置分层。缓慢放出下层氟利昂于浓缩瓶中，同上法再萃取一次，再次萃取液合并。于 65℃水浴蒸尽氟利昂（每个样品约需 20 min）。或用室温真空干燥法除尽氟利昂。向浓缩瓶中加入 10.0 ml 环己烷，盖紧塞子，仔细摇动，混匀，使之充分溶解。系列各点依次移入 1 cm 石英测定池中，按所指仪器条件，测得 360 nm 处的荧光强度为纵坐标，相应的浓度为横坐标，绘制工作曲线。其浓度分别含油 0、1.00、3.00、5.00、7.00、10.0 mg/L。

（2）样品测定：将约 500 ml 水样全量转入锥形分液漏斗中，滴加盐酸溶液调节 pH 至 4 以下，塞紧摇荡，混匀。加 10 ml 氟利昂，强烈振荡 2 min 静置分层。缓慢放出下层氟利昂于浓缩瓶中，将原水样倒回原水样瓶中，摇荡溶洗残油后，同上再萃取一次，合并两次萃取液。以下操作按步骤进行。将环己烷萃取液移入 1 cm 石英测定池中，按所指仪器条件测定荧光强度。查工作曲线或用线性回归计算得浓度 Q。如果氟利昂萃取液不能进行下一步测定，则需盛于具塞比色管，塞紧塞子，用黑纸或黑布包严，于 5±2℃冰箱中贮存。

6. 记录与计算

将测得数据记录。按下式计算水样中的油类浓度：

$$\rho_{oil} = Q \cdot \frac{V_1}{V_2}$$

式中：ρ_{oil}——水样中油类浓度，mg/L；

Q——由工作曲线查得的环己烷萃取液中油浓度，mg/L；

V_1——环己烷萃取液定容体积，ml；

V_2——水样体积，ml。

7. 精密度

本法测定海水中油类浓度 0.100 mg/L 时（添加内标大庆原油），重复性相对标准偏差 2.6%。

8. 注意事项

氟利昂 F113 对荧光具有猝灭作用，使荧光强度降低，务必蒸除干净。

（三）油类的测定——重量法

1. 适用范围

本方法适用于油污染较重海水中油类的测定。采样后，4 h 内萃取，如在现场萃取，萃取液避光贮存于 5℃±2℃冰箱内，有效期 20d。检出限：2.0×10^{-2} μg/L。

2. 方法原理

用正己烷萃取水样中的油类组分，蒸除正己烷，称重，计算水样中含油浓度。

3. 试剂及其配制

试剂均为分析纯，水为加高锰酸钾蒸馏水或等效纯水。

（1）正己烷（C_6H_{14}）。

（2）硫酸溶液：1+3。在搅拌下将 1 体积硫酸（$\rho_{H_2SO_4}=1.84$ g/ml）慢慢加入 3 体积水中。

（3）无水硫酸钠（Na_2SO_4）：500℃灼烧 4 h，贮于小口试剂瓶中。

（4）油标准液：5.00 g/L。称取 0.500 g 指定油品于 10 ml 烧杯中，加入少量正己烷溶解，全量移入 100 ml 量瓶中，加正己烷稀释至标线，混匀。此液 1.00 ml 含油 5.00 mg。置于冰箱可保存 3 个月。

（5）无油海水：取 500 ml 未受油玷污的海水，加 5 ml 硫酸溶液用正己烷萃取两次，每次 15 ml。

4．仪器及设备

分析天平：感量 0.01 mg；康氏振荡器；恒温水浴锅；K·D 浓缩器；锥形分液漏斗：800 ml；具塞比色管：25 ml；干燥器：内盛变色硅胶；铝箔槽：用铝箔自制，体积约 2 ml，使用前于 70℃水浴铝盖板上加热至恒重，于干燥器中放置 1 h 称重；一般实验室常备仪器和设备。

5．分析步骤

（1）校正因数测定：取 6 个 500 ml 小口试剂瓶，分别加入 500 ml 无油海水和 0.50 ml 油标准液，摇匀，倒入锥形分液漏斗中。加 15 ml 正己烷于锥形分液漏斗中，振荡 2 min（注意放气），静置分层，将下层水相放入原小口试剂瓶中。用滤纸卷吸干锥形分液漏斗下端管颈内水分，正己烷萃取液放入 25 ml 具塞比色管中。摇荡小口试剂瓶，将萃取过的水样倒回分液漏斗中，加 10 ml 正己烷再萃取 1 次，萃取液合并于上述比色管中。加 2 g 无水硫酸钠于正己烷萃取液中，摇动后放置 30 min。将脱水的正己烷萃取液倾入 K·D 浓缩器中，并用少量正己烷洗涤含脱水剂的具塞比色管 2 次，合并于 K·D 浓缩器中。置 70～78℃水浴中浓缩至 0.5～1 ml。取下 K·D 浓缩器，将其中的浓缩液转入已恒重的铝箔槽中，置于 70℃水浴铝盖板上蒸干，继用 1 ml 正己烷洗涤 K·D 浓缩器，并转入铝箔槽中继续蒸干，重复 2～3 次。铝箔槽置于干燥器内 1 h，称重，减去铝箔槽重量。同时，取 500 ml 无油海水按上述步骤测定校正空白 m_b。

校正因数按下式计算：

$$K = \frac{m_1 - m_b}{m_0}$$

式中：K——校正因数；

　　　m_1——萃取后油标准平均重量，mg；

　　　m_0——油标准液加入量，mg；

　　　m_b——校正空白残渣重，mg。

（2）样品测定：将约 500 ml 经硫酸溶液酸化水样摇匀，转入锥形分液漏斗中。以下按校正因数测定步骤测定油重 m_w。同时取 25.0 ml 正己烷，按步骤测定试剂空白 m。

6．记录与计算

将测得数据记录，按下式计算水样中油的浓度：

$$\rho_{oil} = \frac{m_w - m}{K \cdot V}$$

式中：ρ_{oil}——水体中油浓度，mg/L；

　　　m_w——海水正己烷萃取液中油重，mg；

m——试剂空白残渣重，mg；

K——校正因数；

V——水样体积，L。

7．精密度和准确度

平行 6 次测定二组海水样品，石油含量分别为 0.35 和 3.76 mg/L。相对标准偏差分别为 8.6%和 2.7%。六个实验室平均回收率为 86%。

8．注意事项

（1）水样用小口试剂瓶直接采集时，须一次装好，不可灌满或溢出，否则应另取水样瓶重新取样。采集的水样用 5 ml 1+3 硫酸溶液酸化。分析时须将瓶中水样全部倒入分液漏斗中萃取。萃取后需测量萃取过水样的体积，扣除 5 ml 硫酸溶液体积，即得水样实际体积 V。

（2）用过的正己烷经重蒸馏处理，可重复使用。

（3）铝箔槽的自重应尽量小，以提高测定准确度。制作时，边缘避免纵向折痕，防止油沿痕蠕升损失。

（四）油类的测定——紫外分光光度法

1．适用范围

本法适用于近海、河口水中油类的测定。采样后 4 h 内萃取，萃取液避光贮存于 5℃±2℃冰箱内，有效期 20d。检出限：3.5 μg/L。

2．方法原理

水体中油类的芳烃组分，在紫外光区有特征吸收，其吸收强度与芳烃含量成正比。水样经正己烷萃取后，以油标准作参比，进行紫外分光光度测定。

3．试剂及其配制

试剂均为分析纯，水为自来水加高锰酸钾蒸馏或等效纯水。

（1）正己烷：市售正己烷[$CH_3（CH_2）_4CH_3$]使用前于波长 225nm 处，以水作参比，透光率大于 90%方可使用，否则需脱芳处理。

脱芳处理：取约 900 ml 正己烷于 1 000 ml 小口试剂瓶中，加 10 ml 硫酸，在康氏振荡器上振荡 1 h，弃去硫酸相，重复上述操作，直至硫酸相近无色，再用蒸馏法提纯或用活性炭层析柱进行脱芳处理。纯化后的正己烷需再检查透光率，合格后方可使用。

（2）层析活性炭：同（一）油类的测定——环己烷萃取荧光分光光度法。

（3）硫酸（H_2SO_4）：ρ =1.84 g/ml。硫酸溶液：1+3。在搅拌下将 1 体积硫酸慢慢加入 3 体积水中。

（4）油标准贮备液：5.00 g/L。称取 0.500 g 指定油品于 10 ml 烧杯中，加入少量正己烷，溶解，全量移入 100 ml 量瓶中，加正己烷至标线，混匀。此液 1.00 ml 含油 5.00 mg。置于冰箱中可保存 3 个月。

（5）油标准使用液：200 mg/L。移取 2.00 ml 油标准贮备液于盛有少量正己烷的 50 ml 量瓶中，用正己烷移释至标线，混匀。此液 1.00 ml 含油 200 μg。置于冰箱中保存一个月。

4．仪器及设备

紫外分光光度；石英测定池：1 cm；康氏振荡器；锥形分液漏斗：800 ml；具塞比色

管：25 ml；移液吸管：2，5 ml；刻度吸管：2，5 ml；量瓶：10，50，100 ml；一般实验室常备仪器和设备。

5. 分析步骤

（1）绘制标准曲线：分别移取 0、0.25、0.50、0.75、1.00、1.25 ml 油标准使用液于盛有少量正己烷的 10 ml 量瓶中，加正己烷稀释至标线，混匀。其浓度分别为 0、5.00、10.0、15.0、20.0、25.0 μg/ml 油。将溶液移入 1 cm 石英测定池中，于波长 225nm 处，以正己烷作参比，测定吸光值 A_i 和 A_0（标准空白）。以吸光值 $A_i - A_0$ 为纵坐标，相应的油浓度（μg/ml）为横坐标，绘制油标准曲线。

（2）样品测定：将经 5 ml 硫酸溶液酸化的水样约 500 ml 全部转入 800 ml 锥形分液漏斗中，加 5.00 ml 正己烷于分液漏斗中，振荡 2 min（注意放气），静置分层。将下层水样放入原水样瓶中。用滤纸卷吸干锥形分液漏斗管颈内水分，正己烷萃取液放入 25 ml 具塞比色管中。振荡水样瓶，将萃取过的水样倒回原分液漏斗中，加 5.00 ml 正己烷重复萃取一次。将下层水样放入 1 000 ml 量筒中，测量萃取后水样体积。萃取液合并于上述具塞比色管中。按油标准曲线步骤测定吸光值 A_w。同时取 500 ml 蒸馏水测定分析空白吸光值 A_b。

6. 记录与计算

将测得数据记录，以 $A_w - A_b$ 查标准曲线得油浓度 Q，或用线性回归方程计算油的浓度 Q。按下式计算水样中油浓度：

$$\rho_{oil} = Q \frac{V_1}{V_2}$$

式中：ρ_{oil}——水样中油浓度，mg/L；

　　　　V_1——正己烷萃取液体积，ml；

　　　　V_2——水样体积，ml；

　　　　Q——正己烷萃取液中油浓度，μg/ml。

7. 精密度和准确度

平行 6 次测定三组水样，石油含量分别为 14.4，38.9，78.6 μg/L；相对标准偏差分别为 9.0，3.1 和 1.9%。六个实验室用本方法做回收率实验，每升海水添加 200 μg 大港原油的回收率为（97±3）%。

8. 注意事项

（1）水样用 500 ml 小口玻璃瓶直接采集时，须一次装好，不可灌满或溢出，否则应另取水样瓶重新取样。采集的水样用 5 ml 硫酸溶液酸化。分析时需将瓶中水样全部倒入分液漏斗中萃取，萃取后需测量萃取过水样的体积，扣除 5 ml 硫酸溶液体积，即为水样实际体积。

（2）测定池易受玷污，注意保持洁净。使用前须校正测定池的误差。

（3）用过的层析活性炭经活化，可重复使用。

（4）用过的正己烷经脱芳处理，可重复使用。

（5）塑料、橡皮材料对测定有干扰，应避免使用由其制成的器件。

二、化学需氧量的测定——碱性高锰酸钾法

化学需氧量（COD）是指水体中易被氧化剂氧化的还原性物质所消耗的氧化剂的量，

结果折算成氧的量（mg/L）。它是表征水体中有机物污染的综合性指标。除特殊水样外，还原性物质主要是有机物，组成有机化合物的碳、氮、硫、磷等元素往往处于较低的氧化价态，其生物降解中消耗溶解氧而导致水体恶化。

COD 的测定在我国通常采用过去流传下来的古典测定方法，高锰酸钾或重铬酸钾氧化滴定的方法。海水样品成分复杂，干扰离子多，氯离子大量存在，使得其 COD 值的测定只能用高锰酸钾法。高锰酸钾法的氧化率低（40%左右），结果随外界条件变化波动大，这个测定值其实只能是海水中有机物含量的相对值，这给 COD 值的考核、验证以及各地监测结果的评价带来很多困难。影响 COD 值的因素很多，主要是氯离子的影响，滴定方式的差异，光的影响，氧化剂的浓度，加热时间和加热温度的影响，以及试样保存时间和保存方法的影响等。

1. 适用范围

本法适用于大洋和近岸海水及河口水化学需氧量的测定。

2. 方法原理

在碱性加热条件下，用已知量并且是过量的高锰酸钾，氧化海水中的需氧物质。然后在硫酸酸性条件下，用碘化钾还原过量的高锰酸钾和二氧化锰，所生成的游离碘用硫代硫酸钠标准溶液滴定。

3. 试剂及其配制

试剂均为分析纯，所用水均为蒸馏水或等效纯水。

（1）氢氧化钠溶液

称取 250 g 氢氧化钠（NaOH），溶于 1 000 ml 水中，盛于聚乙烯瓶中。

（2）硫酸溶液 1+3

在搅拌下，将 1 体积浓硫酸（$\rho_{H_2SO_4}$=1.84 g/ml）慢慢加入 3 体积水中，趁热滴加高锰酸钾溶液，至溶液略呈微红色不褪为止，盛于试剂瓶中。

（3）碘酸钾标准溶液：c（1/6KIO$_3$）=0.0100 mol/L

称取 3.567 g 碘酸钾（KIO$_3$，优级纯，预先在 120℃烘 2 h，置于干燥器中冷却）溶于水中，全量移入 1 000 ml 棕色量瓶中，稀释至标线，混匀。置于阴暗处，有效期为 1 个月，此溶液为 0.100 mol/L。使用时稀释 10 倍，即得 0.010 0 mol/L 碘酸钾标准溶液。

（4）硫代硫酸钠标准溶液：c（Na$_2$S$_2$O$_3$·5H$_2$O）=0.01 mol/L

称取 25 g 硫代硫酸钠（Na$_2$S$_2$O$_3$·5H$_2$O），用刚煮沸冷却的水溶解，加入约 2 g 碳酸钠，移入棕色试剂瓶中，稀释至 10L，混匀；置于阴凉处。

浓度的标定：移取 10.00 ml 碘酸钾标准溶液，沿壁流入碘量瓶中，用少量水冲洗瓶壁，加入 0.5 g 碘化钾，沿壁注入 1.0 ml 硫酸溶液，塞好瓶塞，轻荡混匀，加少许水封口，在暗处放置 2 min。轻轻旋开瓶塞，沿壁加入 50 ml 水，在不断振摇下，用硫代硫酸钠溶液滴定至溶液呈淡黄色，加入 1 ml 淀粉溶液，继续滴定至溶液蓝色刚褪去为止。

重复标定，至两次滴定读数差小于 0.05 ml 为止。按下式计算其浓度：

$$c_{Na_2S_2O_3} = \frac{10.00 \times 0.010\ 0}{V_{Na_2S_2O_3}}$$

式中：$c_{Na_2S_2O_3}$——硫代硫酸钠标准溶液浓度，mol/L；

$V_{Na_2S_2O_3}$——硫代硫酸钠标准溶液体积，ml。

（5）高锰酸钾溶液：c（1/5KMnO$_4$）=0.01 mol/L

称取 3.2 g 高锰酸钾（KMnO$_4$），溶于 200 ml 水中，加热煮沸 10 min，冷却，移入棕色试剂瓶中，稀释至 10L，混匀。放置 7d 左右，用玻璃砂芯漏斗过滤。

（6）淀粉溶液：5 g/L

称取 1 g 可溶性淀粉，用少量水搅成糊状，加入 100 ml 煮沸的水，混匀，继续煮至透明。冷却后加入 1 ml 乙酸，稀释至 200 ml，盛于试剂瓶中。

（7）碘化钾（KI）。

4．仪器及设备

溶解氧滴定管：25 ml；定量加液器：5 ml；移液管：2，10 ml；碘量瓶：250 ml；具塞三角烧瓶：250 ml；试剂瓶：500 ml，棕色瓶 2 500，10 000 ml，聚乙烯瓶 1 000 ml；量筒：100，500，1 000 ml；滴瓶：125 ml；玻璃砂芯漏斗：G4；定时钟或秒表；电磁搅拌器：转速可调至 140～150r/min；玻璃磁转子：直径约 3～5 mm，长 25 mm；双联打气球；圆形电热板：1 000W；一般实验室常备仪器和设备。

5．分析步骤

（1）取 100 ml 水样于 250 ml 锥形瓶中（测平行双样，若有机物含量高，可少取水样，加蒸馏水稀释至 100 ml）。加入 1 ml 氢氧化钠溶液混匀，加 10.00 ml 高锰钾溶液，混匀。

（2）于电热板上加热至沸，准确煮沸 10 min（从冒出第一个气泡时开始计时）。然后迅速冷却到室温。

（3）用定量加液器加入 5 ml 硫酸溶液，加 0.5 g 碘化钾，混匀，在暗处放置 5 min。在不断振摇或电磁搅拌下，用已标定的硫代硫酸钠标准溶液滴定至溶液呈淡黄色，加入 1 ml 淀粉溶液，继续滴至蓝色刚褪去为止，记下滴定数 V_1。两平行双样滴定读数相差不超过 0.10 ml。

（4）另取 100 ml 重蒸馏水代替水样，按上述步骤测定分析空白滴定值 V_2。

6．记录与计算

（1）将滴定管读数（V_1、V_2）记入化学需氧量分析记录表中。

（2）按下式计算化学需氧量（COD）：

$$COD = \frac{c(V_2 - V_1) \times 8.0}{V} \times 1\,000$$

式中：c——硫代硫酸钠的浓度，mol/L；

$\qquad V_2$——分析空白值滴定消耗硫代硫酸钠溶液的体积，ml；

$\qquad V_1$——滴定样品时硫代硫酸钠的体积，ml；

$\qquad V$——取水样体积，ml；

$\qquad$ COD——水样的化学需氧量，mg/L（O$_2$）。

7．注意事项

（1）水样加热完毕，应冷却至室温，再加入硫酸和碘化钾，否则游离碘挥发而造成误差。

（2）化学需氧量的测定是在一定反应条件试验的结果，是一个相对值，所以测定时应严格控制条件，如试剂的用量、加入试剂的次序、加热时间及加热温度的高低，加热前溶液的总体积等都必须保持一致。

（3）用于制备碘酸钾标准溶液的纯水和玻璃器皿须经煮沸处理，否则碘酸钾溶液易分解。

三、生化需氧量

（一）五日培养法（BOD₅）

1. 适用范围

本法可用于海水的生化需氧量的测定。

2. 方法原理

水体中有机物在微生物降解的生物化学过程中，消耗水中溶解氧。用碘量法测定培养前和后两者溶解氧含量之差，即为生化需氧量，以氧的 mg/L 计。培养五天为五日生化需氧量（BOD₅）。水中有机质越多，生物降解需氧量也越多，一般水中溶解氧有限，因此，需用氧饱和的蒸馏水稀释。为提高测定的准确度，培养后减少的溶解氧要求占培养前溶解氧的40%～70%为适宜。

3. 试剂及其配制

所用试剂均为化学纯，水为蒸馏水或等效纯水。

（1）氯化钙溶液：27.5 g/L。溶解 27.5 g 氯化钙（$CaCl_2$）于水中，稀释至 1L，盛于试剂瓶中。

（2）三氯化铁溶液：0.25 g/L。溶解 0.25 g 三氯化铁（$FeCl_3·6H_2O$）于水中，稀释至 1L。盛于试剂瓶中。

（3）硫酸镁溶液：22.5 g/L。溶解 22.5 g 硫酸镁（$MgSO_4·7H_2O$）于水中，稀释至 1L。盛于试剂瓶中。

（4）磷酸盐缓冲溶液：pH≈7.2。溶解 8.5 g 磷酸二氢钾（KH_2PO_4），21.75 g 磷酸氢二钾（K_2HPO_4），33.4 g 磷酸氢二钠（$Na_2HPO_4·7H_2O$）和 1.7 g 氯化铵（NH_4Cl）于约 500 ml 水中，稀释至 1L。此缓冲溶液 pH 为 7.2，不需再作调节。

（5）测定溶解氧所需试剂及其配制，见溶解氧测定。

4. 仪器及设备

自动调温（20℃±1℃）培养箱：不透光，以防光合作用产生溶解氧；培养瓶：250～300 ml 特制的 BOD 瓶（具磨口塞和供水封用的喇叭口，见图 2.9），或试剂瓶。所用培养瓶的容积均须校准，编号记录；大玻璃瓶：20L；量筒：2 000 ml；其他仪器和设备：见"溶解氧测定"；一般实验室常备仪器和设备。

5. 分析步骤

稀释水的制备：在 20L 大玻璃瓶中加入一定体积的水，经过曝气后（8～12 h），使溶解氧接近饱和，盖严静置，备用。使用前于每升水中加磷酸盐缓冲溶液，硫酸镁溶液，氯化钙溶液，三氯化铁溶液各 1 ml，混匀。

水样采集和培养：水样采集后应在 6 h 内开始分析，若不能，则在 4℃或 4℃以下保存，

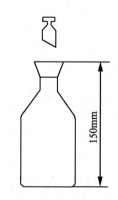

图 2.9　BOD 瓶示意图

而且不得超过 24 h，并将贮存时间和温度与分析结果一起报告。对未受污染海区的水样，可以直接取样。分装样品时，虹吸管的一头要插入培养瓶的底部，慢慢放水，以免带入气泡。直接测定当天水样和经过五天培养后水样中溶解氧的差值，即为五日生化需氧量。对于已受污染海区的水样，必须用稀释水稀释后再进行培养和测定。水样稀释的倍数是测定的关键。稀释倍数的选择可根据培养后溶解氧的减少量而定，剩余的溶解氧至少有 1 mg/L。一般采用 20%～75%的稀释量。在初次作时，可对每个水样同时作 2～3 个不同的稀释倍数。

（1）稀释方法：量取一定体积的水样于 2 000 ml 量筒中，用虹吸管引入稀释水至 2 000 ml 刻度，用一插棒式混合棒（在玻璃棒的一端插入一块略小于所用量筒直径，约 2 mm 厚的橡皮板），小心上下搅动，不可露出水面，以免带入空气。

（2）用虹吸管将稀释后的水样装入四个培养瓶中，至完全充满后轻敲瓶壁使瓶中可能混有的小气泡逸出，盖紧瓶塞，用水封口。另取四个编号的培养瓶，全部装入稀释水，盖紧后用水封口，作为空白。

（3）将各瓶的编号按操作顺序记录在表格中，每种样品各取一瓶立即测定溶解氧，其余放入（20±1）℃的培养箱中。

（4）从开始培养的时间算起，经五昼夜后，取出样品，测定其溶解氧的剩余量。

溶解氧的测定及其浓度计算，见溶解氧测定部分。

6. 记录与计算

水样测定结果及时记录。按下式计算五日生化需氧量

$$BOD_5 = \frac{(D_1 - D_2) - (D_3 - D_4) \times f_1}{f_2}$$

$$f_1 = \frac{V_3}{V_3 + V_4}; \quad f_2 = \frac{V_4}{V_3 + V_4}$$

式中：BOD_5——五日生化需氧量，mg/L；

D_1——样品在培养前的溶解氧，mg/L；

D_2——样品在培养后的溶解氧，mg/L；

D_3——稀释水在培养前的溶解氧，mg/L；

D_4——稀释水在培养后的溶解氧，mg/L；

f_1——稀释水（V_3）在样品（V_4）中所占的比例；

f_2——水样（V_4）在稀释水（V_3）中所占的比例。

7. 精密度和准确度

五个实验室，共同测定 100 个样品，浓度范围 1.3～200 mg/L（O_2），其重复性相对标准偏差为 2.4%。

8. 注意事项

（1）配制试剂和稀释水所用的蒸馏水不应含有机质、苛性碱和酸。

稀释水也可以采用新鲜天然海水，稀释水应保持在 20℃左右，并且在 20℃培养 5 天后，溶解氧的减少量应在 0.5 mg/L 以下。

（2）水样在培养期间，培养水瓶封口处应始终保持有水，可用纸或塑料帽盖在喇叭口

上减少培养期间封口水的蒸发。经常检查培养箱的温度是否保持在（20±1）℃。样品在培养期间不要见光，以防光合作用产生溶解氧。

（3）为使测定正确，尤其对初次操作者说来，可以用标准物质进行校验。常用的标准物质有葡萄糖和谷氨酸混合液。将葡萄糖和谷氨酸在 103℃烘箱中干燥 1 h，精确称取葡萄糖 150 mg 加谷氨酸 150 mg 溶解在 1 000 ml 蒸馏水中，其 20℃BOD$_5$ 为（200±37）mg/L。

（二）两日培养法（BOD$_2$）简介

本方法为简化的生化需氧量测定方法，除培养温度和培养时间外均与五日生化需氧量相同，方法不在日常监测中使用。培养温度：30℃±0.5℃，培养时间：2d。

计算：$BOD_2^{30} \times K = BOD_5^{20}$

式中：BOD_2^{30}——在 30℃时，两日生化需氧量；

BOD_5^{20}——在 20℃时，五日生化需氧量；

K——根据各海域具体情况由实验确定的系数，建议用 1.17。

四、挥发性酚——4-氨基安替比林分光光度法

1. 适用范围

本方法适用于海水及工业排污口水体中低于 10 mg/L 酚含量的测定。酚含量超过此值，可用溴化滴定法。检出限：1.1 μg/L。

2. 方法原理

被蒸馏出的挥发酚类在 pH10.0±0.2 和以铁氰化钾为氧化剂的溶液中，与 4-氨基安替比林反应形成有色的安替比林染料。此染料的最大吸收波长在 510 nm 处，颜色在 30 min 内稳定，用三氯甲烷萃取，可稳定 4 h 并能提高灵敏度，但最大吸收波长移至 460 nm。本方法不能区别不同类型的酚，而在每份试样中各种酚类化合物的百分组成是不确定的，因此，不能提供含有混合酚的通用标准参考物，本方法用苯酚作为参比标准。

3. 试剂及其配制

试剂均为分析纯，水为不含酚和氯的蒸馏水。

（1）无酚水制备：置普通蒸馏水于全玻璃蒸馏器中，加氢氧化钠至强碱性，滴入高锰酸钾（KMnO$_4$）溶液至深紫红色，放入少许无釉瓷片（浮石或玻璃毛细管亦可），加热蒸馏。弃去初馏分，收集无酚水于硬质玻璃瓶中，或于每升蒸馏水中加入 0.2 g 经280℃活化 4 h 的活性炭粉末，充分振摇后用 0.45 μm 滤膜过滤。

（2）磷酸溶液：用水稀释 10 ml 磷酸（$\rho_{H_3PO_4}$=1.69 g/ml）至 100 ml。

（3）甲基橙指示液：2 g/L。

（4）硫酸铜溶液：100 g/L。称取 10 g 硫酸铜（CuSO$_4$·5H$_2$O）溶解于上述无酚水中并稀释至 100 ml。

（5）三氯甲烷（CHCl$_3$）或二氯甲烷（CH$_2$Cl$_2$）。

（6）精制苯酚：将苯酚（C$_6$H$_5$OH）置于 50～70℃热水浴中溶化，小心地移入 100 ml 蒸馏瓶中，用包有铝箔的软木塞塞紧，其中插有一支 250℃水银温度计，蒸馏瓶的支管与空气冷凝管连接，用一干燥的锥形烧瓶接受器。如图 2.10 所示。电炉加热蒸馏，弃去带色

的初馏出液，收集 182～184℃馏分（无色）密封避光保存。

（7）酚标准贮备溶液：1.000 g/L。称取 1.000 g 精制苯酚溶解在水中，并稀释至 1 000 ml。此液 1.00 ml 含酚 1.00 mg。通常直接称取精制的苯酚即可配标准溶液，若为非精制苯酚可按下法标定：

移取 10.00 ml 待标定的酚贮备溶液，注入 250 ml 碘量瓶中，加入 50 ml 水，10.00 ml 溴酸盐-溴化钾溶液及 5 ml 盐酸，立即盖紧瓶塞，摇匀。避光放置 5 min 后用硫代硫酸钠标准溶液滴定，至呈淡黄色时，加入 1 ml 淀粉溶液，继续滴定至蓝色刚好消失为止，记下硫代硫酸钠标准溶液滴定体积 V_2。同时用水作试剂空白滴定，消耗硫代硫酸钠标准溶液体积为 V_1。

（8）酚标准贮备溶液浓度的计算如下：

$$\rho_f = \frac{(V_1 - V_2) \times 0.025\ 0 \times 15.68 \times 1\ 000}{10} = (V_1 - V_2) \times 39.21$$

式中：ρ_f——酚溶液浓度，$\mu g/ml$；

　　　V_1——试剂空白消耗硫代硫酸钠溶液的毫升数，ml；

　　　V_2——酚贮备溶液消耗标准硫代硫酸钠溶液的毫升数，ml。

（9）酚标准中间溶液：10.0 $\mu g/ml$。量取 10.0 ml（或相当于 10.0 mg 酚的体积）酚标准贮备溶液用水稀释至 1 000 ml。此溶液 1.00 ml 含酚 10.0 μg。当天配制。

（10）酚标准使用溶液：1.00 $\mu g/ml$。量取 10.0 ml 酚标准中间溶液，用水稀释至 100 ml，此溶液为 1.00 $\mu g/ml$。临用时配制。

（11）溴酸盐-溴化物溶液：$c(1/6KBrO_3)=0.100$ mol/L。称取 2.784 g 无水溴酸钾（$KBrO_3$）溶解于水中，加 10 g 溴化钾（KBr）溶解后稀释至 1 000 ml。

（12）盐酸（HCl）：$\rho = 1.19$ g/ml。

（13）硫代硫酸钠标准滴定液：$c(Na_2S_2O_3)=0.0250$ mol/L。配制及标定方法参阅溶解氧的测定。

（14）淀粉溶液：10 g/L。称取 1.0 g 可溶性淀粉，盛于 200 ml 烧杯中，加少量水调成糊状，加入 100 ml 沸水搅拌，冷后加入 0.4 g 氯化锌（$ZnCl_2$）或 0.1 g 水杨酸（$C_7H_6O_3$）防腐。

（15）缓冲溶液：称取 20 g 氯化铵（NH_4Cl）溶解于 100 ml 浓氨水（$NH_3 \cdot H_2O$，$\rho = 0.90$ g/ml）中，此溶液 pH 为 9.8。

（16）4-氨基安替比林溶液：20 g/L。称取 2 g 4-氨基安替比林[$C_6H_5NN(CH_3)C(CH_3)$:$C(NH_2)C$：O]溶于水中，并稀释至 100 ml，贮于棕色瓶中，置冰箱内，有效期一周。

（17）铁氰化钾溶液：80 g/L。称取 8 g 铁氰化钾[$K_3Fe(CN)_6$]溶于水中，并稀释至 100 ml。贮于棕色瓶中，置冰箱内，可稳定一周，颜色变深时，应重新配制。

4. 仪器及设备

分光光度计；蒸馏装置：全玻璃，包括 500 ml 玻璃蒸馏器和蛇形冷凝管。如图 2.10 所示；锥形分液漏斗：250 ml；微量蒸馏烧瓶：100 ml；空气冷凝管（可用玻璃管自行弯制）；水银温度计：250℃；棕色量瓶：100 ml；试剂瓶：125 ml 棕色，500 ml（制备无酚水用）；比色管：50 ml；一般实验室常备仪器和设备。

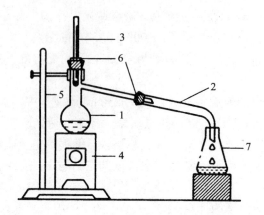

1—10 或 25 ml 微量蒸馏烧瓶；2—空气冷凝管；3—250℃水银温度计；4—电炉；

5—铁架台；6—软木塞；7—三角烧瓶（收集苯酚）

图 2.10　苯酚蒸馏装置示意图

5. 分析步骤

（1）样品保存及处理：酚类化合物易被氧化，应在采集后 4 h 内进行分析。否则按下述措施予以保护。

1）样品收集在玻璃瓶中。

2）用磷酸将样品酸化到 pH4.0，以防止酚类化合物分解。

3）向每升水样中加入 2.0 g 硫酸铜（$CuSO_4 \cdot 5H_2O$）抑制生物对酚的氧化作用。

4）在 4℃的条件下冷藏水样，并在采样后 24 h 之内分析样品。

（2）水样前处理：量取 200 ml 水样（若酚量高可少取水样，记下体积 V，加纯水至 200 ml，置于 500 ml 全玻璃蒸馏器中，用磷酸溶液调节 pH 到 4.0 左右（以甲基橙作指示液，使水样由橘色变为橙红色）。加入 5 ml 硫酸铜溶液，放入少许无釉瓷片（浮石或玻璃毛细管），加热。蒸出 150 ml 左右时，停止蒸馏，在沸腾停止后，向蒸馏瓶内加入 50 ml 左右水，继续蒸馏，直到收集馏出液（D）大于或等于 200 ml 为止。若样品已加磷酸和硫酸铜保存，则可直接蒸馏（若水样经稀释须补加试剂磷酸和硫酸铜）。

（3）绘制标准曲线：量取酚的标准使用溶液 0、0.50、1.00、2.00、4.00、7.00、10.00、15.00 ml，分别置于预先盛有 100 ml 水的 250 ml 分液漏斗中，最后加水到 200 ml。系列各点含酚浓度分别为 0、2.50、5.00、10.0、20.0、35.0、50.0、75.0 μg/L。向各分液漏斗内加入 1.00 ml 缓冲溶液混匀。再各加 1.0 ml 4-氨基安替比林溶液，混匀加 1.0 ml 铁氰化钾溶液，混匀，放置 10 min。加 10.0 ml 三氯甲烷（$CHCl_3$），振摇 2 min，静置分层，接取三氯甲烷提取液于测定池中，在波长 460nm 处，用三氯甲烷做参比，测定吸光值（A_i）。以吸光值 $A_i - A_0$（标准空白）为纵坐标，酚浓度为横坐标绘制标准曲线。

（4）水样测定：将馏出液（D），全量转入 250 ml 分液漏斗中，按步骤测定吸光值 A_w。同时测定全程分析空白得吸光值 A_b。

6. 记录与计算

将测得数据记录。由 $A_w - A_b$ 查标准曲线或用线性回归方程计算水样中挥发酚的浓度。

若是经稀释后再蒸馏的水样则按下式计算其含酚浓度：

$$\rho_f = c \frac{V_1}{V}$$

式中：c——查标准曲线得酚浓度，$\mu g/L$；

　　　V_1——馏出液（D）体积，ml；

　　　V——量取水样体积，ml。

7. 精密度和准确度

5 个实验室测定同一天然海水加标样品，内含：挥发酚 10.1 $\mu g/L$；相对误差：4.5%；重复性（r）：0.68 $\mu g/L$；重复性相对标准偏差：2.4%；再现性（R）：2.1 $\mu g/L$；再现性相对标准偏差：7.3%。

8. 注意事项

（1）干扰物质的消除：来自水体的干扰可能有分解酚的细菌、氧化及还原物质和样品的强碱性条件。在分析前除去干扰化合物的处理步骤中可能有一部分挥发酚类被除去或损失。因此，对一些高污染海水，为消除干扰和定量回收挥发酚类，需要较严格的操作技术，具体步骤如下：

1）氧化剂：水样中的氧化剂能将酚类氧化而使结果偏低。采样后取一滴酸化了的水样于淀粉-碘化钾试纸上，若试纸变蓝则说明水中有氧化剂。采样后应立即加入硫酸亚铁溶液或抗坏血酸溶液以除去所有的氧化性物质。过剩的硫酸亚铁或抗坏血酸在蒸馏步骤中被除去。

2）水样中含有石油制品等低沸点污染物，可使蒸馏液浑浊，某些酚类化合物还可能溶于这些物质中。采样后用分液漏斗分离出浮油，在没有硫酸铜（$CuSO_4$）存在的条件下，先用粒状氢氧化钠（$NaOH$）将 pH 调节至 12～12.5，使酚成为酚钠，以避免萃取酚类化合物。尽快用四氯化碳（CCl_4）从水相中提出杂厂（每升废水用 40 ml 四氯化碳萃取两次）。并将 pH 调到 4.0。

3）用三氯甲烷萃取时，须用无酚水作一试剂空白，或先用 1 g/L 氢氧化钠溶液洗涤三氯甲烷，以除去可能存在的酚。二氯甲烷可代替三氯甲烷，尤其在用氢氧化钠提纯三氯甲烷溶液形成乳浊液时。

4）硫的化合物，酸化时释放出硫化氢能干扰酚的测定，用磷酸将水样酸化至 pH4.0，短时间搅拌曝气即可除去硫化氢及二氧化硫的干扰。然后加入足够的硫酸铜溶液，使样品呈淡蓝色或不再有硫化铜沉淀产生。然后将 pH 调到 4.0。铜（Ⅱ）离子抑制了生物降解，酸化保证了铜（Ⅱ）离子的存在并消除样品为强碱性时的化学变化。

（2）将水样蒸馏，馏出液清亮，无色，从而消除浑浊和颜色的干扰，铁（Ⅲ）能与铁氰酸根生成棕色产物而干扰测定，蒸馏将排除这一干扰。pH 在 8.0～10.0 范围内显示的颜色都可以，但为了防止芳香胺（苯胺、甲苯胺、乙酰苯胺）的干扰，以 pH9.8～10.2 最合适，因为此范围内 20 mg/L 苯胺所产生的颜色仅相当于 0.1 mg/L 酚的颜色。

（3）游离氯能氧化 4-氨基安替比林，还能与酚起取代反应生成氯酚。

（4）NH_4OH-NH_4Cl 体系的缓冲液比较稳定，由于增大了溶液 NH_3 的浓度，可以抑制

4-氨基安替比林被氧化为安替比林红的反应。

（5）主试剂在空气中易变质而使底色加深，此外，4-氨基安替比林的纯度越高，灵敏度越高，如配制的 4-氨基安替比林溶液颜色较深时，可用活性炭处理脱色。

（6）过硫酸铵[$(NH_4)_2S_2O_8$]可代替铁氰化钾[$K_3Fe(CN)_6$]。

（7）测定酚的水样必须用全玻璃蒸馏器蒸馏，如用橡皮塞、胶皮管等连接蒸馏烧瓶及冷凝管，都能使结果偏高和出现假阳性而产生误差。

（8）各种试剂加入的顺序非常重要，不能随意更改。

（9）停止蒸馏时，须防电炉余热引起的爆沸，以免将瓶塞冲起砸碎或玷污冷凝管。

（10）比色槽在连续使用过程中，宜用氯仿荡洗，蒸发至干。

五、阴离子洗涤剂——亚甲基蓝分光光度法

1. 适用范围

本法适用于海水。对有较深颜色的水样本法受干扰。有机的硫酸盐、磺酸盐、羧酸盐、酚类以及无机的氰酸盐、硝酸盐和硫氰酸盐等引起正干扰，有机胺类则引起负干扰。检出限：$10.0\ \mu g/L$。

2. 方法原理

阴离子洗涤剂与亚甲基蓝反应，生成蓝色的离子对化合物，用氯仿萃取后，在 650 nm 波长处测定吸光值。测定结果以直链烷基苯磺酸钠（LAS，烷基平均碳原子数为 12）的表观浓度表示，实际上是测定了亚甲基蓝活性物质（MBAS）。

3. 试剂及其配制

试剂均为分析纯，所用水为蒸馏水或等效纯水。

（1）直链烷基苯磺酸钠（LAS，烷基平均碳原子数为 12，标准试剂）标准溶液。

贮备溶液：1.00 mg/ml。称取 100.0 mg LAS 溶于 50 ml 水中，全量转入 100 ml 量瓶，加水至标线，混匀。在冰箱内保存，至少可稳定 6 个月。

标准使用溶液：$10.0\ \mu g/ml$。量取 10.0 ml 贮备溶液（1.00 mg/ml）于 100 ml 量瓶中，加水至标线，混匀。再量取 10.0 ml 此溶液于 100 ml 量瓶中，加水至标线，混匀。此标准使用溶液 1.00 ml 含 LAS $10.0\ \mu g$。在冰箱中保存时可稳定 7d。

（2）氯化钠（NaCl）溶液：300 g/L。

（3）亚甲基蓝溶液：于 1 000 ml 烧杯中加 500 ml 水，加 50 g 磷酸二氢钠（$NaH_2PO_4 \cdot H_2O$），搅拌下缓缓加入 6.8 ml 硫酸（$\rho_{H_2SO_4}$=1.84 g/ml），加入 50 mg 亚甲基蓝（$C_{16}H_{18}N_3ClS \cdot 3H_2O$）指示剂，搅拌溶解，加水至 1 000 ml，混匀。转入棕色试剂瓶保存。

（4）洗涤液：于 1 000 ml 烧杯中加入 500 ml 水，加入 50 g 磷酸二氢钠，搅拌下缓缓加入 6.8 ml 硫酸，搅拌溶解。加水至 1 000 ml，混匀。

（5）酚酞指示液：称取 0.25 g 酚酞（$C_{20}H_{14}O_4$）指示剂，溶于 40 ml 无水乙醇（C_2H_5OH），加水 10 ml，混匀。

（6）氢氧化钠溶液：c（NaOH）=1 mol/L。称取 10.0 g 氢氧化钠（NaOH）溶于水并稀至 250 ml，混匀。保存于聚乙烯瓶中。

（7）硫酸（$\rho_{H_2SO_4}$=1.84 g/ml）溶液：c（H_2SO_4）=0.5 mol/L。

（8）氯仿（$CHCl_3$）。

（9）脱脂棉[以酮（CH_3COCH_3）浸过后干燥]。

4．仪器及设备

分光光度计：2 cm 测定池；锥形分液漏斗，125，250 m；25 ml 具塞比色管；一般实验室常备仪器及设备。

5．分析步骤

（1）绘制工作曲线：在 6 个 250 ml 锥形分液漏斗中，分别加入 100、99.5、99、98、97、95 ml 水，用刻度吸管分别加入 0.00、0.50、1.00、2.00、3.00、5.00 ml 标准使用溶液（10.0 μg/ml），混匀。标准系列的浓度依次为 0.000、0.050、0.100、0.200、0.300、0.500 mg/L。各加 10 ml 氯化钠溶液（300 g/L）和 1 滴酚酞指示液，滴加氢氧化钠溶液（1 mol/L）至刚显红色，滴加硫酸溶液（0.5 mol/L）至红色刚褪去。加 10 ml 亚甲基蓝溶液，混匀。加 10 ml 氯仿，振摇半分钟（其间放气 2 次。振摇不要过于激烈，以免形成乳浊液）。静置分层，倾斜转动分液漏斗让水面线扫过内壁，即可使壁上的氯仿液滴汇集到下层萃取液中。在 6 个 125 ml 锥形分液漏斗中各加 50 ml 洗涤液，然后将上述萃取液分别放入。在原来的 50 ml 锥形分液漏斗中各加 10 ml 氯仿再萃取一次，萃取液分别并入上述 125 ml 分液漏斗中。振摇 125 ml 锥形分液漏斗半分钟（其间放气 2 次），静置分层。用小玻璃棒把少许脱脂棉塞入分液漏斗颈管内贴近活塞处，放出氯仿萃取液到 25 ml 比色管中。再加 5 ml 氯仿，振摇半分钟（不用放气）。放出氯仿萃取液并入比色管，加氯仿至标线，混匀。在 650nm 波长处，以氯仿参比调零，用 2 cm 测定池测定萃取液的吸光值 A_i，A_0（标准空白吸光值）。将吸光值数据记入表中。以（$A_i - A_0$）为纵坐标，相应的浓度（mg/L）为横坐标，绘制工作曲线。

（2）样品的测定：量取 100 ml 水样，置于 250 ml 锥形分液漏斗中，按绘制工作曲线步骤测定吸光值 A_w。量取 100 ml 水样，置于 250 ml 锥形分液漏斗中，按绘制工作曲线步骤测定分析空白吸光值 A_b。

6．记录与计算

将测得数据记入表中。据（$A_w - A_0$）值在工作曲线上查得水样中阴离子洗涤剂浓度（mg/L），亦可用工作曲线的线性回归方程计算。

7．精密度和准确度

3 个实验室测定同一天然海水加标样品，内含直链烷基苯磺酸钠（LAS）0.125 mg/L；相对误差：2.4%；重复性（r）：0.01 mg/L；重复性相对标准偏差：2.7%；再现性（R）：0.016 mg/L；再现性相对标准偏差：4.7%。

8．注意事项

（1）除非另作说明，所用试剂均为分析纯，所用水为蒸馏水或等效纯水。

（2）玻璃仪器均经盐酸（或硝酸）溶液（1+3）浸泡，用自来水冲洗后再用蒸馏水洗净。分液漏斗活塞上的润滑脂用纸擦去，再用氯仿洗净。

（3）若萃取出现深蓝色絮状物，此絮状物不能放入盛洗涤液的分液漏中。若此漏斗颈内有水，要用脱脂棉先行吸去。

（4）水样应澄清，否则，应用离心分离或滤纸过滤。

（5）采样后，当天进行测定。

六、总有机碳——总有机碳仪器法

1. 适用范围

本法适用于海水中总有机碳（TOC）的测定。

2. 方法原理

海水样品经进样器自动进入总碳（TC）燃烧管（装有白金触媒，温度680℃）中，通入高纯空气将样品中含碳有机物氧化为CO_2后，由非色散红外检测器定量。然后同一水样自动注入无机碳（IC）反应器（装有 25%磷酸溶液）中，于常温下酸化无机碳酸盐生成CO_2，由非色散红外检测器检定出 IC 含量，由 TC 减去 IC 即得 TOC 含量。亦可用 2 mol/L盐酸先酸化水样，然后通气鼓泡 5～10 min，除去 IC，由此测得的 TC 即为 TOC。由于鼓泡过程会造成水样中挥发性有机物的损失而产生部分误差，其测定结果仅代表不可吹出有机碳的含量。

3. 试剂及其配制

（1）碳酸钠：基准试剂。使用前在 500℃下灼烧 30 min，然后置于装有无水硫酸钠的干燥器中冷却备用。

（2）盐酸溶液：2 mol/L。

（3）磷酸溶液：25%。取 25 ml 磷酸，用水稀释至 100 ml（IC 反应液）。

（4）总碳（TC）标准储备溶液（1 000 mg/L）：称取 2.1250 g 邻苯二甲酸氢钾（先在115℃下干燥 2 h），用水溶解，转移至 1 000 ml 容量瓶中，稀释至标线，混匀。

（5）无机碳（IC）标准储备溶液（1 000 mg/L）：称取 4.4100 g 碳酸钠和 3.5000 g 碳酸氢钠，用水溶解，转移至 1 000 ml 容量瓶中，稀释至标线，混匀。

4. 仪器及设备

总有机碳分析仪；高纯空气钢瓶；高纯空气：由高纯氮气和高纯氧气按比例混合（纯度 99.99%）；进样器；常用白金触媒：铝球，配装在 TC 燃烧管中；一般实验室常备仪器及设备。

5. 分析步骤

（1）先打开仪器，预热 30 min，待仪器稳定后，按照仪器说明设置参数并按步骤开始分析。

（2）绘制工作曲线并检查标准曲线。

（3）测定样品。

6. 记录与计算

按照仪器软件的计算程序进行测定结果的自动计算。

7. 精密度和准确度

碳含量为 3.00 mg/L 时，重复性相对标准偏差为 2%；再现性相对标准偏差 2%；相对误差 1%。

8. 注意事项

（1）除非另作说明外，本法所用试剂均为分析纯，水为无碳水或等效纯水。

（2）无碳水应在临用前制备。

（3）样品采集后应在 24 h 内完成分析，如果超过 24 h，应于每 20 ml 水样加入 3～4 粒 HgCl₂ 固定水样，仪器四通阀易腐蚀生锈，需在四通阀转动部分经常滴点硅油。

（4）TC 管装填状况和盐、钙等固体物在管内积累可影响峰形，若出现拖尾可严重影响测定结果。测完含酸、碱、盐的样品后，必须用无碳水反复多次冲洗进样管。

七、挥发性有机化合物的分析——吹扫捕集气质联用法

1. 挥发性有机化合物简介

美国国家环境保护局（EPA）将挥发性有机化合物（VOCs）定义为：挥发性有机化合物是除 CO、CO₂、H₂CO₃、金属碳化物、金属碳酸盐和碳酸铵外，任何参加大气光化学反应的碳化合物。世界卫生组织（WHO，1989）将 VOCs 的定义为：熔点低于室温、沸点范围在 50～260℃之间的挥发性有机化合物。我国学者对 VOCs 定义为：沸点在 50～260℃之间、室温下饱和蒸气压超过 133.32 Pa 的易挥发性化合物。

按挥发性有机化合物化学结构可分为 8 类：脂肪类（如乙烯、丁烷、己烷、辛烷等）；芳烃类（如苯、甲苯、二甲苯）；卤代烃类（如四氯化碳、氟利昂）；酯类；醛类（如甲醛、乙醛）；萜烯化合物；酮类（如丙酮）和其他化合物，是大气中普遍存在且组成复杂的一大类有机污染物。目前已鉴别出了 300 多种 VOCs，在美国国家环境保护局（EPA）所列的优先控制污染物名单中有 50 多种是 VOCs。

挥发性有机化合物广泛存在于空气、水、土壤以及其他介质中。大多数挥发性有机物都是对人体有毒有害的物质。它们会影响中枢神经系统，出现头晕、头痛、无力、胸闷等症状；感觉性刺激，嗅味不舒适，刺激上呼吸道及皮肤；影响消化系统，出现食欲不振、恶心等；怀疑性危害：局部组织炎症反应、过敏反应、神经毒性作用。能引起机体免疫水平失调，严重时可损伤肝脏和造血系统，出现病变反应等。其中，挥发性卤代烃是一类重要的痕量温室气体和有机污染物，同时又是破坏臭氧层的一类重要的卤代有机物，通常包括卤代甲烷、乙烷和乙烯等挥发性卤代有机物。自从人们发现氯氟烃对平流层臭氧有破坏作用以来，挥发性卤代烃的天然来源及其产生机制引起了广泛兴趣，并开展了大量研究。海洋是大气挥发性卤代烃的天然来源，挥发性卤代烃的海-气排放对全球变化产生重大影响。随着工农业生产的发展，石油以及含有苯及其同系物的各种工业品已广泛地应用于国民经济各个领域。就海洋而言，由于海上石油的开发、运输及工业污水的排放等对海洋的污染日趋严重，海水中具有较大生物毒性的苯系物含量日益增加，在近岸海区尤为显著。这对海洋生物生长及其活动造成了严重的影响。

2. 挥发性有机化合物水样的采集、运输保存、质量控制

（1）采样器皿

采样容器：使用聚四氟乙烯采样器或者用不锈钢类采样器采集水样，不要使用有机玻璃采样器和塑料容器。

采样瓶：使用 250 ml 棕色玻璃瓶，瓶塞用聚四氟乙烯或铝箔包裹；或 40 ml 带有聚四氟乙烯内衬垫螺旋盖的棕色挥发性有机化合物专用玻璃瓶。

（2）玻璃采样器皿的清洗

用 1 : 3 的盐酸浸泡过夜，再用铬酸洗液浸泡 1 h 后依次用蒸馏水、二次重蒸水冲洗，最后在 120℃下烘烤 2 h 或者用有机溶剂（丙酮或甲醇）荡洗，除水使其干燥。不锈钢或聚四氟乙烯采样器皿的清洗：用 1 : 3 的盐酸荡洗，依次用蒸馏水、二次重蒸水冲洗，在 120℃下烘烤 2 h 或者用有机溶剂（丙酮或甲醇）荡洗，除水使其干燥。

（3）挥发性有机化合物水样的采集

表层水样采集，必须将采样容器插入水面以下 0.5 m 处，避开水表面膜，并戴上聚四氟乙烯手套，样品应充满容器。采样后立即加盖塞紧，避免接触空气。整个采样过程应确保水样中没气泡产生，如有气泡需重采。整个采样过程中，必须注意采样容器的清洁问题，防止产生二次污染，一般要在采样点用水样冲洗事先清洁好的采样器 2～3 次。同时采集的样品中不要混入固体物质。若在水浅处或靠近岸边水浅的地方，采样者应位于下游采集上游水样，注意避免搅动沉积物。对于深水采集水样，采样时应将采样器沉降到规定的深度，并用泵抽取水样，同样，采集底层水样时应避免搅动沉积物层，整个采样过程应确保水样中没气泡产生，如有气泡需重采。

（4）挥发性有机化合物的运输保存

挥发性有机化合物水样采集完毕后应在低于 4℃条件下避光保存，尽快运到实验室进行分析。如不能立即分析，不含余氯的采样时在水样中滴加盐酸使水样 pH<2，保存于冰箱中；含余氯的采样时在水样中应加入抗坏血酸，滴加盐酸调节水样 pH<2，保存于冰箱中。一般 VOCs 水样存放时间不能超过两周，超过两周目标化合物损失就会比较严重，影响分析的准确性，此时样品应视为无效样品。运输过程中应注意保持存放环境的清洁，防止形成二次污染，尤其要保证样品瓶始终处于密封状态，防止运输过程中的颠簸造成的样品瓶塞松动现象的发生。

（5）质量控制

样品的采集质量控制是现场质量保证的基本组成部分。质量控制样品数量应为水样总数的 10%～20%，每批水样不得少于两个。现场空白样，在采样现场用高纯水，按样品采集步骤装瓶，与水样同样处理，以掌握采样过程中环境与操作条件对监测结果的影响。现场平行样，现场采集平行水样，用于反映采样与测定分析的精密度状况，采集时应注意控制采样操作条件一致。现场加标样，平行采集两份样品，一份加入待测组分，一份不加，检验样品采集、运输、保存过程对待测组分的影响。

3. 水中挥发性有机化合物的前处理方法

样品前处理技术是目前环境分析化学研究的难点和热点之一。水体中挥发性有机化合物检测常用的前处理方法有液-液萃取法、顶空法、固相微萃取法和吹扫捕集法等。

（1）液-液萃取法是一个古老且应用最为广泛的样品前处理方法，它是基于溶质在两种互不相溶液体中分配差异实现分离和浓缩。虽然该方法存在消耗试剂多、操作麻烦等缺点，但它有许多可选择的萃取剂，灵活性强，方法容易掌握。如可以用二硫化碳萃取水中的苯系物。但是它存在的缺点是操作繁琐，在转移过程中易造成组分的损失，往往回收率和富集倍数不够高，因此不利于降低方法检测限，是一种非超痕量、快速有效的大范围样品的前处理手段，适用于废水中挥发性有机化合物测定的前处理。

（2）固相微萃取法是 20 世纪 80 年代末发展起来的一项新型的无溶剂化环境样品前处理技术。技术从出现至今主要在萃取装置（纤维涂层）、萃取方式及分析仪器上有较大的发展和变化，使得技术的应用范围不断拓宽。固相微萃取是一个基于待测物在样品及萃取涂层中的平衡分配的萃取过程。它有两种萃取模式：①将萃取涂层浸在样品中；②顶空中萃取。此种前处理方法具有良好的精密度、无溶剂、操作简便等优点，不污染操作环境，有利于操作者自身保护，再加上改变或制作新型高分子涂层，可使得固相微萃取技术获得更广泛的应用。其缺点：萃取涂层易受损，使用寿命有限，从而造成分析样品成本高；从作用机理来讲，和顶空法相似，不能浓缩样品，往往不能有效地降低方法检测限，对大多数挥发性有机物来讲，方法检测限和顶空法接近。

（3）顶空法是目前环境监测中常用的方法，它是利用待测物质的易挥发性，在加热至一定温度下使待测物在气液两相中达到平衡，直接抽取顶空气体进行色谱分析。另外一种方式为室温顶空，即不加热在室温下令其达到平衡，而后抽取顶空气体进样，但它不如热顶空有利于降低方法检测限。顶空法优点是处理样品设备简单、耗费少、具有良好的精密度和重现性，缺点是不能浓缩样品，方法检测限较高。

（4）吹扫捕集法是将水中低水溶性的挥发性有机物通过用惰性气体（如氮气）吹扫转移至气相，携带有机物的气体通过捕集阱时，有机物被吸附在阱里，然后烘烤阱将有机物解吸下来，载气载入气相色谱仪或气质联用仪进行分离测定。吹扫捕集技术适用于从水样中萃取沸点低于 200℃，溶解度小于 2% 的挥发性有机化合物。目前已有自动化的吹扫捕集装置可供使用。它的优点是操作简便，富集倍数高，不耗费试剂，不污染环境，具有良好的精密度，特别是对大多数挥发性有机物都可获得较低的检测限，这一点其他多数方法不能与之媲美，是目前水中挥发性有机物提取最好的方法之一，该方法已被美国国家环境保护局法定为 EPA 方法之一。

由于石油进入海洋水体后，很快受到海流、潮流、风浪等的影响，进行扩散，继而氧化、还原、生物降解，随海水中颗粒状物而沉降等，致使海水中挥发性有机化合物的含量约为 10^{-12} 级。无论是传统的液液相萃取方法还是新兴的固相微萃取方法在对水样进行分析处理时都容易造成样品组分的损失，无法准确地进行定量分析，而顶空进样技术其方法检测限偏高无法满足海水中挥发性有机物痕量分析的需要，而吹扫捕集技术则克服了上述缺点，既可以减少样品组分的损失又可以降低组分的方法检测限。

4. 挥发性有机化合物的分析常用设备

通常用于分析挥发性有机化合物的方法主要有气相色谱法（GC）、高效液相色谱法（HPLC）、气相色谱质谱联用法（GC/MS）等。其中最常用的是 GC 和 GC/MS。GC 和 GC/MS 可以应用于分析气体样品，也可分析易挥发或可转化为易挥发的液体和固体。气相色谱仪主要有气路、进样、柱系统、温度控制、检测和数据采集及处理系统组成。气相色谱具有高效能、高选择性、高灵敏度、速度快和应用范围广等特点，得到了较多的运用。GC 分析中最关键的是色谱柱和检测器。在挥发性有机化合物的分析中常用的气相色谱检测器为：电子捕获检测器（ECD）、火焰光度检测器（FPD）、氢火焰离子化检测器（FID）等。电子捕获检测器是一个具有高灵敏度和高选择性的检测器，它是分析电负性挥发性有机化合物的最佳气相色谱检测器。火焰光度检测器是分析含硫、磷化合物的高灵敏度和高选择性的检测器。氢火焰离子化检测器几乎对所有挥发性的有机化合物都有响应。但是电子捕获检测器只能用于分析具有电负性的物质（如含有卤素、硫、磷等），而氢火焰离子化检测器虽然适用于分析大多数化合物，但由于其灵敏度较低往往无法满足部分化合物痕量分析的需要。而且上述几种检测器的共同弱点就是无法同时分析组分种类繁多的复杂化合物样品，质谱技术的发展使气质联用成为可能。它具有高效分离能力和准确的定性鉴定能力，能够检测尚未分离的色谱峰。既能同时分析复杂化合物样品，又能满足灵敏度的要求，现在 GC/MS 联用技术逐步成为痕量挥发性有机化合物分析的主要手段。

5. 吹扫捕集-气质联用法测定海水中挥发性有机化合物示例

（1）分析测定中的主要干扰来源及应对措施

实验室所用的材料、不纯的吹扫气和热解吸管中污染物。要避免使用非特氟龙（PFTE）的密封件、塑料管，带有橡胶件的流量控制器，如果吹扫气不纯，应用分子筛纯化吹扫气。

在高浓度样品和低浓度样品一批分析时，高浓度样品会对低浓度样品产生记忆效应。为减少记忆效应，在进样前应用空白试剂水清洗吹扫装置和注射器，无论何时，遇到一个高浓度样品时，随后要分析一个或更多空白样品，直至记忆效应消除。

应特别注意二氯甲烷的污染。二氯甲烷能够穿透特氟龙管，所有气相色谱载气管线或铜管。实验室人员的衣服必须清洗干净，特别是在进行液液萃取时穿的工作服会对分析造成二氯甲烷的污染。

不纯的试剂水。将二次蒸馏水（或市售纯净水），于 90℃ 水浴中氮吹 15 min 或加热煮沸 15 min 后盖冷后使用。所得纯水中无干扰测定的杂质，或其中的杂质含量小于目标组分的检出限。

对于海水样品，由于海水中盐度大，在平时的分析测定过程中应注意对吹扫系统的保护，测定完之后应立即用纯水多次冲洗管路，减少对吹扫系统的腐蚀损害。

（2）标准物质

1）校准标准——氯乙烯、1,1-二氯乙烯、二氯甲烷、反式-1,2-二氯乙烯、2-氯-1,3-丁二烯、顺式-1,2-二氯乙烯、三氯甲烷、四氯化碳、1,2-二氯乙烷、三氯乙烯、四氯乙烯、三溴甲烷、六氯丁二烯、苯、甲苯、乙苯、二甲苯、苯乙烯、异丙苯。

2）内标——氟代苯。

3）替代标准——1,2-二氯苯-d4。

4）调整标准——4-溴氟苯（BFB）。

（3）分析步骤

1）仪器条件的设置

吹扫捕集装置的条件 吹扫流量 40 ml/min，吹扫时间 11 min；解析温度 190℃，解析时间 2 min；烘烤温度 220℃，烘烤时间 8 min。

气质联用装置的条件 GC 条件：毛细管色谱柱，VB-624（60 m×0.32 mm×1.8 μm）；35℃（5 min）→8℃/min→160℃（4 min）→20℃/min→210℃（3 min）；载气为氦气，2.0 ml/min；分流进样，分流比 10：1；进样口温度 220℃。MS 条件：EI 源；离子源温度 230℃；接口温度 260℃；离子化能量 70eV；扫描范围：35～260amu。

2）仪器校准

GC-MS 性能试验　　直接导入 25ng 的 4-溴氟苯（BFB）于 GC 中，得到 BFB 质谱图，扣除背景后，其 m/z 应满足表 2.10 中的要求，否则需重新调谐质谱仪直至符合要求。

表 2.10　4-溴氟苯（BFB）离子丰度指标

质荷比（m/z）	相对丰度指标
50	质量为 95 的离子丰度的 15%～40%
75	质量为 95 的离子丰度的 30%～80%
95	基峰，相对丰度为 100%
96	质量为 95 的离子丰度的 5%～9%
173	小于质量为 174 的离子丰度的 2%
174	大于质量为 95 的离子丰度的 50%
175	质量为 174 离子丰度的 5%～9%
176	质量为 174 离子丰度的 95%～101%
177	质量为 176 离子丰度的 5%～9%

内标法初始校准：使用氟代苯（或用替代物 1,2-二氯苯-d4）作为内标。至少配制五个点的校准标准。按下式计算响应因子（RF），每种组分和标记物的平均 RF 的 RSD 应小于 20%。

$$RF = \frac{A_x}{A_{is}} \times \frac{C_{is}}{C_x}$$

式中：A_x——各组分定量离子的响应值；

A_{is}——内标物定量离子的响应值；

C_x——各组分的浓度；

C_{is}——内标物的浓度。

连续校准：使用与初始校准相同条件，每 12 h 分析 1 次中间浓度校准溶液，内标物和替代物的定量离子的响应值不得比前一次连续校准低 30% 以上，或比初始校准时低 50% 以上。目标化合物和替代物的 RF 与初始校准的平均 RF 的百分偏差要小于 30%。

3）测定

测定过程包含以下几个过程：取一定体积的水样，加入内标和替代物，注入吹扫捕集装置中，高纯惰性气体将组分吹到捕集肼中，快速加热将组分脱附出来，最后组分进气质联用仪进行定性定量分析。

4）目标化合物的定性

用两种方式对目标化合物进行定性分析。

利用相对保留时间（RRT）：目标化合物的 RRT 一定要在 ±0.06RRT 单位内。RRT=目标化合物的保留时间/相关联的内标化合物的保留时间。

通过质谱图比较：标准质谱图的相对离子丰度高于 10% 的所有离子在样品质谱图要存在。标准和样品谱图之间上述特定离子的相对强度要在 20% 之内。在样品谱图中存在相对离子丰度高于 10% 的离子，但标准谱图中不存在，可能存在干扰。

5）目标化合物的定量

用至少五个不同浓度的标准溶液（含相同浓度内标化合物）绘制校准曲线。实际样品在测定前加入相同浓度的内标，测得样品的定量离子响应值 A_x 后，通过校准曲线并根据下式计算实际样品浓度 C_x'。

$$C_x' = \frac{A_x \times C_{is}}{A_{is} \times \overline{RF}} \times f_D$$

式中：f_D —— 稀释倍数；

$\overline{RF}$ —— 响应因子均值。

6）检出限的确定

连续分析 7 个接近于检出限浓度的实验室空白加标样品（0.1～5.0 μg/L），计算其标准偏差 S。MDL=St（$n-1$, 0.99）。其中：$n=7$ 时，$t=3.143$。在进行上述分析时，要求各组分及替代物的平均准确度在 80%～120% 之间，相对标准偏差 RSD 应小于 20%。见表 2.11。

（4）质量保证和质量控制

1）每 12 h 必须重新分析 BFB 标样，m/z 应满足表 2.10 离子丰度要求。

2）在仪器维修、换柱或连续校准不合格时，做目标化合物和替代物的初始校准。

3）每 12 h 做一次与初始校准相同条件的连续校准。内标物和替代物的定量离子的响应值不得比前一次连续校准低 30% 以上，或比初始校准时低 50% 以上。目标化合物和替代物的 RF 与初始校准的平均 RF 的百分偏差要小于 30%。

表 2.11　各化合物的检出限

化合物名称	检出限/（μg/L）	平均回收率/%	相对标准偏差 RSD/%
氯乙烯	0.2	81.5	10.6
1,1-二氯乙烯	0.2	83.2	8.1
二氯甲烷	0.2	85.8	8.3
反式-1,2-二氯乙烯	0.2	98.5	7.9
2-氯-1,3-丁二烯	0.2	94.0	6.8
顺式-1,2-二氯乙烯	0.2	104	6.1
三氯甲烷	0.2	91.8	9.2
四氯化碳	0.2	96.0	6.8
1,2-二氯乙烷	0.2	93.8	9.2
三氯乙烯	0.1	96.2	6.3
四氯乙烯	0.2	91.6	7.7
三溴甲烷	0.1	93.2	5.8
六氯丁二烯	0.1	98.5	6.0
苯	0.1	97.3	5.9
甲苯	0.2	102	9.1
乙苯	0.1	92.7	5.9
间、对二甲苯	0.3	107	6.6
邻二甲苯	0.2	95.6	7.5
苯乙烯	0.2	96.4	7.2
异丙苯	0.2	97.0	8.3

4）在所有空白样、校准样、加标样、平行样等中均要加入内标。空白样和样品中每个内标定量离子的峰面积要在同批连续校准中内标定量离子的峰面积的 50%。空白样和样品中内标的保留时间与在连续校准中相应内标保留时间偏差在 ±0.50 min 以内。

5）样品和空白中每个替代物的百分回收率要在 80%～120%。

6）在分析时，首先要做仪器和纯水的空白；每 8 h 做一个实验室试剂空白；每批次样品做一个全程序空白、实验室试剂空白和实验室加标空白，根据需要做运输及空瓶空白。这些空白试验中发现的目标化合物一定要小于报告限，二氯甲烷一定要小于 2.5 倍的报告限。

7）样品做平行；有基体效应的样品要重复分析并报告；样品浓度最高的化合物稀释后其浓度值要高于曲线中间浓度。

8）样品做加标试验及样品加标重复试验，目标化合物和替代物的回收率要在 80%～120%，样品加标和样品加标重复的相对偏差小于 20%。

八、半挥发性有机化合物

（一）半挥发性有机化合物简介

美国 EPA 根据有机化合物的饱和蒸汽压将其主要分为四大类：极易挥发性有机化合物、挥发性有机化合物、半挥发性有机化合物（Semi Volatile Organic Compounds，SVOCs）和极难挥发性有机化合物。其中 SVOCs 指沸点在 170～350℃、蒸汽压在 10^{-7}～0.1 mmHg 柱之间。SVOCs 是可在有机溶剂中分配，同时可进行气相色谱分析的一大类化合物。按照萃取条件的不同还可将这一大类有机物区分为碱-中性可萃取有机物和酸性可萃取有机物。半挥发性有机化合物种类较多，包括有机氯农药、多氯联苯、有机磷农药、多环芳烃类、氯苯类、硝基苯类、硝基甲苯类、邻苯二甲酸酯类、亚硝基胺类、苯胺类和氯代苯胺类、氯代烃类、氯代醚类、联苯胺类、氯代联苯胺类、呋喃类、氯代酚类和硝基酚类等。其中多环芳烃类除了美国 EPA 规定的 16 中常见化合物外，还包括氯取代和硝基取代的多环芳烃化合物，其中硝基取代多环芳烃更是具有强致癌性。有机氯农药和多氯联苯类主要有六六六（BHC）、DDT、艾氏剂、狄氏剂、异狄氏剂，氯丹、七氯、多氯联苯等。其中有许多是属于难降解的有机污染物。酞酸酯类用作塑料的增塑剂，已造成对各环境介质的普遍污染。这类物质主要属于环境激素类污染物，可造成内分泌功能紊乱或失调。环境中检测出的酞酸酯类主要有：邻苯二甲酸二甲酯、邻苯二甲酸二乙酯、邻苯二甲酸二丁酯、邻苯二甲酸二辛酯、邻苯二甲酸二异丁酯。在工农业生产发展的同时，伴随的环境污染使得这类有机污染物在环境样品中广泛存在。这些有机污染物大多具有潜在的致癌、致畸、致突变效应及内分泌干扰作用，且多难于降解，易于积累在生物脂肪中，并通过食物链经生物富集、浓缩后传递。一般来说，半挥发性化合物由于具有较高的辛醇水分配系数，极易于吸附在颗粒物上。从大气颗粒物中提取并检测出来的有机污染物种类繁多，而且多对人类健康有害，研究还发现这类有机化合物主要集中在细颗粒物上。大气中的这些细小颗粒物在风力作用、降水和地表径流的作用下汇入到近海环境。近几十年来，随着沿海河口、港湾地区经济和海洋开发的迅速发展，环境污染、生态破坏等问题日益严重。尤其是半挥发性化合物中的多环芳烃类、有机氯、有机磷农药在海洋环境中普遍存在，毒性较大，降解速度极慢，能吸附在沉积物上及在生物体内富集，甚至可以沿食物链进行生物放大，对生物产生极大危害，一旦污染海域就难以治理，是海洋环境污染监测的优先污染物。如何在发展经济的同时，保护海洋环境不受或尽可能少受污染，如何有效、快速地检测海洋环境变化，成为海洋可持续发展的重要课题。因此，调查近岸海域海水及海洋沉积物中半挥发性有机污染物（SVOCs）的组成与分布特征对于近岸海域环境治理具有重要意义。

（二）半挥发性有机化合物水样的采集、保存

1. 采样器皿的洗涤

对所有与样品接触的器皿，均应采取措施保证其洁净度，避免造成污染或干扰。基本的洁净步骤如下：用 1：3 的盐酸浸泡玻璃器皿过夜，而对于不锈钢或聚四氟乙烯材质的采样器，则用 1：3 的盐酸荡洗，不需过夜。热水清洗，用色谱纯的甲醇除水使其干燥。

2. 采样步骤

样品必须采集在干净棕色玻璃瓶内，采集水样 1.0L（采样瓶不得用拟采集水样预洗），当采用非实心的磨口瓶塞时，应用二氯甲烷冲洗过的锡纸包裹瓶塞并密封。

3. 样品的保存

半挥发性有机化合物水样采集完毕后应在低于 4℃条件下避光保存，尽快运到实验室进行分析。如不能立即分析，不含余氯的样品 4℃下避光保存即可，含余氯的样品应加入 10% 的硫代硫酸钠并在 4℃下避光保存。所有样品必须在 7d 内完成萃取，40d 内分析提取物。

（三）水中半挥发有机化合物的前处理技术

环境样品分析过程中，样品的前处理占了很大的比例，而且前处理技术的好坏直接影响到实验结果。水体中半挥发有机化合物的萃取方法主要有液液萃取法和固相萃取法及在固相萃取法上衍生的固相微萃取。

1. 液液萃取法

是经典的富集方式，样品中的组分根据能斯特定律在水相与有机相之间进行多次分配，利用组分在不混溶两相中溶解度不同，在有机相中富集，分液后再将有机相蒸发浓缩，以达到分离和富集的目的。美国 EPA3542a 方法对于水相中的半挥发有机化合物规定采用液液萃取法。利用二氯甲烷作为萃取溶剂，分别在中性、碱性（pH>11）、酸性（pH<2）下萃取然后合并有机相，提取液经无水硫酸钠除水，浓缩后进行仪器分析。但是就地表水而言，由于其水体本身有机物含量很低，液-液萃取法往往难于达到富集其中有机物的要求，实际样品中的检测值通常在检出限以下。

2. 固相萃取法

由液固萃取和柱液相色谱技术相结合发展而来，萃取填料多采用硅胶键合相，可为柱状或盘状结构的薄膜。使用前先用合适的有机试剂和水活化萃取柱，再将水样以一定流速通过萃取柱，最后用极性合适的溶剂将目标物从柱上洗脱下来。固相萃取由于溶剂消耗量少、浓缩、净化效率高、时间体力消耗小而越来越受到青睐。美国 EPA525 方法规定地面水中有机化合物富集采用 C18 小柱，国内则大多采用多孔树脂来富集地面水中有机化合物。原因可能是利用 C18 小柱无法实现大体积水样中有机化合物的富集工作，而小体积水

样富集则由于富集有机物太少而无法检测。例如，郁建栓利用 XAD-2 和 XAD-8 混合树脂实现了九江流域水体中有机化合物的富集，富集水样的树脂用二氯甲烷洗脱、干燥、浓缩后用 GC-MS 法共测定出 146 种半挥发性有机化合物。但是固相萃取也存在一些不足，如萃取柱一般为一次性；萃取柱管径一般较窄，导致流速降低，而增大流速，会因动力学效应，影响某些组分的有效收集；对于水质较差的水样，需要先过滤，否则很容易堵塞；萃取柱填充时可能产生裂隙，使短柱分离浓缩效率下降。

3. 固相微萃取

是在固相萃取的基础上发展起来的新一代萃取分离技术。由于此法不需要溶剂，操作过程无污染，富集后不需净化，有很好的发展前景。固相微萃取的固相是由表面涂覆有机物的纤维或有机纤维组成（已经商品化），浸入水样中一定时间，在电磁搅拌的作用下，几分钟之内即可完成半挥发性化合物的吸附，取出萃取纤维，经热脱附过程就可直接测定。但是水样中半挥发有机化合物的固相微萃取技术还没有形成一种规范的标准。仅有一些学者（如 Yaping Huang，National Kaohsiung Normal University，Journal of Chromatography A，1140（2007）：35–43）利用微波辅助-顶空固相微萃取技术富集了水样中的半挥发性化合物，且检出限在 0.2～10.7 ng/L 范围。

（四）海水中半挥发性有机化合物的分析检测方法示例

目前气相色谱-质谱联用法已成为国际上先进的有机物分析方法，由于色质联机具有选择离子扫描功能，大大减少了前处理的操作步骤，可分析多种类型化合物，解决了气相色谱分析中色谱峰的分离问题。美国 EPA8270d 方法规定的半挥发有机污染物测定方法即是气质联用法。

1. GC-MS 分析条件

色谱柱：VF-5MS 30 m×0.25 mm（ID）×0.25 μm；扫描质量范围：45～450amu，扫描时间 0.5s；柱温条件：40℃，保持 4 min，以 8℃/min 上升至 280℃，保持 8 min；进样口温度：250℃；传输线温度：270℃；进样方式：不分流进样；进样体积：1 μl；载气：He，1.0 ml/min。

2. 结果与计算

（1）校准曲线的计算校准曲线不同浓度的每个化合物（包括替代物）要计算响应因子 RF（见下公式）用不同浓度响应因子 RF 的均值（至少 5 个浓度）即平均响应因子来定量，当不同响应因子的（至少 5 个浓度）相对标准偏差大于 20%，需重新绘制标准曲线。

$$RF = \frac{A_x}{A_{is}} \times \frac{C_{is}}{C_x}$$

式中，A_x——目标化合物特征离子峰面积；

A_{is}——内标化合物特征离子峰面积；

C_x——目标化合物浓度，μg/ml；

C_{is}——内标化合物浓度，μg/ml。

（2）目标化合物定量：用初始校准曲线的平均响应因子来定量目标化合物，实际样品中目标化合物定量公式：

$$C_x = \frac{A_x \cdot C_{is} \cdot V_{ex}}{A_{is} \cdot V_0 \cdot \overline{RF}} \cdot f_D$$

式中：C_x ——水样中目标化合物的浓度，μg/ml；

　　　A_x ——目标化合物特征离子峰面积；

　　　A_{is}——相对应的内标化合物特征离子峰面积；

　　　C_{is}——内标化合物的浓度，μg/ml；

　　　V_{ex}——样品提取液体积，ml；

　　　V_0 ——水样取样体积，L；

　　　f_D——稀释倍数；

　　　$\overline{RF}$ ——由初始校准测定取得的被测物平均响应因子。

3. 目标化合物的精密度和准确度的确定

将标准样品加入到 1L 纯水中，使得每种目标化合物的质量浓度为 10 μg/L，与样品分析步骤相同，预处理后进行 GC-MS 测定，计算六次结果的相对标准偏差和回收率。

检出限的确定：根据美国 EPA SW-846 规定，MDL=3.143δ。

δ为 7 次测定接近于检出限浓度的实验室空白加标样品的标准偏差。见表 2.12。

表 2.12　各化合物的检出限、精密度和回收率

化合物名称	检出限/（μg/kg）	精密度/%	回收率/%
苯胺	0.5	16.2	25.8
硝基苯	0.1	6.4	48.1
1,3,5-三氯苯	0.5	5.6	42.3
1,2,4-三氯苯	0.5	6.2	42.3
1,2,3-三氯苯	0.5	4.8	46.0
2,4-二氯苯酚	5.0	10.5	54.1
间硝基氯苯	5.0	5.8	48.2
邻+对硝基氯苯	5.0	6.0	49.4
1,2,3,4-四氯苯	0.1	7.5	45.0
1,2,3,5-四氯苯、1,2,4,5-四氯苯	0.1	8.0	44.4
2,4,6-三氯苯酚	5.0	14.7	61.3
对二硝基苯	5.0	4.9	59.4
间二硝基苯	5.0	5.4	59.4
邻二硝基苯	5.0	4.5	62.0
2,4-二硝基甲苯	0.1	6.6	63.5
2,4-二硝基氯苯	5.0	6.5	63.8
2,4,6-三硝基甲苯	1.0	9.0	63.2
六氯苯	0.1	11.6	63.9
五氯酚	0.1	14.2	58.7
邻苯二甲酸二丁酯	0.1	10.6	76.3
联苯胺	0.2	15.4	46.3
邻苯二甲酸（2-乙基己基）酯	0.1	13.2	77.5
苯并[a]芘	0.5	11.5	77.1

4．质量控制和质量保证

半挥发性有机化合物的质量控制包括以下 7 项内容：GC/MS 仪器的调谐；GC/MS 系统的初始校正和继续校正；内标峰响应和保留时间的稳定；空白分析；回收指标物的回收率分析；基体加标和加标双样的分析；样品的定性定量分析。

（1）GC/MS 仪的调谐

首先按仪器制造厂家提供的校正物全氟三丁胺（PFTBA）对仪器进行自动调谐并通过。分析半挥发性有机化合物，还需注入十氟三苯基膦（DFTPP）溶液，对质谱系统的质量及离子丰度进行调整，以确定 GC/MS 质量是否符 DFTPP 的有关离子丰度准则（表 2.13）。若不符合，则调整仪器参数使其离子丰度符合要求。在以后的定量工作中每隔 12～24 h 要对仪器性能检查一次。

表 2.13 十氟三苯基膦（DFTPP）离子相对丰度规范要求

质荷比（m/z）	相对丰度规范/%
51	质数量 198（基峰）的 30～60
68	小于质量数 69 的 2
70	小于质量数 69 的 2
127	质量数 198 的 40～60
197	小于质量数 198 的 1
198	基峰，相对丰度 100
199	198 峰的 5～9
275	基峰的 10～30
365	大于基峰的 1
441	存在且小于 443 峰
442	大于 198 峰的 40
443	442 峰的 17～23

（2）GC/MS 系统的初始校正和继续校正

目标化合物和内标化合物的选择：目标化合物（又称标准化合物）可根据需要购置，其中包括系统性能核对化合物（System Performance Calibration compounds 简称 SPCC）和校准核对化合物（Calibration Check Compounds 简称 CCC）。被选作的内标化合物，在化学分析行为上要与被分析的化合物的分析行为相似；其保留值要与被测组分接近；性质稳定且不存在环境中；不受方法和基质干扰；在 GC 中能得到可靠的峰等；一般选用芳烃的同位素化合物。半挥发性有机化合物分析通常所选目标化合物及内标化合物见表 2.14。

表 2.14 目标化合物及内标化合物

	目标化合物名称	内标化合物名称
苯胺	2,4-二氯苯酚	1,4-二氯苯-d4
六氯苯	2,4,6-三氯苯酚*	萘-d8
硝基苯	五氯酚*	二氢苊-d10
二硝基苯	邻苯二甲酸二丁酯	菲-d10

	目标化合物名称	内标化合物名称
2,4-二硝基甲苯	邻苯二甲酸二（2-乙基己基）酯	菌-d12
2,4,6-三硝基甲苯	联苯胺	菲-d12
硝基氯苯	苯并[a]芘*	
2,4-二硝基氯苯		

* 校准核对化合物。

（3）响应因子及回收率测定（初始校正）

配制目标化合物储备液每个组分浓度为 25 μg/ml，然后按要求配制浓度系列，浓度分别为 0.5 μg/ml、1.0 μg/ml、3.0 μg/ml、5.0 μg/ml、7.0 μg/ml、10.0 μg/ml。同时配制内标化合物储备液 200 μg/ml。将等量内标物加到每个混合物中，取中等浓度 5 μg/ml，采用全扫描定性每个峰。对不同浓度的混合物作 GC/MS 分析，测定目标化合物的 GC/MS 响应因子（RF，相对于氘代内标物），储存于背景值中。初始校正时，每个校准核对化合物的 RF 相对标准差（RSD）不大于 30%。单个浓度的 RF_i 的计算如下：

$$RF_i = \frac{A_x}{A_{is}} \times \frac{C_{is}}{C_x}$$

式中：A_x，A_{is} ——分别为目标化合物和指定内标物的特征离子峰面积；

C_x，C_{is}—— 分别为目标化合物和指定内标物的浓度，μg/ml。

所有目标化合物的平均响应因子 $\overline{RF}$ 计算如下：

$$\overline{RF} = \frac{\sum_{i=1}^{n} \overline{RF_i}}{n} \qquad (n为浓度数)$$

初始校正时相对标准差计算如下：

$$RSD\% = \frac{SD}{\overline{RF}} \times 100$$

（4）内标峰响应和保留时间的稳定

所有样品分析时（无论是继续校正、还是空白分析、样品分析、回收指示物分析或基体加标分析），内标化合物保留时间和峰面积变化范围不能太大。一般保留时间变化不超过 0.5 min（或 72 h 进 3 次标准品，取 3 次保留时间均值和 3 倍标准偏差，即 $\bar{t} \pm 3S$），内标峰面积变化在−50%～100%之间，注意系统不应被高响应值的化合物所饱和。

（5）空白分析

在每个样品分析日至少测定一个空白样（溶剂和水的空白），主要检查样品在化学预处理和分析过程中是否被溶剂、容器玷污，一般要求：酞酸酯空白≤5 倍检出限；所有目标化合物的空白值≤检出限。

（6）回收指示物的回收率分析

回收指示化合物（替代标样）选用环境中不存在的人工化学物质，与待测化合物具有相同的化学行为，最好是被测组分的稳定同位素标记物。将回收指示化合物加入水体中进行全处理（吹扫、提取、柱子富集），测定后计算回收率（见表 2.15）。

表 2.15　EPA 所用回收指标化合物及其加标回收率范围

测定组分	化合物名称	加入量/μg	回收率范围/%
SVOC 酸性	苯酚-d6	100	10～110
SVOC 酸性	2-氯苯酚-d4	100	33～110
SVOC 酸性	2,4,6-三溴酚	100	10～123
SVOC 碱中性	1,2-二氯苯-d4	50	16～110
SVOC 碱中性	硝基苯-d5	50	35～114
SVOC 碱中性	2-氟联苯	50	43～116
SVOC 碱中性	三联苯-d14	50	33～110

（7）基体加标和加标平行样的分析

为了评价基体对分析方法的影响，在一批样品中选择一个样品做基体加标（Matrix Spike，MS）和基体加标平行样（Matrix Spike Duplicate，MSD）。将选做 MS/MSD 的样品分成平行三份，一份样品按正常样品加回收指示化合物和内标，另两份除和第一份一样加进两类标准外，再加 MS/MSD 回收率标准，样品经处理分析后，检查 MS/MSD 回收率结果是否符合质控要求。

任何实验室，在分析样品的基本工作日期间，使用 GC/MS 测定有机物，平行样和加标样的数量应占全部分析样品的 5%。每分析 1～20 个样品，应分析一个平行样和一个加标样。

5．样品的定性和定量

（1）定性分析

样品中每个组分的鉴定，必须满足下列要求：即未知物的 GC 相对保留时间与标准物的相对保留时间相比在 ±0.06RRT 以内；未知物质谱图与标准谱图比较，标准谱图中相对强度大于 10%的所有离子必须在未知物谱图中存在，并且这些离子的相对强度的差值必须在 ±20%以内。

（2）定量分析

对于目标化合物采用内标法定量，利用计算机内储存的相对响应因子及回收率数据，可由计算机数据系统给出结果。其他无标准样品的未知化合物化合物的定量可利用与目标化合物结构相似的响应因子来计算，也可把它们的响应因子以 1 计，以未知化合物之前的内标定量。

九、高效液相色谱分析海水中 6 种多环芳烃

多环芳烃（PAHs）是一类持久性有机污染物，广泛存在于水体、沉积物和土壤中。目前已知数百种，很多具有致癌、致畸以及致突变性，并且难于降解。我国生活饮用水卫生标准要求苯并[a]芘的限值为 0.000 01 mg/L，集中式生活饮用水地表水源地要求苯并[a]芘的限值为 2.8×10^{-6} mg/L。由于海水中多环芳烃的含量很低，故在仪器分析之前需要预富集目标化合物。传统的方法常采用液液萃取，该方法溶剂使用量大，并且存在乳化现象影响操作。使用固相萃取操作简便，能够满足分析测试的要求。

1．样品前处理

取 1.0L 海水，用 0.45 μm 滤膜过滤后加入 5 ml 甲醇。固相圆盘萃取装置上采用 C18 膜，先用 10 ml 甲醇、10 ml 水活化，保持膜片上水不要抽干，然后上样，干燥后用 10 ml 二氯甲烷洗脱。洗脱溶剂经无水硫酸钠干燥后于 30℃氮气吹干，然后用 1.0 ml 甲醇溶解定容，待液相色谱测定。

2．分析测试条件

色谱柱：Shim-Pack VP-ODS 柱（150 mm×4.6 mm，5 μ，岛津）；流速 0.8 ml/min；96% 甲醇等度洗脱；柱温 30℃；使用荧光检测器，激发波长 300nm，发射波长 460nm。

3．质量控制

采用保留时间对样品进行定性。向样品中加入一定量的标准溶液，采用与样品相同的提取净化方法，经测定后计算回收率，平行测定样品考察方法精密度，要求回收率在 60%～120%，RSD 在 20%以内。方法的最低定量限可以 10 倍信噪比计算。

4．分析注意事项

（1）固相萃取膜片应该充分活化后上样，上样前膜片上的水不要抽干。

（2）保持一定的流速，约在 30 ml/min。

（3）淋洗完成后应充分干燥膜片，以免残留的水分进入洗脱溶液，导致难以完全吹干从而延长氮吹的时间，必要时可用无水硫酸钠干燥。

（4）分析完毕用纯的甲醇或者乙腈冲洗管路及色谱柱。

十、液液萃取——气相色谱法测定海水中的有机磷农药

1．方法原理

用二氯甲烷溶剂液液萃取方法提取海水中对硫磷、甲基对硫磷、乐果、马拉硫磷、敌敌畏五种有机磷农药，浓缩后进色谱柱氮磷检测器（GC-TSD）检测，以保留时间定性，外标法定量。

2．样品采集与前处理

用 4.0L 棕色磨口玻璃瓶采集海水样品。由于有机磷在水中不稳定，易降解，样品应尽快分析。海水样品应在现场经 0.45 μm 膜过滤后萃取或冷藏保存尽快运至实验室分析。

取 1.0L 过滤后的水样于 1L 分液漏斗中，用盐酸溶液（1+1）调 pH 值至 6～7。用二氯甲烷萃取两次，体积分别为 30 ml 和 20 ml，静止分层。合并有机相，将合并后的有机相经 Dryvap 全自动定量浓缩仪脱水浓缩至约 0.9 ml，转移定容至 1.0 ml，供测试。

3．试剂及标准溶液

（1）试剂：二氯甲烷，农残级（美国天地公司）；无水硫酸钠，农残级（美国天地公司）；盐酸，分析纯。

（2）标准储备液：分别将对硫磷、甲基对硫磷、马拉硫磷、乐果、敌敌畏标准样品（中国计量科学研究院，1.00 mg/ml，甲醇中）用二氯甲烷稀释 10 倍，质量浓度分别为 100 mg/ml。

（3）混合标准使用液：分别取上述单标用二氯甲烷混合稀释 10 倍，混合标准中各组分的质量浓度均为 10.0 mg/ml。

（4）用上述标准使用液配制如下的标准系列（见表 2.16）：

表 2.16　有机磷农药标准系列

序号	1	2	3	4	5	6
标准使用液体积/μl	0	5	10	20	50	100
二氯甲烷体积/μl	1 000	995	990	980	950	900
标液质量浓度/（mg/L）	0	0.05	0.10	0.20	0.50	1.00

4．分析测试条件

气相色谱仪：带 TSD 检测器（瓦里安 CP-3800 为例）；色谱柱：VF-5 ms（30 m×0.25 mm×0.25 μm）；柱温加热程序：50℃（0 min）→20℃/min→170℃（0 min）→4℃/min→211℃（5 min）；进样方式：分流进样，分流比 1∶20；进样口温度：250℃；载气流量：1.50 ml/min。

5．色谱图

见图 2.11。

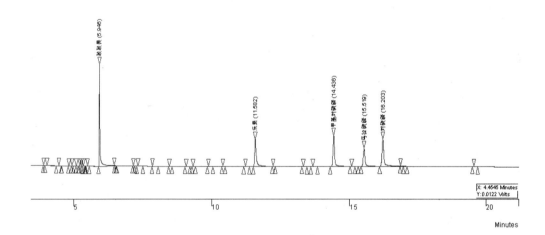

图 2.11　有机磷农药气相色谱图

按照以上色谱条件，得到如图 2.11 所示色谱图。所有目标物在 20 min 以内出峰。

6．计算公式

$$c（μg/L）= c_0（μg/L）×V（ml）/L（ml）$$

式中：c——水样中有机磷的浓度；

　　　c_0——标准曲线计算出的浓度；

　　　V——萃取液浓缩后的体积；

　　　L——水样萃取的体积。

7．精密度、准确度和检出限

分别取 0.20 mg/L 和 0.60 mg/L 的有机磷标准液各测定 6 次，其相对标准偏差（RSD）为 4.2%～13.1%。取实际海水做加标实验，回收率为 74.2%～94.0%。方法检出限范围为

0.010～0.050 μg/L。

8. 质量控制

空白：所有空白测定结果均应低于方法检出限。

全程序空白：每批（10 个样品）至少做一个全程序空白。

加标和平行样：按 10%样品数比例。

加标回收率：60%～120%。

9. 注意事项

海水水样应尽快分析，每次应使用新配制的标准使用液制作标准曲线校正。

十一、固相萃取-气质联用法测定海水中的有机氯、多氯联苯和多环芳烃

1. 方法原理

采用 C18 圆盘固相萃取方法同时提取海水中的有机氯、多氯联苯和多环芳烃三类化合物，脱水浓缩后用气质联用同位素内标方法分别测定上述化合物含量。

2. 样品采集与前处理

用乙酸乙酯清洗后的 4 L 棕色磨口玻璃瓶采集海水样品。样品应冷藏保存尽快运至实验室或在现场用 0.7 μm 玻璃纤维滤膜过滤，待分析。

3. 目标化合物、同位素内标、替代和内标化合物

（1）目标化合物

有机氯农药（20 种）：α-六六六、β-六六六、δ-六六六、γ-六六六、七氯、艾氏剂、环氧七氯、γ-氯丹、α-氯丹、硫丹（Ⅰ）、p,p'-DDE、狄氏剂、异狄氏剂、硫丹（Ⅱ）、p,p'-DDD、异狄氏醛、硫酸硫丹、p,p'-DDT、异狄氏酮、甲氧氯。

多氯联苯（28 种同系物）：8、18、28、44、52、66、77、81、101、105、114、118、123、126、128、138、153、156、157、167、169、170、180、187、189、195、206 和 209（按 IUPAC 编号）。

多环芳烃（16 种）：萘、苊、二氢苊、芴、菲、蒽、荧蒽、芘、苯并[a]蒽、䓛、苯并[b]荧蒽、苯并[k]荧蒽、苯并[a]芘、茚并[1,2,3-c,d]芘、二苯并[a,h]蒽、苯并[g,h,i]苝。

（2）同位素内标、替代和内标化合物

1）有机氯农药：替代内标：TCMX/PCB198　定量内标：PCB103

2）多氯联苯：回收内标：$^{13}C4,4'$-2CB、$^{13}C2,4,4'$-3CB、$^{13}C2,2',5,5'$-4CB、$^{13}C2,3',4,4',5$-5CB、$^{13}C2,2',4,4',5,5'$-6CB、$^{13}C2,2',3,4,4',5,5'$-7CB、$^{13}C2,2',3,3',5,5',6,6'$-8CB、$^{13}C2,2',3,3',4,5,5',6,6'$-9CB、$^{13}C$-DCB。

进样内标：^{13}C-PCB202

（3）多环芳烃：同位素内标：氘代萘（NAP-D8）、氘代苊（ANY-D8）、氘代二氢苊（ANA-D10）、氘代芴（FLU-D10）、氘代菲（PHE-D10）、氘代蒽（ANT-D10）、氘代荧蒽（FLT-D10）、氘代芘（PYR-D10）、氘代苯并[a]蒽（BaA-D12）、氘代䓛（CHR-D12）、氘代苯并[b]荧蒽（BbF-D12）、氘代苯并[k]荧蒽（BkF-D12）、氘代苯并[a]芘（BaP-D12）、氘代茚并[1,2,3-c,d]芘（IPY-D12）、氘代二苯并[a,h]蒽（DBA-D14）、氘代苯并[g,h,i]苝（BPE-D12）。

4．主要实验仪器

SPE-DEX4790 全自动固相萃取仪、Dryvap 自动浓缩仪、Quantum QC 三重四极杆气质联用仪，氮吹仪。

5．试剂

二氯甲烷：农残级；乙酸乙酯：农残级；无水硫酸钠：农残级；甲醇：农残级。

硫酸溶液（1+1）：在搅拌下将 1 体积浓硫酸（分析纯）慢慢加入 1 体积超纯水中。

6．样品分析步骤

取 1.0L 过滤后的海水样品，加入硫酸溶液（1+1）调节样品 pH 至小于等于 2；加入 10.0 ml 的甲醇；加入 PCBs 和 PAHs 的同位素内标和有机氯农药的替代内标后混匀，将样品放置到 SPE-DEX4790 全自动固相萃取仪进行萃取；将所得的萃取液用无水硫酸钠脱水后氮吹至 1.0 ml 或用 Dryvap 自动浓缩仪直接干燥浓缩至 1.0 ml；在浓缩液中加入有机氯农药的定量内标，上气质联用仪测定 PAHs 和 OCPs 的含量；PAHs 和 OCPs 测定完毕后将浓缩液继续上氮吹仪浓缩至 0.1 ml 后上气质联用仪测定 PCBs 的含量。

7．全自动固相萃取方法步骤

以 525.2-semiV-HT1，C18 膜盘为例，见表 2.17。

表 2.17　SPE-DEX4790 萃取方法步骤

步骤		溶剂	浸泡时间/min	干燥时间/min
膜盘干燥及淋洗	预湿 1	乙酸乙酯	1.5	1.5
	预湿 2	二氯甲烷	1.5	1.5
	预湿 3	甲醇	1.5	无
	预湿 4	超纯水	1.5	无
空气干燥时间				8
	淋洗 1	乙酸乙酯	1.5	1
	淋洗 2	二氯甲烷	1.5	1
	淋洗 3	二氯甲烷	1.5	2

如果采用手动固相萃取方法提取海水中的目标化合物可参考本萃取方法或厂家推荐的方法。

8．气质分析参数

（1）多氯联苯气质分析参数

气相色谱参数　色谱柱：VF-5 ms（30 m×0.25 mm×0.25 mm）；进样方式：无分流进样；进样体积：1.0 µl；进样口温度：280℃；载气（氦气）流速：1.0 ml/min；柱温箱升温程序：80℃（1 min）→30℃/min→160℃（1 min）→3℃/min→270℃（0 min）。

质谱参数　电离模式：EI 源，SRM 扫描模式；碰撞气压力：1.5 mTorr；离子源温度：250℃；传输线温度：280℃；发射电流：100 µA；二级质谱参数见表 2.18，TIC 图见图 2.12。

（2）有机氯气质分析参数

气相色谱参数　色谱柱：VF-5 ms（30 m×0.25 mm×0.25 mm）；进样方式：无流进样；进样体积：1.0 µl；进样口温度：250℃；载气（氦气）流速：1.0 ml/min；柱温箱升温程序：

80℃（2 min）→15℃/min→190℃（4 min）→10℃/min→230℃（5 min）→10℃/min→290℃（0 min）。

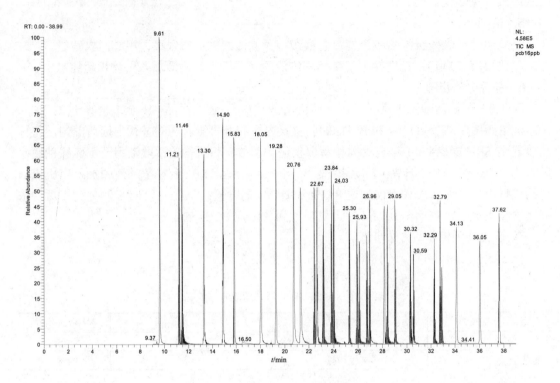

图 2.12 多氯联苯二级质谱 TIC 图

表 2.18 多氯联苯二级质谱参数

多氯联苯	母离子（m/z）	子离子（m/z）	定量离子（m/z）	碰撞能量/V
PCB8	222	152	152	20
[13]C-PCB15	234	164	164	20
PCB18/PCB28	258	186、188	186	20
[13]C-PCB28	270	198、200	198	20
PCB52/PCB44/PCB66 PCB77/PCB81	292	220、222	222	20
[13]C-PCB52	304	232、234	234	20
PCB101/PCB105/PCB114 PCB118/PCB123/PCB126	326	254、256	256	20
[13]C-PCB118	337.9	266.3、268.3	268.3	20
PCB128/PCB138/PCB153 PCB156/PCB157/PCB167 PCB169	360	288、290	290	25
[13]C-PCB153	371.9	300、302	302	25
PCB170/PCB180/PCB187 PCB189	396	324、326	326	25

多氯联苯	母离子（m/z）	子离子（m/z）	定量离子（m/z）	碰撞能量/V
^{13}C-PCB180	407.8	336、338	336	25
PCB195	430	358、360	360	25
^{13}C-PCB194	441.8	370、372	372	25
PCB206	463.7	392、394	394	25
^{13}C-PCB208	475.8	404、406	406	25
PCB209	498	426、428	428	25
^{13}C-PCB209	509.7	438、440	440	25

质谱参数 电离模式：EI 源，SRM 扫描模式；碰撞气压力：1.5 mTorr；离子源温度：250℃；传输线温度：280℃；发射电流：100 μA；二级质谱参数见表 2.19，TIC 图见图 2.13。

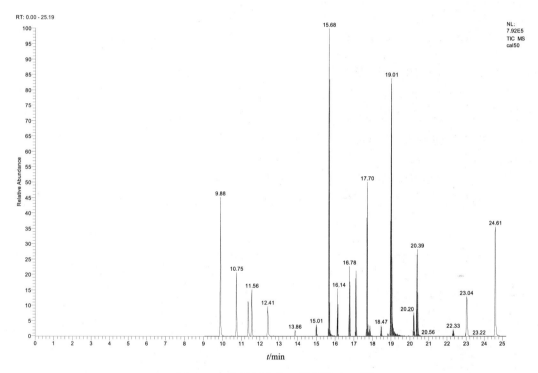

图 2.13 有机氯农药二级质谱 TIC 图

表 2.19 有机氯二级质谱参数

有机氯农药	母离子（m/z）	子离子（m/z）	定量离子（m/z）	碰撞能量/V
TCMX	244	207、209	209	15
α-六六六、β-六六六、γ-六六六、δ-六六六	181	145	145	13
七氯	337	266	266	16
艾氏剂	293	223	223	20
PCB103	326	254、256	256	20
环氧七氯	353	263、289	263	13

有机氯农药	母离子（m/z）	子离子（m/z）	定量离子（m/z）	碰撞能量/V
α-氯丹、γ-氯丹	373	266	266	22
硫丹（I）	241	206	206	15
p,p'-DDE	318	248	248	20
狄氏剂	277	241	241	13
异狄氏剂	263	193	193	26
硫丹（II）	196	159、160	159	15
p,p'-DDD	237	165	165	22
异狄氏醛	345	279、317	279	14
硫酸硫丹	274	239	239	11
p,p'-DDT	237	165	165	22
异狄氏酮	317	281	281	12
甲氧氯	227	212	212	15
PCB198	428	358、360	358	29

（3）多环芳烃气质分析参数

气相色谱参数　色谱柱：VF-5 ms（30 m×0.25 mm×0.25 mm）；进样方式：无分流进样；进样体积：1.0 μl；进样口温度：300℃；载气（氦气）流速：1.2 ml/min；柱温箱升温程序：60℃（1 min）→10℃/min→210℃（0 min）→1.5℃/min→260℃（0 min）→3℃/min→290℃（0 min）。

质谱参数　电离模式：EI 源，SRM 扫描模式；碰撞气压力：1.5 mTorr；离子源温度：250℃；传输线温度：280℃；发射电流：25 μA；二级质谱参数见表 2.20，TIC 图见图 2.14。

表 2.20a　多环芳烃二级质谱参数

多环芳烃	母离子（m/z）	子离子（m/z）	碰撞能量/V
萘	128	102	20
	128	126	20
	128	127	25
苊烯	152	126	20
	152	150	30
苊	153	126	40
	153	151	40
	153	152	20
芴	166	115	40
	166	139	30
	166	163	20
	166	165	20
菲	178	152	20
	178	176	25
蒽	178	152	20
	178	176	20

多环芳烃	母离子（m/z）	子离子（m/z）	碰撞能量/V
荧蒽	202	150	40
	202	152	30
	202	200	20
芘	202	150	40
	202	152	30
	202	200	20
苯并[a]蒽	228	202	20
	228	226	30
䓛	228	202	20
	228	226	30
苯并[b]荧蒽	252	226	20
	252	250	30
苯并[k]荧蒽	252	226	20
	252	250	30
苯并[a]芘	252	226	20
	252	250	30
茚并[1,2,3-c,d]芘	276	224	50
	276	248	50
	276	274	50
苯并[g,h,i]苝	276	224	50
	276	248	50
	276	274	50
苯并[a,h]蒽	278	250	50
	278	276	40

表 2.20b　氘代多环芳烃二级质谱参数

氘代多环芳烃	母离子（m/z）	子离子（m/z）	碰撞能量/V
萘-d8	136	108	20
	136	134	20
苊烯-d8	160	156	24
	160	158	24
苊-d10	162	158	20
	162	160	20
芴-d10	176	170	20
	176	174	20
菲-d10	188	160	24
	188	184	24
蒽-d10	188	160	24
	188	184	24
荧蒽-d10	212	180	30
	212	208	30

氘代多环芳烃	母离子（m/z）	子离子（m/z）	碰撞能量/V
芘-d10	212	106	30
	212	208	30
苯并[a]蒽-d12	240	232	35
	240	236	35
䓛-d12	240	232	35
	240	236	35
苯并[b]荧蒽-d12	264	225	35
	264	260	35
苯并[k]荧蒽-d12	264	225	35
	264	260	35
苯并[a]芘-d12	264	225	35
	264	260	35
茚并[123-c,d]芘-d12	288	225	40
	288	284	40
苯并[g,h,i]苝-d12	288	225	40
	288	284	40
二苯并[a,h]蒽-d14	292	207	38
	292	288	38

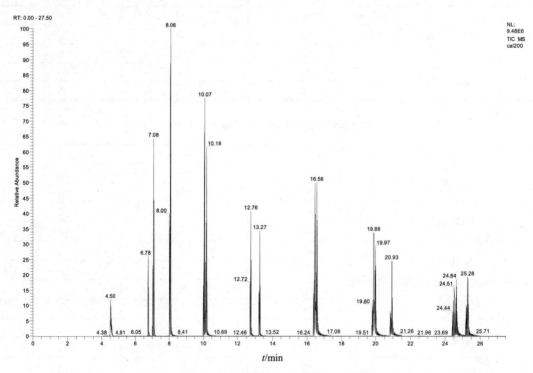

图 2.14　多环芳烃二级质谱 TIC 图

9. 有机改性剂的影响

本方法中所用的甲醇是作为有机改性剂以提高目标化合物的提取效率。以多环芳烃为例，对加入和未加入甲醇的海水样品进行了对比分析。样品提取方法按表 2.17 所示。

样品 A：取 1.0L 经 0.7 μm G/F 膜过滤的海水于样品瓶中，加入 16 种多环芳烃混标（甲醇介质），加标浓度为 160ng/L。

样品 B：取 1.0L 经 0.7 μm G/F 膜过滤的海水于样品瓶中，分别加入 10.0 ml 甲醇和 16 种多环芳烃混标（甲醇介质），加标浓度为 160ng/L。

样品 A 及 B 均平行实验四次。萃取有机溶剂经 Dryvap 干燥浓缩至 1.0 ml，加入 16 种氘代内标后 GC/MS 测定其回收率。结果见图 2.15。

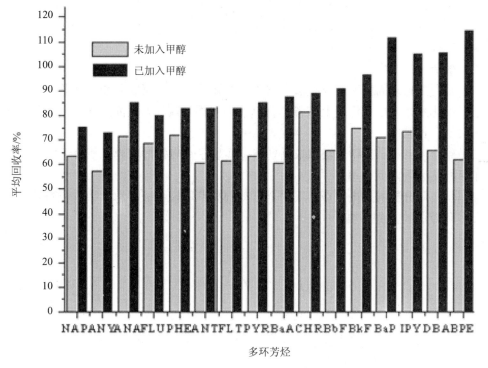

图 2.15　回收率结果比较

回收率结果比较分析：

（1）C18 吸附剂具有很强的憎水性，大量水样通过 C18 膜盘时使得多环芳烃的回收受到抑制，从而降低了其回收效果。

（2）加入甲醇等有机改性剂后，C18 键合相表面含有一定浓度的有机溶剂薄层，有效地改善了 C18 表面与水介质间的相互作用能力，提高了回收效果。

（3）甲醇有机改性剂能有效地提高 4～6 环结构的多环芳烃回收率。

10. 方法的检出限和回收率

见表 2.21。

表 2.21　方法的检出限和回收率

目标化合物	线性范围/（pg/ml）	检出限/（ng/L）	回收率/%
有机氯农药	5～200	0.1～1.0	73.0～104.1
多氯联苯	1～100	0.1～0.5	72.8～106.2
多环芳烃	20～800	1.0～5.0	71.2～111.2

11．质量控制

（1）空白：所有空白测定结果均应低于方法检出限。

（2）全程序空白：每批（10 个样品）至少做一个全程序空白。

（3）加标和平行样：按 10%样品数比例。

（4）加标回收率：60%～120%。

12．小结

（1）采用全自动固相萃取仪提取海水中有机氯农药、多氯联苯和多环芳烃的方法具有较高的自动化水平，很大程度上节省了有机溶剂和样品前处理时间，同时也大大地降低了分析人员的工作强度。

（2）结合 Dryvap 自动干燥和浓缩功能，实现了在较短时间内上机分析的要求，同时提高了目标化合物的回收率。

（3）从实际分析的效果来看，采用全自动固相萃取仪保证了海水中有机氯农药、多氯联苯和多环芳烃的监测要求。

第三章　近岸海域沉积物监测技术

第一节　样品采集

一、样品采集

（一）表层样品的采集

常用的抓斗式采泥器与地面挖土设备很相似，它们是通过水文绞车将其沉降到选定的采样点上，通常采集较大量的混合样品能够比较准确地代表所选定的采样地点情况。

将绞车的钢丝绳与采泥器连接，检查是否牢固，同时测采样点水深；慢速开动绞车将采泥器放入水中。稳定后，常速下放至离海底距离 3～5 m 时，再全速降至海底，此时应将钢丝绳适当放长，浪大流急时更应如此；慢速提升采泥器离底后，快速提至水面，再行慢速，当采泥器高过船舷时，停车，将其轻轻降至接样板上；打开采泥器上部耳盖，轻轻倾斜采泥器，使上部积水缓缓流出。若因采泥器在提升过程中受海水冲刷，致使样品流失过多或因沉积物太软、采泥器下降过猛，沉积物从耳盖中冒出，均应重采；样品处理完毕，弃出采泥器中的残留沉积物，冲洗干净待用。

（二）柱状样的采集

柱状采样器可以采集垂直断面沉积物样品。如果采集到的样品本身不具有机械强度，那么从采泥器上取下样器时应小心保持泥样纵向的完整性。柱状样的采集操作方法如下：

（1）首先要检查柱状采样器各部件是否安全牢固。

（2）先作表层采样，了解沉积物性质，若为砂砾沉积物，就不作重力取样。

（3）确定作重力采样后，慢速开动绞车，将采泥器慢慢放入水中待取样管在水中稳定后，常速下至离海底 3～5 m 处，再全速降至海底，立即停车。

（4）慢速提升采样器，离底后快速提至水面，再行慢速。停车后，用铁钩勾住管身，转入舷内，平卧于甲板上。

（5）小心将取样管上部积水倒出，丈量取样管打入深度。再用通条将样柱缓缓挤出，顺序放在接样板上进行处理和描述。若样柱长度不足或样管斜插入海底，均应重采。

（6）柱样挤出后，清洗取样管内外，放置稳妥，待用。

（三）样品的现场描述

1. 颜色、嗅和厚度

（1）颜色往往能反映沉积物的环境条件，按 GB/T 13909 规定执行。

（2）样品采上后，立即用嗅觉鉴别有无油味、硫化氢味及其味道的轻重。

（3）沉积物表面往往有一浅色薄层，能指示其沉积环境。取样时，可用玻璃试管轻插入样品中，取出后，量取浅色层厚度。柱状取样时可描述取样管打入深度，样柱实际长度及自然分层厚度。

2. 沉积物类型

按 GB/T 13909 规定执行。

3. 生物现象

包括：①贝壳含量及其破碎程度；②含生物的种类及数量；③生物活动遗迹；④其他特征。

记录按 GB/T 13909 规定执行。沉积物样品的上述特性应清晰、准确、简要地记入采样记录中。分析样品的采集、处理与制备按 GB 17378.5—1998 中"沉积物分析"要求执行。

二、样品保存与运输

（一）样品保存

样品瓶事先编号，装样后贴标签，并用特种铅笔将站号及层次写在样品瓶上，以免标签脱落弄乱样品。

塑料袋上需贴胶布，用记号笔注明站号和层次，并将写好的标签放入袋中，扎口封存。认真做好采样现场记录。

凡装样的广口瓶均需用氮气充满瓶中空间，放置阴冷处，最好采用低温冷藏。一般情况下也可以将样品放置阴暗处保存。

（二）样品的运输

空样容器送往采样地点或装好样品的容器运回实验室供分析，都要非常小心。包装箱可用多种材料，用以防止破碎，保持样品完整性，使样品损失降低到最小程度。包装箱的盖子一般都应衬有隔离材料，用以对瓶塞施加轻微压力，增加样品瓶在样品箱内的固定程度。

三、分析样品的制备

（一）供测定铜、铅、镉、锌、铬、砷及硒的分析样品的制备

将聚乙烯袋中的湿样转到洗净并编号的瓷蒸发皿中，置于 80～100℃烘箱内，排气烘干，用玻璃棒经常翻动样品并把大块压碎，以加速干燥。将烘干的样品摊放在干净的聚乙

烯板上，用聚乙烯棒或玻璃棒经常翻动样品并把大块压碎，以加速干燥。将烘干的样品摊放在干净的聚乙烯板上，用聚乙烯棒将样品压碎，剔除砾石和颗粒较大的动植物残骸。将样品装入玛瑙钵中（每 500 ml 玛瑙钵中装入约 100 g 干样）。放入玛瑙球，在球磨机上粉碎至全部通过 160 目（事先经试验确定大小玛瑙球的个数及粉碎时间等条件，粉碎后不再过筛）。也可用玛瑙研钵手工粉碎，用 160 目尼龙筛，盖上塑料盖过筛，严防样品逸出。将加工后的样品充分混匀。四分法缩分分取 10～20 g 制备好的样品，放入样品袋（此袋上已填写样品的站号，层次等），送各实验室进行分析测定。其余的样品盛入 250 ml 磨口广口瓶（或有密封内盖的 200 ml 广口塑料瓶中），盖紧瓶盖，留作副样保存。

（二）测定有机物样品的制备

将样品摊放在已洗净并编号的搪瓷盘内，置于室内阴凉的通风处，不时地翻动样品并把大块压碎，以加速干燥，制成风干样品，或直接将样品置于冷冻干燥机中风干。将风干样品摊放在聚乙烯板上，用聚乙烯棒将样品压碎，剔除砾石和颗粒较大的动植物残骸。然后在球磨机上粉碎或用瓷研钵手工粉碎至全部通过 80 目金属筛，注意加盖过筛，严防样品逸出。将加工后的样品充分混匀，缩分分取 40～60 g，放入样品袋（此袋上已填写样品的站号，层次等），送各实验室进行分析测定。其余样品盛入 250 ml 磨口广口瓶，盖紧瓶塞，留作副样保存。

四、沉积物样品采集的质量控制及注意事项

（1）采集有代表性的样品。

（2）由于沉积物样品的非均匀性，采样中的不确定度通常超过分析中的不确定度。样品非均匀性、样本大小及其贡献率、采样偏倚都会增大变异。最好的选择是增加检验样品。混合样也有助于克服被测物质时空上的非均匀性。为使沉积物样品具有代表性，在同一采样点周围应采样 2～3 次，将各次采集的样品混合均匀分装。

（3）现场采双样并制备接近现场样品特性的固体合成质控样。质控样应放在相同的贮存容器中，其与分析样品同样条件下贮存、运输直到分析。

（4）沉积物采样点应与水质采样点一致。

（5）采样器材质要强度高，耐磨性能好的钢材制成，使用前用洗涤剂除去防锈油脂、冲洗干净。

（6）采样时，如海流速度大可加重采样器的铅块重量，保证在采样点准确位置上采样。尽可能避免搅动水体和沉积物，特别是在浅海区。

（7）沉积物表层样品的采集深度不得小于 5 cm，否则应重新采样。如沉积物很硬，可在同一采样点周围采样 2～3 次。

（8）采样器提升时，如发现沉积物流失过多或因泥质太软而从采样器耳盖等处溢出，采沉积物因底质障碍物使斗壳锁合不稳、不紧密或壳口处夹有卵石和其他杂物时均应重采。

（9）沉积物样品采集后，用白色塑料盘和小木勺接样，滤去水分，剔除砾石、木屑、杂草及贝壳等动植物残体，搅拌均匀后装入瓶或袋中。

（10）用于无机分析的样品用塑料袋（瓶）包装，供有机分析的样品应置于棕色磨口玻璃瓶中，瓶盖内应衬垫洁净铝箔或聚四氟乙烯薄膜。

（11）从采样器中取样须使用非金属器具，避免取已接触采样器内壁的沉积物。采样和分装样应防止采样装置、大气尘埃带来的玷污和已采集样品间的交叉玷污。

（12）样品采集后应存放在清洁的样品箱内，有条件的应低温冷藏保存。

（13）采样完毕后，打开采泥器壳口，弃去残留沉积物，冲洗干净备用。

（14）挥发性物质在沉积物采样和管理期间的损失要特别关注，采用专门的采样和管理程序是恰当的。如有自动吹扫进样系统，也可定量后置于进样瓶中低温保存带回实验室分析。

（15）在不同阶段，可用添加样品检查各阶段的不确定度。

（16）用现场空白样评价玷污来源对分析结果的影响。空白样可分为：现场空白样，样品制备空白、基体空白和试剂空白。不同类型的空白可检查采样不同步骤中的玷污的影响。

第二节　无机项目分析技术

一、海洋沉积物中铜铅镉锌总铬的分析方法

（一）沉积物样品前处理方法简介

沉积物样品（经干燥、研磨、过筛）消解方法雷同土壤样品。常用的消解方法为干法消解和湿法消解两种。

1. 干法消解

主要为马弗炉高温灰化法。马弗炉高温灰化法操作简单，样品量没限制，对环境、人员污染小。缺点是样品消化时间长，对低温元素回收率低（镉铅等），挥发性金属易损失，不容易控制灰化温度和灰化时间，易导致消解不彻底或挥发损失，从而造成回收率难保证。取样量多，消解不容易彻底，经常要二次进马弗炉，平行性差；取样少，消解相对容易，但也有平行性差的问题，同时也有由于样品的含量低而导致样品的检测不准确。易挥发元素不宜用此法。

2. 湿法消解

主要有微波消解、常压电热板消解、高压釜消解等。湿法消解是目前最主要的消解方法。湿法消解需要加入的酸试剂较多，易带入杂质导致高空白。故须注意试剂纯度。另外要注意酸的驱赶，酸雾对环境和操作人员健康的影响。湿法消解体系分为近似消解和全量消解。以下为各主要湿法消解方法简介：

（1）微波消解

通常是指在密闭容器里利用微波快速加热进行各种样品的酸溶解。密闭容器反应和微波加热这两个特点，能避免样品中存在的或在样品消解时形成的挥发性分子组分中痕量元素的损失，且使用的试剂量少，能显著降低空白而保证测定准确性，样品被污染的因素大

为减少，精密度也更好；消解彻底、快速。但不可避免地带来了高压（可能过压的隐患），同时消解的个数有限及冷却间隙耗时，整个过程自动化程度不高，在做全量消解时需要额外赶酸。尽管如此，实际应用中，微波消解方法仍是首选。

（2）常压电热板消解

设备简单，便宜，比较大众化，能同时消解几十个样品。缺点是耗时；加热不均匀，温度控制不当易造成干锅、炭化及喷溅损失影响平行性；易造成挥发损失；所需试剂量大，易造成高空白；酸雾挥发对环境和操作人员健康有影响。

（3）高压釜消解

高压消解能减少挥发损失，相对电热板，消解时间短。

3. 其他消解方法

石墨消解——利用石墨材质良好的加热性能，将样品消解管放在石墨孔中进行消解的一种方法。石墨消解一次能处理较多样品，一般可消解 30～80 多个样品。石墨加热更均匀。消解管周围和底部都是受热面，故比普通电热板的加热效率更高。消解管为细长的形状，底部横截面积更小，加入少量的酸即可浸没样品，比普通的消解烧杯节省酸的用量。缺点是防腐蚀性能有待提高，设备对排风效果要求较高。这类石墨全自动消解系统能够将消解过程中的加酸、加标、加热的时间和温度控制、消解液的定容等步骤实现电脑全程序自动控制，自动化程度较高，已在舟山海洋生态站等用户中使用。

一些仪器厂家利用固体直接进样技术，将样品送至石墨管中高温原子化。固体进样技术有很多优点：无需化学前处理，节省时间、化学品花费，直接分析真实样品，无污染，所需样品量少，有条件的甚至可以实现进样前的自动称量样品，整过程全自动化。缺点是背景很高，基体干扰较严重，需要匹配较好的扣背景技术，设备昂贵。

（二）沉积物中重金属主要测定方法

经过消解处理样品溶液，最终要上机测定。目前主要的测定方法有火焰原子吸收分光光度法（FAAS）、石墨炉原子吸收分光光度法（GFAAS）、电感耦合等离子体发射光谱（ICP-OES）、电感耦合等离子体质谱法（ICP-MS）等。

（三）沉积物中铜铅镉锌的测定——原子吸收分光光度法

1. 适用范围
适用于沉积物样品中铜铅镉锌的测定。

2. 方法原理
沉积物样品经硝酸和高氯酸消解后，铜、锌在各特征波长处直接火焰原子吸收法测定；铅、镉加基体改进剂后，石墨炉原子吸收法测定。

3. 试剂及配制
浓硝酸、高氯酸：优级纯，检查空白，必要时纯化；硝酸溶液：1%；铜锌铅镉标准储备溶液、中间溶液和标准使用溶液。

4. 消解步骤
称取 0.1 g（±0.000 1 g）经风干或冷冻干燥过的沉积物样品于 30 ml 聚四氟乙烯烧杯

中，用少许水润湿样品，加入 5 ml 浓硝酸，置于电热板上由低温升至 180~200℃，蒸至近干，加入 1 ml 浓硝酸，加入 2 ml 高氯酸，蒸至近干，用少许纯水仔细地淋洗杯壁并蒸至白烟冒尽，取下稍冷，用少许 1%硝酸溶液淋洗杯壁并加微热浸提，将溶液及残渣全量转入 25 ml 量瓶中，用水稀释至标线，混匀，静置澄清，上清液待测。同时做分析空白、标准参考物质、平行样、加标回收样。配制标准系列。

5. 质控措施

全程序空白；10%以上平行样；10%以上加标回收；10%以上海洋沉积物标准参考物质。

6. 制作标准曲线

同第四章水质监测相关部分。

7. 上机测定

铜、锌直接火焰原子吸收法测定；铅、镉则需要加基体改进剂（如磷酸二氢铵等），仔细优化仪器测定条件以及基体改进剂的加入量，石墨炉原子吸收法测定。

8. 分析数据处理及分析报告报送

标准曲线法定量。对标准系列求回归方程，然后根据扣除空白值的样品信号值求得样品中待测元素的含量。样品中待测元素的含量 W（mg/kg）计算公式：

$$W=cV/[m（1-f）]$$

式中：c —— 由校准曲线计算得到的测定浓度，mg/L；

V —— 消解液定容体积，ml；

m —— 称样量，g；

f —— 含水率，%。

9. 注意事项

（1）样品中溶解性的硅含量超过 20 mg/L 时干扰锌的测定，Fe 含量超过 100 mg/L 时会抑制锌的吸收，可以加入基体改进剂来消除干扰。

（2）实验所涉及的器皿的清洗：1+3 硝酸溶液浸泡 24 h 以上，稀硝酸溶液反复荡洗，超纯水清洗。

（3）实验所用的硝酸、高氯酸为优级纯。

（4）消解过程中注意温度控制，经常摇动消解杯，防止蒸干和喷溅损失；同时要仔细观察最终的样品状态以确保样品消解充分。

（5）良好的通风系统和个人防护。

10. 其他测定方法

参见第二章水质监测相关部分。

（四）沉积物中总铬的测定——无火焰原子吸收分光光度法

1. 适用范围

适用于沉积物样品中总铬的测定。

2. 方法原理

沉积物样品经硝酸和高氯酸消解后，铬转化为离子状态，加入基体改进剂（硝酸镁等）

后，在特征波长处石墨炉原子吸收法测定。

3. 试剂及配制

浓硝酸、高氯酸：优级纯，检查空白，必要时纯化；硝酸溶液：1%；铬标准储备溶液、中间溶液和标准使用溶液。

4. 消解步骤

称取 0.1 g（±0.000 1 g）经风干或冷冻干燥过的沉积物样品于 30 ml 聚四氟乙烯烧杯中，用少许水润湿样品，加入 5 ml 浓硝酸，置于电热板上，由低温升至 160℃左右，蒸至近干，再加入 1 ml 浓硝酸，加入 2 ml 高氯酸，蒸至近干，温度应始终保持不超过 180℃。用少许纯水仔细地淋洗杯壁并蒸至白烟冒尽，取下稍冷，用少许 1%硝酸溶液淋洗杯壁并加微热浸提，将溶液及残渣全量转入 25 ml 量瓶中，用水稀释至标线，混匀，静置澄清，上清液待测。同时做分析空白、标准参考物质、平行样、加标回收样。配制标准系列。

5. 质控措施

全程序空白；10%以上平行样；10%以上加标回收；10%以上海洋沉积物标准参考物质。

6. 制作标准曲线

参见第二章水质监测相关部分。

7. 上机测定

加基体改进剂（如硝酸镁、磷酸二氢铵等，根据实际情况优化浓度配制与加入量），仔细优化仪器测定条件以及基体改进剂的加入量，石墨炉原子吸收法测定。

8. 分析数据处理及分析报告报送

标准曲线法定量。对标准系列求回归方程，然后根据扣除空白值的样品信号值求得样品中待测元素的含量。样品中待测元素的含量 W（mg/kg）计算公式：

$$W=cV/[m（1-f）]$$

式中：c —— 由校准曲线计算得到的测定浓度，mg/L；

$\quad\quad$ V —— 消解液定容体积，ml；

$\quad\quad$ m —— 称样量，g；

$\quad\quad$ f —— 含水率，%。

9. 注意事项

（1）实验所涉及的器皿的清洗：1+3 硝酸溶液浸泡 24 h 以上，稀硝酸溶液反复荡洗，超纯水清洗。

（2）实验所用的硝酸、高氯酸为优级纯。

（3）消解过程中注意温度控制，经常摇动消解杯，防止蒸干和喷溅损失；同时要仔细观察最终的样品状态以确保样品消解充分。

（4）良好的通风系统和个人防护。

10. 其他测定方法

参见第二章水质监测相关部分。

二、沉积物中砷的分析方法——原子荧光法

1. 适用范围

本方法适用于海洋沉积物中砷的测定。

2. 方法原理

沉积物样品在酸性介质中消化，用硼氢化钾将溶液中的三价砷转化成砷化氢气体，由氩气载入石英原子化器，在特制砷空心阴极灯下进行原子荧光测定。

3. 试剂及配制

浓盐酸、硝酸、高氯酸、硫酸：优级纯，检查空白，必要时纯化；硫脲-抗坏血酸还原剂（10%，1+1）、硼氢化钾溶液：1%，可根据实际情况调节浓度；盐酸载流：5%～10%；砷标准储备溶液、中间溶液和标准使用溶液。

4. 样品前处理

王水消解：称取 0.1～0.2 g（±0.000 1 g）沉积物干样于 25 ml 比色管中，加几滴水润湿样品，加入 10 ml 王水溶液，摇动比色管混匀，在水浴中加热 1 h，期间摇动数次，取下冷却，加水溶解并稀释至标线，放置澄清 20 min，此为消化液。量取 2 ml 样品消化液上层清液于 100 ml 容量瓶中，加入 10 ml 50%盐酸溶液及 5 ml 硫脲-抗坏血酸还原剂溶液，用水稀释到 100 ml，摇匀。按照以上步骤不加沉积物样品分析空白样。

硝酸+高氯酸+硫酸消解：称取 1～2.5 g 沉积物干样于 50～100 ml 锥形瓶中，同时做两份试剂空白。加硝酸 20～40 ml，硫酸 1.25 ml，摇匀后放置过夜，置于电热板上加热消解。若消解液处理至 10 ml 左右时仍有未分解物质或色泽变深，取下放冷，补加硝酸 5～10 ml，再消解至 10 ml 左右观察，如此反复两三次，注意避免炭化。如仍不能消解完全，则加入高氯酸 1～2 ml，继续加热至消解完全后，再持续蒸发至高氯酸白烟散尽，硫酸的白烟开始冒出。冷却，加水 25 ml，再蒸发至冒硫酸白烟。冷却，用水将剩余物转移入 25 ml 比色管中，加入 50 g/L 硫脲 2.5 ml，补水至刻度并混匀，备测。同时做分析空白、标准参考物质、平行样、加标回收样。配制标准系列。

5. 质量控制

全程序空白；10%以上平行样；质控样、加标样。

6. 上机测定

设定仪器参数，利用蠕动泵，以盐酸溶液作为载流进样，硼氢化钾溶液将三价砷还原为砷化氢气体，原子化后测定。

7. 数据处理

样品中待测元素的含量 W（mg/kg）计算公式：

$$W=cV/[m（1-f）]$$

式中：c —— 由校准曲线计算得到的测定浓度，mg/L；

  V —— 消解液定容体积，ml；

  m —— 称样量，g；

  f —— 含水率，%。

8. 注意事项

（1）注意样品不要蒸干。

（2）所有器皿必须清洁，水洗后经（1+3）硝酸浸泡 24 h 以上，稀硝酸溶液反复荡洗，再用纯水洗净。

（3）所用的试剂，在使用前应作空白试验。

（4）空白高的试剂，特别是盐酸将严重影响方法的测定下限和准确度。

（5）样品消化时会产生大量的酸雾，应该保持良好的通风，做好个人防护。

9. 其他测定方法

同水质部分。

三、海洋沉积物中汞的分析方法

（一）原子荧光法

1. 适用范围

适用于淡水和海水水系沉积物总汞的测定。为仲裁方法。

2. 方法原理

样品经硝酸-盐酸体系中，沸水水浴消化，汞以离子态进入水溶液。以硼氢化钾为还原剂将汞离子被还原为单质汞，形成汞蒸气。汞蒸气经载气（氩气）导入到原子化器中，用汞空心阴极灯为激发光源，测定原子荧光值。

3. 试剂及配制

盐酸、硝酸：优级纯，必要时检查空白并纯化；高锰酸钾溶液：1%；草酸溶液：1%；硼氢化钾溶液：0.05 g/L，可根据实际情况调整浓度；汞标准储备溶液、中间溶液和标准使用溶液。

4. 样品前处理

准确称取 0.1～0.5 g 左右沉积物干样或 1～5 g（±0.000 1 g）沉积物湿样，于 50 ml 具塞比色管中，加 2 ml 硝酸，6 ml 盐酸，用约 10 ml 纯水冲洗内壁后混合充分，于沸水中水浴 1 h，取下冷却至室温，加 1 ml 高锰酸钾溶液（1%），摇匀后静置 20 min，再用 1%草酸溶液定容至标线，摇匀后静置 30 min，上清液待测。同时制作空白、平行样、加标及标准参考物质。配制标准系列。

5. 质量控制

影响汞测定的因素较多，如载气流量、汞灯电流、负高压等，每次测定均应测定标准系列，并用标准物质控制。全程序空白；10%以上平行样；质控样、加标样。

6. 上机测定

消解液、标准系列进样测定。

7. 数据处理

样品中待测元素的含量 W（mg/kg）计算公式：

$$W=cV/[m（1-f）]$$

式中：c —— 由校准曲线计算得到的测定浓度，mg/L；

$\quad\quad V$ —— 消解液定容体积，ml；

$\quad\quad m$ —— 称样量，g；

$\quad\quad f$ —— 含水率，%。

8．注意事项

（1）实验所涉及的器皿的清洗：1+3 硝酸溶液浸泡 24 h 以上，稀硝酸溶液反复荡洗，超纯水清洗。

（2）实验所用的硝酸、高氯酸为优级纯。

（3）仪器使用前后，需用载流酸和还原剂硼氢化钾溶液彻底冲洗管路。防止管道系统玷污。

9．其他测定方法

同水质部分。

（二）冷原子荧光法

1．适用范围和领域

适用于淡水和海水水系沉积物总汞的测定。

2．方法原理

样品经硝酸-双氧水体系消化，在还原剂氯化亚锡的作用下，汞离子被还原为单质汞，形成汞蒸气。其基态汞原子受到波长 253.7 nm 的紫外光激发，当激发态汞原子去激发时便辐射出相同波长的荧光。在给定的条件下和较低的浓度范围内，荧光强度与汞的浓度成正比。检出限：4.0×10^{-3} mg/kg。

3．试剂及配制

浓硫酸、盐酸：优级纯，必要时检查空白并纯化；双氧水：30%；过硫酸钾溶液：50 g/L；盐酸羟胺溶液：100 g/L；高锰酸钾溶液：5%；氯化亚锡溶液（100 g/L）：称取 100 g 氯化亚锡于烧杯中，加 500 ml（1+1）盐酸，加热至氯化亚锡溶解，冷却盛试剂瓶中，临用时等体积纯水稀释，空白高时需同氮气除汞至汞含量检不出；汞标准储备溶液、中间溶液和标准使用溶液。

4．样品前处理

准确称取 0.5 g（±0.000 5 g）左右湿样于 50 ml 小烧杯中，加入 4 ml 浓硝酸，置于 90℃+5℃的水浴中消解 20～30 min 后，滴加 1 ml 30%双氧水，继续水浴 30 min 后取出，加水至约 40 ml，冷却。全量转移至 100 ml 比色管中，定容至 100 ml，滴加 5%高锰酸钾溶液至红色不褪，充分振摇混匀。滴加盐酸羟胺溶液至红色恰好褪尽，振摇放气。静置，取上清液测定。同时做分析空白、标准参考物质、平行样、加标回收样。配制标准系列。

消解使用的硝酸分解产生的 NO_x 影响测定，加入高锰酸钾来氧化 NO_x。过量的高锰酸钾和氧化锰吸附汞，加入盐酸羟胺还原。其还原反应产生时的氯气，也吸收 257.3 nm 的紫外光，应该静置几分钟待氯气散后再进行测定。

为保证分析结果的准确性，可以适当调整试样称取量和硝酸等的体积，使得测得值在标准曲线范围内。

5. 质量控制

影响汞测定的因素较多，如载气流量、汞灯电流、负高压等，每次测定均应测定标准系列，并用标准物质控制。

6. 上机测定

按照空白消解液、标准系列和样品次序进样测定。仪器条件参照海水中汞分析方法——冷原子荧光法相关部分调整和准备。

7. 数据处理

样品中待测元素的含量 W（mg/kg）计算公式：

$$W=cV/[m（1-f）]$$

式中：c —— 由校准曲线计算得到的测定浓度，mg/L；

　　　V —— 消解液定容体积，ml；

　　　m —— 称样量，g；

　　　f —— 含水率，%。

8. 注意事项

（1）实验所涉及的器皿的清洗：1+3 硝酸溶液浸泡 24 h 以上，稀硝酸溶液反复荡洗，超纯水清洗。

（2）实验所用的硝酸、高氯酸为优级纯。

（3）汞离子在蒸馏水中极不稳定，因此，汞的标准系列配于 2%硝酸溶液中。

（4）消解水样时，盐酸羟胺不可过量。

（5）测汞仪使用完毕后，用纯水代替氯化亚锡还原剂彻底冲洗管路。

（6）由于沉积物样品中汞含量较高，使用后很容易玷污测汞仪，影响水质的测定，所以沉积物样品测定完毕后，必须将仪器开至测量档，让载气充分冲洗管路，以免影响后续水样的测定。

9. 其他测定方法

同水质部分。

四、海洋沉积物中铁、锰、镍、铝的测定——原子吸收分光光度法

1. 适用范围

适用于土壤水系及海洋沉积物中铁、锰、镍、铝的测定。

2. 方法原理

沉积物样品经硝酸-氢氟酸-高氯酸消解，待测元素进入消解液中。将消解液喷入火焰中，待测元素在高温下原子化，在其特征波长处测定原子吸光值。铁、锰、镍为空气-乙炔火焰；铝为笑气-乙炔火焰，专用燃烧头。

3. 试剂及配制

浓硝酸、高氯酸、氢氟酸、盐酸：优级纯，检查空白，必要时纯化；盐酸溶液：1%；铁锰镍铝标准储备溶液、中间溶液和标准使用溶液。

4. 样品前处理

准确称取 0.2 g（±0.000 1 g）经风干或冷冻干燥过的沉积物样品于 30 ml 聚四氟乙烯烧杯中，用少许水润湿样品，加入 5 ml 浓硝酸，置于电热板上，由低温升至 180℃左右，消解液蒸至近干，再加入 1 ml 浓硝酸，加入 4 ml 氢氟酸，继续加热并经常摇动消解杯以充分飞硅，蒸至白烟将冒尽，冷却，加入 2 ml 高氯酸，继续加热蒸至近干。用少许纯水仔细地淋洗杯壁并蒸至白烟冒尽，取下稍冷，用 2 ml1%盐酸溶液淋洗杯壁并加微热浸提，将溶液及残渣全量转入 50 ml 量瓶中，用水稀释至标线，混匀，静置澄清，上清液待测。同时做分析空白、标准参考物质、平行样、加标回收样。配制标准系列。

5. 质量控制

全程序空白；10%以上平行样；质控样、加标样。

6. 测定

沉积物及土壤中的铁、锰、铝为常量元素，根据仪器线性范围宽度，必要时稀释数倍后进样。铁、锰、镍采用空气-乙炔火焰原子吸收法测定；铝需要更换专用燃烧头，采用笑气-乙炔火焰原子吸收法测定。

7. 数据处理

样品中待测元素的含量 W（mg/kg）计算公式：

$$W=cV/[m（1-f）]$$

式中：c —— 由校准曲线计算得到的测定浓度，mg/L；

V —— 消解液定容体积，ml；

m —— 称样量，g；

f —— 含水率，%。

8. 注意事项

（1）所用器皿要清洗干净，防止器皿玷污。

（2）消解所用酸的纯度为优级纯。

（3）样品消解中飞硅彻底，减小硅对测定的负面影响。尽量赶酸彻底。

（4）实验中使用笑气-乙炔火焰时尤其要注意安全，注意排风效果。

（5）铝测定条件要充分优化，降低基体干扰。

（6）仪器条件仔细优化，铁、锰、镍邻近谱线多，可选择窄光谱通带以降低光谱干扰。

9. 其他分析方法

（1）电感耦合等离子体发射光谱法（ICP-OES）。

（2）电感耦合等离子体质谱法（ICP-MS）。

（3）EDTA 络合滴定法是测铝的经典方法，也可借鉴 EPA method 3050B 等。

五、硫化物——亚甲基蓝分光光度法

沉积物硫化物测定方法主要有亚甲基蓝分光光度法、离子选择电极法和碘量法。本方法详细叙述亚甲基蓝分光光度法的主要操作过程。

1．适用范围

本法适用于海洋、河流沉积物中硫化物的测定。检出限（W）：0.3×10^{-6}。

2．方法原理

沉积物样品中的硫化物与盐酸反应生成硫化氢，随水蒸气一起蒸馏出来，被乙酸锌溶液吸收，反应生成硫化锌。在酸性介质中当三价铁离子存在时，硫离子与对氨基二甲基苯胺反应生成亚甲基蓝，在 650 nm 波长处进行光度测定。

3．试剂及其配制

试剂及其配置过程与水质硫化物测定方法一致。

4．仪器及设备

仪器及设备与水质硫化物测定方法一致。

5．分析步骤

（1）绘制标准曲线：绘制标准曲线方法与水质硫化物测定方法一致。

（2）样品的测定：称取 3 g（±0.01 g）混匀的湿样，于 50 ml 烧杯中，加 5 ml 水，2～3 ml 乙酸锌溶液，调成糊状，用少许水全量转入定氮装置中。量取 10 ml 乙酸锌溶液于 100 ml 刻度试管中，将冷凝器下端的玻璃连接管插入刻度试管至接近其底部，通水蒸气蒸馏。打开冷凝器的冷却水，当定氮装置中的样品被蒸气充分搅动并加热近沸时，迅速加入 15 ml（1+2）盐酸溶液并立即盖紧盖子，继续通水蒸气。当刻度试管中的吸收液达到 50～60 ml 时，将连接管和刻度试管一并取下，停止通水蒸气，用少量水冲洗连接管，冲洗液并入吸收管中。加入 5 ml 对氨基二甲基苯胺二盐酸盐溶液，1 ml 硫酸铁铵溶液，加水至标线，混匀。静置 10 min，将溶液移入 1 cm 测定池中，用水调零，于 650nm 波长处测定吸光值（A_s）及分析空白吸光值（A_b）。以（$A_s - A_b$）的值从标准曲线上查出相应的硫的浓度（μg/ml）。

6．记录与计算

按下式计算沉积物干样中硫的含量。

$$W_{S^{2-}} = \frac{\rho V}{M(1 - W_{H_2O})}$$

式中：$W_{S^{2-}}$——沉积物干样中硫化物的含量，质量比，10^{-6}；

ρ——从标准曲线上查得的硫的浓度，μg/ml；

V——吸收液定容的体积，ml；

M——样品的称取量，g；

W_{H_2O}——湿样的含水率，%。

7．精密度

六个实验室分析同一沉积物样品，硫化物（S^{2-}）含量质量比为 3.97×10^{-6}，重复性相对标准偏差为 5.5%。

8．注意事项

（1）硫化物标准使用溶液应在使用前临时配制。

（2）氮气中如有微量氧，可安装洗气瓶（内装亚硫酸钠饱和溶液）予以除去。

（3）硫代硫酸钠及硫化物标准贮备溶液标定中，各进行六份测定，滴定液体积的平均值是以极差为 0.05 ml 以内诸数据进行平均而求得。

六、总氮——碱性过硫酸钾消解-流动注射比色法

沉积物总氮的测定可以采用与水质相同的碱性过硫酸钾消解-流动注射比色法进行测定，也可以使用海洋监测规范沉积物部分（GB17378.5）中的凯式滴定法进行测定。本方法介绍与水质相同的碱性过硫酸钾消解-流动注射比色法测定步骤。

1．适用范围

本法适用于表层沉积物和柱状沉积物中总氮的测定。

2．方法原理

与近岸海域水质总氮分析原理相同。

3．仪器设备

仪器设备同近岸海域水质总氮的测定。

4．试剂和标准

试剂和标准的配制同近岸海域水质总氮的测定。

5．校准

系统校准与标准化近岸海域水质总氮的测定。

6．分析步骤

称取 0.05 g 左右的沉积物样品于 50 ml 比色管内，加入过硫酸钾溶液，其余分析步骤近岸海域水质总氮的测定。

7．数据分析与计算

TN μg/g=[浓度（μg/ml）－空白（μg/ml）]×定容体积（ml）/质量（g）。

8．其他测定方法

凯式滴定法。

七、总磷——酸性过硫酸钾消解-流动注射比色法

沉积物总磷的测定可以采用与水质相同的酸性过硫酸钾消解-流动注射比色法进行测定，也可以使用海洋监测规范沉积物部分（GB17378.5）中的分光光度法进行测定。本方法介绍与水质相同的方法测定步骤。

1．适用范围

本法适用于表层沉积物和柱状沉积物中总磷的测定。

2．方法原理

与近岸海域水质总磷分析原理相同。

3．仪器设备

仪器设备同近岸海域水质总磷的测定。

4．试剂和标准

试剂和标准的配制同近岸海域水质总磷的测定。

5．校准

系统校准与标准化近岸海域水质总磷的测定。

6．分析步骤

称取 0.05 g 左右的沉积物样品于 50 ml 比色管内，加入过硫酸钾溶液，其余分析步骤近岸海域水质总磷的测定。

7．数据分析与计算

TP（μg/g）=浓度（μg/ml）×定容体积（ml）/质量（g）。

8．其他测定方法

钒钼酸铵分光光度法。

八、粒度

1．技术指标

沉积物粒度分析的主要技术要求：

（1）粒级标准采用尤登-温德华氏等比制 ϕ 值粒级标准。

（2）筛析法粒级间隔为 0.5ϕ，必要时可加密；沉析法粒级间隔为 1ϕ。

（3）沉积物粗端要筛分到初始粒级质量百分数小于1%（大砾石除外）。

（4）采用福克和沃德粒度参数公式（公式1、2、3和4）计算粒度参数。

（5）计算粒度参数的各粒级百分数，在概率累计曲线上读取。

（6）沉积物分类和命名采用谢帕德的沉积物粒度三角图解法（见图 3.1）或福克—沃德分类命名法；深海沉积物分类和命名采用深海沉积物三角图解分类法（见图 3.2）。

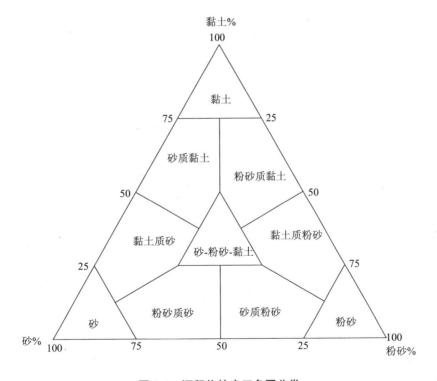

图 3.1 沉积物粒度三角图分类

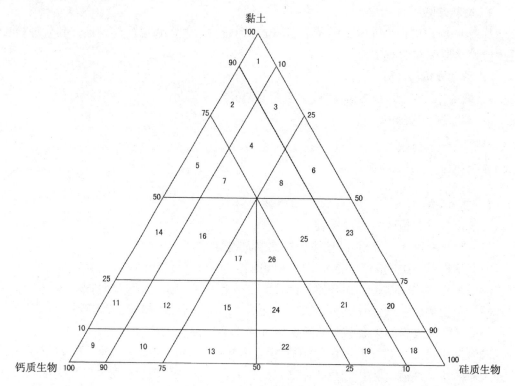

1—黏土；2—含钙质黏土；3—含硅质黏土；4—含硅质和钙质的黏土；5—钙质黏土；6—硅质黏土；

　　7—含硅质的钙质黏土；8—含钙质的硅质黏土；9—钙质软泥；10—含硅质的钙质软泥；

　　11—含黏土的钙质软泥；12—含黏土和硅质的钙质软泥；13—硅质钙质软泥；14—黏土钙质软泥；

　　15—含黏土的硅质钙质软泥；16—含硅质的黏土钙质软泥；17—黏土硅质钙质软泥；18—硅质软泥；

　　19—含钙质的硅质软泥；20—含黏土的硅质软泥；21—含黏土和钙质的硅质软泥；22—钙质硅质软泥；

　　23—黏土硅质软泥；24—含黏土的钙质硅质软泥；25—含钙质的黏土硅质软泥；26—黏土钙质硅质软泥

图 3.2　深海沉积物等三角图解分类法

2．分析方法

　　沉积物粒度分析，通常使用筛析法加沉析法（吸管法），即综合法。筛析法适用于粒径大于 0.063 mm 沉积物，沉析法适用于粒径小于 0.063 mm 的物质。当粒径大于 0.063 mm 的物质大于 85%或粒径小于 0.063 mm 的物质占 99%以上时，可单独采用筛析法或沉析法。用自动化粒度分析仪（如激光粒度分析仪）分析沉积物粒度，应与综合法、筛析法、沉析法对比合格后方能使用。

　　本方法详细描述使用激光粒度分析仪的主要操作步骤。

　　（1）取沉积物样品数克并置入玻璃杯中，加纯净水、加 0.5 mol/dm³ 的六偏磷酸钠（[NaPO₃]₆）5 cm³。

　　（2）浸泡样品 24 h，并每隔 8 h 轻轻搅拌 1 次，使样品充分分散。

　　（3）将浸泡样品全部倒入激光样品槽中，加超声振动、加高速离心，使样品再次充分分散。

（4）测定粒级质量分数。

（5）要求分析结果的误差小于 3，遮光度小于 30。

（6）计算粒度参数。

3. 粒度分析误差检验

沉积物粒度分析误差检验指标见表 3.1。

表 3.1　粒度分析允许误差范围

分析方法	内检数/%	校正系数	平均粒径/Mz	分选系数/σ_i
综合法	20～30	0.95～1.05	0.40φ	0.3φ
筛析法	10～20	0.99～1.01	0.15φ	0.1φ
沉析法	20～30	0.95～1.05	0.40φ	0.3φ
激光法	5～10	0.99～1.01	0.15φ	0.1φ

检查结果有个别样品不符合表中指标时，该样品应重做。每批分析样中，有三分之二的分析样与内检相比，结果偏高或偏低，应整批重做。

4. 资料整理

（1）粒级标准

本方法采用尤登-温德华氏等比制 φ 值粒级标准。

（2）沉积物粒度分类及命名

沉积物分类和命名一般应采用谢帕德的沉积物粒度三角图解法（见图 3.1），也可采用福克—沃克分类命名法。对样品中少量的未参与粒度分析的砾石、贝壳、珊瑚、结核、团块等，用文字加以说明，或在编制沉积物类型图时，用相应的符号加以标记。

对于深海区沉积物分类和命名可采用三角图解分类法（见图 3.2）。深海沉积物三角图解分类法，将深海沉积物分为 26 种，各种沉积物的黏土、钙质生物、硅质生物具体含量指标如图 3.2 所示。

（3）粒度参数计算

粒度参数采用福克和沃德公式计算：

$$M_z = \frac{\phi_{16} + \phi_{50} + \phi_{84}}{3} \tag{1}$$

式中：M_z——平均粒径，单位为 mm；

ϕ_{16}、ϕ_{50}——概率累积曲线上第十六、第五十……百分数所对应的值粒径 φ，单位为 mm。

$$\sigma_i = \frac{\phi_{84} - \phi_{16}}{4} + \frac{\phi_{95} - \phi_5}{6.6} \tag{2}$$

式中：σ_i——分选系数；

ϕ_{16}、ϕ_{84}——概率累积曲线上第十六、第五十……百分数所对应的值粒径 φ，单位为 mm。

$$S_{ki} = \frac{\phi_{16} + \phi_{84} - 2\phi_{50}}{2(\phi_{84} - \phi_{16})} + \frac{\phi_5 + \phi_{95} - 2\phi_{50}}{2(\phi_{95} - \phi_5)} \tag{3}$$

式中：S_{ki}——偏态；

ϕ_{16}、ϕ_{50}——概率累积曲线上第十六、第五十……百分数所对应的值粒径φ，单位为mm。

$$K_g = \frac{\phi_{95} - \phi_5}{2.44(\phi_{75} - \phi_{25})} \qquad (4)$$

式中：K_g——峰态；

ϕ_{16}、ϕ_{50}——概率累积曲线上第十六、第五十……百分数所对应的值粒径φ，单位为mm。

根据公式（1）和（2）计算结果，判断沉积物粒度分选程度，按分选程度等级表（见表3.2）划分粒度分选程度等级。

表3.2 分选程度等级表

分选等级	σ_i/φ
分选极好	<0.35
分 选 好	0.35～0.71
分选中等	0.71～1.00
分 选 差	1.00～4.00
分选极差	>4.00

粒度分布曲线峰值位于平均值之左称正偏态，位于平均值之右为负偏态。正态分布曲线的峰态为1.00。正态分布曲线平缓，称为低峰态，反之，称尖峰态，见表3.3。

表3.3 等比制（ϕ值标准）粒级分类表

粒组类型	粒 级 名 称		粒 径 范 围		$\phi=-\log_2 d$		代号
	简分法	细分法	mm	μm	d	ϕ	
岩块（R）	岩块（漂砾）	岩 块	>256		256	−8	R
砾 石 （G）	砾 石	粗 砾	256～128		128	−7	CG
			128～64		64	−6	
		中 砾	64～32		32	−5	MG
			32～16		16	−4	
			16～8		8	−3	
		细 砾	8～4		4	−2	FG
			4～2		2	−1	
砂 （S）	粗 砂	极粗砂	2～1	2 000～1 000	1	0	VCS
		粗 砂	1～0.5	1 000～500	$\frac{1}{2}$	1	CS
	中 砂	中 砂	0.5～0.25	500～250	$\frac{1}{4}$	2	MS
	细 砂	细 砂	0.25～0.125	250～125	$\frac{1}{8}$	3	FS
		极细砂	0.125～0.063	125～63	$\frac{1}{16}$	4	VFS

粒组类型	粒 级 名 称		粒 径 范 围		$\phi=-\log_2 d$		代号
	简分法	细分法	mm	μm	d	ϕ	
粉 砂（T）	粗 粉 砂	粗粉砂	0.063～0.032	63～32	$\frac{1}{32}$	5	CT
		中粉砂	0.032～0.016	32～16	$\frac{1}{64}$	6	MT
	细 粉 砂	细粉砂	0.016～0.008	16～8	$\frac{1}{128}$	7	FT
		极细粉砂	0.008～0.004	8～4	$\frac{1}{256}$	8	VFT
黏土（泥）（Y）	黏 土	粗黏土	0.004～0.002	4～2	$\frac{1}{512}$	9	CY
			0.002～0.001	2～1	$\frac{1}{1\,024}$	10	
		细黏土	<0.001	<1	$\frac{1}{2\,048}$	>11	FY

第三节　有机项目分析技术

一、样品前处理技术——样品的提取和净化方法

美国 EPA3500 系列方法中对固相样品的提取方法进行了推荐,主要有索氏提取(3540C 方法)、自动索氏提取（3541 方法）、加压流体萃取（3545A 方法）、微波萃取（3546 方法）、超声提取（3550C）和超临界流体提取（3560、3561 和 3562 方法）等。皂化和硫酸前处理提取方法也被应用于样品中多氯联苯提取,但该方法不能用于有机氯农药的提取,因为有机氯农药中的狄氏剂、异狄氏剂和 DDE 会被硫酸所降解。加速溶剂萃取（ASE）是利用溶质在不同溶剂中溶解度的不同,选择合适的溶剂,在较高的温度和压力条件下,实现高效、快速萃取固体或半固体样品中有机物的方法。高温条件使待测物的解吸和溶解动力学过程加快,大大缩短提取时间（15～30 min）；加热溶剂较强的溶解能力减少了溶剂用量（10 g 样品仅需 15～30 ml 溶剂）；萃取过程中保持一定的压力可提高溶剂的沸点,提高萃取效率。ASE 方法简便,可多次循环萃取或改变溶剂。全自动控制,安全性高,已被美国 EPA 确认为标准方法。

Suchan 等人对 PLE 提取鱼类样品中的多氯联苯和有机氯农药方法进行了优化,结果表明目标化合物的回收率等同或优于索氏提取方法。Budzinski 等提出了采用聚焦微波辅助萃取（FMW）,在常压条件下完成沉积物样品中的多氯联苯和多环芳烃的提取和净化方法。国外研究人员比较了 ASE、微波萃取和超声萃取三种方法提取土壤中多氯联苯、多环芳烃等化合物,结果表明 ASE 和微波萃取回收率相当,优于超声萃取方法。上述提取方法也同样适用于环境样品中的多溴联苯醚的提取。有关的研究认为,采用超声波辅助萃取法和微波辅助萃取样品中的多溴联苯醚,其优点在于快速高效、溶剂用量小、可同时测定多个样品,适用范围广,但有报道认为这两种提取方法的加标回收率偏低。

这些方法中快速溶剂提取、加压流体萃取和超临界流体提取等现代提取方法在有机溶

剂的消耗量和提取时间与经典的索氏提取方法相比具有明显的优势，但是这些方法所需的专用设备较为昂贵。索氏提取方法虽然需要大量的溶剂和较长的提取时间，但其具有设备成本很低，操作容易的特点，而且被视为有机溶剂提取方法的"基准"（benchmark），用于其他萃取方法的验证。

由于上述的提取方法是非选择性的，因此海洋沉积物或生物样品的提取液中存在大量的干扰物质（如脂类、蛋白质、色素、酞酸酯和分子态硫等），这些物质不仅会干扰仪器对目标化合物的测定，而且还会影响仪器性能的稳定性。因此需要对提取液进行净化处理，以期最大程度地减轻干扰物质对分析测定和仪器的影响。

美国 EPA3600 系列方法中提出了样品提取液的各种不同净化选择。如氧化铝（中性、酸性和碱性）净化方法（3610B）、佛罗里土方法（3620C）、硅胶净化方法（3630C）、凝胶渗透方法（3640A）、去硫方法（3660B）和硫酸－高锰酸钾方法（3665A）等。这些方法的基本原理涉及吸附色谱（3610B、3620C 和 3630C）、分子排阻色谱（3640A）和氧化方法（3660B 和 3665A）。

去除提取液中的脂类物质可以采用氧化铝、佛罗里土和凝胶渗透（GPC）净化方法。其中凝胶渗透方法的工作原理就是高于分子排阻限的大分子化合物能较快地通过色谱柱，而在分子排阻限范围内的小分子化合物渗透于聚苯乙烯聚合物的空隙中，因此需要花较长的时间通过色谱注，从而实现大、小分子化合物的分离。GPC 也因此被称为分子排阻色谱（SEC）。GPC 主要优点是样品的净化是非破坏性的，同时色谱柱可重复使用。凝胶渗透色谱方法能去除分子态硫等小分子化合物，因此处理沉积物样品时可免去 EPA3660B 方法中铜粉或四丁基亚硫酸铵除硫步骤。GPC（低压至中压）的缺点是需要较大体积的有机溶剂作为淋洗剂，同时收集的淋出液中还含有少量的脂类物质，需要作进一步净化。

基于氧化还原的硫酸－高锰酸钾方法（3665A）能较彻底地去除提取液中的有机干扰物质，适用于样品中多氯联苯类目标化合物的净化，但不能应用于稳定性较差的多环芳烃和部分有机氯农药组分的净化。

硅胶和佛罗里土除用于样品的净化外，还用于不同类有机化合物的分离。如 Boer 等人利用硅胶色谱柱通过采用不同的淋洗溶剂将有机氯农药和多氯联苯进行分离。Jang 等人基于 EPA3630 方法对沉积物样品的提取液同时进行硅胶净化和多氯联苯/多环芳烃分离，采用 60～65 ml 的正戊烷或正己烷和 40 ml 的二氯甲烷连续淋洗硅胶柱分别得到了多氯联苯和多环芳烃，两类化合物的回收率情况良好。Wolska 采用硅胶 SPE 小柱通过二氯甲烷和正戊烷溶剂将沉积物提取液中的多氯联苯和多环芳烃分离。通过吸附方法将不同类有机化合物进行分离，消除了化合物的测定干扰（如部分有机氯农药干扰多氯联苯的测定），为多残留分析测定技术提供了前提条件。

多氯联苯中非邻位取代和单邻位取代的同系物能对生物产生类似二噁英类的毒性效应而倍受人们的关注。由于这些化合物含量较低，因此采用了活性炭玻璃柱色谱、多孔石墨碳和 PYE 柱液相色谱方法将非邻位和单邻位的从双邻位取代的多氯联苯同系物中分离出来。分离的方法是基于非邻位取代和单邻位取代的同系物呈平面结构，而双邻位取代的由于邻位上的两个氯原子而呈空间立体结构，因而两者的π电子密度不同。非邻位和单邻位的在活性炭上的保留时间比双邻位取代的要长，通过不同极性的有机溶剂淋洗加以分离。通过分离，有助于非邻位取代和单邻位取代的同系物的准确定性和定量。

二、仪器测定方法评述

美国 EPA8000B 系列方法推荐了多氯联苯、多环芳烃和有机氯农药的测定方法。多氯联苯采用 GC-ECD/ELCD（方法 8082），多环芳烃采用 GC-FID（方法 8100）和 HPLC（方法 8310），而有机氯农药采用 GC-ECD/ELCD（方法 8081）进行测定。另外，美国 EPA 还在方法 8270C 中采用 GC/MS 作为半挥发性有机化合物的测定方法。这些分析方法技术成熟，质量保证体系完善，被许多研究人员所采用。

GC-ECD 是目前最常用的检测氯代有机化合物的方法，具有技术成熟、购置和运行成本较低、检出限低（ng/g 水平或更低）等优点。但 ECD 容易受到硫、钛酸酯和碳氢化合物等干扰物质的影响，可能会出现假阳性的测定结果。如美国 EPA8081 和 8082 方法中推荐使用两个不同极性的毛细管柱进行测定，其中一根柱作为定性识别目标化合物；或者用 GC/MS 作为定性的手段。同时，其线性范围较窄，实际分析中需要做多水平的校正曲线进行校正。

多溴联苯醚的测定方法主要有气相色谱-负离子化学源-质谱联用、气相色谱-串联质谱联用和液相色谱-质谱联用技术等，而气相色谱电子捕获检测器由于对有机溴化合物的响应低于有机氯化合物，所以只能测定含多溴联苯醚浓度较高的样品。美国 EPA1614 方法采用了气相色谱-高分辨质谱联用技术，对环境水样、土壤、沉积物和生物样品中多溴联苯醚的测定和质量保证提供了详细的指导。

对环境有机分析来说，GC/MS，特别是台式小型 GC/MS 的出现，无疑是重大的突破。气相色谱-高分辨质谱（GC-HRMS）的分辨率可以达到 10 000 以上，具有极高的灵敏度，被应用于二噁英和非邻位取代 PCBs 的检测。美国 EPA1613 和 1668 方法均采用了 GC-HRMS 检测技术。但高分辨质谱仪的购置维护费用高昂，结构复杂，技术难度大，国内也仅有少数实验室配置了该仪器。台式小型质谱具有较低的价格、操作简单的特点而被人们所广泛应用。目前气相色谱-低分辨质谱仪（GC-LRMS）在选择离子监测（EI-SIM）模式下可以到达皮克（10^{-12}g）及以下水平。与 ECD 检测器相比，其线性动态范围更宽。而 GC-LRMS 在电子捕获负离子模式下检出限更是达到了飞克（10^{-15}g）水平。目前，用于有机分析的台式小型质谱主要有：单四极杆质谱、三重四极杆质谱和离子阱质谱。其中三重四极杆质谱和离子阱质谱都采用了串联质谱技术（MS-MS），具有定性准确、抗干扰能力强和测定灵敏度高的特点。相比于采用空间串联技术的三重四极杆质谱，采用时间串联技术的离子阱质谱在仪器体积、价格和分析成本上具有明显的优势。

三、有机氯农药、多氯联苯和多环芳烃的气质联用分析方法

（一）标准溶液、试剂和主要实验仪器

1. 标准溶液

20 种有机氯农药混合标准（α-六六六，β-六六六，γ-六六六，δ-六六六，七氯，艾氏剂，环氧七氯，γ-氯丹，α-氯丹，硫丹（I），狄氏剂，异狄氏剂，p,p'-DDE，硫丹（II），

p,p'-DDD，异狄氏醛，p,p'-DDT，硫酸硫丹，异狄氏酮和甲氧氯）及替代标准（TCMX 和 PCB198）、美国 EPA16 种多环芳烃混合标准，5 种氘代回收内标（氘代萘，氘代二氢苊，氘代䓛，氘代二萘嵌苯，氘代菲）均购自美国 Supelco 公司。28 种多氯联苯同族物混合标准（C-WNN）和有机氯农药的进样内标（PCB103）购自美国 AccuStandard 公司。含 9 种 ^{13}C 标记的多氯联苯回收内标（二氯代到十氯代）；^{13}C-PCB202 进样内标和 2 种多环芳烃的氘代进样内标（氘代苯并[a]芘，氘代苉）均购自 Cambridge Isotope Laboratories，Inc.分析的目标化合物、回收内标、进样内标及替代标准详见表 3.4 及表 3.5。

表 3.4　多氯联苯标准及回收和进样内标

多氯联苯混合标准	IUPAC 编号	多氯联苯回收内标	多氯联苯进样内标
2,4'-2CB	8	^{13}C4,4'-2CB	^{13}C-2,2',3,3',5,5',6,6'-8CB
2,2',5-3CB	18	^{13}C2,4,4'-3CB	
2,4,4'-3CB	28	^{13}C2,2',5,5'-4CB	
2,2',5,5'-4CB	52	^{13}C2,3',4,4',5-5CB	
2,2',3,5'-4CB	44	^{13}C2,2',4,4',5,5'-6CB	
2,3',4,4'-4CB	66	^{13}C2,2',3,4,4',5,5'-7CB	
2,2'4,5,5'-5CB	101	^{13}C-2,2',3,3',5,5',6,6'-8CB	
3,3',4,4'-4CB	77	^{13}C2,2',3,3',4,5,5',6,6'-9CB	
3,4,4',5-4CB	81	^{13}C-DCB	
2,3,4,4',5-5CB	114		
2,3',4,4',5-5CB	118		
2',3,4,4',5-5CB	123		
2,2',4,4',5,5'-6CB	153		
2,3,3',4,4'-5CB	105		
2,2',3,4,4',5'-6CB	138		
3,3',4,4',5-5CB	126		
2,2',3,4',5,5',6-7CB	187		
2,2',3,3',4,4'-6CB	128		
2,3',4,4',5,5'-6CB	167		
2,3,3',4,4',5-6CB	156		
2,3,3',4,4',5'-6CB	157		
2,2',3,4,4',5,5'-7CB	180		
3,3',4,4',5,5'-6CB	169		
2,2',3,3',4,4',5-7CB	170		
2,3,3',4,4',5,5'-7CB	189		
2,2',3,3',4,4',5,6-8CB	195		
2,2',3,3',4,4',5,5',6-9CB	206		
DCB	209		

表 3.5　有机氯农药、多环芳烃标准及内标和替代标准

有机氯农药	有机氯农药替代标准	有机氯农药进样内标
α-六六六		PCB103
β-六六六		
γ-六六六		
δ-六六六		
七氯（heptachlor）		
艾氏剂（aldrin）		
环氧七氯（Heptachlor epoxide）		
γ-氯丹（gamma-chlordane）		
α-氯丹（alpha-chlordane）		
硫丹（I）（Endosulfan（I））	四氯间二甲苯	
p,p'-DDE	PCB198	
狄氏剂（Dieldrin）		
异狄氏剂（Endrin）		
硫丹（II）（endosulfan（II））		
p,p'-DDD		
异狄氏醛（Endrin aldehyde）		
硫酸硫丹（Endosulfan sulfate）		
p,p'-DDT		
异狄氏酮（endrin ketone）		
甲氧氯（Methoxychlor）		
多环芳烃	多环芳烃回收内标	多环芳烃进样内标
萘		氘代苯并[*a*]芘
苊		氘代䓛
二氢苊		
芴		
菲		
蒽		
荧蒽	氘代萘	
芘	氘代二氢苊	
苯并[*a*]蒽	氘代菧	
䓛	氘代二萘嵌苯	
苯并[*b*]荧蒽	氘代菲	
苯并[*k*]荧蒽		
苯并[*a*]芘		
茚并[1,2,3-*c,d*]芘		
二苯并[*a,h*]蒽		
苯并[*g,h,i*]苝		

2. 试剂

无水硫酸钠（农残级，Tedia 公司）；硅胶（70～230 目，Fluka 公司）；碱性氧化铝（0.05～0.15 mm，Fluka 公司）；GPC 校正溶液（含五组分 AccuStandard 公司）。其他有机溶剂，如二氯甲烷，正戊烷，正己烷等均为农残级（Tedia 公司）。壬烷（Fluka 公司）。

3. 主要实验仪器

气相色谱-质谱联用仪（Varian GC 3800/Saturn 2200）；凝胶渗透色谱仪（GPC Vario 配可变波长检测器，LC-tech 公司）；Buchi R200 旋转蒸发器（带 V800 真空控制单元）；N-Evap 111 氮吹仪（Organomation 公司）；冷冻干燥仪（Labconco 公司）；索氏提取器；K·D 浓缩器；层析柱（10×350 mm）；分析天平；超声清洗器；旋涡混匀器；马弗炉；烘箱等实验室设备。

（二）实验方法

1. 色谱质谱实验条件

（1）色谱条件：VF-5 ms 色谱柱（30 m×0.25 mm×0.25 μm）；无分流进样；氦气流量：1.0 ml/min，恒流。

（2）质谱条件：电离方式：EI；电子能量：70eV；扫描速率：0.5 s；RF 储存水平：45u；离子肼温度：200℃；传输线温度：280℃；歧管温度：50℃；灯丝电流：50 μA；电子倍增管电压：1 650kV；CID 模式：共振，其他参数如表 3.6。

2. 测定方法

生物样品中的多氯联苯、有机氯和多环芳烃这三大类六十四种化合物均采用气相色谱-质谱方法进行分析测定。其中，多氯联苯和有机氯农药采用 GC/MS/MS 二级质谱技术。相比于一级质谱（GC/MS），该技术在低目标浓度、高基质背景下具有明显降低背景干扰、改善检测限的优势。多环芳烃采用一级质谱的选择离子存储技术（SIS）进行测定。所使用的气质联用仪器的主要设定参数及条件见表 3.6。

表 3.6　气质分析仪器参数

	多氯联苯	有机氯	多环芳烃
气相色谱参数			
进样体积/μl	2 μl	1 μl	2 μl
进样口温度/℃	280	250	300
柱温箱升温程序	80℃ 保持 1 min，以 15℃/min 升至 160℃，保持 1 min，再以 3℃/min 升至 310℃	80℃保持 2 min，以 15℃/min 升至 190℃，保持 2 min，再以 10℃/min 升至 230℃，保持 5 min，然后以 10℃/min 升至 290℃	60℃保持 1 min，以 10℃/min 升至 210℃，再以 1.5 ℃/min 升至 260℃，然后以 3.0℃/min 升至 290℃
质谱参数			
电离模式	二级质谱 MRM	GC-MS-MS	EI/MS-SIS
质量扫描范围（m/z）	150～445	100～383	48～290
灯丝延迟/min	7.50	9.79	5.40
目标离子数/个	5 000	5 000	10 000

（三）样品净化条件的选择

1. GPC 凝胶色谱淋洗条件的选择

贝类样品的索氏提取液中含有大量的蛋白质、脂类和色素等干扰物质，需做净化处理。本研究采用了非破坏性的凝胶渗透色谱方法对提取液进行初步净化。GPC 样品净化方法参考美国 EPA3640A 方法。采用德国 LC-Tech 公司生产的全自动凝胶渗透净化仪用于样品的初级提纯。该仪器填充柱内装了 50 g200～400 目的多孔交联的聚苯乙烯聚合物（Bio-Beads SX3）。其可净化处理含有高达 1 g 脂肪的样品。GPC 的工作原理就是高于分子排阻限的大分子化合物能较快地通过色谱柱，而在分子排阻限范围内的小分子化合物渗透于聚苯乙烯聚合物的空隙中，因此需要花较长的时间通过色谱注，从而实现大、小分子化合物的分离。GPC 也因此被称为分子排阻色谱（SEC）。GPC 主要优点是样品的净化是非破坏性的，同时色谱柱可重复使用。本实验中，GPC 的流动相为二氯甲烷，压缩系数设定为 0.70。

混合标准溶液由多氯联苯、有机氯和多环芳烃各自的标准液用二氯甲烷稀释配制而成，进 GPC 色谱柱量分别为 10 ng、50ng 和 200ng。在混合标准溶液中还加入了多氯联苯、有机氯和多环芳烃的回收内标或替代标准。采用 GPC 自带的 partial loop fill 功能将该混合标准液全量输入到色谱柱内进行 GPC 淋洗净化实验。GPC 淋洗净化的初始设置参数为：

流动相流速：恒流方式，5 ml/min；

Forerun：840 s；Mainrun：900 s（连续收集 15 段淋洗液，每段 1 min）；

Tailing：300 s。

所收集的上述 15 段淋洗液最后氮吹定容到 0.5 ml，加入各自的进样内标后，作 GC/MS 的测定，以制作淋洗曲线。按照如上的方法，分别得到图 3.3～图 3.5 的有机氯、多氯联苯和多环芳烃的 GPC 淋洗曲线。

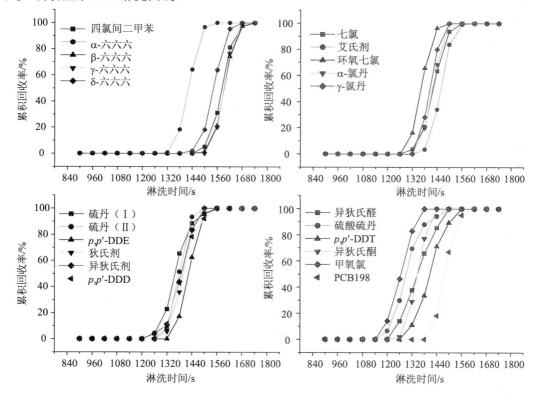

图 3.3 有机氯各组分（包括替代标准）的 GPC 淋洗曲线

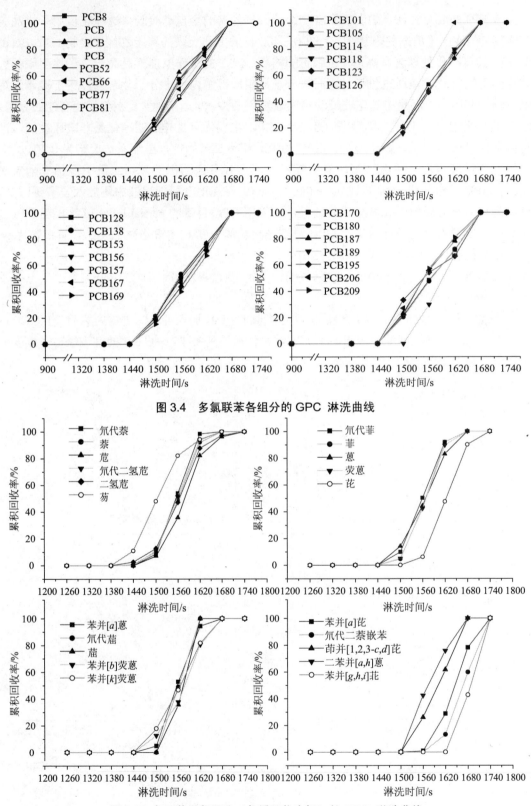

图 3.4 多氯联苯各组分的 GPC 淋洗曲线

图 3.5 多环芳烃各组分（包括回收内标）的 GPC 淋洗曲线

从淋洗曲线可知，有机氯农药、多氯联苯和多环芳烃的 GPC 淋出区间分别为 1 140～1 740 s、1 640～1 680 s 和 1 380～1 740 s。因此，选择收集 1 140～1 740 s 区间的淋出组分即可将此三大类目标化合物完全回收。为了更加清楚地了解 GPC 净化效果，将含有五种组分的 GPC 校正溶液（配制于二氯甲烷中），即玉米油、二（乙基己基）酞酸酯、甲氧氯、二萘嵌苯和硫，按以上方法制作五组分在紫外波长λ=254nm 时的淋洗曲线（见图 3.6）。从淋洗曲线可知，在所选择的收集区间 1 140～1 740 s 区间内（19～29 min），玉米油、二（乙基己基）酞酸酯和硫分别在前排弃段和后排弃段被排除，而代表有机氯和多环芳烃的甲氧氯和二萘嵌苯被收集。因此，GPC 净化方法能去除生物样品提取液中的大分子化合物如蛋白质、脂类和色素等，起到了初步净化的效果。应用于土壤或沉积物样品的净化时，还能将硫去除。在随后的回收率测定中，上述目标化合物的 GPC 回收率范围在 83%～115% 之间，进一步说明该淋洗组分的收集区间是符合要求的。

在实验室日常分析中，校正溶液中五种化合物保留时间的漂移情况来评价 GPC 系统性能的稳定性。如果校正测定中五种化合物各次测定的保留时间漂移在 5%以下，说明系统处于稳定状态，所设定的排弃和收集区间有效。否则应重新制作淋洗曲线进行校正。在本实验过程中，校正溶液中五组分的保留时间漂移始终小于 3%，说明该系统处于较稳定的状态。

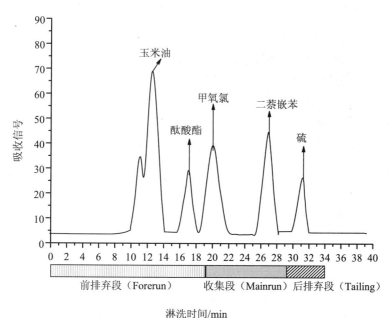

图 3.6　GPC 校正溶液的紫外吸收信号-时间曲线

2. 铝硅胶色谱柱淋洗条件的选择

虽然提取液经 GPC 净化处理后已去除了大部分蛋白质、脂类和色素等大分子化合物，但还存有少量的干扰物质。实验中发现经 GPC 处理后的部分提取液仍有浅淡的颜色。如果直接进样分析，可能不仅会产生严重的基体干扰，而且对仪器稳定性造成不利的影响。同时，GPC 净化液中有机氯农药中的某些组分会对多氯联苯的测定产生干扰。因此，本研究采用了碱性氧化铝/硅胶色谱法对 GPC 净化后的提取液做进一步的净化和组分分离。铝硅胶色谱柱的净化效果主要由吸附剂量和含水率以及淋洗溶剂的极性所决定。一般来说，3～10 g 0～5%去活化的吸附剂可以有效地达到净化的目的。选择 5%去活化碱性氧化铝和 2%去活化硅胶为吸附剂，因为碱性氧化铝+硅胶能有效地将目标化合物同鱼体脂类物质相分离。

5%去活化碱性氧化铝的制备：碱性氧化铝置于400℃马弗炉中烘 12 h，冷却后放入干燥器内。称取 100 g 氧化铝于具塞锥形瓶中，加入 5.26 ml Mili-Q 纯水后置在振荡器中摇匀后，放入干燥器内 6 h 后才可使用。

2%去活化硅胶的制备：将硅胶置于 130℃烘箱中干燥 16 h 以上，待冷却后放入干燥器内。称取 100 g 硅胶于具塞锥形瓶中，加入 2.04 ml Mili-Q 纯水后置在振荡器中摇匀后，放入干燥器内 24 h 后才可使用。

无水硫酸钠的处理：农残级的无水硫酸钠于550℃马弗炉中烘 16 h 以上，冷却后放入干燥器内待用。

铝硅胶色谱柱的制备：称取 5.0 g 2%去活化硅胶用二氯甲烷拌成糊状，湿法填入带砂芯和聚四氟的玻璃色谱柱（10×350 mm）中，再将 5.0 g 的 5%去活化氧化铝湿法填入柱内，然后加入 4 cm 高的无水硫酸钠。先用 40 ml 正戊烷淋洗色谱柱；将二氯甲烷完全淋洗出后，待用。

GPC 的二氯甲烷淋出液（50 ml）先用 K·D 浓缩器浓缩（水浴温度为 55℃左右），再在氮吹仪下溶剂转换为正己烷。将此正己烷溶液加入到上述的铝硅胶色谱柱内，用 100 ml 的正戊烷分段淋洗，每段为 10 ml。所收集的上述 10 段淋洗液最后氮吹定容到 0.5 ml，加入各自的进样内标后，作 GC/MS 的测定，以制作淋洗曲线。混合标准溶液的浓度与制作 GPC 淋洗曲线时相同，但所使用的溶剂为正己烷。

按照如上的方法，分别得到图 3.7～图 3.9 的铝硅胶色谱柱淋洗曲线。

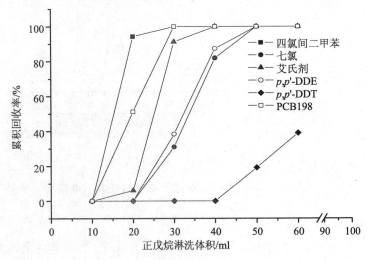

图 3.7　有机氯的色谱柱淋洗曲线

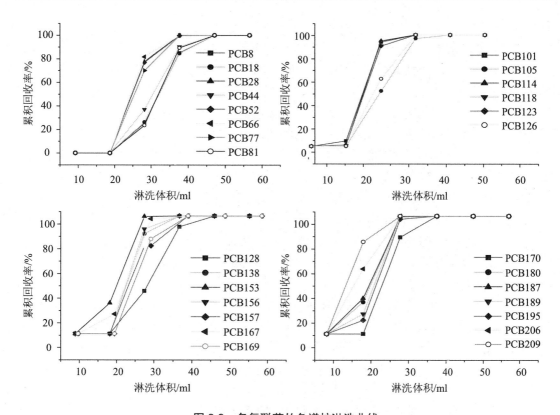

图 3.8　多氯联苯的色谱柱淋洗曲线

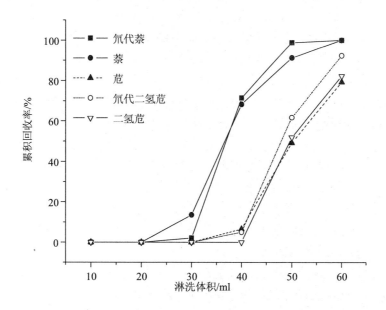

图 3.9　多环芳烃的色谱柱淋洗曲线

　　从淋洗曲线可知，有机氯农药中的七氯、艾氏剂、p,p'-DDE 和两种替代内标四氯间二甲苯及 PCB198 在 50 ml 的淋洗体积下可完全回收，而此时已有 20% 左右的 p,p'-DDT 已被淋洗出。

从多氯联苯的淋洗曲线可知，多氯联苯各组分随氯代数量的增加，所需的正戊烷体积逐渐减少。高氯代的先被淋洗出，而低氯代的后淋出。一般来说，50 ml 的正戊烷可将多氯联苯完全淋洗回收。

多环芳烃中的萘和氘代萘可被 60 ml 的正戊烷完全淋洗出，而苊、二氢苊和氘代二氢苊此时也已被大部分淋出。未出现多环芳烃其他组分。

综合平衡考虑这三类化合物的淋洗情况，认为选择 40 ml 正戊烷淋洗体积较为合适。此时，70%左右的萘和氘代萘已被淋出，而苊、二氢苊和氘代二氢苊只是少量淋出。对于多氯联苯来说，大部分组分均得到淋出，而有机氯中的七氯、艾氏剂、p,p'-DDE 和两种替代内标四氯间二甲苯及 PCB198 也同样情况。

因此，最后选择的 40 ml 正戊烷淋洗液作为 F1 组分。50 ml 的 1∶1 二氯甲烷/正戊烷作为 F2 组分的淋洗剂。其极性比正戊烷稍强，可将余下的有机氯和多环芳烃组分完全淋洗回收。

综上所述，F1 淋洗组分中主要有多氯联苯、有机氯中的七氯、艾氏剂、p,p'-DDE 和多环芳烃中的萘和氘代萘。而 F2 淋洗组分中主要含有机氯和多环芳烃中的其他组分。通过铝硅胶色谱柱，提取液不仅得到进一步的净化，而且各类化合物获得分离和定量回收。

（四）GC-MS 质谱分析条件的优化

在离子阱串联质谱分析中，影响获得最大灵敏度和较低干扰的因素有：所选择的母离子强度、CID 效率、母离子发生碎裂的效率和子离子收集效率等。其中 qz 值和 CID 电压的选择是最重要的因素。

分别对多氯联苯和有机氯在 qz 值（最大激发能量），特别是 CID 电压的选择优化上进行了多次重复试验，初步确定了上述的有关参数。

1. 多氯联苯 MRM 条件的优化

母离子的选择：为了获得最佳灵敏度和选择性，以各族多氯联苯的分子离子为母离子（M+2 或 M+4），采用共振 CID（碰撞诱导解离）模式使母离子裂解产生子离子。各族多氯联苯的母离子一般以失去两个氯原子形成 M-2Cl 子离子。因此定量是基于这两个子离子，而定性则根据两个子离子实际测得的同位素丰度比与理论计算的丰度比的吻合程度。

CID 储存水平的选择：各族多氯联苯最小子离子的 m/z 除以 1.4 即为 CID 最佳储存水平。在该储存水平下，各子离子处于离子阱最稳定的区域内。

每个 MS 片段最多同时监测 4 个母离子以获得较好的定量分析结果。因而质谱的离子准备方式为 MRM（多反应监测）。

CID 电压的选择：使用仪器软件包中自带的 AMD（自动方法开发）功能，对多氯联苯各族化合物的 CID 电压进行优化和选择。除考虑子离子峰的强度外，其同位素丰度比也应在理论计算值的范围内（±30%）。

多氯联苯 [13]C 同位素回收及进样内标的参数选择方法与上述方法相同。最后确定的 PCBs 各族化合物的 IPM 参数如表 3.7。采用 9 种 [13]C 同位素回收内标作为多氯联苯含量计算时的回收校正，而进样内标用于考察回收内标的实际回收率。多氯联苯的二级质谱图及四通道合并图分别见图 3.10。

表 3.7　PCBs 各族化合物的 IPM 参数

同族物	母离子（m/z）	子离子（m/z）	CID 储存水平（m/z）	CID 电压/v
T2CB	222	152	109	0.60
¹³C-T2CB	234	164	117	0.70
T3CB	258	186/188	133	1.00
¹³C-T3CB	270	198/200	141	1.00
T4CB	292	200/222	157	1.00
¹³C-T4CB	304	232/234	166	1.00
P5CB	326	254/256	181	1.00
¹³C-P5CB	338	266/268	190	1.10
H6CB	360	288/290	206	1.30
¹³C-H6CB	372	300/302	214	1.20
H7CB	396	324/326	231	1.20
¹³C-H7CB	408	336/338	240	1.30
O8CB	430	358/360	256	1.30
¹³C-O8CB	442	370/372	264	1.30
N9CB	464	392/394	280	1.40
¹³C-N9CB	476	404/406	289	1.40
D10CB	498	426/428	304	1.30
¹³C-D10CB	510	438/440	313	1.30

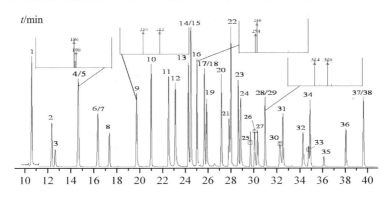

图 3.10　多氯联苯标准溶液，¹³C 标记的回收和进样内标的总离子流图（四通道合并）及 PCB28、PCB66、
PCB123 和 PCB180 二级质谱图

1—PCB8；2—PCB18；3—¹³C-PCB15（回收内标）；4—¹³C-PCB28（回收内标）；5—PCB28；
6—¹³C-PCB52（回收内标）；7—PCB52；8—PCB44；9—PCB66；10—PCB101；11—PCB77；12—PCB81；
13—PCB114；14—¹³C-PCB118（回收内标）；15—PCB118；16—PCB123；17—¹³C-PCB153（回收内标）；
18—PCB153；19—PCB105；20—PCB138；21—PCB126；22—PCB187；23—PCB128；24—PCB167；
25—¹³C-PCB202（进样内标）；26—PCB156；27—PCB157；28—¹³C-PCB180（回收内标）；29—PCB180；
30—PCB169；31—PCB170；32—PCB189；33—¹³C-PCB208（回收内标）；34—PCB195；
35—¹³C-PCB194（回收内标）；36—PCB206；37—PCB209；38—¹³C-PCB209（回收内标）

2．有机氯农药 MS/MS 条件的优化

母离子的选择：选择有机氯目标化合物的分子离子为母离子。

CID 储存水平的选择：选择 q 值为 0.4，根据 Mathieu 方程，计算出不同母离子所对应的 CID 储存水平。

CID 电压的选择：使用仪器软件包中自带的 AMD（自动方法开发）功能，对有机氯各化合物的共振 CID 电压进行优化和选择。所选择的 CID 电压应使子离子有较强的丰度，同时母离子的丰度保持在 15%左右有利于化合物的定性。有机氯的定量方法采用子离子的峰面积积分方法，而定性方法是通过自建其二级质谱的谱库方式进行匹配判别。有机氯的两种替代标准仅用于考察实际待测化合物的回收情况，不作回收校正计算之用。所选择的二级质谱参数和二级质谱总离子流图分别见表 3.8 和图 3.11。

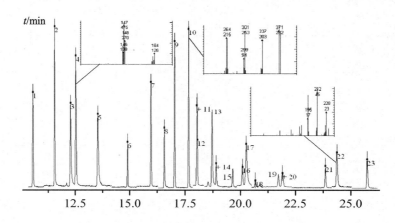

图 3.11 有机氯混标、替代和进样内标总离子流图（两通道合并）及γ-六六六、γ-氯丹和甲氧氯二级质谱图

1—四氯间二甲苯（TCMX，替代标准）；2—α-六六六；3—β-六六六；4—γ-六六六；5—δ-六六六；6—七氯（heptachlor）；7—艾氏剂（aldrin）；8—PCB103（进样内标）；9—环氧七氯（heptachlor epoxide）；10—γ-氯丹（γ-chlordane）；11—α-氯丹（α-chlordane）；12—硫丹（I）（endosulfan（I））；13—p,p'-DDE；14—狄氏剂（dieldrin）；15—异狄氏剂（endrin）；16—硫丹（II）（endosulfan（II））；17—p,p'-DDD；18—硫酸硫丹（endosulfan sulfate）；19—异狄氏醛（endrin aldehyde）；20—p,p'-DDT；21—异狄氏酮（endrinketone）；22—甲氧氯（methoxychlor）；23—PCB198（替代标准）

表 3.8 有机氯农药的 IPM 参数

化合物名称	母离子（m/z）	子离子（m/z）	CID 储存水平（m/z）	CID 电压/V
α-六六六	183	147	80.5	0.36
β-六六六	183	147	80.5	0.36
γ-六六六	183	147	80.5	0.36
δ-六六六	183	147	80.5	0.36
七氯	272	237	120	0.31
艾氏剂	263	228	181	0.80

化合物名称	母离子（m/z）	子离子（m/z）	CID 储存水平（m/z）	CID 电压/V
环氧七氯	353	317	155.7	0.33
γ-氯丹	373	337	164.6	0.56
α-氯丹	373	337	164.6	0.56
硫丹（I）	241	206	106.2	0.40
p,p'-DDE	246	176	108.4	0.50
狄氏剂	277	241	122.1	0.38
异狄氏剂	245	209	108	0.43
硫丹（II）	241	206	106.2	0.40
p,p'-DDD	235	165	103.5	0.40
异狄氏醛	345	281	152.2	0.28
硫酸硫丹	272	237	120	0.32
p,p'-DDT	235	165	103.5	0.45
异狄氏酮	317	245	317	0.32
甲氧氯	227	212	227	0.42

3. 多环芳烃分析条件的选择

多环芳烃的分析方法采用离子阱的选择离子存储（SIS）模式。该模式是通过 AGC（自动增益控制），将所需要的待测离子储存在阱内，而将基体或其他干扰离子用共振离子逐出（Resonant Ion Ejection）技术逐出离子阱。该模式不仅提高了待测离子在阱内的"浓度"，同时也降低了基体的干扰。

本实验中，每种多环芳烃选择 2~3 个特征离子作定性识别，而其分子离子用于定量计算。采用 5 种氘代回收内标对 16 种多环芳烃化合物作回收校正，而用 2 种氘代进样内标考察回收内标的回收率。具体的 GC/MS SIS 分析条件如表 3.9。图 3.12 为多环芳烃混合标准溶液及氘代回收内标的 SIS 谱图。

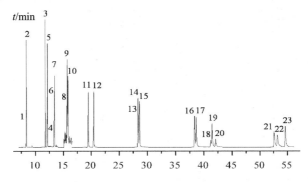

图 3.12 多环芳烃标准溶液和氘代内标的 SIS 总离子流图

1—氘代萘（回收内标）；2—萘；3—苊；4—氘代二氢苊（回收内标）；5—二氢苊；
6—氘代芴（进样内标）；7—芴；8—氘代菲（回收内标）；9—菲；10—蒽；11—荧蒽；12—芘；
13—苯并[a]蒽；14—氘代䓛（回收内标）；15—䓛；16—苯并[b]荧蒽；17—苯并[k]荧蒽；
18—氘代苯并[a]芘（进样内标）；19—苯并[a]芘；20—氘代二萘嵌苯（回收内标）；
21—茚并[1,2,3-c,d]芘；22—二苯并[a,h]蒽；23—苯并[g,h,i]芘

表 3.9　多环芳烃及氘代化合物的选择离子储存（SIS）分析参数

化合物名称	分子离子（m/z）	特征离子（m/z）
萘	128	127，128，51
氘代萘	136	
苊	152	151，152，76
二氢苊	154	153，154，76
氘代二氢苊	164	
芴	166	165，166，82
氘代芴	176	
菲	178	178，152，89
氘代菲	188	
蒽	178	178，152，89
荧蒽	202	202，200，101
芘	202	202，200，101
苯并[a]蒽	228	228，226，114
䓛	228	228，226，114
氘代䓛	240	
苯并[b]荧蒽	252	252，250，126
苯并[k]荧蒽	252	252，126
苯并[a]芘	252	252，250，126
氘代苯并[a]芘	264	
氘代二萘嵌苯	264	
茚并[1,2,3-c,d]芘	276	276，138
二苯并[a,h]蒽	278	278，276，139
苯并[g,h,i]苝	276	276，274，138

　　多环芳烃中有四组较难分离的组分，即菲/蒽（m/z 178）、苯并[a]蒽/䓛（m/z 228）、苯并[b]荧蒽/苯并[k]荧蒽（m/z 252）和茚并[1,2,3-c,d]芘/二苯并[a,h]蒽（m/z 276/278）在本实验条件下均得到了较好的分离（图 3.13）。

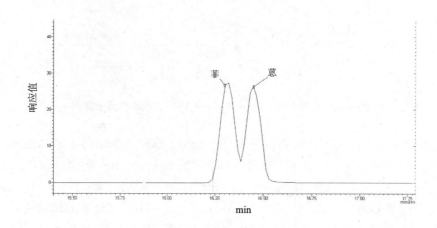

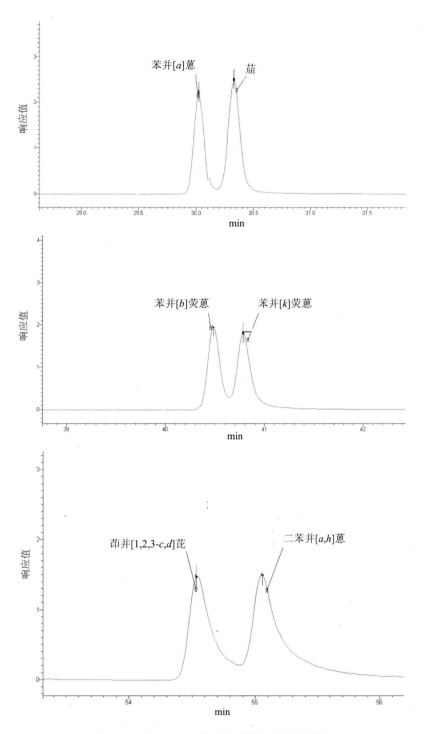

图 3.13 PAHs 四对较难分离组分的分离情况

（五）工作曲线和方法检出限

多氯联苯、有机氯农药和多环芳烃均采用 5 点内标法定量，工作曲线的浓度范围分别

为 $10\sim100$ pg/μL，$10\sim200$ pg/μL 和 $40\sim800$ pg/μL。各目标化合物的线性相关系数（r）在 0.995～0.999 之间。同时在样品分析过程中，随机插入校正曲线的中间浓度点以评价仪器的稳定性（RPD<20%）。

加入多氯联苯、有机氯和多环芳烃标准溶液和回收内标于缢蛏样品中，分别经索氏提取、GPC 和铝硅胶柱净化，平行分析七份样品，计算标准偏差（σ）。根据 $t(6,0.99)=3.143$，方法检出限（MDL）$=3.143\sigma$。计算得到多氯联苯、有机氯和多环芳烃各组分的检出限分别为 0.01～0.14，0.02～0.17 和 0.52～0.81 ng/g（湿重）。

四、多溴联苯醚的 GC-MS-MS 分析方法

（一）实验仪器和试剂

1. 实验仪器

气相色谱串接四极杆质谱联用（TRACE TSQ QUANTUM GC 型）。质量检测器（四级杆）EI 源。进样注射器（Thermo Scientific）。毛细管柱：DB-5；移液枪（Thermo）；ASE 350 快速溶剂萃取；氮吹仪（N-EVAP-111）；溶剂蒸发浓缩仪 DryVap；超声波清洗器 KQ-100E 型；凝胶净化仪 GPCvario；电热恒温鼓风干燥箱 DHG-9033BS；漩涡混合器 QT-2；电子天平。

2. 实验试剂及标准溶液

无水 Na_2SO_4 和氧化铝于 450℃条件下烘干 5 h，冷却至常温，贮于干燥器中备用。实验室使用试剂（正己烷、二氯甲烷、正戊烷）均为农残级（美国天地公司）。

标准溶液：多溴联苯醚的标准溶液混合标样，包括 BDE17、BDE28、BDE71、BDEl00、BDE99、BDE85、BDE154、BDE153、BDEl38 和 BDE183、BDE190（Accustandards，USA，IUPAC 命名）。[13]C 内标物包括 [13]C12-BDE28、[13]C12-BDE47、[13]C12-BDE99、[13]C12-BDE100、[13]C12-BDE153、 [13]C12-BDE154、[13]C12-BDE183（Cambridge Isotope Laboratories）。

（二）仪器条件

1. 气相色谱条件

进样口温度：280℃，不分流进样，进样量为 2 μl，载气为高纯 He 气，柱流量 1.5 ml/min。柱箱升温程序为：初始温度 110℃，保持 1 min，以 15℃/min 的速度升至 180℃，保持 1 min，以 3℃/min 的速率升至 240℃，保持 5 min，再以 2℃/min 的速率升至 280℃，保持 5 min，最后以 15℃/min 的速率升至 310℃并保持 5 min。运行时间 63 min。

2. 质谱条件

发射电流：100 μA，灯丝打开时间：12 min，离子源温度：250℃，四极杆温度：150℃；全扫描范围 m/z（200～1 000），扫描时间：0.4s，溶剂延迟时间 2 min。

在此条件下，13 种多溴联苯醚能够较好地分离，经 NIST 谱库检索后确定 13 种多溴联苯醚的出峰顺序及保留时间。图 3.14 为 13 种 PBDEs 全扫描谱图。图 3.15 为 7 种 [13]C 标记的 PBDEs 的全扫描谱图。

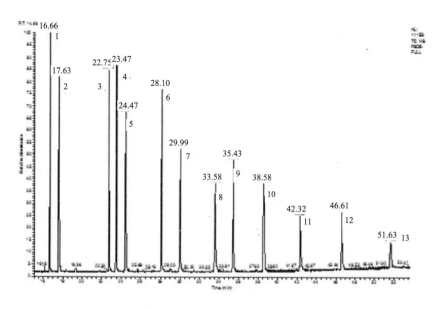

图 3.14　13 种 PBDEs 全扫描谱图

1—BDE17，保留时间为 16.66 min；2—BDE28，保留时间为 17.63 min；3—BDE71，保留时间为 22.75 min；
4—BDE47，保留时间为 23.47 min；5—BDE66，保留时间为 24.47 min；6—BDE100，保留时间为 28.10 min；
7—BDE99，保留时间为 29.99 min；8—BDE85，保留时间为 33.58 min；9—BDE154，保留时间为 35.43 min；
10—BDE153，保留时间为 38.58 min；11—BDE138，保留时间为 42.32 min；
12—BDE183，保留时间为 46.61 min；13—BDE190，保留时间为 51.63 min

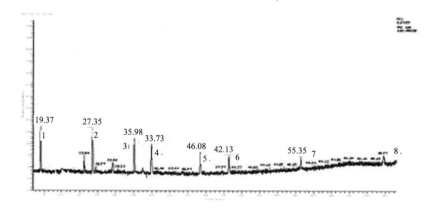

图 3.15　7 种 ^{13}C 标记的 PBDEs 的全扫描谱图

图 3.15 显示了 7 种 ^{13}C 标记的 PBDEs 出峰顺序：由左往右依次为 1—BDE28，保留时间为 19.37 min；
2—BDE47，保留时间为 27.35 min；3—BDE99，保留时间为 35.98 min；4—BDE100，保留时间为 33.73 min；
5—BDE153，保留时间为 46.08 min；6—BDE154，保留时间为 42.13 min；7—BDE183，保留时间为 55.35 min

根据质谱图的谱库检索及各种 PBDEs 的沸点，确定 13 种 PBDEs 的出峰顺序分别为
BDE17、BDE28、BDE71、BDE47、BDE66、BDE100、BDE99、BDE85、BDE154、BDE153、

BDE138、BDE183、BDE190。再按全扫描谱图选择定量离子对（表 3.10 为 13 种 PBDEs 的特征离子、定量离子以及碰撞能量）进行 SIM 模式扫描。图 3.16 为 13 种本体和 7 种 ^{13}C 标记的 PBDEs 的 SIM 模式下的 TIC 图。

表 3.10　PBDEs 的特征离子、定量离子以及碰撞能量

化合物	同系物	母离子/子离子	碰撞能量	定量离子
三溴代	17，28	^{12}C　406/246，248	15	246
	28	^{13}C　418/258，260		258
四溴代	71，47，66	^{12}C　486/324，326，328	15	326
	47	^{13}C　498/336，338，340		338
五溴代	100，99，85	^{12}C　566/404，406，408	15	406
	100，99	^{13}C　576/414，416，418		416
六溴代	154，153，138	^{12}C　486/324，326，377，405	20	377
	154，153	^{13}C　498/336，338，388，417		417
七溴代	183，190	^{12}C　564/402，404，406，455，457，483，485	25	457，483
	183	^{13}C　576/414，416，466，468，495		466

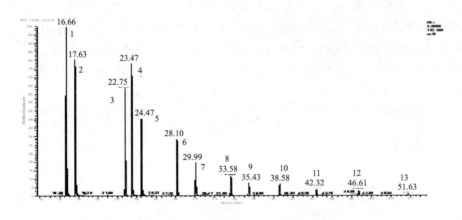

图 3.16　本体和 ^{13}C 标记的 PBDEs 的 TIC 图（SIM 模式）

图 3.16 显示了 13 种本体 PBDEs 和 7 种 ^{13}C 标记的 PBDEs 出峰顺序：由左往右依次为 1—BDE17，保留时间为 16.66 min；2—BDE28，保留时间为 17.63 min；3—BDE71，保留时间为 22.75 min；4—BDE47，保留时间为 23.47 min；5—BDE66，保留时间为 24.47 min；6—BDE100 保留时间为 28.10 min；7—BDE99，保留时间为 29.99 min；8—BDE85，保留时间为 33.58 min；9—BDE154，保留时间为 35.43 min；10—BDE153，保留时间为 38.58 min；11—BDE138，保留时间为 42.32 min；12—BDE183，保留时间为 46.61 min；13—BDE190，保留时间为 51.63 min

图 3.17 为三溴代-七溴代本体 PBDEs 二级质谱图，图 3.18 为三溴代-七溴代本体 ^{13}C12-PBDEs 二级质谱图。

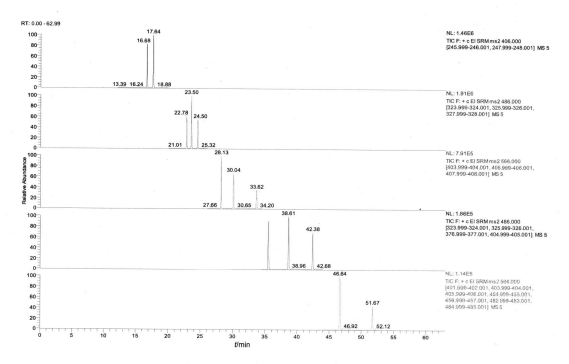

图 3.17　三溴代-七溴代本体 PBDEs 二级质谱图

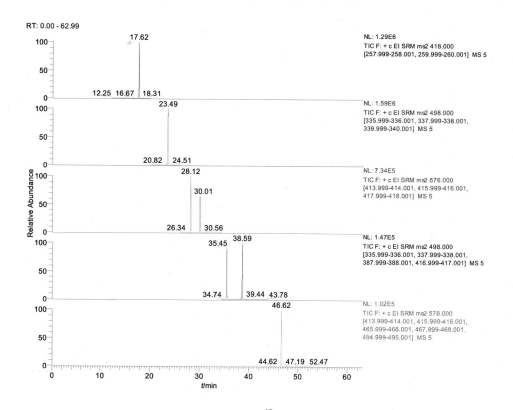

图 3.18　三溴代-七溴代本体 ^{13}C12-PBDEs 二级质谱图

3. 实验数据处理

（1）线性方程

13 种多溴联苯醚在 $5\sim200\times10^{-9}$ 范围线性方程 SRM 模式检测见表 3.11。

表 3.11 13 种多溴联苯醚 SRM（$5\sim200\times10^{-9}$）线性方程

化合物名称	线性方程	回归系数
BDE17	$Y=0.019\ 163\ 9x-0.005\ 733\ 72$	$R^2=0.999\ 9$
BDE28	$Y=0.018\ 082\ 7x-0.011\ 567\ 8$	$R^2=0.999\ 9$
BDE71	$Y=0.013\ 583\ 7x-0.010\ 964\ 2$	$R^2=0.999\ 9$
BDE47	$Y=0.018\ 242\ 2x-0.001\ 878\ 91$	$R^2=0.999\ 9$
BDE66	$Y=0.011\ 812\ 8x-0.032\ 906\ 7$	$R^2=0.999\ 2$
BDE100	$Y=0.017\ 115\ 7x-0.019\ 222\ 8$	$R^2=0.999\ 5$
BDE99	$Y=0.016\ 685\ 1x-0.018\ 621\ 2$	$R^2=0.999\ 6$
BDE85	$Y=0.011\ 181\ 1x-0.058\ 338\ 3$	$R^2=0.998\ 1$
BDE154	$Y=0.020\ 711\ 9x-0.024\ 625\ 7$	$R^2=0.999\ 6$
BDE153	$Y=0.020\ 552\ 8x-0.040\ 139\ 8$	$R^2=0.999\ 3$
BDE138	$Y=0.022\ 208\ 1x-0.013\ 217\ 6$	$R^2=0.999\ 8$
BDE183	$Y=0.015\ 852\ 9x-0.058\ 434\ 8$	$R^2=0.999\ 9$
BDE190	$Y=0.055\ 802\ 3x-0.039\ 156\ 1$	$R^2=0.998\ 1$

（2）相对标准偏差（RSD）

使用 $10\ \mu g/L$ 的标准溶液自动进样 7 次检测其重现性见表 3.12。

表 3.12 7 次检测的重现性

化合物	数据/次	相对标准偏差 RSD/%
BDE17	7	1.46
BDE28	7	1.78
BDE71	7	1.91
BDE47	7	3.08
BDE66	7	3.47
BDE100	7	3.05
BDE99	7	2.56
BDE85	7	5.80
BDE154	7	7.57
BDE153	7	12.14
BDE138	7	7.20
BDE183	7	10.99
BDE190	7	0.63

4. 沉积物样品前处理

样品经冷冻干燥，过 20 目筛备用。准确称取 20 g 沉积物样品，经 ASE 萃取，萃取液过 dryvap 浓缩，浓缩液转移至 GPC 样品管（约 3 ml），进行 GPC 净化，净化液再经 dryvap 浓缩，用 15 ml 正己烷置换两次，再浓缩。浓缩液过氧化铝-硅胶复合柱，正戊烷淋洗，收集后 40 ml 淋洗部分，经浓缩、氮吹、定容、加标，最后取 2 μl 进行 GC-MS-MS 分析。图 3.19 为样品前处理流程图。

沉积物样品采用 ASE 提取技术，溶剂为二氯甲烷，萃取温度 100℃，压强 1 500 psi（1psi=6 894.76 Pa），预热 5 min，静态萃取 5 min，用溶剂快速冲洗样品三次，冲洗液体积为样品池体积的 60%，氮气吹扫 100s，收集全部提取液，加上系统清洗液，总计每个样品用溶剂 160 ml，耗时 24 min。

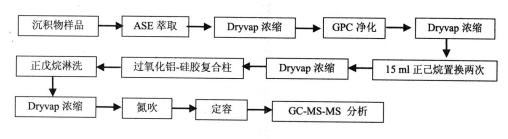

图 3.19　前处理流程图

样品提取后含有大量的干扰物质，这些干扰物质浓度往往要大于待检测 PBDEs 的浓度，因此，需要进一步地分离纯化才能进行测定。常用的纯化方法有凝胶渗透色谱柱（GPC）、硅胶柱、氧化铝柱和弗罗里土柱等。

采用全自动凝胶渗透色谱（GPC）系统进行样品的净化处理，不仅前处理步骤得到简化，而且净化效果好，回收率高，多溴联苯醚的检测灵敏度得到进一步提高。浓缩液通过 5 ml 样品环注入 GPC 柱，泵流速 5.0 ml/min，弃去 0～14 min 流分，收集 14～30 min 流分，30～35 min 冲洗 GPC 柱。共耗时 35 min。

5. 淋洗曲线的考察

氧化铝-硅胶复合柱填充（湿法装柱）：40 cm 长带聚四氟乙烯活塞的玻璃层析柱，先填入少许适量的玻璃毛，用干净玻璃棒捣入下方，依次加入混合到二氯甲烷中的硅胶和氧化铝各 5 g，边倾倒边用洗耳球敲打柱子，确保柱中无气泡。最后在上方加入约 2 g 无水硫酸钠，柱子中二氯甲烷流至液面 1～2 cm 时最后逐渐加入 50 ml 正戊烷进行溶剂交换。

取 20 μl 500×10^{-9} 的 PBDEs 标准溶液加入色谱柱，用 70 ml 的正戊烷淋洗，每 5 ml 收集一次，共收集 14 个部分，经过 Dryvap 氮吹浓缩，最后加入内标并定容至 100 μl，进行仪器分析。

前 5 个收集部分均未有目标化合物检出，第 13 个收集组分之后目标化合物的浓度均在检出限以下，而第 6 到 12 个部分即 30 ml 到 60 ml 之间目标化合物被淋洗出且回收率在 80% 以上，因此确定只用非极性溶剂正戊烷即可将目标化合物洗脱出来，且淋洗可以分为两个部分，第一部分先用 25 ml 淋洗，此部分可弃去。然后再用 40 ml 正戊烷淋洗，收集。图 3.20 为第 8 个收集部分的二级质谱图。

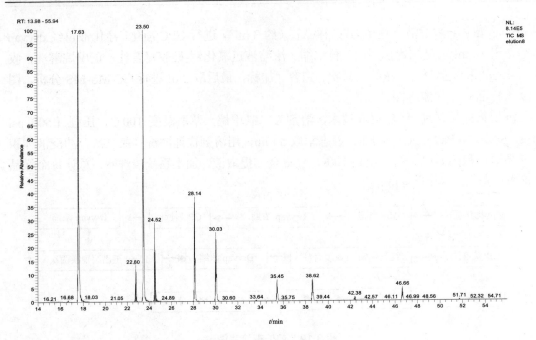

注：第 8 个收集部分的二级质谱图（含量较高）。

图 3.20　第 8 个收集部分的二级质谱图

6. 沉积物样品检测

取 20 g 沉积物样品经上述前处理后取 2 μl 进样。经过特征离子，保留时间以及谱库检索和各个特征离子丰度比相比对，实际样品中均未有 PBDE 检出。其中空白加标和基质加标回收率分别在 52.36%～77.97%和 50.41%～70.58%。

五、有机碳——重铬酸钾氧化-还原容量法

1. 适用范围

本法适用于沉积物中有机碳含量低于 15%的样品的测定。

2. 方法原理

在浓硫酸介质中，加入一定量的标准重铬酸钾，在加热条件下将样品中有机碳氧化成二氧化碳。剩余的重铬酸钾用硫酸亚铁标准溶液回滴，按重铬酸钾的消耗量，计算样品中有机碳的含量。

3. 试剂及其配制

除另作说明，所有试剂为化学纯，水为普通蒸馏水。

（1）重铬酸钾-硫酸标准溶液：c（$1/6K_2Cr_2O_7$）=0.400 mol/L。称取重铬酸钾（$K_2Cr_2O_7$，优级纯，研细并在 120℃烘干 4 h，保存于干燥器中）19.615 g 于 1L 烧杯中，加入 250 ml 水，微热溶解，冷后，在不断搅拌和冷却下，沿杯壁缓缓地注入 500 ml 硫酸（$\rho_{H_2SO_4}$=1.84 g/ml，优级纯），冷却后全量转入 1 000 ml 量瓶中，加水至标线，混匀。

（2）硫酸亚铁标准溶液：称取 56 g 硫酸亚铁[（$FeSO_4 \cdot 7H_2O$]或 80 g 硫酸亚铁铵[（NH_4)$_2SO_4 \cdot FeSO_4 \cdot 6H_2O$]，溶于 500 ml 水中，在不断搅拌下，沿杯壁缓缓地注入 20 ml

硫酸（$\rho_{H_2SO_4}$=1.84 g/ml），冷却后，水稀至 1L，转入棕色试剂瓶中，待标定。

标定：各量取 10.00 ml 重铬酸钾-硫酸溶液于 6 个 250 ml 锥形瓶中，加水 70 ml，加入 5 ml 磷酸溶液，用硫酸亚铁标准溶液滴定至黄色大部分褪去，加入 2～3 滴苯基代邻氨基苯甲酸指示剂溶液，继续滴至溶液由紫色变到绿色即为终点。按下式计算硫酸亚铁标准溶液的浓度。

$$c_{FeSO_4} = \frac{c_1 V_1}{\overline{V}}$$

式中：c_{FeSO_4}——硫酸亚铁标准溶液的浓度，mol/L；

$\overline{V}$——硫酸亚铁标准溶液的平均体积，ml；

c_1——重铬酸钾-硫酸标准溶液的浓度，mol/L；

V_1——重铬酸钾-硫酸标准溶液的体积，ml。

（3）苯基代邻氨基苯甲酸指示剂溶液：10 g/L。称取 0.5 g 苯基代邻氨基苯甲酸（$C_6H_5NHC_6H_4COOH$）溶于 50 ml 碳酸钠溶液中（Na_2CO_3，2 g/L）。

（4）硫酸银（Ag_2SO_4）。

（5）磷酸溶液：1+1。1 份体积磷酸（$\rho_{H_3PO_4}$=1.69 g/L）徐徐倒入 1 份体积的水中，混匀。

4．仪器及设备

硬质玻璃试管：18 mm×160 mm；

油浴锅：内盛液体石蜡或植物油；

铁丝笼：插试管用，能浸入油浴锅中；

一般实验室常备仪器和设备。

5．分析步骤

称取 0.1～0.5 g（±0.0005 g，依有机碳含量而定），风干的样品于试管中，加 0.1 g 硫酸银，10.00 ml 重铬酸钾-硫酸标准溶液，在加入 1～3 ml 上述溶液时，应将样品摇散，勿使结块。在试管口放一小漏斗，以防止加热时溶液溅出。

将一批试管插入铁丝笼中（内有空白样二个：经 500℃左右焙烧 2 h 后，磨细至 80 目的沉积物样品），将铁丝笼置于 185～190℃油浴锅中，于 175±5℃加热，待试管内溶物沸腾 5 min 后，取出铁丝笼，将试管外壁的油液擦净。

将试管内的溶液及残渣倒入 250 ml 烧杯中，将冲洗小漏斗及试管的水洗液并入烧杯中（控制总体积为 60～70 ml）。加入 5 ml 磷酸溶液用硫酸亚铁标准溶液滴定至黄色大部分褪去，加入 2～3 滴苯基代邻氨基苯甲酸指示剂溶液，继续滴至溶液由紫色突变到绿色即为终点。

6．记录与计算

将滴定的毫升数记入表中，按下式计算沉积物样中有机碳的百分含量。

$$W_{oc} = \frac{c_{Fe^{2+}}(V_1 - V_2) \times 0.003\ 0}{M(1 - W_{H_2O})} \times 100\%$$

式中：W_{oc}——沉积物干样中有机碳的含量，%；

$c_{Fe^{2+}}$——硫酸亚铁标准溶液的浓度，mol/L；

V_1——滴定空白样时，硫酸亚铁标准溶液的用量，ml；

V_2——滴定样品时，硫酸亚铁标准溶液的用量，ml；

M——样品的称取量，g；

W_{H_2O}——风干样品的含水率，%。

7. 注意事项

（1）称样量视有机碳含量而定，含量在 5%～15% 时，称取 0.1 g，含量在 1%～5% 时，称取 0.3 g，含量小于 1% 时，称取 0.5 g。

（2）应注意勿将样品沾在试管壁上，否则，测定的结果易偏低。

（3）消化后的溶液应为黄色，黄褐色或黄绿色，如以绿色为主，则说明氧化不完全。就减少称样重量，重新测定。

（4）滴定时，如消耗的硫酸亚铁标准溶液的体积小于空白样用量三分之一时，有氧化反应不完全的可能，应减少称样量，重新测定。

（5）样品消化温度及时间应保持一致。

（6）用含铁量低的沉积物经焙烧及磨细后制成空白样。否则，由于焙烧后样品呈红色，使滴定终点难辨。

（7）硫酸亚铁溶液浓度易变化，每次使用前均要标定。

（8）试管外壁的油液应擦净，不能混入试液中，否则结果会偏高。

（9）也可用二苯胺磺酸钠（$C_6H_5NHC_6H_4SO_3Na$）做指示剂（1 mg/ml，1+35 硫酸溶液），该时溶液颜色由蓝紫色突变为壳绿色为终点。

（10）如样品中存在其他还原性物质（如 Fe^{2+} 及 S^{2-} 等）较多时，测定的结果会明显偏高。该时宜将待测样摊成薄层，风干，使这些无机还原物质充分地被氧化后再行测定。

（11）硫酸亚铁标准溶液的浓度标定时，滴定液平均体积是以极差为 0.05 ml 以内诸数据进行平均而求得。

第四章　近岸海域生物体污染物残留量监测

第一节　样品采集与现场处理

一、样品采集目的

了解污染物在生物体内的积累分布和转移代谢规律，评价海域污染物含量及其随时间变化的状况，计算污染物在海洋环境中的质量平衡程度，评价海域环境质量。保护海洋生物资源，保护人群健康。

二、生物样品的来源

（1）生物测站的底栖拖网捕捞。
（2）近岸定点养殖采样。
（3）渔船捕捞。
（4）沿岸海域定置网捕捞及垂钓。
（5）市场直接购买。包括经济鱼类、贝类和某些藻类。

三、种类选择的一般原则

（1）能积累污染物并对污染物有一定的忍受能力，其体内污染物含量明显高于其生活水体。
（2）被人类直接食用或作为食物链被人类间接食用的海洋生物。
（3）大量存在、分布广泛，易于采集。
（4）有较长的生活周期，至少能活一年以上的种类。
（5）生命力较长，样品采集后依然呈活体。
（6）固定生息在一定海域范围，游动性小。
（7）样品大小适当，以便有足够肉质供分析。
（8）生物种群中的优势种和常见种。

四、样品采集、运输

（一）采样工具

在采样时应注意采样工具对待测项目的影响，测定金属项目不能使用一般的铁质工具和镀锌、镀铬工具。鱼类和贝类的解剖可以用不锈钢材质的刀具、剪子等。

（二）采样现场的描述

采样时如实记录下采样日期，采样海区的位置和采样深度，采样海区的特征，使用的采样方法，采集的生物种类。如果已做好样品鉴定，应记下样品的年龄、大小、重量、性别等，待分析项目、贮存方式、处理方法等。

（三）样品的运输

包装好的样品，尽可能迅速送回实验室，在运送运输中，应采取有效措施避免腐烂变质。保护好样品及样品包装上的标志，以免发生混乱或损害。

五、干样制备

（一）烘干

半开称量瓶的磨口盖放入 105℃烘箱中，2 h 后取出称量瓶，置于干燥器中冷却 30 min。盖好瓶重。用分析天平称重，记下重量。取 5～10 g 生物制备样于称量瓶中，盖好瓶盖，再称重（±0.5 mg）并记下重量。

将盛样品的称量瓶半开盖放入 105℃烘箱中。24 h 后取出，置于干燥器中冷却 30 min。盖好瓶盖后称重并记录所称重量。

重复烘干操作，至前后两次烘干后的重量差小于总重量的 0.5%。计算干重和干/湿比。

（二）冷冻干燥

对类脂物含量高的生物样品，不能烘干至恒重，则须用冷冻干燥。

准确称取 1～2 g 生物制备样于干净的冷冻干燥的样品容器中，冷冻干燥 24 h，再称重一次。再次冷冻干燥 24 h，再称重。两次称重的重量差应小于总重量的 0.5%。否则，应继续干燥至符合要求。

干燥后的样品用玛瑙研钵磨碎，全部筛过 80～100 目（尼龙筛），供痕量元素分析用。

第二节　无机项目的分析技术

一、海洋生物体中铜铅镉锌镍总铬的测定——原子吸收分光光度法

（一）适用范围

本方法适用于海洋生物体中铜铅镉锌总铬的测定。

（二）方法原理

生物体样品（干样或湿样）经硝酸-双氧水或硝酸-高氯酸消化处理后，原子吸收法分

别测定铜铅镉锌镍总铬。

（三）试剂及配制

浓硝酸、高氯酸：优级纯，检查空白，必要时纯化；过氧化氢：30%；硝酸溶液：1%；铜铅镉锌镍铬标准储备溶液、中间溶液和标准使用溶液。

（四）分析步骤

生物体样品可以消解经过冷冻干燥后研磨过的干样，也可以直接消解经过匀浆后生物体的湿样。干样更均匀，测定精密度更好，但最终含量要换算成湿重的含量；湿样均匀性稍差，可直接得到最终的湿重含量。两种方式可根据自身实际情况选择，在条件满足的情况下建议称干样。

样品的消化分两种方式：硝酸—双氧水消化；硝酸—高氯酸消化。海洋监测规范中包含这两种消化方式。根据长期的经验，建议采用硝酸—高氯酸消化法，此方法相对容易操作控制，消化也比较彻底、稳定且同时满足铜铅镉锌镍总铬六种元素的测定，生物样标准参考物质测定结果的准确度也合格。

1. 硝酸—双氧水消化步骤

准确称取 0.1 g（±0.001 g）干样于 50 ml 烧杯中，用几滴水湿润样品，加入 2 ml 硝酸，盖上表面皿，置于电热板上，低温加热至泡沫基本消失。取下烧杯，徐徐地加入 0.5 ml 过氧化氢，盖上表面皿，于电热板上加热（160～200℃）约 20 min，取下冷却，补加 1 ml 过氧化氢，继续加热并蒸至约剩 1 ml。再加上 1 ml 硝酸，1.5 ml 过氧化氢，盖上表面皿，于电热板上加热（160～200℃）并蒸至约 0.5 ml（消解好的样品应为透明溶液），全量转入 25 ml 量瓶中，加水至标线，混匀，制成的样品溶液待测。同时做分析空白、标准参考物质、平行样、加标回收样。配制标准系列。

2. 硝酸—高氯酸消化步骤

准确称取 0.1 g（±0.001 g）干样于 50 ml 烧杯中，用几滴水湿润样品，加入 5 ml 硝酸，盖上表面皿，置于电热板上，低温加热至泡沫基本消失。稍冷却后，加 4 ml 高氯酸，继续加热至消化液呈透明状态，移去表面皿，升温至 160℃左右，继续加热至白烟将冒尽，样品消化液为较小体积，切勿蒸干。用少许 1%硝酸溶液淋洗杯壁并微热浸提，冷却，转移至 25 ml 量瓶中加水至标线，混匀，制成的样品溶液待测。同时制备分析空白，标准参考物质、平行样、加标回收样。同时制作空白、平行样、加标及标准参考物质。配制标准系列。

（五）质控措施

全程序空白；10%以上平行样；10%以上加标回收；10%以上标准参考物质。

（六）上机测定

锌——火焰原子吸收法测定；铜、铅、镉、镍、总铬——石墨炉原子吸收法测定，分别优化仪器条件，其中铅、镉加基体改进剂（磷酸二氢铵等），铜、镍、总铬直接测定。

（七）分析数据处理

标准曲线法定量。对标准系列求回归方程，然后根据扣除空白值的样品信号值求得样品中待测元素的含量。样品中待测元素的含量（以鲜重计）W（mg/kg）计算公式：

$$W=cV（1-f）/m$$

式中：c—— 由校准曲线计算得到的测定浓度，mg/L；

V—— 消解液定容体积，ml；

m—— 称样量，g；

f—— 含水率，%。

（八）注意事项

（1）实验所涉及的器皿的清洗：1+1硝酸溶液浸泡，超纯水清洗。

（2）实验所用硝酸、高氯酸、双氧水等均为优级纯。

（3）消解过程中注意温度控制，尤其要防止蒸干、防止燃烧炭化和喷溅损失。

（4）生物样品由于脂肪含量高，一般在加入硝酸后宜静置一段时间，待大部分生物组织被硝酸消解后再加热，以避免直接加热时反应剧烈而喷溅。注意观察消解液的状态，若有残存组织或颜色较深，需补加酸继续消解。

（5）良好的通风系统和个人防护。

（九）其他测定方法

同沉积物、水质部分。

二、海洋生物中砷的分析——原子荧光法

1. 适用范围

本方法适用于海洋生物体中砷的测定。

2. 方法原理

生物样品经硝酸-高氯酸消解后，以硼氢化钾作还原剂将砷还原成挥发性砷化氢气体，由氩气载入石英原子化器，在特制砷空心阴极灯下进行原子荧光测定。

3. 试剂及配制

浓硝酸、高氯酸：优级纯，检查空白，必要时纯化；硫酸溶液：1+9；硫脲-抗坏血酸还原剂（10%，1+1）、硼氢化钾溶液：1%，可根据实际情况调节浓度；盐酸载流：5%～10%；砷标准储备溶液、中间溶液和标准使用溶液。

4. 样品前处理

准确称取0.2～0.5 g生物干样或2～10 g生物湿样（精确至±0.0001 g）于50 ml烧杯中，加入10 ml硝酸，盖上表面皿，摇匀后放置过夜。次日将样品置于电热板，在160℃下加热消化至溶液无色。若溶液仍有未分解物质或色泽较深，补加5 ml硝酸，继续消化至溶液无色，消化时不能蒸干。在加入1 ml高氯酸，加热消化至剩下少许溶液，取下烧杯，冷却，用水定量转入 50 ml 容量瓶中，加 25.0 ml 硫酸溶液（1+9）和 5 ml 硫脲-抗坏血酸还原剂，用水稀释至刻度，充分混匀，放置 30 min 后测试。同时制作空白、平行样、加标及标准参考物质。配制标准系列。

5．质量控制

全程序空白；10%以上平行样；质控样、加标样。

6．上机测定

设定仪器参数，利用蠕动泵，以硫酸溶液作为载流进样，硼氢化钾溶液将三价砷还原为砷化氢气体，原子化后测定。

7．数据处理

标准曲线法定量。对标准系列求回归方程，然后根据扣除空白值的样品信号值求得样品中待测元素的含量。样品中待测元素的含量（以鲜重计）W（mg/kg）计算公式：

$$W=cV（1-f）/m$$

式中：c —— 由校准曲线计算得到的测定浓度，mg/L；

$\quad\quad V$ —— 消解液定容体积，ml；

$\quad\quad m$ —— 称样量，g；

$\quad\quad f$ —— 含水率，%。

8．注意事项

（1）所用器皿需用硝酸溶液（1+3）浸泡 24 h 以上，使用前用纯水冲洗干净。

（2）所用的试剂，在使用前应作空白试验。

（3）空白高的试剂，特别是酸，将会严重影响方法的准确度。

（4）样品消化时会产生大量的酸雾，应该保持良好的通风，做好个人防护。

9．其他测定方法

同沉积物、水质部分。

三、海洋生物体中汞的测定

（一）原子荧光法

1．适用范围

适用于海洋生物体中总汞的测定。为仲裁方法。

2．方法原理

生物体样品经硝酸-硫酸消化，样品中汞转化为汞离子进入消化液。用硼氢化钾将汞离子还为金属汞，形成汞蒸气。汞蒸气经载气（氩气）导入到原子化器中，用汞空心阴极灯为激发光源，测定原子荧光值。

3．试剂及配制

硝酸、高氯酸：优级纯，检查空白，必要时纯化；硝酸溶液：5%；硼氢化钾溶液：0.05%，可根据实际情况调节浓度；草酸溶液：1%；汞标准储备溶液、中间溶液和标准使用溶液。

4. 样品前处理

准确称取 0.1～0.5 g 左右生物干样或 1～5 g（±0.000 1 g）生物湿样，放入 50 ml 烧杯中，加 10 ml 硝酸，1 ml 高氯酸，盖上表面皿，放置过夜。次日将样品置于 140～160℃ 电热板上加热，消化至黄棕色烟散尽，消化液清亮透明为止。取下加水适量，冷却至室温，全量转移到 50 ml 量瓶中，用 1%草酸溶液定容至标线。混匀，静置，上清液待测。同时制作空白、平行样、加标及标准参考物质。配制标准系列。

5. 质量控制

影响汞测定的因素较多，如载气流量、汞灯电流、负高压等，每次测定均应测定标准系列，并用标准物质控制。全程序空白；10%以上平行样；质控样、加标样。

6. 测定

消解液、标准系列进样测定。

7. 数据处理

标准曲线法定量。对标准系列求回归方程，然后根据扣除空白值的样品信号值求得样品中待测元素的含量。样品中待测元素的含量（以鲜重计）W（mg/kg）计算公式：

$$W=cV（1-f）/m$$

式中：c —— 由校准曲线计算得到的测定浓度，mg/L；

　　　　V —— 消解液定容体积，ml；

　　　　m —— 称样量，g；

　　　　f —— 含水率，%。

8. 注意事项

（1）所用器皿需用硝酸溶液（1+3）浸泡 24 h 以上，使用前用纯水冲洗干净；

（2）所用的试剂，在使用前应作空白试验；

（3）空白高的试剂，特别是酸，将会严重影响方法的准确度。

（4）样品消化时会产生大量的酸雾，应该保持良好的通风，做好个人防护。

9. 其他测定方法

同沉积物、水质部分。

（二）冷原子荧光法

1. 适用范围

适用于海洋生物体中总汞的测定。检出限：4.0×10^{-3} mg/kg。

2. 方法原理及可能存在的干扰和消除

以五氧化二钒作催化剂，用硝酸-硫酸消化生物样品，将有机汞全部转化为无机汞。再用还原剂氯化亚锡江汞离子还原成金属汞，形成汞蒸气。其基态汞原子受到波长 253.7nm 的紫外光激发，当激发态汞原子去激发时便辐射出相同波长的荧光。在给定的条件下和较低的浓度范围内，荧光强度与汞的浓度成正比。

3. 试剂及配制

浓硫酸、盐酸、硝酸：优级纯，必要时检查空白并纯化；五氧化二钒；盐酸羟胺溶液：100 g/L；高锰酸钾溶液：5%；氯化亚锡溶液（100 g/L）：称取 100 g 氯化亚锡于烧杯中，加 500 ml（1+1）盐酸，加热至氯化亚锡溶解，冷却盛试剂瓶中，临用时等体积纯水稀释，空白高时需同氮气除汞至汞含量检不出；汞标准储备溶液、中间溶液和标准使用溶液。

4．样品前处理

准确称取 0.5 g 左右生物干样，放入 50 ml 烧杯中，加入约 25 mg 五氧化二钒，4 ml 硝酸，盖上表面皿，放置过夜。次日加入 4 ml 浓硫酸，将样品置于 140～160℃电热板上加热，消化至消化液清亮透明为止。取下加水适量，冷却至室温，全量转移到 100 ml 比色管中，定容至 100 ml。加高锰酸钾至紫红色不褪，振摇，加入盐酸羟胺溶液至紫红色恰好褪去。振摇。放置，取上清液测定。同时制作空白、平行样、加标及标准参考物质。配制标准系列。

5．质量控制

影响汞测定的因素较多，如载气流量、汞灯电流、负高压等，每次测定均应测定标准系列，并用标准物质控制。全程序空白；10%以上平行样；质控样、加标样。

6．测定

消解液进样测定。

7．数据处理

标准曲线法定量。对标准系列求回归方程，然后根据扣除空白值的样品信号值求得样品中待测元素的含量。样品中待测元素的含量（以鲜重计）W（mg/kg）计算公式：

$$W=cV（1-f）/m$$

式中：c —— 由校准曲线计算得到的测定浓度，mg/L；

　　　V —— 消解液定容体积，ml；

　　　m —— 称样量，g；

　　　f —— 含水率，%。

8．注意事项

（1）所用器皿需用硝酸溶液（1+3）浸泡 24 h 以上，使用前用纯水冲洗干净。

（2）所用的试剂，在使用前应作空白试验。

（3）空白高的试剂，特别是酸，将会严重影响方法的准确度。

（4）样品消化时会产生大量的酸雾，应该保持良好的通风，做好个人防护。

9．其他测定方法

同沉积物、水质部分。

第三节　有机项目分析技术

有机项目的样品前处理技术，即样品的提取和净化方法同沉积物方法。仪器测定方法评述亦同沉积物分析。

一、液相色谱—串联质谱检测海洋生物中兽药残留素

近年来，由于海洋环境的恶化以及过度捕捞，致使海洋渔业资源大幅下降，这也加速了近岸海水养殖业的发展。但高密度的水产养殖系统自身存在一定的缺陷，养殖生物易遭病害侵袭。为了防治病害，大量的抗生素被滥用。氯霉素作为一种广谱抗菌药应用到今天已经有五十多年了，它在有效治疗人类以及动物的多种感染性疾病方面发挥了重要作用。但是多年的临床应用表明，氯霉素对人体具有严重的毒副作用，该毒副作用是其结构中与羰基相连的-CHCl$_2$基团引起的，它能使人体产生再生性造血功能障碍以及致命的"灰婴综合征"。另外，氯霉素的化学性质极为稳定，在曾经用药的食用性动物组织中很容易产生药物残留。目前，许多国家都禁止在食用性动物饲养和治疗中使用氯霉素，即食用性动物组织和动物源性食品中氯霉素的最大残留限量（MRL）为 0。但由于检测方法的限制，各国对氯霉素的定量下限都在 0.1～0.3 μg/kg 之间。磺胺类药物是应用最早的一类人工合成抗菌药物，具有抗菌谱广、疗效强、方便安全等优点，在水产养殖中应用非常广泛，但是磺胺类药物能够产生排尿和造血紊乱等副作用。随着我国加入 WTO，欧盟、美国、日本等国家和国际组织对我国水产品中磺胺类药物的残留量提出了更高的要求，使我国水产品出口在短时间内多次遭遇"绿色壁垒"，为此需要快速、准确、可靠的分析方法来检测水产品中磺胺类药物的残留。

目前，国内外对食品中磺胺和氯霉素药物的检测方法主要有 HPLC、GC-MS、LC-MS/MS 等方法。其中 HPLC 法对于多组分分析时定性主要依靠保留时间定性，容易产生假阳性，并且当组分无法完全分开时难于定量。而 GC-MS 方法需要对样品衍生化，增加了分析步骤。LC-MS 方法是目前比较常用的方法，其灵敏度、准确度均能满足日常分析测定的要求，利用二级质谱多个离子对定性更加准确，可以消除假阳性。

（一）样品前处理

氯霉素、甲砜霉素、氟甲砜霉：称取 2.0 g 生物样于 15 ml 离心管中，加入适量无水硫酸钠搅拌均匀，加入 10 ml 乙酸乙酯超声提取 5.0 min，4 000 r/min 离心收集上清液，用乙酸乙酯重复提取一次，合并提取液。40℃氮气吹干，用 1 ml 初始流动相溶解，用 1 ml 用初始流动相饱和的正己烷萃取两次去除脂肪。下层溶液用 0.22 μm 针式滤器过滤备 LC-MS/MS 测定。

磺胺类药物：称取 2.0 g 生物样于 15 ml 离心管中，加入适量无水硫酸钠搅拌均匀，加入 10 ml 乙腈超声提取 5.0 min，4 000 r/min 离心收集上清液，用乙腈重复提取一次，合并提取液。40℃氮气吹干，用 1 ml 初始流动相溶解，用 1 ml 用初始流动相饱和的正己烷萃取两次去除脂肪。下层溶液用 0.22 μm 针式滤器过滤备 LC-MS/MS 测定。

（二）分析测试条件

氯霉素、甲砜霉素、氟甲砜霉：利用外标法定量。采用 Polaris C18-A（100 mm×2.0 mm，3 μ，美国 Varian 公司）色谱柱，流动相分别为水和甲醇，柱温 30℃，流速 0.2 ml/min，梯度程序 6 min 内从 10%甲醇升到 100%甲醇，然后保持 3 min，后降到 10%甲醇保持 15 min。

离子源：电喷雾离子源（ESI-），雾化气 60PSI，干燥气 19PSI，250℃，碰撞气为氩气，压力 2.2 mTorr（1mTorr=0.133 332Pa）。喷雾针电压为－4 500V，保护电压－600V。监测离子对氯霉素为 321.1/151.8，甲砜霉素为 354.1/184.8，氟甲砜霉素为 356.1/335.8；碰撞能量分别为 19.5V、22 V、9.5 V。

磺胺类药物：利用外标法定量。采用 ZORBAX Eclipse XDB-C8（150 mm×4.6 mm，5 μ，美国 Aglient 公司）色谱柱，流动相 A 为含 10 mmol/L 的甲酸和 10 mmol 甲酸铵水溶液，B 为甲醇，柱温 30℃，流速 0.4 ml/min，梯度程序为 25%甲醇保持 12 min，然后在 3 min 内升到 55%，4 min 内升到 80%，然后降到 25%保持 15 min。离子源：电喷雾离子源（ESI+），雾化气 60psi（1psi=6 894.76 pa），干燥气 19psi，250℃，碰撞气氩气为 2.2 mTorr。喷雾针电压在正离子模式为 5 000V，保护电压 600V。

（三）质量控制

采用保留时间以及两对离子对样品进行定性，采用丰度较大的离子对进行定量计算。向样品中加入一定量的标准溶液，采用与样品相同的提取净化方法，经测定后计算回收率，平行测定样品考察方法精密度。要求回收率在 60%～120%，RSD 在 20%以内。方法的最低定量限可以 10 倍信噪比计算。

（四）注意事项

（1）由于基质效应的影响，常常导致配置的标准系列与样品在上机测定时保留时间发生偏移，同时基质的存在影响样品在质谱上的响应信号，导致定量不准确。为消除基质效应的干扰，标准曲线应采用基质加标法测定。将标准系列加入到空白样品中，经过与样品相同的前处理步骤后绘制标准曲线。

（2）为提高质谱灵敏度，应尽量将各组分分开，并且采用质谱的分段采集功能，在同一时间检测尽量少的离子对，可以改善峰形，提高灵敏度。

（3）在摸索液相条件时，不同的洗脱程序可能会影响质谱的响应信号和峰形，应尽量选择能有效分离各组分并且质谱信号最强的洗脱程序。

（4）对于磺胺类多组分分析，当分离效果无法通过改变溶剂或者梯度程序很好的改善时，可适当加入甲酸、乙酸、甲酸铵等改善组分的保留特性，提高分离效率，但是要控制酸度在柱子的适用范围内。

（5）定容样品时最好使用初始流动相，同时初始流动相具备一定的缓冲容量，可保证组分的保留时间及改善峰形提高灵敏度。

（6）分析完成后用高比例的水相冲洗柱子中的缓冲盐，并用强溶剂冲洗柱子，清洗质谱离子源。

二、液相色谱—串联质谱检测海洋贝类中腹泻性贝类毒素

随着现代化工、农业生产的迅猛发展，沿海地区人口的增多，大量工农业废水和生活污水排入海洋，其中相当一部分未经处理就直接排入海洋，导致近海、港湾富营养化程度日趋严重。同时，由于沿海开发程度的增高和海水养殖业的扩大，也带来了海洋生态环境

和养殖业自身污染问题；海运业的发展导致外来有害赤潮种类的引入；全球气候的变化也导致了赤潮的频繁发生。有些赤潮生物分泌赤潮毒素，当鱼、贝类处于有毒赤潮区域内，摄食这些有毒生物，虽不能被毒死，但生物毒素可在体内积累，其含量大大超过食用时人体可接受的水平。这些鱼虾、贝类如果不慎被人食用，就可能引起人体中毒，严重时可导致死亡。

腹泻性贝毒（Diarrhetic Shellfish Poisoning，简称 DSP）是藻类毒素中的一种，因被人食用后主要产生以腹泻为主要特征的中毒效应而得名。DSP 是一类脂溶性多环醚类天然化合物，主要来源于鳍藻属（*Dinophysis* spp.）和原甲藻属（*Prorocentrum* spp.）等有毒藻，通过食物链传递而大量存在于软体贝类中。食用贝类导致腹泻的症状最早于 20 世纪 60 年代出现在荷兰，腹泻性贝毒到 70 年代由日本科学家 Yasumoto 发现。根据毒素的结构，DSP可以分成三类：聚醚类毒素——大田软海绵酸（OA）和鳍藻毒素（DTX）；大环聚醚内酯毒素——扇贝毒素（PTX）；融合聚醚毒素——虾夷扇贝毒素（YTX）。此外，大田软海绵酸的二元醇酯衍生物尽管没有表现出和大田软海绵酸同样的毒性作用，但可以水解生成大田软海绵酸，因此也应当被看做是这类毒素。OA 和 DTX-1 是蛋白磷酸酶（PP1 和 PP2A）的有效抑制剂，因此可导致腹泻和小肠上皮细胞的腹泻型退化以及促进癌变的发展；同时可能影响到 DNA 复制和修复过程中的酶活性，从而带来致畸效应。目前，已有多个国家或组织制定了贝类水产品中 DSP 的限量标准，范围从 0～200 μg/kg（OA）。

目前，常用的 DSP 分析方法主要分为生物检测和化学检测法及其他特殊检测方法，主要包括小白鼠分析法、液相色谱法、液相色谱-质谱联用法、酶活性抑制检测技术、酶联免疫法、细胞毒性检测技术等。生物检测技术难于对毒素进行分离检测，而液相色谱技术需要繁琐的荧光衍生步骤，并且缺乏准确的定性能力易造成假阳性。随着 LC-MS 联用技术的发展，其在环境分析领域的应用越来越广，液相色谱优越的分离能力与质谱强大的定性定量功能相结合，可以克服其他方法定性不准确的缺点。

（一）样品前处理

称取 2.0 g 生物样于 15 ml 离心管中，加入 5 ml 80%甲醇水溶液超声提取 5.0 min，4 000 r/min 离心收集上清液，用 5 ml 80%甲醇水溶液重复提取一次，合并提取液，用 5 ml正己烷脱脂两次，弃去正己烷层，剩下溶液在 45℃下氮气吹至约 2 ml 用于固相萃取。HLB 固相萃取小柱分别用 3 ml 甲醇、水活化，上样后用 3 ml 水和 3 ml 10%的甲醇水溶液清洗，干燥后用 5 ml 甲醇洗脱，氮气吹干后用 1 ml 初始流动相溶解，过 0.22 μm 滤膜后上机测定。

（二）分析测试条件

利用外标法定量。色谱柱：Pursuit C18 液相色谱柱（150×3.0 mm，3 μm，美国 Varian公司）；流动相 A 为超纯水，B 为甲醇；等度洗脱（甲醇：水=8：2，*v/v*）6 min，流速 0.4 ml/min；进样体积 20 μl；柱温为 30℃。电离方式：电喷雾离子源，负离子扫描（ESI-），多反应监测（MRM）；电喷雾电压−4 200V，保护电压−600V；离子源温度 50℃；雾化气为空气，压力 55psi，干燥气为氮气，压力 21psi，干燥气温度 300℃；碰撞气为氩气，压力为 2.35 mTorr。

监测离子对 OA 为 803.6/255.1 和 803.6/563.1，DTX-1 为 817.4/255.1 和 817.4/113.1；碰撞能量均为 45.5V。

（三）质量控制

采用保留时间以及两对离子对样品进行定性，采用丰度较大的离子对进行定量计算。向样品中加入一定量的标准溶液，采用与样品相同的提取净化方法，经测定后计算回收率，平行测定样品考察方法精密度。要求回收率在 60%～120%，RSD≤20%。方法的最低定量限可以 10 倍信噪比计算。

（四）注意事项

（1）固相萃取小柱应该充分活化，并且在上样前保持湿润，流速不要太快。

（2）淋洗完成后应充分干燥小柱，以免柱床上残留的水分进入洗脱溶液，导致难以完全吹干从而延长氮吹的时间。

（3）由于基质效应的影响，常常导致配置的标准系列与样品在上机测定时保留时间发生偏移，同时基质的存在影响样品在质谱上的响应信号，导致定量不准确。为消除基质效应的干扰，标准曲线应采用基质加标法测定。将标准系列加入到空白样品中，经过与样品相同的前处理步骤后绘制标准曲线。

（4）分析完成后用强溶剂冲洗柱子，清洗质谱离子源。

三、有机氯农药、多氯联苯和多环芳烃的气质联用分析方法

（一）海洋贝类样品的制备

采集的贝类样品经冷冻保存，带回实验室内进行制备分析，样品的具体制备方法按海洋监测规范（国家质量技术监督局，1998）进行。取样部位为软体组织（可食部分），经匀浆后，取部分样品作冷冻干燥处理（−50℃，0.12 mbar），同时取部分湿样做水分含量测定。冷冻干燥后的样品经研磨匀质化处理，放入干净的玻璃瓶内冷藏，待分析。

（二）样品前处理及分析程序

称取 3.0 g 左右的生物样品加入到已净化的索氏提取器中。加入作为多氯联苯和多环芳烃的内标法定量计算的 9 种 ^{13}C 标记的多氯联苯回收内标和 5 种氘代多环芳烃回收内标和考察有机氯前处理回收情况的 2 种有机氯替代标准（TCMX 和 PCB198），二氯甲烷抽提 24 h。浓缩后的提取液经 GPC 凝胶渗透色谱初步净化和正己烷溶剂转换后加入到碱性氧化铝/硅胶复合柱作进一步的净化和组分分离，分别用正戊烷和正戊烷/二氯甲烷（1：1）洗脱得到 F1 和 F2 两组淋洗组分。F1 含有多氯联苯和 3 种有机氯，F2 含有多环芳烃和剩余的有机氯。F1 和 F2 均经 K·D 及氮吹浓缩至 0.9 ml 左右，然后在 F1 和 F2 中加入作为有机氯定量的进样内标（PCB103），在 F2 中加入多环芳烃两种氘代进样内标，最后定容至 1.0 ml。离子阱串联质谱和 GC/MS-SIS 选择离子储存技术分别测定有机氯和多环芳烃。测定结束后，加 100 μl 壬烷于 F1 中，继续氮吹浓缩至 100 μl，加入 ^{13}C-PCB202

进样内标，离子阱二级质谱 MRM（多反应监测方法）测定多氯联苯。图 4.1 简要地描述了整个样品分析流程，包括样品前处理程序（提取、GPC 净化、铝硅胶柱净化和组分分离）和 GC/MS 仪器分析。多氯联苯标准及回收和进样内标见表 4.1，有机氯农药、多环芳烃标准及内标和替代标准见表 4.2。

表 4.1　多氯联苯标准及回收和进样内标

多氯联苯混合标准	IUPAC 编号	多氯联苯回收内标	多氯联苯进样内标
2,4'-2PCB	8	^{13}C4,4'-2PCB	^{13}C-2,2',3,3',5,5',6,6'-8PCB
2,2',5-3PCB	18	^{13}C2,4,4'-3PCB	
2,4,4'-3PCB	28	^{13}C2,2',5,5'-4PCB	
2,2',5,5'-4PCB	52	^{13}C2,3',4,4',5-5PCB	
2,2',3,5'-4PCB	44	^{13}C2,2',4,4',5,5'-6PCB	
2,3',4,4'-4PCB	66	^{13}C2,2',3,4,4',5,5'-7PCB	
2,2'4,5,5'-5PCB	101	^{13}C-2,2',3,3',5,5',6,6'-8PCB	
3,3',4,4'-4PCB	77	^{13}C2,2',3,3',4,5,5',6,6'-9PCB	
3,4,4',5-4PCB	81	^{13}C-PCB	
2,3,4,4',5-5PCB	114		
2,3',4,4',5-5PCB	118		
2',3,4,4',5-5PCB	123		
2,2',4,4',5,5'-6PCB	153		
2,3,3',4,4'-5PCB	105		
2,2',3,4,4',5'-6PCB	138		
3,3',4,4',5-5PCB	126		
2,2',3,4',5,5',6-7PCB	187		
2,2',3,3',4,4'-6PCB	128		
2,3',4,4',5,5'-6PCB	167		
2,3,3',4,4',5-6PCB	156		
2,3,3',4,4',5'-6PCB	157		
2,2',3,4,4',5,5'-7PCB	180		
3,3',4,4',5,5'-6PCB	169		
2,2',3,3',4,4',5-7PCB	170		
2,3,3',4,4',5,5'-7PCB	189		
2,2',3,3',4,4',5,6-8PCB	195		
2,2',3,3',4,4',5,5',6-9PCB	206		
PCB	209		

表 4.2　有机氯农药、多环芳烃标准及内标和替代标准

有机氯农药	有机氯农药替代标准	有机氯农药进样内标
α-六六六		PCB103
β-六六六		
γ-六六六		
δ-六六六		
七氯		
艾氏剂		
环氧七氯		
γ-氯丹		
α-氯丹		
硫丹（I）	四氯间二甲苯	
p,p'-DDE	PCB198	
狄氏剂		
异狄氏剂		
硫丹（II）		
p,p'-DDD		
异狄氏醛		
硫酸硫丹		
p,p'-DDT		
异狄氏酮		
甲氧氯		
多环芳烃	多环芳烃回收内标	多环芳烃进样内标
萘		氘代苯并[a]芘
苊		氘代䓛
二氢苊		
芴		
菲		
蒽		
荧蒽	氘代萘	
芘	氘代二氢苊	
苯并[a]蒽	氘代菌	
䓛	氘代二萘嵌苯	
苯并[b]荧蒽	氘代菲	
苯并[k]荧蒽		
苯并[a]芘		
茚并[1,2,3-c,d]芘		
二苯并[a,h]蒽		
苯并[g,h,i]苝		

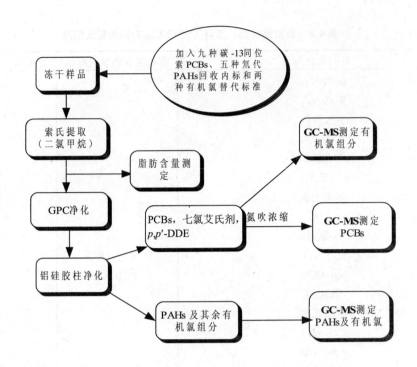

图 4.1　海洋生物样品前处理及分析流程图

（三）标准溶液、试剂和主要实验仪器

同沉积物。

（四）色谱质谱条件及优化

同沉积物。

（五）方法回收率和精密度

准确称取缢蛏样品 8 份，分别添加 2 个水平的多氯联苯、有机氯农药和多环芳烃标准溶液（每个水平 4 份样品）。同时加入 ^{13}C 标记的多氯联苯和氘代多环芳烃的回收内标和有机氯农药替代标准。按样品处理方法和测定方法分别计算多氯联苯、多环芳烃和有机氯的回收率和 RSD。除有机氯农药外，多氯联苯和多环芳烃化合物均以回收内标作回收校正计算。

多氯联苯各组分的回收率在 84.1%～120.2%，平均回收率为 104.2%，RSD 为 5.6%～15.9%；多环芳烃 16 种化合物的回收率为 62.3%～123.1%，平均回收率为 92.3%，RSD 为 8.7%～20.5%；有机氯农药 20 种组分回收率为 77.3%～127.5%，平均回收率为 86.8%，RSD 为 3.1%～15.9%。

（六）实际样品分析

采用上述建立的方法对采自浙江沿海九市（县）10 个品种贝类（菲律宾蛤仔、青蛤、泥螺、缢蛏、史氏背尖贝、小刀蛏、厚壳贻贝、疣荔枝螺、锈凹螺和牡蛎）体内的多氯联苯、多环芳烃和有机氯农药进行了分析。每批样品均采用空白样、空白加标、平行样和基体加标样作为分析质量控制。分析结果表明：p,p'-DDE，p,p'-DDD 和 p,p'-DDT 在所有贝类样品中均检出，而α-六六六，β-六六六，γ-氯丹、α-氯丹和硫酸硫丹部分检出，其他有机氯组分未检出。p,p'-DDE，p,p'-DDD 和 p,p'-DDT 是贝类体内有机氯农药的主要组分，其总量范围分别为 1.36～22.5 ng/g，1.02～26.5 ng/g 和 1.68～50.7 ng/g（湿重）。贝类中的多氯联苯除 PCB77，PCB123，PCB105，PCB126，PCB128，PCB167，PCB169，PCB189 和 PCB195 在贝类体内均低于检出限外，其他同族体有部分检出，贝类中多氯联苯的总量范围为 0.18～1.34 ng/g（湿重）。在贝类种类中，除苯并[a]芘均未检出外，其余 15 种多环芳烃均有部分检出，贝类多环芳烃总量为 24.4～140 ng/g（湿重）。

本方法采用凝胶渗透色谱和铝硅胶柱实现了海洋贝类样品中的多氯联苯（28 种）、多环芳烃(16 种)和有机氯农药(20 种)目标化合物的同时净化和分离,同位素稀释 GC/MS/MS 和 GC/MS 选择离子存储同时测定同一个生物样品中的多氯联苯、多环芳烃和有机氯农药这三大类持久性有机污染物，大大降低了样品的前处理成本，缩短了样品处理时间，并获得了更为可靠的定性和定量结果。

四、石油烃——荧光分光光度法

1. 适用范围
本方法适用于海洋生物体中石油烃的测定。检出限（W）：1×10^{-6}（湿重）。

2. 方法原理
生物样品经氢氧化钠皂化，用二氯甲烷萃取。将萃取液中的二氯甲烷蒸发后，残留物用石油醚溶解，于激发波长 310nm，发射波长 360nm 处进行荧光分光光度测定。

3. 试剂及其配制
（1）氢氧化钠溶液：240 g/L。称取 240 g 氢氧化钠（NaOH，优级纯）溶于水中，加水至 1L。

（2）无水乙醇（C_2H_5OH）：重蒸馏一次。

（3）氯化钠（NaCl）：饱和溶液。

（4）二氯甲烷（CH_2Cl_2）：重蒸馏后使用。

其他试剂同水质油类的测定。

4. 仪器及设备
荧光分光光度计；

浓缩装置：普通蒸馏器或真空干燥箱；

样品皂化瓶：具塞圆底烧瓶或锥形瓶，60 ml；

浓缩瓶：与蒸馏装置配套的平底烧瓶，60 ml；

锥形分液漏斗：250 ml；

玻璃层析柱：处理石油醚用。

5. 分析步骤

（1）绘制工作曲线

分别量取 0、0.100、0.300、0.500、0.700 和 1.00 ml 油标准使用溶液（100 μg/ml）于 100 ml 皂化瓶中，加入 20 ml 氢氧化钠溶液，室温下避光皂化 8～12 h，加入 20 ml 无水乙醇，充分振摇，4 h 后进行下一步操作：

皂化液转入 250 ml 锥形分液漏斗中，用 10 ml 二氯甲烷洗涤皂化瓶，洗涤液转入分液漏斗中，加 30 ml 氯化钠溶液和 100 ml 水，振摇 3 min（注意放气），静置分层（若分层不好，应延长静置时间）。

将有机相收集于旋转蒸发瓶中。用 10 ml 二氯甲烷再萃取一次，有机相合并于旋转蒸发瓶中。

将旋转蒸发瓶与蒸馏装置连接，在 50℃水中蒸发二氯甲烷至 0.5 ml，取下旋转蒸发瓶，用氮气将残留二氯甲烷萃取液吹干，准确加入 10.0 ml 脱芳石油醚溶解残留物。

将石油醚溶液倒入 1 cm 石英池内，以选定的仪器技术参数测定相对荧光强度 I_i 及分析空白相对荧光强度 I_b。

将测定数据记入表中，以相对荧光强度（$I_i - I_b$）为纵坐标，相应的石油烃的量（μg/ml）为横坐标，绘制工作曲线。

（2）样品皂化

准确称取 2～5 g（±0.01 g）新鲜生物样于 100 ml 皂化瓶中，加入 20 ml 氢氧化钠溶液，在室温下避光皂化 8～12 h，每隔 1～2 h 微微摇动皂化瓶数次，加 20 ml 无水乙醇充分摇匀，4 h 后进行萃取，制得样品消化液。同时，制备分析空白试液。

（3）样品测定

按绘制工作曲线步骤测定样品制备液相对荧光强度 I_s 和分析空白试液的相对荧光强度 I_b。以（$I_s - I_b$）值。从工作曲线上查出相应的石油烃的量。

6. 记录与计算

按下式计算生物样品中石油烃含量：

$$W_{oil} = \frac{m \cdot V}{F \cdot M}$$

式中：W_{oil}——生物体样品中石油烃的含量，质量比，10^{-6}；

　　　　m——从工作曲线上查得的石油烃的量，μg/ml；

　　　　V——萃取液体积，ml；

　　　　F——样品的干/湿比；

　　　　M——样品的称取量，g。

7. 精密度

五个实验室分析同一样品，内含石油烃质量比 14.74×10^{-6}，重复性标准偏差为 1.09×10^{-6}，重复性相对标准偏差为 7.5%。

8. 注意事项

（1）除非另作说明，所用试剂为分析纯，水为除油纯水。

（2）二氯甲烷 F113 的蒸除速度及残留物的干燥程度均影响石油烃的回收率（二氯甲烷 F113 有猝灭荧光作用），故条件应尽可能保持一致。

（3）皂化萃取过程中，试剂加入的顺序，加入纯水的质量和数量对萃取分层有明显影响。

（4）全部操作要仔细认真，称量贻贝样品时，不可沾于瓶口或瓶壁，以免与氢氧化钠溶液接触不充分，影响皂化效果。

第五章　近岸海域海洋生物监测技术

第一节　微生物监测

一、海洋微生物学简介

（一）海洋微生物的定义

海洋微生物的定义：来自（或分离自）海洋环境，其正常生长需要海水，并包括可寡营养、低温条件（也包括在海洋中高压、高温、高盐等极端环境）下长期存活并能持续繁殖子代的微生物均可称为海洋微生物，而陆生的一些耐盐菌或有些广盐的种类在淡水和海水中均可生长，则称之为兼性海洋微生物。

海洋微生物一般以单细胞或以群体形式存在，包括病毒、细菌、真菌、单细胞藻类及原生动物等。但按狭义所指仅为病毒、细菌和真菌等。目前研究较多的是细菌。微生物体积大多非常微小，需借助于显微镜下才能看见。如海洋细菌，它的直径大多仅为几个 μm 到零点几个 μm。海洋微生物种类繁多，数量颇大。如胶州湾每毫升海水中生活着几百个，多至几千万个细菌。

海洋微生物是海洋生态系统的重要成员，参与海洋中物质循环。如果没有这些微生物，那么海洋中生物尸体无法分解。生物所必须的营养元素逐渐枯竭，生命无法繁延。同时海洋微生物在消除海洋中污染物质、海洋自净过程中起着重要作用。如能将石油降解成水和二氧化碳的类氧化菌，能分解有机酸等有机物的光合细菌，还有许多细菌能分解农药。海洋中污染物质几乎都能被微生物分解，只是速度快慢而已。海洋中还有许多微生物的代谢产物可用作药物、酶制剂等微生物制剂。但是海洋中也有一些微生物对人类是有害的。如夏天我们吃了不新鲜又没有很好煮熟的蛤蜊等贝类，能引起呕吐和腹泻，这主要是贝类中生活着副溶血弧菌之故，水产养殖中鱼、虾、贝、藻等病害发生，大多也是由于感染了致病微生物造成的；另外，港口、码头、船只污损都是微生物作用的结果。

（二）海洋细菌的特征

1. 海洋细菌的形态特征

海洋细菌常表现有多形态型（pleomorphism），即一种海洋细菌常表现有多种形态。海洋中发现的弧菌和螺旋菌比土壤和淡水中发现的多，约占五分之一以上。大多数海洋细菌具有活泼的运动能力，约有 75%～85%具有鞭毛。一般海洋细菌比淡水和土壤的细菌小，海洋细菌的平均长度是 2~3 μm，宽度是 0.4~0.6 μm，也还有一些更小，即 0.2~0.3 μm 的为数也不少。

2．海洋细菌的结构特征

海洋细菌中，革兰氏染色负反应细菌占绝大多数，约 95%，而土壤中所占的百分比不到 50%。革兰氏染色正反应的细菌所占比例很少，球菌和放射菌也很少。

海洋中产休眠体芽孢的细菌种类较少，而土壤中的许多细菌是产芽孢的。有人认为海洋细菌很少有产生休眠体的，但是 1982 年徐怀恕等首次发现细菌的活的非可培养状态以来，大量研究表明 VBNC（活的非可培养状态）可能是海洋细菌的主要抗逆性休眠体存活形式。

3．海洋细菌的培养特征

一般来说，海洋细菌生长比较慢，它的菌落比土壤和淡水细菌的菌落小。如果将陆地细菌接种到平皿培养基上经过适当温度培养 1~2 天，就能准确地计算数目。可是海洋细菌经过 7~10 天培养，肉眼可见到的菌落数，还会大量增加。

海洋真光层水域中半数以上的细菌是产色素的，而在深层海水中很少发现有产色素的细菌。ZoBell 等人曾经检查过用海水或海泥检样接种的平皿培养的几千个菌落。发现其中 69.4% 是能够产生色素的。各种色素所占的比例是：黄色 31.1%，橙黄色 15.2%，棕色 9.9%，产荧光的 7.4%，红色或浅红色 5.4%，绿色 0.2%，深蓝色、黑色及有金属光泽的菌落也能在特殊培养基上看到。

几乎所有从海水或海泥分离出来的细菌都是兼性厌氧菌，它们在实验室一般培养的情况下，在需氧环境中比在厌氧环境中生长得更好。专性需氧菌与专性厌氧菌在海里很少见，可是这两类细菌在土壤中却经常遇到。兼性需氧菌经过长期在实验室培养，会失去其在厌氧环境中生活的能力。

4．海洋细菌的生理特征

据现有文献记载，海洋细菌也有各种不同的生理类型，海洋细菌几乎能够分解所有的有机物质。并且由于海洋细菌的生命活动使许多无机物质发生变化。

总的来说，海洋细菌对糖类分解能力，不如土壤及淡水细菌的能力强，但对蛋白质的分解能力则比较强，对大多数蛋白质都能迅速分解。它们几乎全部能够自蛋白质或蛋白胨产生氨。另外海泥中有很多细菌可以产生硫化氢，其主要种类是能够还原硫酸盐生产硫化氢的硫酸盐还原菌。

（1）盐度

大多数从大洋分离出来的海洋细菌其最适生长都需要海水或与其相当的液体。海洋细菌对 Na^+ 有专一的需要性。钠离子是海洋细菌生长所必需的，但不是唯一的必需成分，海洋细菌的生长还需要钾、镁、钙、磷、铁等其他主要成分。因此，不能仅用 NaCl 的浓度来表示海洋细菌所需的海水盐度。

（2）氢离子浓度

大多数海洋细菌在 pH 7.2 到 7.6 的培养基上生长最好。这比海水的碱性略低一点，海水的 pH 在 7.5 到 8.5 之间。海泥细菌能在 pH 6.4 到 9.4 范围内生长。

（3）耐温性

大多数海洋细菌的最适生长温度在 12℃至 25℃之间，在大洋中的海洋细菌其中有很大一部分能够在 0℃左右生长和进行生理活动。只有极少数的海洋细菌能在 30℃以上的温度下生长。在 30℃～40℃之间加热处理深海样品 10 min 能够杀死其中 20%到 80%的细菌。

（4）发光特性

虽然发光现象并不是一般海洋细菌的生理特征，但已知的发光细菌大多数都是从海里的东西上分离出来的，使用适宜的培养基，就能从许多种海洋鱼类，乌贼体表和海水中分离出发光细菌来。发光细菌除能发光外，与一般细菌没有多大差异，细菌发光是一种化变发光。单个发光细菌，它的光无论用肉眼、显微镜观察都不能看到，而只有在形成菌落或液体培养基中生长大量细菌之后才能看到，典型的发光细菌是圆筒状杆菌，大小约 1.1 μm×2.2 μm，也有球状和弧状的。

（5）附着特性

海洋细菌中，有很大百分比的细菌附着固体表面上生活（ZoBell，1943），许多种细菌易于附着在浮游生物或大型生物上。砂粒的表面也是细菌的良好栖息场所。由于海水中营养物质极为缺乏而固体表面又吸附了大量的食物的关系，相当大一部分海洋细菌已适应了这种附着生活方式。

（三）海洋细菌的主要类群

1. 海洋中细菌的种类

海洋约占地球表面积的四分之三，是许多种微生物的栖息场所。从海洋环境分离出来的微生物，约占自然界已知细菌种类的四分之一。有人统计，《伯杰氏细菌鉴定手册》（第七版，1957）所列海洋来源的细菌，约占该书所描述的细菌总数的 12%。如果考虑到没有列入《伯杰氏细菌鉴定手册》中的种类，在海洋环境中发现的细菌的百分率可增加一倍，总共约占已知细菌种类的四分之一。

2. 海洋细菌的分类与鉴定

海洋细菌分类鉴定工作是一项非常复杂而细致的工作，但总的来说又与一般陆生细菌的分类鉴定工作一致，没有什么原则上的不同。

目前世界上有三个比较全面的细菌分类系统。一个是《伯杰氏细菌鉴定手册》。第二个是前苏联 H. A. 克拉西里尼科夫所著的《细菌和放线菌的鉴定》，该书原版于 1949 年出版，中译本于 1959 年出版。第三个是法国普雷沃著的《细菌分类学》于 1961 年出版。这三个系统都是针对细菌的分类，目前，世界各国学者，多采用"伯杰氏"系统，特别是欧美各国。我国细菌学的分类鉴定工作也多采用这个系统。近十多年来，海洋微生物学有了迅速的发展，从 1974 年的第 8 版起，编写队伍进一步国际化和扩大化，并且丰富了全书内容。另外，由于 G＋C%的测定、核酸杂交和 16S rDNA 核苷酸序列测定等新技术和新指标的引入，使原核生物的分类从以往以表型、实用性鉴定指标为主的旧体系向鉴定遗传型的系统进化分类新体系逐渐转变。

鉴定海洋细菌是一项非常复杂而细致的工作，需要做许多实验，主要包括下列几个方面：菌体形态特征、培养特征、生理生化特征和血清学反应等。

（1）菌体形态特征

包括细菌的形态及排列方式，细胞的大小，内含物（淀粉、硫粒、异染颗粒等），芽孢，鞭毛，夹膜及菌胶团，革兰氏染色反应及抗酸染色反应等。

（2）培养特征

包括平板菌落形态（菌落形态、大小、边缘及凸起，质地及光学性质等），液体培养特征，明胶柱液化形状，斜面划线生长情况等。

（3）生理特征

包括营养类型（自养、异养、腐生、寄生），氧的需要（需氧、厌氧、兼性、微好氧），最适生长温度及致死温度，最适生长 pH，氮源（有机、无机、固氮），糖发酵（各种糖及醇的利用情况，产酸，产气等），明胶液化，淀粉水解，石蕊牛奶反应，硝酸还原，V-P 反应，吲哚的产生，硫化氢的产生，过氧化氢酶反应，氧化酶反应以及其他生理特性等。

（4）血清学反应

血清凝集反应等。

将上述各项实验结果记录于一张细菌鉴定表格内，再根据其主要特征利用检索表，将所要分类鉴定的细菌检索到属，再依据各项特征，使用细菌鉴定手册将其鉴定到种。

（四）海洋酵母与海洋霉菌

除细菌以外，海洋中也存在着一些酵母和霉菌，它们也参与海洋中物质转化，为完成海洋中 C、N、S、P 等元素的循环起了作用。

1. 海洋酵母

关于酵母的形态，它们的个体比细菌大，细胞结构比较复杂，已有分化成型的细胞核，其繁殖方法也比细菌复杂，无性繁殖以出芽法为主，但也有以分裂法进行繁殖的。有些酵母能进行有性繁殖，生成子囊孢子，也有些酵母不能进行有性繁殖。

关于海洋中酵母的分布情况，有关的报道文献还不很多，最早的报道见于 Fischer 的著作（1894）。他在大西洋进行海洋微生物的调查研究时所收集到的资料证实，酵母菌不仅能在近岸区域发现，而且也能在外洋区域发现。Issatcheko Nadson 和 Burgwitz 先后在北海和北冰洋沿岸的藻类上分离得到好多种酵母。它们大多数属于白色和红色的圆酵母，但也有从霉属（*Dematium*）、粉孢属（*Oidium*）及内孢霉属（*Endomyces*）的。库德良甫茨夫从太平洋的远东沿岸区域的海藻表面上分离出了 43 个酵母菌种。在中国南海距海岸 110 海里的表层水中分离出了脱氮圆酵母。

酵母菌在不同深度海洋中的广泛存在，使人确信，酵母菌能在低温高压相当高浓度的盐类以及厌氧条件下发育。至于海洋酵母的来源，它们之中有些可能来自陆地，但根据它们多数能在海水培养基上生长得比在淡水培养基上更好的事实，应该认为海洋中的大多数酵母并不是偶然进入的，它们或者是土生土长于海洋中的，或者已经长期适应于在海洋条件下进行生命活动，它们参与海洋中无机物及有机物的转化，并在海洋生物的营养方面起着一定的作用。

2. 海洋霉菌

霉菌并不是一个分类学上的名词，它包括囊菌纲、子囊菌纲和半知菌纲的许多真菌。

凡是在营养物质上生长时能形成绒毛状、蜘蛛状菌丝体的真菌统称为霉菌。

Fischer 发现海洋霉菌经常存在于近岸海水中，而且基本上就是陆地上常见的霉菌如青霉、曲霉等，因此很可能是从陆地上进入的。Sparrow 认为海洋霉菌中有些是从陆地上进入的，并不是真正的海洋霉菌。

Barghoorn 和 Linder 在缅因州、马萨诸塞州等海洋中发现了不少与陆地已知不同的霉菌。它们多数在海水培养基上生长得比在淡水培养基上更好。还能忍受比正常海水大三倍的盐度，除了一种以外，它们并不像陆地霉菌那样喜欢酸性培养基，都是在 pH7.6 以上的培养基上生长得更好，这大概是因为它们长期生长于海洋环境，所以其生理特征也已经改变成为适应于海洋环境了。

海洋酵母与海洋霉菌都需要在含有丰富有机质的环境中才能生长。因此，它们往往寄生在动植物身上而成为海洋动植物的致病菌，并使绳索及木材腐烂，多数是有害的。海洋酵母可以作为某些动物的饵料，这是有益的方面。

二、海洋微生物监测方法

海洋微生物的监测方法主要依据《海洋监测规范 第 7 部分：近海污染生态调查和生物监测》（GB 17378.7—2007）和《近岸海域环境监测规范》（HJ 442—2008）。

（一）采样方法

一个总的原则：自始至终贯彻无菌操作的原则。

水样采集：使用经灭菌的采样瓶采集水下约 10 cm 处的水样，水样在瓶中要留下至少 2.5 cm 高的空间。

泥样采集：用已灭菌的小匙，除去采泥器内表层浮泥，取 10～20 g 泥样置于经灭菌的采样瓶中。

（二）样品处理与保存

采得的样品应立即送检，时间不得超过 2 h，否则要将样品放于冰箱或冰瓶中，但也不得超过 24 h。

（三）分析方法

1. 细菌总数（平板计数法）GB17378.7—2007

（1）方法原理

平板计数法是根据单一的细菌在平板培养基上，经若干时间培养，形成一个肉眼可见的子细胞群（菌落）（亦即一个菌落代表一个细胞），通过计算菌落数而得知细菌数的。计算关键是必须尽可能将样品中的细菌分散成单个细胞，并制成均匀的不同浓度稀释液，将一定量的稀释液均匀地接种到盛有固体培养基的培养皿上（以下简称平皿）。

（2）培养基（2216E 培养基）

蛋白胨 5 g；酵母膏 1 g；磷酸高铁 0.1 g；琼脂 20 g；陈海水 1 000 ml。

（3）测定步骤：

①依水样量，按 100 ml 水样加 1 ml 吐温溶液，充分摇匀，使样品中的细菌细胞分散成单一的细胞。②以无菌操作吸取 1 ml 水样注入盛有 9 ml 已灭菌陈海水的试管中，摇匀。并依同法依次连续稀释至所需要的稀释度（倍数）。稀释度依水样含菌量而定，以每平皿的菌落数在 30～300 个之间为宜。每种稀释度需有 3 个平行样。③将此平皿在 25℃恒温箱内培养 7d，取出计数菌落。

（4）菌落计数法

当平皿上出现较大片菌苔时，则不应计数。选择菌落数在 30～300 个之间的平皿，以平均菌落数乘其稀释倍数，即为该水样的细菌数。若有两种稀释度的平均菌落数均在 30～300 个之间，则应按两者菌落数之比值决定，当比值小于 2，取两者的平均数，若大于 2，取其较少的菌落数。若所有稀释度中各不同稀释度的平均菌落数均大于 300，则以稀释度最高的（浓度最低）平均菌落数乘其稀释倍数。若所有稀释度中各不同稀释度的平均菌落数均小于 30，则用稀释度最低的（浓度最高）平均菌落数乘其稀释倍数。若所有稀释度都没有长出菌落，同时也没检出抑制物，则报告小于 1 乘其最低稀释倍数。如：最低稀释度（倍数）为 1∶100，则报告其群落数小于 100。

2. 粪大肠菌群（多管发酵法）GB 17378.7—2007

（1）方法原理

大肠菌群系一群在 37℃或 44℃生长时能使乳糖发酵、在 24 h 内产酸产气的需氧及兼性厌氧的革兰氏阴性无芽孢杆菌。大肠菌群数系指单位样品中所含有的"大肠菌群"的数目。主要包括有埃希氏菌属、柠檬酸杆菌、肠杆菌属、克雷伯氏菌属等细菌。一般在 37℃培养生长的称为"总大肠菌群"，在 44℃培养生长的称为"粪大肠菌群"。海洋生物检验采用 44℃培养法，以检测粪大肠菌群。大肠杆菌（*E. coli*）为埃希氏菌属（*Escherichia*）代表菌，大小 0.4～0.7 μm×1～3 μm，无芽胞，大多数菌株有动力，有普通菌毛与性菌毛，有些菌株有多糖类包膜，革兰氏阴性杆菌。一般多不致病，为人和动物肠道中的常居菌，在一定条件下可引起肠道外感染。某些血清型菌株的致病性强，引起腹泻，统称致病大肠杆菌。

粪便中存在有大量的大肠菌群细菌，在水体中的存活时间和氯的抵抗力等与肠道致病菌如沙门氏菌、志贺氏菌等相似，因此将大肠菌群作为水体受粪便污染的指示菌是合适的。

发酵法系通过初发酵及复发酵两个步骤，以证实样品中是否存在粪大肠菌群并测定其数目。

（2）培养基

1）乳糖蛋白胨培养基：蛋白胨 10.0 g；牛肉膏 3.0 g；乳糖 5.0 g；氯化钠 5.0 g；溴甲酚紫乙醇溶液 1 ml；蒸馏水 1 000 ml；pH 值为 7.2～7.4。将上述成分加热溶解，分装于置有倒管的试管内（10 ml 左右）。置高压蒸气灭菌器中，于 115℃（68.95kPa）灭菌 20 min。根据需要，可按上述配制方法将蒸馏水由 1 000 ml 减为 333 ml，制成浓缩三倍的乳糖蛋白胨培养液备用。

2）EC 培养基：胰蛋白胨或胨胨 20.0 g；乳糖 5.0 g；胆盐混合物或 3 号胆盐 1.5 g；磷酸氢二钾（$K_2HPO_4 \cdot 3H_2O$）4.0 g；磷酸二氢钾（KH_2PO_4）1.5 g；氯化钠（NaCl） 5.0 g；蒸馏水 1 000 ml。将上述成分加热溶解，分装于内装倒管的试管中，同上灭菌后 pH 值应为 6.9。此培养基用前不宜置入冰箱，以防检测时出现假阳性。

（3）测定步骤

1）初发酵试验

a. 无菌操作条件下移取 1.0 ml 样品至 9.0 ml 无菌海水的试管中，制备成 10^{-1} 稀释样。然后，用一系列装有 9.0 ml 无菌海水的试管连续稀释，制备成 10^{-2}、10^{-3}、10^{-4} 稀释样。

b. 吸取上述 10^{-1}、10^{-2}、10^{-3} 稀释样，每个稀释度各取 1 ml 稀释样 5 份，分别加入 5 支盛有 10 ml 已灭菌的普通浓度乳糖蛋白胨培养液的试管中（内有倒管）。

c. 将上述 15 支试管充分混匀后，置于 44℃恒温箱中培养 24 h。

2）复发酵试验

经培养 24 h 后，将产酸（培养液变成黄色）产气（倒管上端积有气泡）及只产酸的发酵管，用一无菌环（3 mm 直径）或木压舌板转接入 EC 培养液中，摇匀后置（44±0.5）℃恒温箱中培养（24±2）h。在此期间内所得的产气阳性管即证实有粪大肠菌群存在。

依据阳性管数查对照表，即可得每 100 ml 水样中粪大肠菌群的最近似值（MPN）。

（4）注意事项

1）进行大肠菌群的检验，必须按照无菌操作的要求进行工作，同时应作平行样品测定。

2）上述发酵法也适用于检测近岸海域沉积物中的粪大肠菌群。即以定量的沉积物经适当稀释并充分混匀后，吸取一定量水样代替，其他检验步骤与测水样相同。

3. 弧菌数量检测（GB 17378.7—2007）

（1）方法原理

弧菌是在海洋环境中是最常见的细菌类群之一，广泛分布于近岸及河口海水、海洋生物的体表和肠道中，是海水和原生动物、鱼类等海洋生物的优势菌群。海洋弧菌通常占沿岸和大洋海水中可培养异养细菌总数的 10%～50%。弧菌是目前研究最多、了解较为清楚的海洋细菌，到 2005 年，《伯杰氏系统细菌学手册》第 2 版所收录的弧菌多达 63 种。弧菌的主要表形特征为：形态呈短杆状、弯曲状、偶尔呈 S 形成田控形，革兰氏阴性。多以单一的鞘极生鞭毛运动，对盐度适应范围广泛，最适盐度为 30，所有种在 20℃均生长，少数在 37℃甚至 40～43℃生长。pH 值范围为 6.0～9.0。生理和代谢类型为化能异养、兼性厌氧发酵葡萄糖产酸，氧化酶和接触酶阳性，O/l29 敏感。

（2）培养基

1）计数培养基 BTB：牛肉膏 3.0 g，蛋白胨 10.0 g，蔗糖 15.0 g，氯化钠 20.0 g，Teepol 1.0 ml，溴麝香草酚蓝 0.06 mg，蒸馏水 1 000 ml。配制方法：将上述数量的牛肉膏，蛋白胨，蔗糖，氯化钠和 Teepol 加热溶解于 1 000 ml 蒸馏水中，用 16%的氢氧化钠调整 pH 值为 7.8，再将溴麝香草酚蓝按上述量溶解其中。分装于试管（每管 5 ml），塞棉塞，包装后于 115℃高压蒸汽灭菌 20 min，然后于冰箱中冷藏备用。

2）平板分离培养基 TCBS：蛋白胨 10.0 g，酵母膏 5.0 g，柠檬酸钠 10.0 g，硫代硫酸钠 10.0 g，蔗糖 20.0 g，胆盐 8.0 g，氯化钠 10.0 g，柠檬酸铁 1.0 g，溴麝香草酚蓝 0.04 g，琼脂 15 g，蒸馏水 1 000 ml。配制方法：将上述数量的蛋白胨，酵母膏，柠檬酸钠，硫代硫酸钠，蔗糖，胆盐，氯化钠，柠檬酸铁，溴麝香草酚蓝和麝香草发酚蓝加热溶解于 1 000 ml

蒸馏水中，调解 pH 值为 8.6，再加热至沸腾。然后冷却至 55℃，倾注无菌培养皿即可。该培养基不需要高压灭菌。

3）PAC 斜面培养基：蛋白胨 5.0 g，酵母膏 2.5 g，葡萄糖 1.0 g，氯化钠 10.0 g，琼脂 15.0 g，蒸馏水 1 000 ml。配制方法：将上述蛋白胨，酵母膏，葡萄糖，氯化钠和琼脂加热溶解于 1 000 ml 蒸馏水中，调节 pH 为 7.0，分装于试管（每试管 5 ml）中，塞棉塞，包装后于高压蒸汽灭菌锅中 115℃灭菌 20 min。灭菌后立即取出装有上述培养基的试管，倾斜放置于实验台面上，使其冷却后培养基在试管内形成斜面。放置冰箱中冷却备用。

（3）测定步骤

1）弧菌的分离与计数：采用 9 管"MPN"法以 3 个不同稀释度（原水样、10^{-1}、10^{-2}）的水样接种于 BTB 培养液的试管中，37℃培养 18 h。把阳性管中的菌液于 TCBS 平板上划线分离，平板放进培养箱里，于 37℃培养 18 h。将出现的绿色、蓝绿色和黄绿色菌种接种于 PCA 斜面上保存。分离菌株首先经革兰氏染色，氧化酶，运动性和 O/129 弧菌素敏感实验等，符合弧菌特征的菌株，视其来源为"MPN"管数，查"MPN"表进行计数。

2）弧菌种的鉴定：从 TCBS 平板上分离的菌株经上述 4 个弧菌属基本特征鉴定后，采用 AP120E 进行生理生化特征鉴定，并做耐盐性试验，根据 AP120E 反映结果，查 AP120E 检索表，即可得到种名。

4．细菌鉴定

细菌的鉴定是比较困难的，需要累积多年的经验，而且相当的繁琐、耗时长，另外一些不常见的细菌鉴定往往需要花费大量的人力物力去进行多种的生理生化鉴定。法国生物梅里埃公司的 API 细菌鉴定系统是目前世界上公认的细菌鉴定的金标准，已有超过 30 年的经验，是目前世界上鉴定范围最广的细菌鉴定系统之一。API 细菌鉴定系统是基于数值鉴定的概念，使得微生物的鉴定变得简单、快速和可靠，而无需特殊的投入，短时间的培训，较长的有效期保证了订货的简便，这些均使得 API 成为一种非常经济的常规鉴定方法。

在海洋细菌鉴定中我们主要采用该鉴定系统中的 API-20E、API- 20NE、API- 20 C AUX 试剂条。

（1）API-20E（肠杆菌和其他革兰氏阴性杆菌科鉴定系统）和 API -20NE（非肠道革兰氏阴性杆菌科鉴定系统）

是由 20 个含干燥底物或培养基的小管所组成，对所鉴定的菌株进行 23 个生化试验，并以其自身代谢产物的颜色变化或加入试剂后的颜色变化加以鉴定，结果以数字形式查对检索表而得到相应的种名。

（2）API- 20 C AUX（酵母菌鉴定系统）

是由 20 个含同化测定的干粉底物的小杯所组成。小杯内含半固体微量培养基供接种，只有能以该底物为唯一碳源的酵母菌才能生长。测定结果是以与对照生长物的比较而得；鉴定结果参照分析图谱索引或鉴定软件。

三、海洋微生物检测技术的新进展

传统的定量检测方法主要有显微镜直接计数法、培养计数法及细胞活性物质的生物化学测定法等。由于海洋环境中细菌的代谢类型多种多样。每一种培养基都是针对某一代谢类型而设计的。只能测定某一类细菌的生物量。培养基的选择性，决定了用任何一种培养基都不可能测定所有细菌的生物量，因此在实际调查工作中，需要根据不同的研究目的选用不同的培养基。另外，基于 16SrDNA 序列分析的研究显示，海洋中的绝大多微生物尚未获得纯培养。现在普遍认为，海洋环境中的微生物能在实验室条件下培养出来的还不到 1%。而显微镜直接计数法及基于细菌活性物质的生物化学测定法等可测定所有细菌的生物量，但却不能区分细菌的种类或代谢类型，也不能区分死菌和活菌。近年来，随着分子生物学技术的发展，DNA 杂交和 PCR 技术已被广泛应用于海洋细菌的检测和生物量的测定上。这些方法克服了传统培养法费时、费力和不准确的局限性，尤其是定量 PCR 技术的发展，实现了快速、定量检测其一类细菌的愿望。因此，海洋微生物的检测方法多种多样、每种检测方法各有其优缺点和适用的范围。海洋微生物学工作者需根据不同条件和研究目的选用合适的方法。

（一）免疫学检测法

免疫学方法的基本原理是抗原抗体反应，即抗原与相应抗体之间所发生的特异性结合反应。不同的微生物都有其特异性抗原并能激发机体产生相应的特异性抗体。在免疫检测中，可利用单克隆抗体或多克隆抗体检测某种特定细菌的存在与否，有些还可以相对定量。该方法可用于检测海洋环境中的人类致病菌或海洋生物的病原菌，其优点是样品在进行选择性增殖后，不需分离，即可采用免疫技术进行筛选。免疫法有较高的灵敏度，而且样品经增菌后可在较短的时间内达到检出度、加上抗原和抗体的结合反应可在很短时间内完成，因此可以节约大量时间。此方法的缺点是交叉反应导致的假阳性率高。

1. 荧光抗体技术

荧光抗体技术又称免疫荧光技术，就是将不影响抗原抗体活性的荧光色素标记在抗体（或抗原）上，与其相应的抗原（或抗体）结合后，在荧光显微镜下呈现一种特异性荧光反应。荧光抗体技术简便、快速、经济。但有时会受到样本中非特异性荧光的干扰，影响结果的判定，并且需要昂贵的荧光显微镜。国外早在 20 世纪 80 年代就有将荧光抗体技术用于检测致病性海洋细菌的报道。

荧光抗体技术的基本操作如下（以检测水产养殖动物中副溶血弧菌为例）：取病灶组织涂片，晾干，60℃微热固定，在涂片滴加兔抗副溶血弧菌血清，置于室温下 5 min，最好放置于避光、湿润容器中，pH 为 7.2PBS 冲洗，滴加异硫氰酸盐荧光素标记的羊抗兔血清，放置 5 min，用 PBS 冲洗，晾干，加 1 滴封存液。盖上盖玻片，在荧光显微镜下镜检。

如果在涂片的不同部位，视野中呈现发绿色荧光的个体，即证明样品中有副溶血弧菌存在。该方法简单易行，检测快速，由于需要荧光显微镜，所以不易于现场检测。

2. 酶联免疫吸附技术

酶联免吸附疫技术发展较晚，但随着试剂的商品化以及自动化操作仪器的广泛使用，使酶免疫技术日趋成熟、方法稳定，结果可靠。在很多领域取代了荧光技术和放射免疫测定法。其代表技术是酶联免疫吸附技术（ELISA）。

ELISA 是以免疫学反应为基础，将抗原、抗体的特异性反应与酶对底物的高效催化作用相结合的一种敏感性很高的实验技术。国内外均有将 ELISA 技术应用于检测致病性海洋细菌的报道。张晚华等（1997）采用间接 ELISA 技术对中国对虾育苗池和海洋环境水体进行了哈维氏弧菌的检测，其结果和常规法分离鉴定的结果基本一致。但速度要比常规法快得多，一般 6 h 内即可完成。

间接 ELISA 技术的基本操作如下（以检测水产养殖动物中哈维氏弧菌为例）：取水产养殖动物病灶组织，加 PBS 匀浆。取 100 μl 上清液加入 96 孔板中，哈维氏弧菌菌液为阳性对照，PBS 为阴性对照，25℃培养 1 h，倒空液体，加 0.1 mol/L 用 PBS 配制的 3%脱脂牛奶封闭抗原，用塑料薄膜封闭后 4℃放置过夜，倒空液体。用 PBS 洗涤 3 次（每次 5 min），倒空液体，加入 100 μl 兔抗哈维氏弧菌血清，25℃培养 1 h，倒空液体，用 PBS 洗 3 次（每次 5 min），倒空液体，每孔中加 100 μl 的对磷酸基硝基苯底物，将微孔板置于暗处 20～30 min，至显示出合适的颜色为止，加 100 μl NaOH 溶液终止反应，用酶标仪检测各孔。

（二）分子生物学方法

海洋细菌的传统检测方法，需要富集、培养和纯化等步骤，有操作繁琐、检测时间长、特异性差和准确率低等缺点，已不能满足人们对微生物进行快速检测及研究的要求。利用 PCR、核酸杂交等技术对微生物进行检测、鉴定和计数，使微生物的检测方法更为灵敏、快速、准确和方便。这些方法最初主要用于临床、食品等微生物的检测，目前在海洋细菌学中也已经得到广泛应用。

1. 核酸探针技术

核酸探针技术是把特异性 DNA/RNA 片段用放射性同位素或非放射性物质标记后制成探针，与微生物的 DNA 进行杂交，以此来确定微生物的一种分子生物学技术。该技术以其灵敏度高、特异性强、使用方便等优点受到越来越多的重视，近年来核酸探针技术已广泛应用于细菌性和病毒性病原的检测和诊断。标记的靶序列包括微生物基因组 DNA、rRNA、毒素蛋白基因、质粒 DNA 等。

20 世纪 90 年代以来，已经在多种海洋细菌的检测中得到了应用。Moussard 等（2006）用弓形杆菌（Arcobacter sp.）的特异性核酸探针检测了东太平洋隆起热液喷口处的微生物区系，发现这些丝状微生物的主要类群为弓形杆菌及其相关类群。Raghunath 等（2007）用碱性磷酸酶标记的核酸探针检测了海产品及海洋环境样品中的致病性副溶血弧菌。

2. PCR 技术

聚合酶链式反应（Polymerase Chain Reaction，简称 PCR）是体外酶促合成特异 DNA 片段的一种方法，为最常用的分子生物学技术之一。典型的 PCR 由①高温变性模板；②引物与模板退火；③引物沿模板延伸三步反应组成一个循环，通过多次循环反应，使目的 DNA 得以迅速扩增。

PCR 能快速特异扩增任何已知目的基因或 DNA 片段，并能轻易在皮克（pg）水平起始 DNA 混合物中的目的基因扩增达到纳克、微克、mg 级的特异性 DNA 片段。因此，PCR 技术一经问世就被迅速而广泛地用于分子生物学的各个领域。

PCR 技术已在微生物检测中充分显示了其快速、灵敏的优点。在检测中只需短时间增菌，甚至不增菌。即可通过 PCR 进行检测，节约了大量时间，整个定量检测过程可在几小时内完成，PCR 技术还可以检测出一些依靠培养法不能检测的微生物种类。PCR 技术比核酸探针技术灵敏度高、特异性强，检测成本低，容易自动化。Pang 等（2006）以海水养殖动物的重要致病菌——哈维氏弧菌的 toxR 基因为目标检测基因，建立了 PCR 检测哈维氏弧菌的方法。从 DNA 提取到 PCR 产物鉴定结束。整个检测过程所用时间不到 5 h。

在 PCR 技术的基础上，又相继开发出了多种定量 PCR 方法，用来定量检测海洋环境中的某一种特定细菌或多种细菌。其主要方法有 PCR 产物的直接定量法、极限稀释法、非竞争性定量 PCR 法、竞争性定量 PCR 法和荧光实时定量 PCR 法等。

荧光实时定量 PCR 融合了 PCR 的高灵敏性、DNA 探针杂交的高特异性和光谱技术的高精确定量等优点，把误差控制在最小范围内，具有很好的可重复性，在同一试管内进行 PCR 扩增，并且通过动态实时连续荧光检测，免除了标本和产物的污染，有效地解决了传统定量 PCR 中只能终点检测的局限性，且无复杂的产物后续处理过程，高效而且快速。荧光实时定量 PCR 技术已成为目前快速、精确定量核酸的最有效的方法之一，已广泛应用于基因表达、点突变检测、抗病毒药物筛选、海洋微生物等方面的研究中。由于荧光实时定量 PCR 的检测设备昂贵，在某些方面的应用仍然受到一定的限制。

理论上只要待检测样品中含有一个 DNA 片段，使用 PCR 技术就可以检测出来。但到目前为止，一般来说只有当样品中含有 200 个以上的 DNA 片段时才能检测到，有些被检测样品需要经过富集方可达到可检测水平。环境样品中的其他成分（如腐殖酸等）和增菌过程中的某些成分可能对 Taq 酶具有抑制作用，从而导致检验结果呈假阴性。PCR 技术对操作过程要求严格，一旦有微量的外源性 DNA 进入 PCR，即可引起无形放大而产生假阳性结果，扩增过程中的错配也会对结果产生影响。

第二节　浮游生物监测

一、浮游生物调查

浮游生物是海洋生态系统的重要初级生产者，由于其生长周期短，它对环境的变化十分敏感，环境的改变可影响浮游生物的种类组成、结构、现存生物量等指标。因此，浮游生物群落结构与特征是评价水体质量的一项重要指标，监测浮游生物的目的是检测浮游生物群落和功能的时空变化，也有助于了解水质条件和浮游生物群落结构的相互关系。国内外不少学者把浮游生物作为指示生态环境变化的重要生物学参数。

（一）调查的目的与意义

1. 浮游生物定义

缺乏发达的运动器官，运动能力很弱，只能随水流移动，被动地漂浮于水层中的生物群。

浮游生物包括浮游植物（Phytoplankton）和浮游动物（Zooplankton）两大类。浮游植物种类较为简单，大多是单细胞植物，其中硅藻最多，还有甲藻、绿藻、蓝藻、金藻等。浮游动物种类繁多，结构复杂，包括无脊椎动物的大部分门类，如原生动物、腔肠动物（各类水母）、轮虫动物、甲壳动物、腹足类软体动物（翼足类和异足类）、毛颚动物、低等脊索动物（浮游有尾类和海樽类）以及各类动物的浮性卵和浮游幼体等。其中以甲壳动物，尤其是桡足类最为重要。还有一类浮游单细胞生物兼有植物和动物的基本特征（具能动的鞭毛，兼备自养和异养的能力），植物学家把它列为甲藻门鞭毛藻类，动物学家把它归入原生动物鞭毛虫纲。

2. 浮游生物调查的目的和任务

海洋浮游生物是海洋有机物质的生产者，它广泛参与海洋中的物质循环及能量转换，它是海洋环境要素的生物环境之一，对其他海洋环境有着重要的影响。

海洋浮游生物调查的主要目的是查明生物生产力的现状、潜力和展望，为海洋生物资源的合理开发利用、海洋环境保护、国防及海洋工程建设和科学等提供基本资料。

海洋浮游生物调查的任务是查清调查海区、养殖场的浮游生物的种类组成、数量分布和变化规律。

3. 浮游生物调查的依据

浮游生物调查的依据是《海洋监测规范》（GB 17378.7—2007）与《近岸海域环境监测规范》（HJ 442—2008）。

浮游生物调查标准化制定的历史：1958 年首次编写了《全国海洋调查规范》，1975 年，在国家海洋局主持下，由各海洋、水产研究所、高等院校以及生产单位协同对其进行修改补充，正式出版了《海洋调查规范》，作为全国进行海洋调查的统一标准。以后又有几次改版，如 1991 年制定的《海洋调查规范》（GB 12763.6—1991），目前我们采用的是 2007 年制定的《海洋监测规范》（GB 17378.7—2007）与《近岸海域环境监测规范》（HJ 442—2008）。

（二）浮游生物调查的内容和方法

1. 浮游生物调查内容

浮游生物调查的内容包括定性调查和定量调查两个方面，主要进行的是生物调查和环境调查。

（1）定性调查

主要是调查浮游生物的种类组成，分布状况等。

（2）定量调查

主要是调查浮游生物的数量（密度和生物量）、季节变化和昼夜移动等项目，特别是海区优势种类的数量和分布状况的变化。

（3）生物调查

主要是调查浮游植物的种类组成和数量分布；浮游动物的生物量、种类组成和数量分布。

（4）环境调查

主要是根据污染调查的目的、类型及污染源的性质，确定调查和监测项目。赤潮的环境调查和监测，特别应考虑营养盐（N、P、Si）、溶解氧、化学耗氧量、pH、水色、微量重金属、铁和锰、叶绿素 a 等的测定。

2. 浮游生物调查类型

（1）现状调查（或称基础调查）

掌握调查海域浮游生物的种类组成、数量分布、季节变化等生态学现状，为调查海域的污染生态监测和评价提供背景资料。调查时间最好每月一次，根据需要于大潮期和小潮期间进行。

（2）监测性调查

掌握污染海域，尤其是赤潮频发区的浮游生物（特别是赤潮生物种）的动态及其与环境的关系。通过长期资料积累，为环境和赤潮的预测、预报做好必要的准备工作。此类调查，站位布设不宜过多，可在现状调查的基础上，选择若干"热点"测站定期取样分析。一旦发现异常，应密切注意其动向，适当增加调查次数，并按现状调查的站位，进行一次较全面的调查。一般每月大潮期间进行一次，在赤潮常发期（4～10月），5天左右调查监测一次，并设置对照测站。

（3）应急跟踪调查

是在突发性污染事故（如溢油）或发生赤潮时，所采取的应急性行动。调查、监测必须尽快赶赴现场取样，并持续到直观迹象消失。每天或隔天采样一次。站位布设应根据污染或赤潮发生范围，按梯度变化酌情而定。同时应在事故范围之外，选取 1～2 个站位作对照。

3. 浮游生物调查方法

（1）采水

浮游植物调查，一般只需采水样。测站水深在 15 m 以内的浅海，采表、底两层；水深大于 15 m 的，采表、中、底三层。若需要详细了解其垂直分布，可按 0 m、3 m、5 m、10 m、15 m 和底层等层次采样。当有必要进行昼夜连续观测时，可每间隔 2 h（或 3 h）按上述层次采样一次。

（2）拖网

通常用于浮游动物采样。浮游植物拖网采样，可考虑在需要详细分析种类组成时采用。一般只需用规定的网具自海底至水面作垂直拖网采样。若需了解其垂直分布，可按 5～0 m、10～5 m、底～10 m 等层次作垂直分层拖网。若需进行昼夜连续观测，应与浮游植物采水样的时间间隔一致。

（三）浮游生物的海上调查

1. 海上调查采样工具和设备

（1）采水器

用于采集浮游植物样品。颠倒采水器、卡盖式采水器等。

（2）网具

主要是浅水Ⅰ、Ⅱ、Ⅲ型浮游生物网。

浅水Ⅰ型浮游生物网：用于采集大型浮游动物及鱼卵、仔稚鱼等。

浅水Ⅱ型浮游生物网：用于采集中、小型浮游动物。

浅水Ⅲ型浮游生物网：用于采集浮游植物样品，供分析种类组成时采用。

各种网具的规格如表 5.1～表 5.3 所示：

表 5.1　浅水 I 型浮游生物网尺寸和材料

浅水 I 型浮游生物网：用于采集大型浮游动物及鱼卵、仔稚鱼		
部位		尺寸和材料
网口部		内径 50 cm。网口面积 0.20 m²，网圈用直径 10 mm 的圆钢条
过滤部	1	长 5 cm，细帆布
	2	长 135 cm，CQ14 或 JP12 筛绢（约 30 目，0.507 mm）
网底部	3	直径 9 cm，长 5 cm，细帆布
全长		145 cm

表 5.2　浅水 II 型浮游生物网尺寸和材料

浅水 II 型浮游生物网：用于采集中、小型浮游动物		
部位		尺寸和材料
网口部		内径 31.6 cm。网口面积 0.08 m²，网圈用直径 10 mm 的圆钢条
头锥部	1	长 35 cm，细帆布，中圈直径 50 cm，网圈用直径 10 mm 的圆钢条
过滤部	2	长 100 cm，CB36 或 JP36 筛绢（约 100 目，0.169 mm）
网底部	3	直径 9 cm，长 5 cm，细帆布
全长		140 cm

表 5.3　浅水 III 型浮游生物网尺寸和材料

浅水 III 型浮游生物网：用于采集浮游植物样品，供分析种类组成时采用		
部位		尺寸和材料
网口部		内径 37 cm。网口面积 0.1 m²，网圈用直径 10 mm 的圆钢条
过滤部	1	长 5 cm，细帆布
	2	长 130 cm，JF62 或 JP80 筛绢（约 200 目，0.077 mm）
网底部	3	直径 9 cm，长 5 cm，细帆布
全长		140 cm

（3）网底管

浮游生物网末端收集标本的装置，其外径为 9 cm，所用筛绢套与浮游生物网网衣的筛绢规格一致。

（4）闭锁器

分层采集时控制浮游生物网网口关闭的装置。

（5）流量计

测量浮游生物网滤水量的装置。使用时安装于网口半径的中点，通过水流驱动其叶轮转动，记录器记录转数，经必要的换算，可求出流经网具的实际水量。未经厂方标定的流量计，使用前应于平静海区经现场标定后方可使用。标定方法是将流量计按实际使用时的位置，安装在不带网衣的网圈上；并按实际采用时的拖网速度从一定深度（10 m 或 30 m）垂直拖至表层，记录其转数。如此反复 5～10 次，取得平均数，再计算每转的流量，则为流量计标定值。此值至少保留三位有效数字。

（6）船上设备

绞车、吊杆及钢丝绳：绞车应配有变速（0.3～1.5 m/s）排缆装置和计数器的电动绞车。若缺乏该设备，可用建筑用的升降机或手摇绞车代替。钢丝绳直径一般为 4.8 mm 左右。吊杆安装需高出船舷 3 m，跨舷距约 1 m。

冲水设备：水泵、水管、水桶和吸水球（大的洗耳球）。

照明设备：用于夜间作业照明。

2. 样品采集

（1）出海前的准备

按调查项目、站数、层次，准备足够的采样工具及已编号的各种标本瓶、固定剂、记录表等，装箱上船并放于适当位置，避免撞击和丢失；

认真检查船上设备是否运转正常，若遇故障，应及时排除或更换；

配制固定剂：浮游植物用碘液固定。其配制方法是将碘片溶于 5%的碘化钾（KI）溶液中，使成饱和溶液。需要量按每升水样加碘液 6～8 ml 准备。浮游动物用 5%甲醛固定。不必事先配制，只需按标本瓶容量的 5%左右加入甲醛溶液即可。

（2）到站前的准备

采集人员须提前到达工作岗位，再次检查网具及其附件、记录表及其他有关配备是否完善，发现问题及时处理；

船只到站时，先核对站位，待船停稳后，测其实际水深，确定采样层次及钢丝绳应放出的长度。

3. 采样

（1）浮游植物水样采集

用颠倒采水器或卡盖式采水器等，其使用方法及操作步骤与水质项目的采水类同。

采样层次视调查需要、计划规定和海区各站实际水深而定。

该水样务必与叶绿素 a 和水质项目的采水同步进行。

所需水样量一般为 500 ml。

采样后，应及时按每升水样加 6～8 ml 碘液固定。

（2）垂直拖网

分别用浅水 I、II 型浮游生物网自底至表垂直拖曳采集浮游动物。若需网采浮游植物，则用浅水III型网。

下网：每次下网前应检查网具是否破损，发现破损应及时修补或更换网衣；检查网底管和流量计是否处于正常状态，并把流量计指针拨至指零；放网入水，当网口贴近水面时，需调整计数器指针于零的位置；网口入水后，下网速度一般不能超过 1 m/s，以钢丝绳保持紧直为准；当网具接近海底时，绞车应减速，当沉锤着底，钢丝绳出现松弛时，应立即停车，记下绳长。

起网：网具到达海底后可立即起网，速度保持在 0.5 m/s 左右，网口未露出水面前不可停车；网口离开水面时应减速并及时停车，谨防网具碰刮船底或卡环碰撞滑轮，使钢丝绳绞断，网具失落。

样品的收集：把网升至适当高度，用冲水设备自上而下反复冲洗网衣外表面（切勿使冲洗的海水进入网口），使粘附于网上的标本集中于网底管内；将网收入甲板，开启网底管活门，把标本装入标本瓶，再关闭网底管活门，用洗耳球吸水冲洗筛绢套，如此反复多次，直至标本全部收入标本瓶中。

样品固定：按样品体积的 5% 量，加入甲醛溶液。

（3）分层拖网

若需分层采集，必须在网具上装上闭锁器，按规定层次逐一采样。其操作步骤：

下网：下网前必须使网具、闭锁器、钢丝绳、拦腰绳等处于正常采样状态，下网时按垂直拖网方法。

起网：网具降至预定采样水层下界时应立即起网，速度如垂直拖网；当网将达采样水层上界时，应减慢速度（避免停车，以防样品的外溢），提前打下使锤（提前量每 10 m 水深约 1 m）；当钢丝绳出现瞬间松弛或振动时，说明网已关闭（记录此时的绳长），可适当加快起网速度直至网具露出水面；之后，将闭锁状态的网具恢复成采样状态，并按垂直拖网法冲网和收集、固定标本。

海上记录：各项样品采集完毕，应及时详细填写记录表。所有海上记录应妥善保存，谨防受潮或遗失。

（4）注意事项

遇倾角超过 45° 时，应加重沉锤重新采样。

遇网口刮船底或海底，应重新采样。

（5）调查结束后的工作

所有样品应装入牢固的标本箱内搬运。

用过的网具、闭锁器和流量计等需用淡水冲洗，晾干后收藏。

绞车、钢丝绳、计数器等需经常擦拭，上油保养。

4．样品整理与分析

（1）样品的整理

核对：根据海上记录表，认真核对采得的全部样品，若发现不符，需及时查找原因，不得任意更改原记录。

编号：依海上采集记录，按序对各类样品进行总编号，并填于浮游生物标本登记表中。总编号力求简明，由能表示样品的采集海区、采集方式、采集网具、采集年份及标本序号的字母或代号表示，其规定如下：

采集海区：用调查海区汉语拼音第一个字母表示，渤海、黄海、东海、南海分别以 B、H、D、N 表示。

（2）调查方式及网具：

Ⅰ——浅水Ⅰ型浮游生物网垂直拖网样品；

Ⅱ——浅水Ⅱ型浮游生物网垂直拖网样品；

Ⅲ——浅水Ⅲ型浮游生物网垂直拖网样品；

L——昼夜连续观测样品；

Ch——垂直分层采集样品；

S——浮游植物采水样品。

年份用阿拉伯数字表示。

（3）标签

外标签：按总编号顺序编写，贴于各标号瓶外，并涂蜡或树脂保护。

内标签：注明采样总编号、时间、站号、海上编号，投入各标本瓶中。

二、浮游植物样品的处理与分析

浮游植物水样的种类鉴定与记数，一般需按采样层次逐一分析。若时间不允许，在不影响计划要求前提下，可采用混合样记数，即：各层取等量（50 ml 或 100 ml）混合，再按下述方法处理和分析。

（一）沉降计数法

主要仪器和设备：倒置显微镜、沉降器、盖玻片、计数器等。

沉降器基本结构：主要包括底板、沉降管、排水孔及盖玻片等。规格有 5、10、20、50、100 ml 等不同容量。若无上述沉降器，可自己制作简易沉降器，只需取内径为 25 mm（外径约 32 mm）、高度为 20.4 mm 的有机玻璃管粘于 43 mm×40 mm 的载玻片上即可（其容积为 10 ml），同理可制作其他规格的简易沉降器。但使用前对其容积和底面积进行准确标定，并一一编号待用。

计数：每个水样应取三个分样计数，取平均值。

计数操作过程：取三个等容量的沉降器，分别注满经摇匀的水样，盖上盖玻片使不留气泡，静置 24 h 以上。分样体积大小需视水样浑浊度和浮游植物的丰度而定，可一次性准备几个待计数的样品。轻移上述沉降器于倒置显微镜下鉴定、计数。结果填于表。

（二）直接计数法

本法适用于赤潮发生期间或浮游植物细胞数量达每升 10^5 个以上时的计数。

主要仪器和设备：显微镜、计数框、取样管、盖玻片等。

计数框：取 0.25 mm 厚的盖玻片，切割成细条状（宽约 2.5 mm），粘贴于普通载玻片上，务必使框内边长分别为 50.0 mm 和 20.0 mm，亦即：框内面积为 1 000 mm^2，容积为 0.25 ml。为计数方便，框内载玻片上应该划出 1 mm 或 0.5 mm 等距离垂线。

取样管：可直接取用 0.25 ml 的微型注射针筒，或取 2 ml 分析用的移液管，截去上端，磨平，并装上小橡皮球即成。

计数：每份水样计数三个分样，取平均值。计数操作步骤：将待计数水样摇匀，准确吸取 0.25 ml 置于计数框内，盖上盖玻片使不留气泡。移计数框于显微镜下鉴定计数。通常应按序计全数，若数量大，可考虑间行计数（若水样为未加固定剂的新鲜海水，计数前应向框内喷射少许醋酸蒸气，以免某些生物活动而影响计数）。将计数结果填于表中。

（三）浓缩计数法

仪器设备：与直接计数法类同。

计数操作步骤：将静置 24 h 以上的水样，用包扎有 JF62 或 JP80 号筛绢的吸管，轻轻吸去上清液，使水样浓缩至 10 ml。浓缩时切勿搅动沉淀样品，否则需重新静置 24 h 后再浓缩。通常一次不可能浓缩成 10 ml，需把浓缩到一定体积的水样移至 50 ml 左右的指形管中，经 24 h 以上静置后再浓缩。将浓缩后的样品全部移入已经标记 10 ml 容积的指形管中，静置 24 h 后，用吸管轻吸多余的上清液，使液面凹处恰在标记上。

计数取样时，水样务必充分摇匀，用取样管迅速吸收 0.25 ml 于计数框内，加盖玻片使不留气泡。之后的计数方法与直接计数法类同。计数结果填入表中。

网采样品，可适当浓缩（或稀释），按本法计数。

计数注意事项：

计数时一般以种为单位分别计数。优势种、常见种、赤潮生物种应力求鉴定到种。

凡失去色素或不足一半的残体，不在计数之列。

胶质团大群体和浮游兰藻类等不易计数的种类，可以用数量等级符号（+++、++、+）表示。

对进入浮游生物中的底栖种类，均按细胞计数，并将它们作为单项列入浮游植物总量中。

填表时，应特别注意不同计数方法的水样量、沉降量、浓缩量（或稀释量）、计数面积或计数量，并进行必要的换算。

三、浮游动物样品的处理与分析

浮游动物样品静置沉淀后进行必要浓缩，按序分别移入已备好内外标签的标本瓶中，待测定其生物量及计数。

（一）湿重生物量测定

1. 仪器及设备

扭力天平（感量 0.01 g）、真空泵（10L）、布氏漏斗、抽滤瓶、筛绢（JF62 或 JP80）、吸水纸、吸管、镊子等。

2. 操作步骤

筛绢标定：将上述筛绢减成与漏斗内径等大，浸湿后铺于漏斗中，用真空泵抽去筛绢上多余水分，称取筛绢湿重并记录于表中。该标定后的筛绢可反复使用。

样品设定：把标定过的筛绢铺于漏斗中，开动真空泵，倒入已剔除杂质的欲测样品；待水分滤干称重，并将结果填于表中。

（二）体积生物量测定

1. 仪器及设备

浮游生物体积测量器、50 ml 的滴定管、真空泵（10L）、抽滤瓶、吸管、镊子等。

2. 操作过程

测量器体积标定：将一定体积的水（如 50.0 ml）注入测量器中，排除底盖与筛绢之间的气泡；旋转测量器顶端指针使针尖恰好接触液面，用固定螺丝固定好指针位置；打开底盖，倒出注入的水，标定即告完毕。

样品测定：将已经除去杂质的样品倒入打开底盖的体积测量器中，用真空泵抽滤去样品中的水分；然后扭紧底盖，用滴定管（装好 50.0 ml 5%甲醛海水固定液）从测量器加水孔注入该固定液，排除底盖与筛绢之间的气泡（用小吸管吸取）使液面恰好与指针针尖接触为止；此时滴定管中剩余的固定液量即为被测样品的体积。测定结果填入表中。

（三）个体计数

浅水 I、II 型浮游生物网采集的样品分别用于大型和中、小型浮游动物（包括夜光藻）的种类鉴定和计数。

仪器及设备：体视显微镜、普通显微镜、计数框、取样管、计数器、镊子、解剖针等。

计数框：取直径为 8 cm 左右的培养皿，于其内粘上若干玻璃条即可。玻璃条间距根据体视显微镜视野而定。

取样管：将内径 2.2 cm 的指形管底部截去、磨平，使成长约 8 cm 的管子；剪取两块厚度约 0.7 cm 橡皮塞，做成直径与管子内径相等的隔板；分别于两隔板的圆心和两侧打两个小孔，于圆心处套入一根内径约 2.5 mm 的玻璃管；将隔板装入上述管子中，使下隔板与管子下端的体积恰为 10 ml 或 5 ml；另取一细铜棒（直径约 2 mm）做提柄，与下端连接一块略大于管子直径的圆铜板，板上粘上与铜板等大的橡皮垫；将此提柄插入管内，取样时，将取样管插入已知体积的标本容器中，通过提柄的上下运动使样品混匀；然后使橡皮垫封闭管子的下端再移出取样管，将取出的样品全部置于浮游动物计数框即可。

计数：标本数量较少的应全部计数；若数量较大，应先将个体大的标本（如水母、虾类、箭虫等）全部拣出分别计数；其余样品稀释成适当体积，再用浮游生物取样管取样计数。计数结果填于表中。

注意事项：

计数时一般以种为单位分别计数；优势种、常见种应力求鉴定到种。

生物量测定时，遇有含水量多的、较大型的浮游动物（如水母、海樽等），应在所填表格相应的备注栏里注明，以备查用。

所有浮游动物的残损个体，以有头部的计数。

填表或计算时，应注意样品体积、取样计量数、样品稀释倍数及滤水量等的换算。

四、样品的保存

经鉴定、计数后的所有样品，需收集装回原标本瓶中妥善保存，以备复查或进一步深入研究。长期保存样品的标本瓶密封性能要好，必要时可封蜡保存，样品的内外标签要完整。

用碘液固定的浮游植物样品，保存时需按水样加入一定量的甲醛溶液，使成为 5%的甲醛固定液。

定期检查保存的样品，以防固定液干涸或标本霉变。

五、资料整理

（一）计算

浮游植物细胞数统计：采水和网采的浮游植物数量分别以个/L 和个/m³ 表示，计数结果需按不同计数方法换算、统计。

浮游动物湿重生物量和体积生物量计算：湿重生物量以 mg/m^3 表示，体积生物量以 ml/m^3 表示，计算结果也按不同的方法换算、统计。

浮游动物个体数的计算：浮游动物个体数以 个$/m^3$ 表示。

（二）图表绘制：填写统计表和绘制数量分布图

根据统计表中的统计数据，绘制浮游生物平面分布图。为便于资料比较，按以下标准作图。

浮游植物：

总量：小于 $5×10^2$、$5×10^2$、$1×10^3$、$5×10^3$、$1×10^4$、$5×10^4$、$1×10^5$、$5×10^5$、$1×10^6$、$5×10^6$、$1×10^7$ 和大于 10^7（个/L）。

主要种（包括夜光藻或其他赤潮生物）：小于 10^2、$1×10^2$、$5×10^2$、$1×10^3$、$5×10^3$、$1×10^4$、$5×10^4$、$1×10^5$、$5×10^5$、$1×10^6$、$5×10^6$、$1×10^7$ 和大于 10^7（个/L）。

浮游动物：

湿重生物量：小于 25、25、50、100、250、500、10^3、大于 10^3（mg/m^3）。

体积生物量：小于 0.1、0.1、0.2、0.5、1.0、2.5、5.0、10.0 和大于 10.0（ml/m^3）。

主要种或主要类别的个体数量：小于 1、1、5、10、25、50、100、250、500、10^3 和大于 10^3（个$/m^3$）。

（三）注意事项

参与资料整理，校对人员，均应在图表上签名备查。

所有水文、化学等调查项目的分析方法和资料整理，均按 GB 17378.1～17378.6 的规定进行。

报告编写完毕，应及时把所有资料整理报出、归档。

六、浮游生物的一般分类

（一）浮游生物分类及命名

指在水流运动的作用下被动地漂浮于水层中的生物群，包括一些体型微小的原生动物、藻类，也包括某些甲壳类、软体动物和某些动物的幼体。它们没有或仅有微弱的游泳能力。可分为浮游植物和浮游动物。按个体大小，浮游生物可分为六类：巨型浮游生物，大于 1 cm，如海蜇；大型浮游生物，5～10 mm，如大型桡足类、磷虾类；中型浮游生物，1～5 mm，如小型水母，桡足类；小型浮游生物，50 μm～1 mm，如硅藻、蓝藻；微型浮游生物，5～50 μm，如甲藻，金藻；超微型浮游生物，小于 5 μm，如细菌。硅藻和甲藻是大陆架区生产者的优势种，其生产力是海洋生态系统其他生物生产力的基础，某些甲藻能引起赤潮。浮游动物中的桡足类和磷虾是永久性浮游生物，腔肠动物的浮浪幼虫、蛇尾的长腕幼虫和藤壶的无节幼虫是暂时性浮游生物。磷虾是鱼类的主要饵料之一，南极海洋中的磷虾数量最多。浮游动物属消费者。有孔虫类和放射虫类的壳是海洋沉积物中一类重要的古生物化石，根据它们能确定地层的地质年代和沉积相，还能借助它们寻找沉积矿产和石油。浮游生物是水域中其他生物生产力的基础，由于它们分布广，繁殖力强，故可能成为未来世界的主要食源。

命名法采用的是瑞典分类学大师林奈于1753年提出的双名法，即每一种生物的种名，都由2个拉丁字或拉丁化形式的字构成。前一个是属名，后一个是种名。也是如今世界通用的科学命名法。只有拉丁文方式命名的才具有唯一性。

（二）浮游植物的分类

1. 浮游植物（藻类）的定义及一般特点

定义：藻类是一群具有叶绿素，营自养生活，植物体没有真正的根茎叶的分化，生殖器官是单细胞的，用单细胞的孢子或合子进行生殖的低等植物。

特点：都具有叶绿素，能利用光能进行光合作用，将无机物转变成有机物，同时放出氧气，是一类能独立生活的自养型生物；藻类细胞具有含纤维素成分的细胞壁；生殖方式有无性生殖和有性生殖两种，无性生殖时形成孢子。

2. 藻类分类的主要依据及门类

各种藻类植物体形态、构造、色素组成等方面有显著的不同，藻类分门的主要依据是它们所含的色素和内容物的形态、构造以及生殖细胞的形态。藻类的分门在藻类学上各专家意见很不一致。但我们如今可以采用《海洋生物分类代码》（GB/T 17826—1999）的分类系统可以分为蓝藻门 Cyanophyta、硅藻门 Bacillariophyta、金藻门 Chrysophyta、隐藻门 Cryptophyta、黄藻门 Xanthophyta、甲藻门 Pyrrophyta、裸藻门 Euglenophyta、轮藻门 Charophyta。

形态与构造：藻类细胞的外形及群体构造；细胞壁的花纹及成分；色素及色素体成分；储藏物质；细胞核。

繁殖：营养繁殖；无性生殖和有性生殖。

藻类的分门检索表

序号	分　析	结果
1	细胞具色素体；贮藏物质为淀粉或脂肪	转入 2
	细胞无色素体，色素分散在原生质中；贮藏物质以蓝藻淀粉为主	蓝藻门
2	细胞壁由上下两个硅质瓣壳套合组成；壳面具辐射对称或左右对称的花纹	硅藻门
	细胞壁不由上下两个硅质瓣壳组成	转入 3
3	营养细胞或动孢子具横沟和纵沟或仅具纵沟	转入 4
	营养细胞或动孢子不具横沟和纵沟	转入 5
4	无细胞壁或细胞壁由一定数目的板片组成	甲藻门
	无细胞壁或细胞壁不具板片	隐藻门
5	色素体为绿色，罕见灰色或无色；贮藏物质为淀粉或裸藻淀粉	转入 6
	色素体为红色、黄色、黄绿色，有时为淡绿色；贮藏物质为红藻淀粉、白糖素、脂肪或甘露醇	转入 8
6	植物体大型、分枝、规则地分化成节和节间	轮藻门
	植物体为单细胞、群体的或多细胞的丝状体或叶状体，无节和节间的分化	转入 7

序号	分　析	结果
7	植物体多为单细胞,少数为群体；运动细胞顶端 1.2 或 3 条鞭毛；有时无色；贮藏物质为裸藻淀粉	裸藻门
	植物体为单细胞的、群体的、丝状的或薄壁组织状的；运动的营养细胞或动孢子具 2（少数属具 4、8）条等长的鞭毛；罕见无色的；贮藏物质为淀粉	绿藻门
8	色素体为红色或有时为绿色；生活史的任何时期均无具鞭毛的细胞；贮藏物质为红藻淀粉	红藻门
	色素体不为红色；运动细胞或生殖细胞具 2（罕见 3）条不等长的鞭毛；贮藏物质为白糖素，油或甘露醇	转入 9
9	色素体为褐色；植物体常为大型的、丝状、壳状、叶状，有的具假根、假茎、假叶的分化；动孢子肾形，具 2 条侧生的鞭毛；贮藏物质为褐藻淀粉和甘露醇	褐藻门
	色素体黄绿色，金褐色或淡黄色；植物体常为小型的、单细胞、群体或丝状，运动细胞具 1、2 或 3 条等长或不等长的鞭毛；贮藏物质为白糖素或油	转入 10
10	色素体金褐色或淡黄色；植物体通常为小型的，单细胞或群体；运动细胞具 1 条鞭毛或 2 条等长或不等长的鞭毛，罕见具 3 条鞭毛的；有些种类为变形虫状的	金藻门
	色素体黄绿色；植物体为单细胞，群体或丝状；运动细胞具 2 条不等长的鞭毛；单细胞或群体种类细胞壁常由两瓣套合组成，丝状种类由两个"Ⅰ"字形节片合成	黄藻门

3. 浮游植物主要赤潮种及模式种

各种浮游植物主要赤潮种及模式种参见图 5.1

星脐圆筛藻 *Coscinodiscus asteromphalus*

细胞大型，盘状至短圆柱形，具大而明显的中央玫瑰区。内孔明显，网纹的辐射列和螺旋列排列整齐，网纹大小几乎一致，或向外围略有缩小，外缘孔纹小而孔壁加厚。壳缘狭，具辐射条纹。色素体小而多。广温性外洋种，世界各海洋广泛分布。在我国沿海分布甚广，为最常见的种类之一。各季节均有，数量也较大。

丹麦细柱藻 *Leptocylindrus danicus*

细胞长圆柱形，直径 8～12 μm，长 31～130 μm，长等于宽的 2～12 倍。断面正圆形，壳面扁平或略平或略凹。细胞以壳面相连接组成直链，两相连细胞之间只有一层细胞壁。细胞壁薄，无花纹。色素体颗粒状，数量 6～33 个。本种是沿岸性，分布极广。我国的南海、东海和黄海均有分布。

中肋骨条藻 *Skeletonema costatum*

细胞透镜形或圆柱形，壳面圆而鼓起，着生一圈细长的刺，与邻细胞的对应刺相接组成长链。细胞间隙长短不一，往往大于细胞本身的长度。色素体 1～10 个，但通常 2 个，位于壳面，各向一面弯曲；2 个以上的色素体为小颗粒状。细胞核位于中央。有增大孢子。广温广盐性代表种类。分布极广，以沿岸为最多，曾多次引发赤潮。我国的各海区均有分布。

诺氏海链藻 *Thalassiosira nordenskioldi*

细胞壳环面八角形，壳面正圆形，直径 12～43 μm。壳面边缘有一圈向四周斜射的小刺。壳面中央凹入处胶质线将细胞连成群体。链直或弯曲，壳环面有领纹。壳面花纹精细，壳面中央点纹排列不规则。色素体多数，板状。每一个细胞具一个休止孢子。北方沿岸性种类，太平洋东北部极丰富。我国主要分布在黄渤海、东海至台湾海峡。

细长翼根管藻 *Rhizosolenia alate* f. *gracillma*

细胞单个生活或呈短链。细胞细长而直,直径 3～7 μm,为本种最小的类型。壳面伸长似圆锥形,没有端刺。节间带花纹鳞片状整齐地排列。色素体多且小,颗粒状。本种为真正的沿岸性广温种类。我国的渤海、黄海、东海和南海均有分布。

脆根管藻 *Rhizosolenia fragillissima*

细胞短圆柱形,壳面钝圆,呈不规则弧形。细胞的高度约为宽度的二倍以上,直径 20～70 μm。在壳面中央有一个斜生的小刺,嵌入邻胞,借此连接为直而短的链状群体。节间带具环纹,但不易见。色素体片状,多而小。北温带到亚热带沿岸性种。我国渤海、黄海、东海和南海均有分布。

刚毛根管藻 *Rhizosolenia setigera*

细胞呈棒状,单个生活,少数组成短链,直径 7～18 μm。壳面斜圆锥形,稍带倾斜。末端生有细长而直的刺。刺基长,粗而坚固,末端呈细毛状。沿岸广温、广盐性种类,早春或盛夏为盛产期。我国南海、东海、黄海和渤海均有分布。

窄隙角毛藻 *Chaetoceros affinis*

链很直,角毛细,向两侧直伸。端角毛粗大,呈马蹄形弯曲,并具细刺。细胞间隙狭长,中央部分相距 5 μm。色素体大,每细胞只有一个,在细胞中央;色素体中央具蛋白核。沿岸、广温性种类。我国沿海普遍常见,数量有时较多。

旋链角毛藻 *Chaetoceros curvisetus*

螺旋状群体,宽壳环面大小 7～30 μm。角毛细而平滑,自细胞角生出,皆弯向链凸起的一侧,端角毛与其他角毛无明显的差别。广温性沿岸种类,暖季分布较多。我国东海、黄海和渤海均有分布。

中华盒形藻 *Bidduiphia sinensis*

单独生活或形成短链。壳套和壳环面之间无凹缢。从细胞的四角伸出细长的棒状突起,末端截形。突起内侧的壳面上有明显的小隆起,上面着生一根粗壮中空的刺毛,顶端有小分叉。色素体小而多,呈颗粒状。偏暖型近岸常见种,真正浮游生活,我国沿海均有分布。

短角弯角藻 *Eucampia zoodiacus*

壳环面"共"字形,宽 36～72 μm,中央部高 6～32 μm。中心有一个齿状凹,两极各有一个钝而短的突起,相邻细胞对应突起连成螺旋链。沿岸广温性种类。我国沿海均有分布。本种主要为北温带种,北方海域较多。

菱形海线藻 *Thalassionema nitzschioides*

细胞长 30～116 μm,宽 5～6 μm,以胶质相连成星形或锯齿状群体。壳环面狭棒状,直或略为弯曲。壳面呈棒状,两端圆钝,同形。世界沿岸性种类,温带海域有时大量出现。我国南海、东海、黄海和渤海均有分布。

佛氏海毛藻 *Thalassiothrix frauenfeldii*

细胞长 223～280 μm,宽 6 μm,一端借胶质相连组成星形或螺旋形的群体。壳环面棒状。壳面末端圆钝,另一端比较尖细。壳缘有排列整齐的小刺,10 μm 有 6～8 根。细胞壁厚,具有细纹。色素体多数,小型,颗粒状。本种是外洋广温性种类,分布很广。我国南海、东海、黄海和渤海均有分布。

日本星杆藻 *Asterionella japonica*

细胞群体生活，常以一端连成星形螺旋状的链。细胞长 75～120 μm。壳环面近端呈三角形，宽 16～20 μm，另一端细长，末端截平。壳面较狭，宽 10 μm，呈长椭圆形，一端大，一端细长。色素体一般两片，分布于细胞核附近。近岸广温性种类，分布广，数量大。我国沿海均有分布，暖季多于冬季。

尖刺拟菱形藻 *Pseudonitzschia pungens*

细胞细长，成梭形，末端尖。长 80～134 μm，宽 3.7～9 μm。细胞借末端相叠成链，相连部分达细胞长度的四分之一至三分之一。船骨点 10 μm 有 9～13 条；点条纹与船骨点数目相同。每个细胞有两个色素体，位于细胞核两侧。本种为广温性近岸种类。我国沿海均有分布。

赤潮异弯藻 *Heterosigma akashiwo*

单细胞，略呈椭圆形，长约 8～25 μm，宽约 6～15 μm。无细胞壁，由周质膜包被。具两条不等长的鞭毛。藻体活动时，鞭毛常弯曲或与细胞长轴成垂直伸出。每个细胞约有 8～20 个棕黄色的大盘状色素体，无眼点，有许多无色透明的油粒。世界近岸海域广布种，在温带近海底层水温＞15～20℃的夏季大量繁殖。该种在大连湾、胶州湾等曾多次形成赤潮。

海洋卡盾藻 *Chattonella marina*

藻体单细胞，黄褐色，长 30～55 μm，宽约 20～32 μm。细胞裸露无壁，纺锤形或卵形，后端一般无显著尖尾，背腹纵扁，腹面中央具一条纵沟，鞭毛两条，前伸鞭毛为游泳鞭毛，后曳鞭毛紧贴纵沟。色素体多数，椭圆形至卵形，由中心向四周作辐射状排列。本种为日本沿海常见赤潮生物，对鱼类养殖业造成了极大损失。我国在台湾、南海大鹏湾、北黄海等都有过该种形成赤潮的报道。

利马原甲藻 *Prorocentrum lima*

细胞倒卵形，两甲壳组成，前端有 V 形鞭毛孔，中心有一淀粉核，后部是细胞核，叶绿体大而明显。世界性广布种，分布于热带水域直到亚南极水域。附着在河口或沿岸浅海底的海草上以及浅海底沙粒上，也可有偶然性浮游生活。我国海南省三亚海区珊瑚礁海域的大型海藻上多有附着。本种可产生腹泻性贝毒（DSP）。

海洋原甲藻 *Prorocentrum micans*

藻体壳面观呈卵形、亚梨形或几乎圆形。前端圆，后端尖，藻体中部最宽，顶刺尖生，顶生，翼片呈三角形，副刺短，鞭毛孔多个，位于细胞前端。两壳板厚，坚硬，表面覆盖着许多排列规则、凹陷的刺丝胞孔。世界性种，广泛分布于沿海、河口和大洋海域。中国的渤海、东海、香港和南沙群岛等水域也有分布，是形成赤潮的主要种类之一。

微小原甲藻 *Prorocentrum minimum*

藻体壳面观呈心形或卵形。体长为 15～23 μm，宽度为 13～17 μm，顶刺长约 1 μm。顶刺短小，叉状，顶生，副刺短。两壳板表面布满突起的小刺，壳板表面稀疏分布刺丝胞孔。沿岸种，世界性分布，我国沿岸和内湾都有分布。

米氏凯伦藻 *Karenia mikimotoi*

藻体单细胞，营游泳生活，运动时呈左右摇摆状。细胞长 15.6～31.2 μm，宽 13.2～

24 μm。下锥部的底部中央有明显的凹陷，右侧底端略长于左侧。世界广布种，常见于温带和热带浅海水域。本种具有毒性。

无纹环沟藻 *Gyrodinium instriatum*

藻体单细胞，向前旋转游动。细胞长 21～50 μm，宽 15～36 μm。细胞背腹略为扁平，由于横沟沟缘向外隆起，使横沟以下部分的腹面观呈内凹状，特别是上锥部似平顶山峰的细胞更为明显。横沟窄而深，左旋。本种常见于温带和热带河口、浅海水域，产毒的可能性较大。

夜光藻 *Noctiluca scintillans*

藻体近圆球形，直径 150～2000 μm。细胞壁透明，具一条长触手，细胞内原生质淡红色。世界性的赤潮生物，我国沿海均有分布。

链状亚历山大藻 *Alexandrium catenella*

细胞略近圆形，体长 21～48 μm，宽 23～52 μm。藻体表面光滑，横沟明显左旋；第一顶板无腹孔，后附属孔位于腹区后板的右半部分。壳板薄，孔纹少。常由 2～5 个细胞组成群体。该种分布广，北美、欧洲、南非、智利、阿根廷和亚洲海域均有分布，青岛胶州湾可见。本种可产生麻痹性贝毒（PSP）。

塔玛亚历山大藻 *Alexandrium tamarense*

细胞略近圆形，上壳与下壳半球形，大小相近。细胞长度在 20～52 μm，宽度在 17～44 μm；横沟明显左旋；鞭毛 2 条，藻体呈旋转运动，速度较快。本种在较暖的海域里发生赤潮频率较高，我国在大鹏湾、厦门海域和胶州湾均有发现。本种可产生麻痹性贝毒（PSP）。

多纹膝沟藻 *Gonyaulax polygramma*

藻体红褐色，宽纺锤形，上下壳长几乎相等，长 48 μm，宽 33 μm。下壳底端钝圆形，具两条锐利小棘。壳板表面有许多纵肋纹，呈连续状，肋纹间有网状花纹。该种是温带到热带的大洋性种，是南海北部沿海主要的赤潮生物。香港、大鹏湾盐田水域发生过该种赤潮。

锥状斯克里普藻 *Scrippsiella trochoidea*

细胞梨形，长 16～36 μm，宽 20～23 μm。上锥部有突起的顶端，下锥部半球形。横沟宽，位于中央，围裹窄的唇瓣。纵沟未达下端及上壳。细胞核中央位。孢囊球形至卵圆形，钙质，多刺，不同孢囊个体间刺的长度有变化。本种由 Loeblich Ⅲ 1976 年从 *Peridinium* 属中移入 *Scrippsiella* 属中。两属的主要区别在于前者有六块横沟板块，而后者仅有 5 块。本种为近岸性生活，世界范围内分布。大鹏湾有本种的分布。

渐尖鳍藻 *Dinophysis acuminata*

细胞圆形或椭圆形，体长 40～50 μm，宽 30～42 μm。左沟边翅延伸到细胞顶部，长度与宽度相等。细胞表面具小网眼结构，着生一孔。世界范围种，分布在寒带与温带浅海海域。我国沿海均有分布。该种可产生腹泻性贝毒（DSP）。

具尾鳍藻 *Dinophysis caudata*

藻体侧面扁平，体长 70～100 μm，宽 39～51 μm。壳板厚，表面布满细密的鱼鳞状网纹，每个网纹中有小孔。下壳长，后部延伸成细长而圆的突出。上边翅向上伸展呈漏斗形，具辐射状肋；下边翅窄，向上伸展，无肋，左沟边翅几乎是细胞长度的 1/2，并有 3 条肋支撑，右沟边翅后端逐渐缩小近似三角形。世界性种，主要分布在热带、亚热带海域。我国南沙群岛、西沙群岛、海南岛、广东珠江口、大亚湾、大鹏湾等都有分布。日本曾报道赤潮发生前后鱼类大量死亡。本种可产生腹泻性贝毒（DSP）。

倒卵形鳍藻 *Dinophysis fortii*

细胞阔卵圆形，体长 56～83 μm，宽 40～54 μm。背缘卷曲，腹缘几乎平直。左沟边翅很长，可达整个细胞的 4/5，右沟边翅完全。细胞表面有很多深孔状物质，每个内部均有一小孔。本种分布于海洋、浅海，寒带至热带水域，世界范围种。我国主要分布于渤海。本种可产生腹泻性贝毒（DSP）。

叉状角藻 *Ceratium furca*

藻体长，前后延伸，上体部长，略呈等腰三角形，向前端延伸逐渐变细，形成开孔的顶角。体长为 100～200 μm，宽为 30～50 μm。顶角与上体部无明显分界线。横沟部位最宽，呈环状，平直，细胞腹面中央为斜方形。下体部短，两侧平直或略弯，底缘由右向左倾斜，2 个后角呈叉状向体后直伸出，左、右角近乎平行，末端尖而封闭，左后角比右后角长而稍粗壮。世界性分布，典型的沿岸表层性种，广泛分布于热带和寒带海洋，是渤海、东海和南海习见种。

梭角藻 *Ceratium fusus*（Ehrenberg）

藻体细长，前后延伸，直或轻微弯曲，有一个前角和两个后角，右后角常退化。藻体长一般为 300～550 μm，宽为 15～29 μm。横沟部位最宽，几乎位于细胞的中部，上体向前端逐渐变细，延长成狭的顶角。下体向底端渐渐变细成瘦长的左后角，右后角极短小或退化。两后角间凹陷为纵沟。壳表面由许多不规则的脊状网纹和刺胞孔覆盖。细胞核位于上壳，细胞内含物有黄褐色、圆盘状的叶绿体等。本种系世界性分布种，热带和寒带海洋都有分布。我国在南海、渤海、黄海、东海及内湾，香港等海域广泛分布。该种在内湾常形成赤潮。

三角角藻 *Ceratium tripos*

细胞宽 60～93 μm。前体部短，左侧边少许凸出，右侧边凸出明显。后体部与前体部等长或略长，左侧边一般凹入。三个角均很粗壮，一般右角比左角显著细弱。该种在三大洋均有分布。我国沿海分布广泛，数量很多。

锥形多甲藻 *Peridinium conicum*

细胞双锥形，背腹扁平，大小在 70～80 μm。下壳侧面略凹陷，末端明显叉分成两个后角，但底角短。细胞表面呈网状。世界范围种，冷水、暖水、大洋和沿岸均有分布。该种在我国沿海也为广布种。

小等刺硅鞭藻 *Dictyocha fibula*

藻体单细胞，球形，前端有一条鞭毛，细胞内有硅质骨骼，外被原生质包裹，原生质内含有许多金褐色的叶绿体。世界性种类，有活体细胞和化石。我国渤海、东海、台湾海峡和广东沿岸都有分布。本种具有毒性。

普氏棕囊藻 *Phaeocystis pouchetii*

游泳细胞球形或近球形，直径 2.5～7.0 μm，前端略凹入，具两条几乎等长的鞭毛和一条短的顶鞭丝。群体胶质囊为球形或卵圆形，大小为 110～2600 μm。我国东海与南海水域常有发现，该种曾经引发严重的赤潮。

红海束毛藻 *Trichodesmium erythraeum*

藻体由短筒形细胞重叠成丝状群体。藻丝体束浮游型，藻丝体直，几乎平行排列，上下端粗细不同，有明显的极性。同一藻丝体上相邻的两细胞间具明显的凹缝。无细胞核。热带性种类，广泛分布于各大洋暖水区中。该种在我国南海大量分布。束毛藻可以产生类似神经毒素的藻毒素，并对渔业等产生危害。

红色中缢虫 *Mesodinium rubrum*

细胞由前后 2 个不同的球体接合而成，长度一般为 30～50 μm，纤毛从两个球体接合部位侧面倾斜伸出。本种分布在温带到北极的河口水域。我国大连湾海域，广东沿海红海湾、大亚湾东部和珠江口的外伶河水域均发生过红色中缢虫赤潮，持续时间 2 天左右。

星脐圆筛藻
Coscinodiscus asteromphalus

丹麦细柱藻
Leptocylindrus danicus

中肋骨条藻
Skeletonema costatum

诺氏海链藻
Thalassiosira nordenskioldi

细长翼根管藻
Rhizosolenia alate f. gracillma

脆根管藻
Rhizosolenia fragillissima

刚毛根管藻
Rhizosolenia setigera

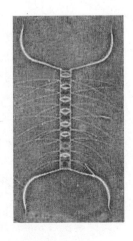

窄隙角毛藻
Chaetoceros affinis

旋链角毛藻
Chaetoceros curvisetus

中华盒形藻
Bidduiphia sinensis

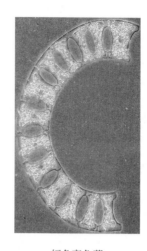
短角弯角藻
Eucampia zoodiacus

菱形海线藻
Thalassionema nitzschioides

佛氏海毛藻
Thalassiothrix rauenfeldii

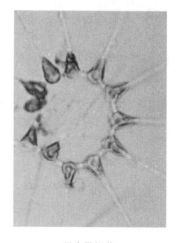
日本星杆藻
Asterionella japonica

尖刺拟菱形藻
Pseudonitzschia pungens

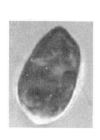
赤潮异弯藻
Heterosigma akashiwo

海洋卡盾藻
Chattonella marina

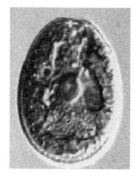
利马原甲藻
Prorocentrum lima

海洋原甲藻
Prorocentrum micans

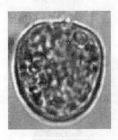

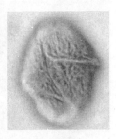
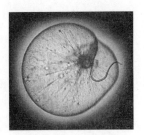

微小原甲藻
Prorocentrum minimum

米氏凯伦藻
Karenia mikimotoi

无纹环沟藻
Gyrodinium instriatum

夜光藻
Noctiluca scintillans

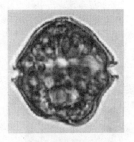

链状亚历山大藻
Alexandrium catenella

塔玛亚历山大藻
Alexandrium tamarense

多纹膝沟藻
Gonyaulax polygramma

锥状斯克里普藻
Scrippsiella trochoidea

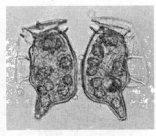

渐尖鳍藻
Dinophysis acuminata

具尾鳍藻
Dinophysis caudata

倒卵形鳍藻
Dinophysis fortii

叉状角藻
Ceratium furca

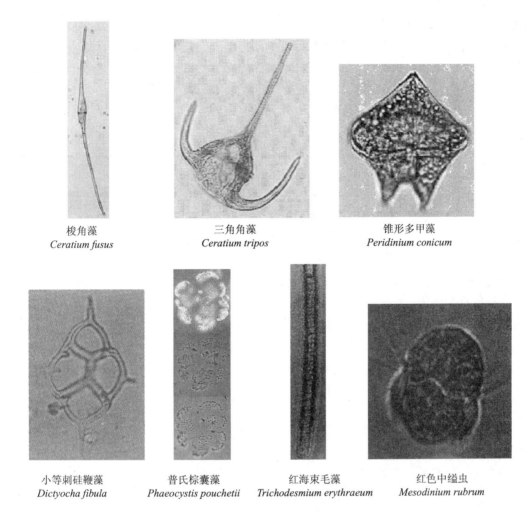

梭角藻
Ceratium fusus

三角角藻
Ceratium tripos

锥形多甲藻
Peridinium conicum

小等刺硅鞭藻
Dictyocha fibula

普氏棕囊藻
Phaeocystis pouchetii

红海束毛藻
Trichodesmium erythraeum

红色中缢虫
Mesodinium rubrum

图 5.1　浮游植物主要模式种

（三）浮游动物的分类及主要模式种

常见的浮游动物主要分为以下 21 类：原生动物、水螅水母类、管水母类、栉水母类、枝角类、桡足类、端足类、磷虾类、樱虾类、糠虾类、等足类、介形类、十足类、涟虫类、轮虫类、毛颚类、被囊类、头足类、浮游多毛类、浮游螺类、浮游幼虫，参见图 5.2。

原生动物：是一类最小、最原始的单细胞动物，具有细胞膜、细胞质和 1 个或几个细胞核。它没有组织和器官，而有分化的胞器来进行各种生命活动，如对刺激的反应、运动、生长和生殖等。所以，它具有多细胞动物所具有的基本的生命特征。除了孢子虫纲和吸管虫纲外，大多数海洋中的原生动物是营浮游生活的。由于种类多（超过 55 000 种）、数量大、分布广，它们在海洋生态系统中占着相当重要的位置。特别是，不少种类是水产动物及其幼体的天然饵料；有些种类如有孔虫类可作为寻找石油的指示生物。如敏纳圆辐虫 *Globorotalia menardii*。

腔肠动物：是一类低等多细胞动物，其身体由内、外两胚层和中胶层所构成。辐射对称或两辐对称。具有消循腔，故称为腔肠，有口，无肛门。除消循腔外，这类动物的神经及肌肉已开始分化。所以，是属于低等的后生动物。常有世代交替现象。这类动物的另一特点是，具刺细胞，又称为刺胞动物。水母是腔肠动物在浮游生物中的主要代表，也是海洋浮游生物的重要类群之一。水螅水母纲的个体一般较小，单体或群体，后者有多态现象。具有缘膜。中胶层较薄，无细胞结构。一般具有触手。生殖腺来自外胚层。生活史大多有世代交替现象。如束状高手水母 *Bougainvillia ramose*。管水母目是独特的一类，没有世代交替，但有多态现象。它包括若干变形的水母型与水螅型的个体。如五角水母 *Muggiaea atlantica*。

栉水母：是一类两辐射对称，没有刺胞，也没有世代交替的水母，它们有栉板和黏胞。如球形侧腕水母 *Pleurobrachia globosa*。

枝角类：是一类小型低等甲壳动物，在海洋中，只有少数种类，大多分布于沿岸水域。一般枝角类的身体短小，分为头部和躯部。壳瓣透明，呈介壳状，躯肢 4～6 对，发育为不完全变态。鸟喙尖头蚤 *Penilia avirostris*。

桡足类：海洋桡足类是小型、低等甲壳动物，种类多、数量大、分布广，在海洋浮游生物中占有很重要位置；而且它们是海洋食物网中的一个重要环节。躯体呈圆筒形，附肢刚毛较发达。身体分节明显，由16～17个体节组成；附肢11对。真刺唇角水蚤 *Labidocera euchaeta*。

磷虾类：磷虾具有指状足鳃和发光器，胸肢完全相似，没有分化为颚足，而且都是双肢型。三刺樱磷虾 *Thysanopoda tricuspidata*。

樱虾类：（毛虾、莹虾）的身体分为头胸部和腹部，前者的体节在成体完全愈合，并被背甲覆盖。一般头胸部侧扁，在莹虾中，头部从上唇前端向前延伸成圆柱形顶部，额角短小；在毛虾中，背甲具眼后刺及肝刺。腹部分 7 节，在莹虾中，最末 2 节有明显的雌雄区别。中国毛虾 *Acetes chinensis*。

糠虾类：糠虾的背甲没有覆盖整个头胸部，胸足具有发达的外肢，腹足退化，有些种类的尾足内肢基部内有平衡囊。漂浮囊糠虾 *Gastrosaccus pelagicus*。

端足类：一般，虫戎类的体长为 2～10 mm，身体侧扁，可分为头、胸、腹三部分。附肢有明显的分化现象。细长脚虫戎 *Themisto gracilipes*。

介形类：介形类具有 2 瓣背甲，呈介壳形。身体分节不明显，后部不具附肢，但有尾叉。通常仅有单眼。第一、第二触角都甚发达，为感觉及运动器官。大颚有颚须，大颚后方的附肢2～4 对。尖尾海萤 *Cypridina acuminata*。

涟虫类：甲壳十分坚厚，通常具有较膨大的头胸部和细长的腹部，背甲小，仅覆盖头部和胸部前 3 或 4 节，背甲两侧各形成一鳃腔。背甲前端两侧向前突出，形成假额角，假额角的左右两叶通常紧紧相合，但也有彼此分离较远者；假额角的后方常有 1 个无柄的眼。胸部后方有 4 或 5 节，分节明显。腹部分 6 节，能自由弯曲活动，各节细长，呈长圆柱形。尾节细小，有些种类的尾节与第六腹节愈合，其形态是鉴定种类的根据之一。针尾涟虫属 *Diastylis* sp。

等足类：背腹扁平，没有明显的背甲。胸部前 1 或 2 节与头节愈合。头部很小，其前端背面两侧有 1 对无柄的复眼。胸部十分发达。腹部较为短小，分 6 节，但有些种类有愈合现象。尾节和末腹节愈合。浪漂水虱属 *Cirolana* sp。

毛颚类：毛颚类身体细长，活体透明，有侧鳍和尾鳍。身体被横隔膜分为头部、躯干、尾部。太平洋箭虫 Sagitta pacifica。

被囊动物：①除有尾纲外，成体一般没有脊索的结构，但在幼体时，其尾部却有脊索存在。②成体呈囊状或圆筒状，被一由其皮肤分泌的、近似植物纤维质的被囊所包围。因而称为被囊动物。③成体以鳃裂进行呼吸。④成体没有感觉器官和管状神经系统，而具有开管式的循环系统。⑤多数为雌雄同体，以两性生殖、出芽生殖等方法进行繁殖。长尾住囊虫 Oikopleura longicauda。

轮虫类：在海洋中，种类较少，数量也不很大。由于身体前端有 1 丛纤毛的头冠或轮盘，故称为轮虫。体形多样化，有圆筒形、长形、袋形、球形等，身体表面常有 1 层透明的角质膜覆盖着，这层膜是由多核的表皮细胞分泌形成的。一般身体分为头、躯、足 3 部分。壶状臂尾轮虫 Brachionus urceus。

浮游螺类：琥螺 Limacina sp. 个体较小，仅 1 mm 左右。壳薄而脆弱，左旋成塔形或低平。

浮游多毛类：身体由许多体节组成，其节数随种类而异。一般可分为头、躯干及尾三个部分。游蚕 Pelagobia longicirrata。

浮游幼虫：包括两大类，一类是终生营浮游生活的各类动物的幼体；另一类是成体营底栖生活，而幼体是浮游的。除了原生动物外，几乎所有各类无脊椎动物在发育过程中都经过浮游幼虫阶段。浮游幼虫的形态多种多样，与成体截然不同，有不少动物的幼虫还经历好几个不同的发育阶段。

敏纳圆辐虫
Globorotalia menardii

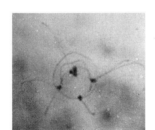

束状高手水母
Bougainvillia ramose

五角水母
Muggiaea atlantica

球形侧腕水母
pleurobrachia globosa

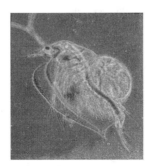

鸟喙尖头蚤
Penilia avirostris

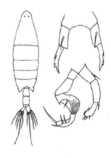

真刺唇角水蚤
Labidocera euchaeta

三刺樱磷虾
Thysanopoda tricuspidata

中国毛虾
Acetes chinensis

漂浮囊糠虾
Gastrosaccus pelagicus

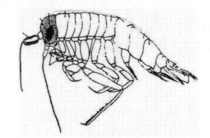

细长脚虫戎
Themisto gracilipes

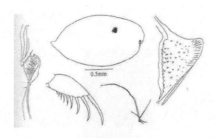

尖尾海萤
Cypridina acuminata

针尾涟虫属
Diastylis sp.

浪漂水虱属
Cirolana sp.

太平洋箭虫
Sagitta pacifica

壶状臂尾轮虫
Brachionus urceus

琥螺
Limacina sp.

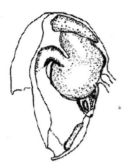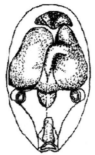

长尾住囊虫
Oikopleura longicauda

游蚕
Pelagobia longicirrata

图 5.2　浮游动物主要模式种

第三节　赤潮监测

一、绪论

（一）赤潮的定义

赤潮（Algal bloom 或 Red tide）是海水中某些微小浮游植物、原生动物或细菌在一定的环境条件下突发性的增殖或集聚现象，引起一定范围一段时间的海水变色现象。

"赤潮"这一名词最早来自日本，而"有害藻华"则来自西方科学界。与"赤潮"相比，"有害藻华"这一说法更加强调藻华可能导致的危害效应，而"赤潮"则更多反映了海水中微藻等生物密度的增加以致海水变色的异常现象。有的微藻在密度很低时就会造成危害，而有的微藻，即便是密度达到使海水变色的水平，也不会造成危害效应。可见"赤潮"和"有害藻华"两者并不完全等同。在近些年的科学研究中，人们更倾向于使用"有害藻华"。但是，在我国和日本等国，"赤潮"这一说法已广泛使用。

据统计，海洋中约有 4 000 余种浮游藻类，其中有 260 余种可形成赤潮，有毒的种类约为 70 余种。另外原生动物中的中缢虫、放射虫、纺织虫也能形成赤潮。

（二）赤潮的分型

按赤潮的成因和来源可分为原发型（赤潮生物在该海域爆发性繁殖）和外来型（赤潮生物是由于风、流等作用带来的）。

按赤潮发生的海域可划分为外海型（外洋型）赤潮、近岸型赤潮、河口型赤潮和内湾型赤潮。

根据赤潮的有无毒性，可将赤潮分为三大类型：

1. 无毒的赤潮

无毒的赤潮一般是无害的，无毒的赤潮生物不含有毒素，也不分泌毒素，基本不产生毒害作用，不会引起海产养殖的大问题。只是由于赤潮生物的过度繁殖后，当它们死亡分解时造成海水缺氧，才致使鱼类和无脊椎动物死亡，对生态环境和渔业也会产生不同程度的危害。

无毒赤潮的代表种类有涡鞭毛藻：夜光藻、角藻、海洋原甲藻；硅藻：中肋骨条藻；蓝藻：红海束毛藻；纤毛虫：红色中缢虫。如夜光藻（*Noctiluca scintillans*）赤潮，这种赤潮在我国最为普遍，约占常发赤潮的 50%，大多夜光藻赤潮不会带来什么大问题，据统计，它们造成鱼类死亡危害的比例为 1/10 以下（多为 5%左右）。大部分硅藻赤潮都是无毒无害的。无毒赤潮还有在我国海南岛海域、浙江海域等都发生的红海束毛藻（*Trachodesnium erythrium*）赤潮以及在南海存在的锥状斯氏藻（*Scrippsiella trochoidea*）赤潮等。

2. 有毒的赤潮

有毒的赤潮通过食物链造成人类肠胃消化系统或神经系统中毒。某些裸甲藻（*Gymnodinium breve*）可产生危害严重的神经性毒素，威胁人类健康（表 5.4）。这类赤潮最应引起人们的重视，它们的种类不多，但在我国沿海仍有不少。

（1）引起麻痹性贝毒（paralytic shellfish poisoning，PSP）的种类

如链状亚历山大藻（*Alexandrium tamarense*）、塔马亚历山大藻（*A.catenella*）、链状裸甲藻（*Gymnodinium catenatum*）等。

（2）引起腹泻性贝毒（diarhetic shellfish poisoning，DSP）的种类

如尖鳍甲藻（*Dinophysis aenta*）、圆鳍甲藻（*D. roundata*）、利马原甲藻（*Prorocentrum lima*）等。

（3）引起神经性贝毒（neurotoxic shellfish poisoning，NSP）的种类

如短裸甲藻，这种毒性很高的种类在我国已有发现，应引起我们的极大关注。

（4）引起失忆性贝毒（amnesic shellfish poisoning，ASP）的种类

在我国尚未发现这类中毒事件，但含有这类毒素的种类在我国是有分布的，如多纹拟菱形藻（*Pseudo-nitzsdia multiseries*）、假细纹拟菱形藻（*P. pseudodelicatissime*）。

（5）产生西加鱼毒素（ciguatera fish poisoning，CFP）的种类

已知某些原甲藻（*Prorocentrum*）有鱼毒，还有一种叫毒冈比亚藻（*Gambieraiscus toxicus*）的赤潮藻类有鱼毒毒素，这两类藻类在我国已有发现。

3. 对人无害，但对鱼类及无脊椎动物有害的赤潮

对人无害，但对鱼类及无脊椎动物有害的赤潮主要是对鱼鳃等发生堵塞或机械伤害作用。硅藻中的角刺藻的长刺会刺伤鱼鳃组织，另外，1998 年在香港海域、珠海桂山岛海域、大鹏湾南澳发生大规模赤潮的甲藻类的米氏裸甲藻赤潮可产生溶血素，造成鱼类大量死亡，也属这一类。有毒藻华毒素的临床症状见表 5.4。

表 5.4　有毒藻华毒素的临床症状

	麻痹性贝毒（PSP）	腹泻性贝毒（DSP）	失忆性贝毒（ASP）	神经性贝毒（NSP）	西加鱼毒素（CFP）
溶解性	水溶性	脂溶性	水溶性	脂溶性	脂溶性
作用靶位	神经，脑组织	酶系统	脑组织	神经，肌肉，肺，脑组织	神经，肌肉，心脏，脑组织
症状	轻度：30 min 内感觉到刺痛、嘴唇周围麻木，慢慢扩散到脸部和颈部；手指和脚趾尖有刺痛感；头晕，头痛，恶心，呕吐，腹泻	30 min 后至数小时（极少超过 12 h）出现腹泻、恶心、呕吐、腹痛等中毒症状	3～5 h 后感觉到恶心、呕吐、腹部痉挛等	3～6 h 后发冷，头痛，腹泻；肌肉无力，关节疼痛；恶心，呕吐	食用鱼类 12～24 h 后症状加剧。胃肠道症状：腹痛，腹泻，恶心，呕吐
症状	重度：肌肉麻痹；呼吸困难、有窒息感；中毒 2～24 h 内可能因呼吸障碍引起死亡	慢性中毒可能促使消化道肿瘤的发生	对深度刺激反应降低；幻觉，错乱，短期记忆尚失，病情发作	感觉倒错，身体冷热无常，呼吸、交谈、吞咽困难，双视，心律失常，感觉急性窒息	手脚刺痛或麻木感；难以保持平衡；心率、血压低。特殊情况下因呼吸丧失而死亡
处置	病人洗胃、做人工呼吸，无后遗症	3 日后复原，无需药物处理	洗胃，尚无其他有效方法	无有效方法	无有效方法。症状可延续数月至数年

（三）赤潮易发生的区域及时间

在江河口海区和沿岸、内湾海区、养殖水体比较容易发生赤潮，东海区的赤潮频发区主要有长江口海域、舟山群岛、厦门港附近海域、象山港、罗源湾、三门湾等。赤潮易发生的时间段为 5～10 月。

（四）为什么会发生赤潮

海域水体的富营养化：随着沿海地区工农业发展和城市化进程加快，大量含有有机质和丰富营养盐的工农业废水和生活污水排入海洋，造成近岸海域的水体富营养化，尤其是水体交换能力差的河口海湾地区，污染物不容易被稀释扩散，因此这些地区是赤潮多发区。海水养殖密度高的区域也往往存在水体的富营养化，形成赤潮的可能性较大。

海域中存在赤潮生物种源：海洋中有 330 多种浮游生物能形成赤潮，有毒的种类大约有 80 多种，目前在中国沿海海域的赤潮生物约有 150 种。

合适的海流作用和天气形势：一般在海潮流缓慢、水体交换弱、天气形势稳定、风力较小、湿度大、气压低、闷热、阳光充足时，易发生赤潮。海流、风有时能使赤潮生物聚集在一起，沿岸的上升流可以将含有大量营养盐物质的下层水带到表层，也可以将赤潮生物的"种子"带入水表层，为赤潮的发生提供必要的物质条件。如果风力适当，风向适宜的话，就会促进赤潮生物的聚集，从而使赤潮的产生更加容易。

适宜的水温和盐度：不同海区不同类型赤潮爆发对温盐的要求各不相同，一般在表层水温的突然增加和盐度降低时，会促进赤潮的发生。在水体交换弱的封闭海湾，赤潮一般发生于雨过天晴之后。

（五）赤潮的危害

危害水产养殖和捕捞业：赤潮对水产生物的毒害方式主要有以下几种，赤潮生物分泌黏液或死亡分解后产生黏液，附着在鱼虾贝类的鳃上，使它们窒息死亡；鱼虾贝类吃了含有赤潮生物毒素的赤潮生物后直接或间接积累发生中毒死亡；赤潮生物死亡后分解过程消耗水体中的溶解氧，鱼虾贝类由于缺少氧气窒息死亡。

损害海洋环境：赤潮发生后使 pH 升高，降低了水体的透明度，分泌抑制剂或毒素使其他生物减少，赤潮消亡阶段还可使水体缺氧。

影响海洋旅游业：赤潮破坏了旅游区的秀丽风光，一层油污似的赤潮生物及大量死去的海洋动物被冲上海滩，臭气冲天。赤潮水体使人不舒服，渔民称之为"辣椒水"，与皮肤接触后，可出现皮肤瘙痒、刺痛、出红疹；如果溅入眼睛，疼痛难忍，有赤潮毒素的雾气能引起呼吸道发炎。应避免在赤潮发生水域游泳或做水上活动。

危害人体健康：赤潮发生海域的水产品能富积赤潮毒素，人们不慎食用能对身体健康产生威胁。

（六）发现赤潮后的对策及管理

一旦发生赤潮现象，发现者应以文档、拍照、摄像等方式记录赤潮发生的时间、地点、海况（气温、气压、风向、风速）、水色，赤潮区域范围和鱼贝类活动情况，并及时就近报告当地海洋管理部门。相应的海洋环境监测机构应该立即启动应急响应程序，对赤潮开展应急监测；同时相关部门应组织人员对赤潮进行监视与灾害评估，及时通知渔业生产部门和告知公众应采取的措施。渔民在发现赤潮后，不应在该水域进行捕捞和采集生产；旅游者也不宜在赤潮发生水域进行游泳和其他水上活动。水产养殖区关闭取水口，赤潮发生区和可能影响范围的养殖网箱应及时转移。

1. 赤潮应急响应

为了减少赤潮灾害造成的经济损失和给人类健康带来的危害。必须建立和完善一个有效的赤潮应急计划。该计划应由国家海洋管理、海洋渔业与水产、环境保护、医疗卫生等部门以及各级地方行政管理机构共同组织实施。海洋管理部门应作为赤潮应急行动计划的执行中心，负责有关部门之间的协调工作；其他各部门则应密切配合，共同行动。赤潮应急行动计划的主要内容通常包括：

（1）搜集与通报赤潮发生信息。

（2）组织赤潮应急调查组。

（3）进行现场赤潮调查。

（4）估计赤潮危害。

（5）进行跟踪监测。

（6）采取紧急措施等。

2. 赤潮现场调查、监视与灾害评估

（1）赤潮现场调查、监视

在赤潮发生现场，赤潮应急调查组应鉴定赤潮的起因生物种类，确定赤潮是否有毒赤潮生物引起的，测定水体中赤潮生物密度，并对赤潮区域的其他物理、化学和生物因子进行观测和测定，确定赤潮分布范围和发展趋势。

（2）赤潮灾害评估

根据赤潮生物种类和密度，结合赤潮分布范围和发展趋势，以及其他调查结果，对赤潮的潜在危害作出正确评估（其评估程序如图 5.3）。赤潮应急调查组应及时将现场测定结果和评估情况通报海洋管理部门，以便海洋管理部门依据具体情况，确定采取何种措施。（具体项目见 2002 年国家海洋局《海洋赤潮监测技术规程》）

3. 赤潮发生后的措施

（1）防护措施

当水体中赤潮生物密度较高，范围较大时，为预防海水养殖业遭受大的损失，应建议赤潮区域周围的养殖单位和养殖者采取相应的防护措施，如：

1）使养殖生物与赤潮水体隔离，减少进水量和投饵量，并采取增氧措施。

2）若养殖的鱼、贝已达到一定规格，可提前收获，尽量减少经济损失。

3）若属于网箱或筏式养殖，尽量将养殖网箱或养殖筏迁往不受赤潮影响的区域，或将其下沉到较深水层，以便避开赤潮生物密集的表层水体。

4）池塘养殖可采取其他赤潮防治方法，如撒布黏土或喷洒硫酸铜溶液，回收或外排赤潮生物等。另外，在赤潮过后，应对死亡海洋生物进行及时处理，以免尸体腐烂，再度引起污染。

（2）紧急措施

如果引发赤潮的生物种类是有毒的，赤潮不仅可能对海洋渔业和海水养殖业造成不利影响，而且还可能对人体健康构成严重威胁。因此，必须采取全面的紧急措施，如：

1）通过广播、电视、报纸、通告、传单和标语等多种方式向有毒赤潮可能影响区域的居民、游客发出有毒赤潮警报，告诫公众不要到赤潮区和浴场、海滩活动，不要食用从赤潮区域采捕的鱼、贝类等海产品，预防有毒海产品引起人体中毒事件发生。

2）加强赤潮发生区及其附近海域的监测工作。在赤潮区和周围水域选择取样点，定期对养殖和野生的鱼、贝类取样，测定其体内的赤潮生物毒素含量。

3）当鱼类和贝类体内赤潮生物毒素的含量超过人体安全食用标准时，海洋管理和渔政管理部门应发出通告，关闭有关区域，禁止在这些区域进行采捕，对关闭区域还应加强巡逻，防止意外事故发生。

4）为了防止来自有毒赤潮区的海产品对人体健康造成危害，应加强海产品批发和销售市场的管理。对批发和销售的可疑海产品进行取样检测，分析海产品的赤潮生物毒素含量。对于受有毒赤潮严重污染的，其毒素含量超过人体安全食用标准的海产品应依法没收，并予以销毁。

5）为了防止赤潮生物毒素造成人员中毒或死亡事件发生，医疗卫生管理部门应负责通知有关医院、诊所，为治疗和护理由赤潮生物毒素中毒的患者做必要的准备同时，有毒赤潮区的沿海居民也应该注意赤潮生物毒素引起人体中毒事件的发生，对可疑中毒患者，应及时送往医院，寻求医生的帮助。

6）为了减少渔业和养殖业所遭受的经济损失，在赤潮消失后，还应对已关闭区域的鱼类和贝类等进行定期连续监测，并根据监测结果定期向公众发出通告。连续监测工作直至监测结果表明所有食用海产品的赤潮生物毒素含量低于人体安全食用标准为止，并及时解除有关区域的海产品禁捕令。

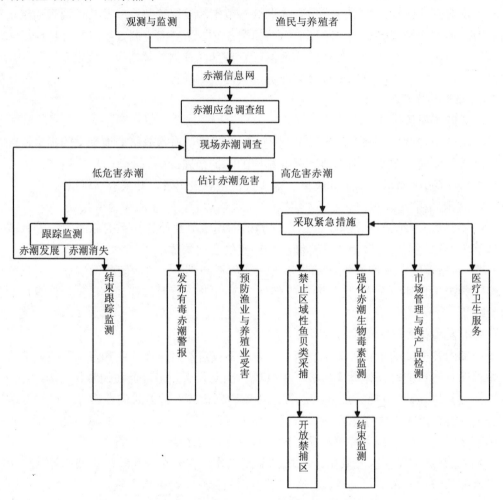

图 5.3　赤潮应急监测流程示意图

二、赤潮监测内容

（一）赤潮监测的目的

掌握赤潮发生的规律，以保护海洋生态系统；了解监测水体有毒、有害赤潮种类及其形成赤潮的条件，以保证水产养殖业的安全；探讨人类活动，如污水排放、工业污染以及水产养殖的自身污染对赤潮发生的影响；测定水产品毒素含量，以保证人体健康；在大量监测数据的基础上，对赤潮进行预测、预警。

（二）赤潮监测的内容

包括生物因子、化学因子、赤潮毒素和水文气象因子。生物因子：叶绿素 a、生物种类、细胞密度等；水质因子有：pH、盐度、溶解氧、总有机碳、铜、铅、锌、镉、油类等；水文气象因子有：海表水温、水色、透明度、海流、海浪、气温、气压、风向风速和天气状况等[可参考《赤潮监测技术规程》（HY/T 069—2005）]。

（三）赤潮监测的手段

1. 常规监测

指采用常规方法针对赤潮可能发生水域所进行的水化学、生物、水文、气象等要素的取样、分析等工作，目的在于了解污染海区，特别是赤潮频发期浮游生物（主要是赤潮生物）的种类和数量的时空分布状况，密切监视赤潮的发生及发展动向。其侧重于污染源附近的区域、海水养殖区、海水浴场等重点海域。

2. 应急监测

指对于已发生或正发生的赤潮进行现场取样及实时检测、分析的过程，包括赤潮的发生范围、赤潮生物的种类与数量分布、赤潮毒素的初步检定以及应急处理意见和方法的提出等。

3. 跟踪监测

指对已形成的赤潮全过程的跟踪、取样、分析工作，目的是了解赤潮生物的发生、发展和漂移情况以及赤潮毒素的分布与变化状况。

4. 遥感监测

指利用卫星和飞机等搭载的遥感设备对海洋赤潮进行解译，判别并确定其时间、位置和范围。飞机遥感监测优点：速度快、范围大、分辨率高、机动性强，并可以与陆上或海上配合进行赤潮灾害的同步观测和监测；卫星遥感监测的优点：可进行全球性大面积同步监测，进行全天候实时监测和监视，有一定的测量精度和空间分辨率。

三、赤潮监测的方法与技术

（一）监测站点的选择

1. 布设原则

测站应布设在预期的赤潮多发海域；尽可能与海洋环境质量监测测站位置相一致；应考虑监测海域的水动力状况和功能，选择上升流区、渔场和增养殖区布设测站；测站的布设应覆盖或代表监测海域。

2. 布站方法

常规监测测站，应根据实际情况，以覆盖和代表监测海域为原则，可采用 T 型（河口近岸海域）或井字型、梅花型、网格型方法，布设控制断面和监测站位；跟踪监测测站，应根据赤潮发生的范围和漂移状态，在赤潮发生区的区域内、外水域分别设立赤潮区测站和对照站，测站数量应随赤潮发生区范围的扩展而增加。

（二）监测时段与频率

1．监测时段

我国近岸和近海海域赤潮发生时段是：黄渤海 4～10 月；东海 3～10 月；南海全年均可发生。其中，黄渤海赤潮高发期为 7～9 月份，东海赤潮高发期为 5～8 月份，南海赤潮高发期为 3～5 月份和 8～11 月份。

2．监测频率

常规监测宜每月 1～2 次；赤潮多发期宜每周 1 次；发现有赤潮征兆时宜每 3 天 1 次。跟踪监测包括赤潮发生至消失的全过程，宜每天 1 次或更多。

（三）赤潮生物因子的监测与分析

参照前文浮游生物调查，主要是对浮游植物和浮游动物进行调查与分析；另外还有底栖微藻、赤潮孢囊、赤潮毒素的监测（略）。赤潮生物的鉴定和分类参照浮游生物分类。

四、赤潮的判断及评价标准

赤潮的长消大致可分为四个阶段：起始阶段（存在诱发赤潮的物质条件，表面现象不明显）、发展阶段（赤潮生物迅速繁殖，水体颜色开始转变，稍微不同于周围水体）、维持阶段（赤潮现象出现后至临近消失时所持续的时间，水体颜色较深）、消亡阶段（赤潮现象消失的过程，水体表面出现较多泡沫）。

常用的判断方法有：

1．感官指标

海水的颜色、嗅味和透明度等常是初步判定水域赤潮的直观指标，不同的赤潮由于其构成生物的种类和数量的不同而产生颜色的差异。此外，海水透明度低，产生恶臭、发黏等往往是发生赤潮的指标性特征。

2．生物量指标

赤潮发生时的生物量是指该海域的浮游生物群落组成中赤潮种类在单位水体中的个体数，同时形成赤潮的生物的个体大小与生物量密切相关。

3．营养质量指标

海域富营养化是发生赤潮的重要条件，目前普遍采用综合的富营养指数 E 来判断水体中的富营养程度，富营养指数 $E=(COD \times N \times P \times 10^6)/4\,500$，如 $E \geqslant 1$，则水体为富营养化。（（HJ 442—2008）

发生赤潮的海域水体的颜色有明显的改变或某一种类生物个体数量达到表 5.5 所列的数量值时，即可判断发生了赤潮（HJ 442—2008）；也可以根据表 5.6 的细胞密度进行初步判断。

表 5.5 赤潮评判标准

赤潮生物体长/μm	赤潮生物数量/（个/ml）
<10	$>10^4$
10～29	$>10^3$

赤潮生物体长/μm	赤潮生物数量/（个/ml）
30～99	$>2\times10^2$
100～299	$>10^2$
300～1 000	$>3\times10$

表5.6　赤潮时水体中细胞的基准密度（仿华泽爱，1994）

赤潮生物种类	基准密度（个/ml）
Asterionella sp 针杆藻	>500
Chaetoceros sp 褐孢藻	>5 000
Chattonelta antiqua 褐孢藻	>100
Gymnodinium spp 密氏裸甲藻	>5 000
Gymnodinium mikimotoi 环沟藻	>5 000
Gyrodinium sp 裸甲藻	>500
Heterosigma akashiwv 赤潮异湾藻	>50 000
Mesodinium rubrum 中缢虫	>500
Neodelpineis sp	>5 000
Nitzsch 菱形藻	>500
Peridinum sp 多甲藻	>5 000
Polykriios sp 多沟藻	>100
Prorocentrum sp 原甲藻	>500
Rhizosolenia sp 根管藻	>5 000
Skeletonema sp 骨条藻	>5 000
Thaiassioha sp 海链藻	>10 000

第四节　叶绿素 a 的测定

一、荧光分光光度法（GB 17378.7—2007）

（一）方法原理

用丙酮溶液提取浮游植物色素进行荧光测定，根据提取液酸化前后的荧光值，可分别计算叶绿素 a 及脱镁色素的含量。

（二）试剂及其配制

丙酮溶液（9+1）：量取 900 ml 丙酮（CH_3COCH_3）与 100 ml 水混合，保存在棕色试剂瓶中。

碳酸镁悬浮液（10 g/L）：称取 1 g 碳酸镁（$MgCO_3$），加水至 100 ml，搅匀，盛试剂瓶中待用，用时需要再摇匀。

盐酸（HCl）：ρ =1.18 g/ml。

盐酸溶液（5+95）：在搅拌下，将 5 ml 盐酸缓慢地加到 95 ml 水中，混匀，保存于滴瓶中。

硅胶。

注：除非另作说明，所用试剂均为分析纯，水为蒸馏水或等效纯水。

（三）仪器及设备

仪器和设备如下：

——荧光计；

——冰箱；

——离心机：4 000 r/min；

——电动吸引器；

——过滤装置；

——玻璃纤维滤膜：直径为 25 mm 的 Whatman GF/C 或孔径为 0.45 μm 的纤维素酯微孔滤膜；

——具塞离心管：容量 10 ml；

——干燥器；

——棕色试剂瓶：容量 100 ml、1 000 ml；

——量筒：容量 100 ml、200 ml、1 000 ml；

——定量加液器：容量 10 ml；

——滴瓶：容量 100 ml；

——镊子；

——一般实验室常用设备。

（四）分析步骤

1. 样品制备

量取一定体积海水（通常大洋水 250～500 ml，近岩或港湾水 50～250 ml），加 2 ml 碳酸镁悬浮液，混匀，用玻璃纤维滤膜（Whatman GF/C，Φ47 mm）或孔径为 0.45 μm 的纤维素酯微孔滤膜过滤，过滤负压不得超过 50kPa。

2. 样品提取

将过滤了样品的滤膜放入具塞离心管，加入 10 ml 丙酮溶液，摇荡，放置冰箱冷藏室中 14～24 h，提取叶绿素 a。若滤得的样品不能及时提取，应将该滤膜抽干、对折，再套上一张滤纸，置于含硅胶的干燥器内，贮存在低于 1℃ 的冰箱中。

3. 样品离心

离心速度：（3 000～4 000）r/min。

离心时间：10 min。

4. 样品测定

荧光计激发波长为 436 nm，发射波长 670 nm。

零点调节：用丙酮溶液调节，使荧光计指针指零。

将提取的上层提取液注入测定池。

选择相应量程，测定样品的荧光值 R_b。

加 2 滴盐酸溶液至测定池，摇匀，经 30s 后再测其荧光值 R_a。

5. 仪器校正

（1）用标准叶绿素 a 校正

（2）用分光光度计校正：取一定体积正处于指数生长期的单细胞藻类培养液，依上述方法提取其叶绿素 a，用分光光度法测定，计算该提取液的叶绿素 a 浓度。将它稀释至荧光计可测范围的浓度（$\rho_{chl\text{-}a}$），用荧光计最低灵敏度量程测定此稀释液酸化前后的荧光值，按式（1）和式（2）计算该量程的换算因子和酸化因子：

$$F_D = \frac{\rho_{chl\text{-}a}}{R_b} \tag{1}$$

$$R = \frac{R_a}{R_b} \tag{2}$$

式中：F_D——测定量程的换算因子；

　　　$\rho_{chl\text{-}a}$——叶绿素 a 稀释液的浓度，$\mu g/ml$；

　　　R——酸化因子；

　　　R_b——酸化前测定的荧光值；

　　　R_a——酸化后测定的荧光值。

按此法依次稀释原提取液，在荧光计其他量程上分别测定，即可得到各量程换算因子（F_D）。仪器校正应定期进行。

6. 记录与计算

将测得数据记入叶绿素 a 荧光分光光度法测定记录表中，按式（3）分别计算叶绿素 a 和脱镁色素的浓度：

$$\rho_1 = F_D \frac{R}{R-1}(R_b - R_a)\frac{v}{V} \text{ 和}$$

$$\rho_2 = F_D \frac{R}{R-1}(R \cdot R_a - R_b)\frac{v}{V} \tag{3}$$

式中：ρ_1——样品中叶绿素 a 的浓度，g/L；

　　　ρ_2——样品中脱镁色素浓度，g/L；

　　　F_D——测定时所用量程的换算因子；

　　　R——纯叶绿素 a 的酸化因子；

　　　R_b——样品酸化前的荧光值；

　　　R_a——样品酸化后的荧光值；

　　　v——丙酮提取液的体积，ml；

　　　V——海水样品的实用体积，L。

二、分光光度法（GB 17378.7—2007）

（一）方法原理

以丙酮溶液提取浮游植物色素，依次在 664 nm、647 nm、630 nm 波长下测定吸光度，分别测定叶绿素 a、b、c 的含量。

（二）试剂配制

丙酮溶液（9+1）：量取 900 ml 丙酮（CH_3COCH_3）与 100 ml 水混合，保存在棕色试剂瓶中。

碳酸镁悬浮液（10 g/L）。

硅胶。

（三）仪器设备

仪器和设备如下：

——分光光度计：波带宽度应小于 3 nm，吸光值可读到 0.001 单位。附 3～10 cm 测定池。

——玻璃纤维滤膜：直径为 47 mm 的 Whatman GF/C 或孔径为 0.45 μm 的纤维素酯微孔滤膜。

——离心管：具塞，10 ml 或 15 ml，若干。

——其他设备同荧光光度法。

（四）测定步骤

1．样品制备

量取 2～5 L 海水样品，加入 3 ml 碳酸镁悬浮液，混匀，用玻璃纤维滤膜（Whatman GF/C，Φ47 mm）或 0.45 μm 的纤维素酯微孔滤膜过滤，过滤负压不应超过 50kPa。

2．样品的提取

将过滤了样品的滤膜放入具塞离心管，加 10 ml 丙酮溶液，摇荡，放置冰箱贮存室中 14～24 h，提取叶绿素 a。若滤得样品不能及时提取，应将该滤膜抽干、对折，再套上一张滤纸，置于装有硅胶的干燥器内，贮存在低于 1℃的冰箱中。

3．样品离心

离心速度：（3 000～4 000）r/min；离心时间：10 min。

4．样品测定

小心将离心的上清液注入测定池。用丙酮溶液作参比，分别在 750 nm、664 nm、647 nm、630 nm 波长处测定吸光值。其中，750 nm 处的测定，用以校正提取液的浊度，当 1 cm 测定池光程的吸光值超过 0.005 时，提取液应重新离心。

5．记录与计算

将测得数据记入叶绿素 a、b、c 分光光度法测定记录表中，分别把在波长 664 nm、647

nm、630 nm 上测得的吸光值减去 750 nm 下的吸光值，得到校正后吸光值 E_{664}、E_{647}、E_{630}。再按式（4）、式（5）、式（6）计算叶绿素 a、b、c 含量。

$$\rho_{\text{chl-a}} = (11.85E_{664} - 1.54E_{647} - 0.08E_{630}) \times \frac{\nu}{V \cdot L} \tag{4}$$

$$\rho_{\text{chl-b}} = (21.03E_{647} - 5.43E_{664} - 2.66E_{630}) \times \frac{\nu}{V \cdot L} \tag{5}$$

$$\rho_{\text{chl-c}} = (24.52E_{630} - 1.67E_{664} - 7.60E_{647}) \times \frac{\nu}{V \cdot L} \tag{6}$$

式中：$\rho_{\text{chl-a}}$——样品中叶绿素 a 含量，μg/L；

$\rho_{\text{chl-b}}$——样品中叶绿素 b 含量，μg/L；

$\rho_{\text{chl-c}}$——样品中叶绿素 c 含量，μg/L；

ν——样品提取液体积，ml；

V——海水样品实际用量，L；

L——测定池光程，cm。

第五节　底栖生物调查

一、底栖生物调查

监测底栖动物的目标是检查和描述底栖动物种类和群落结构及其功能的时空变化。其结果可评价底栖环境的条件，监测采取污染防治措施后环境的恢复状况；由于底栖动物是多种海洋生物的食物来源，所以，监测结果又能对海洋生态系统作出预警报告。由于底栖动物一般移动范围较小、对栖息地扰动反应灵敏，所以，监测底栖生物是反映底栖环境的最佳指标。

（一）采样技术要求

泥样面积：每站不小于 0.2 m²。

筛网目：上层（2.0～5.0）mm，中层 1.0 mm，底层 0.5 mm。

（二）采样仪器设备

采泥器：QNC4-1 型静力式采泥器；水深小于 200 m 的海区一般使用采样面积为 0.1 m² 的采泥器，港湾调查可酌用 0.05 m² 的采泥器。

绞车和吊杆：水深小于 200 m 的海区，一般用负荷 2 000kg 的绞车和吊杆。绞车速度以（0.2～1）m/s 为宜。吊杆应高出船舷 5 m，舷间距 1 m 左右。专用于采泥样的绞车及吊杆负荷为 1 000kg。深海采样，使用大型网具应按实际需要，绞车及吊杆的负荷应加大，吊杆高度也应增加。

钢丝绳：一般拖网使用直径为（8～10）mm 的软钢丝绳。采泥专用绞车，一般使用直径为（6～8）mm 的软钢丝绳。

底栖动物漩涡分选装置：由筒体、漩涡发生器、分流器、支架和余渣收集盘组成，专供淘洗泥样。

套筛：由三层不同孔宽的筛子和支架组成，上层筛的孔宽为（2.0～5.0）mm，中层为1.0 mm，下层为0.5 mm。必须与漩涡分选装置配合使用。（图5.4）

网具：一般用阿氏拖网（图5.5）。网架用钢板或钢管制成，网口呈长方形，两边皆可在着底时进行工作。为便于网口充分张开，口缘的网架上绕有钢丝绳（Φ4～6 mm）。网袋长度为网口宽度的2.5～3倍。进口处网目较大（2 cm），尾部较小（0.7 cm）。为使柔软的小动物免受损坏，可在网内近尾部附加一个大网目的套网以使之与大动物隔开。

该网网口宽度可根据调查船吨位及调查海区酌定。在一般调查船上用1.5 m宽的即可。船上起重设备差，或在内湾调查，也可用0.7～1 m宽的小型网。深水调查，一般多用宽度为3 m的大型网，其网架也要相应加重。

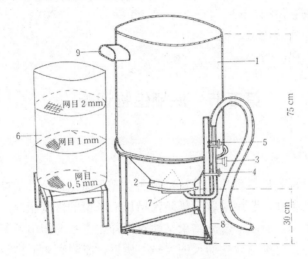

图5.4　漩涡分选装置

1—筒体；2—漩涡发生器；3—进水管；4—进水阀；5—分流阀；6—生物收集器；

7—排渣阀；8—支架；9—出水口

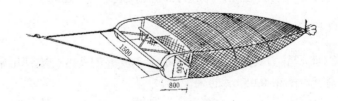

图5.5　三角阿氏拖网

（三）海上采样

选择采泥器：根据软泥、砂质泥或泥质砂底质等不同情况，选择适宜的采泥器。

面积与次数：使用面积为 0.05 m^2 的采泥器，每站采 5 次；0.1 m^2 的采泥器，每站至少采 2 次；0.25 m^2 的采泥器，每站采（1～2）次。

泥样淘洗：采用漩涡分选装置淘洗时，应注意调节分流龙头开关至较大颗粒沉积物不致搅起溢出筒体。

拖网取样：必须在调查船低速（2kn 左右）时进行。如船只无 1～3kn 的低速档，可采用低速间歇开车进行拖网。每站拖网时间一般为 15 min；半定量取样，拖网时间 10 min。拖网时间从网着底始算起至起网止。深水拖网，可适当延长时间。

（四）样品处理和保存

采泥样品，应按类别、个体大小、柔软脆弱和坚硬带刺者分别装瓶。

定量采泥样品应全部取回。

定性拖网所获的样品数量过大时，可取总重量的一小部分称重，计算每个种的个体数，经换算得到总个体数。对于数量大且定名准确的种类，可保留一定数量供生物学等测定，其余计数和称重后可倾弃。称重和计数结果记录于表。

发现具有典型生态意义的标本，应拍照、观察并记录。

（五）固定与保存

固定液：中性甲醛溶液；丙三醇乙醇溶液；甲醛乙醇混合液；布因（Bouinn）固定液。

采泥和拖网样品，应按类别使用不同的固定液。暂时性保存使用 5%～7%（V/V）中性甲醛溶液，永久性保存用 75%（V/V）丙三醇乙醇溶液或 75%（V/V）乙醇。

藻类一般用 6%（V/V）甲醛溶液保存。

海绵动物先用 85%（V/V）乙醇固定，后换以 75%（V/V）乙醇加 5%（V/V）丙三醇保存。

腔肠动物、纽形动物、环节动物以及部分甲壳动物先以薄荷脑或硫酸镁麻醉，后换 5%～7%（V/V）中性甲醛溶液固定。纽形动物应用布因固定液固定（12～24）h 后，按顺序用 30%、50%、70%（V/V）的乙醇浸洗至无色时止，最后用 70%（V/V）的乙醇保存，供切片用。

腕足动物、软体动物、部分甲壳类动物、棘皮动物和鱼类直接用 5%～7%（V/V）中性甲醛溶液固定。个体较大的鱼类和头足类样品（0.25kg 以上），应将 10%（V/V）甲醛溶液注入腹腔。棘皮动物的海胆，固定前应先刺破围口膜。

按上述固定的样品，超过两个月未能进行分离鉴定，应更换一次固定液。

（六）记录

每站采样结束，应作相应记录。

（七）标签

已装瓶的每号样品需投入标签，放入样品桶的样品，应先用纱布包装，并另加一个标签。

二、底栖动物的分类

"物种"（Species）或又简单地称为"种"，是动物分类上的基本单位。在动物分类学上，为了将数量众多的物种进行鉴定、研究，便建立了一个科学的系统，设立了很多的等级或阶元（Category），用以表示各种动物间类似的程度和亲缘关系的远近。这些等级单位是将若干相近似的物种归并在一起，称为属，又将一些相近似的属归并在一起，称为科，再将若干科并为目，若干目并为纲，若干纲并为门，门是动物界最高的分类等级，这样从上至下则为界、门、纲、目、科、属、种，形成了一个科学的动物分类系统。有时为了更精确地表达动物间的分类地位和相似的程度，或因各等级间范围过大，不能完全包括其特征关系或系统关系，有的学者将原有的等级再进一步细分，如在某一等级之前加上总（Super-）或在某一等级之后加上亚（Sub-）这一级。即为门、亚门、总纲、纲、亚纲、总目、目、亚目、总科、科、亚科、属、亚属、种、亚种等。以泥蚶为例，其排列如下：

界 Kingdom 动物界 Animalia

门 Phylum 软体动物门 Mollusca

纲 Class 瓣鳃纲 Lamellibranchia

目 Order 列齿目 Taxodonta

总科 Superfamily 蚶总科 Arcacea

科 Family 蚶科 Arcide

属 Ascaris 蚶属 *Arca*

种 Species 泥蚶 *Arca granosa* Linnaeus

除上述的分类等级外，有的物种分布较广，变异甚大，因此在物种以下，尚建立种以下的分类单位，一般可分为：

1. 亚种 Subspecies

即种内个体在地理上和生殖上充分隔离后，形成的一类种群；它是一个种内的地理种群，或生理、生态种群，并具有地理分布上或生态上的不同。现今动物分类学上多以亚种作为种以下的分类等级或阶元。如分布广泛的短尾蝮蛇 *Agristrodon halys brevicaudus* 即为蝮蛇 *Agristrodon halys*（Pallas）的一个亚种。

2. 变种 Variety

通常有一定的形态特征和地理分布，并在特征上与原种有一定的区别，与其他变种有共同的分布区。如家鸡 *Gallus gallus domesticus Brisson* 系由原鸡 *Gallus galus*（Linnaeus）驯化而来，可将家鸡看作为原鸡的一个变种。在动物分类学上多用亚种而较少用变种的名称。

3. 宗 Race

是在同一物种内，一类形态特征比较不稳定的群体，表现在个体群或个体上出现的细小变异，一般不给予拉丁学名。至于品种（Sort）是指在人工饲养条件下，培育出来的类群，它在经济上有一定的重要意义，是人工选择的结果，而在野生动物中不应用品种一词，一般也不给予拉丁学名。如家鸡有九斤黄、狼山鸡、乌骨鸡等品种。

此外，在科之下除分亚科外，有的还分为族 Tribus、亚族 Subtribus，属以下除分亚属外，有的还又分为组 Section 和系 Series 等单位。按照惯例，门的标准拉丁学名词尾是-phyta，纲的词尾是-eae，目的词尾是-ales，科的词尾是-dae，总科的词尾是-oidae，业科的词尾是-inae，因而对一些不常见的类群名称，也可以根据词尾来判别属于何种分类等级，以便于查找或核对。

在上述的各分类等级中，除"种"这一分类等级外，其他较高的分类等级，在很大程度上都同时具有客观性和主观性两个概念，说它们是客观性的，因为它们是客观存在的，是可以划分的实体；说它们是主观性的，因为在各等级之间的范围和划分，完全是由不同的动物分类学家主观来确定的，并没有一个统一的客观规律，如有的分类学家定为属的概念，到后来会被定为科，甚至定为目，而且一个等级，在不同的类群中，其含义也不是完全相等的，如鸟类的目与目之间的差异，就远比昆虫纲的目与目之间的差异定得小。总之，动物的分类是一个十分复杂和困难的工作，也需要掌握很多相关学科的知识，才能作好动物的分类，使之更接近于自然。

下文就涉海的主要几大类动物作简要叙述。

（一）鱼类

鱼类是现存脊椎动物亚门中最大的一纲，从动物进化的角度看，本纲是有颌类的开始，故为有颌类中最原始、最古老的一纲。这是脊椎动物亚门中最大的分类类群，远在泥盆纪就已派生出很多的边缘支系，发展和演变至今成为各种复杂体形的鱼类。现存鱼类分为软骨鱼系和硬骨鱼系。

——软骨鱼系

——硬骨鱼系

1. 软骨鱼系 Chondrichthyes

本系是现存鱼类中最低级的一个类群，全世界约有200多种，我国有140多种，绝大多数生活在海里。

其主要特征是：

——终生无硬骨，内骨骼由软骨构成。

——体表大都被楯鳞。

——鳃间隔发达，无鳃盖。

——歪型尾鳍。

本系共分两个亚纲，即板鳃亚纲和全头亚纲。

（1）板鳃亚纲 Elasmobranchii：两鳃瓣之间的鳃间隔特别发达，甚至与体表相连，形成宽大的板状，故名板鳃类，鳃裂 5～7 对，不具鳃盖。口位于头部吻的腹面，宽大而横裂，亦有横口鱼类之称，大多数眼后有喷水孔 1 个。皮肤鳍条为角质鳍条，歪尾形，不具鳔。输卵管前端开口于体腔。具泄殖腔，体内受精，卵生或卵胎生。本纲现存鱼类有鲨目和鳐目。

1）鲨目 Squalifomes

a.须鲨科 Orectolobidae

b.皱唇鲨科 Triakidae

c.真鲨科 Carcharhinidae

d.猫鲨科 Scyliorhinidae

e.多鳃鲨科 Hexanchidae

f.双髻鲨科 Sphyrnidae

g.鲸鲨科 Rhincodontidae

2）鳐（魟）目 Rajiformes

a. 魟科 Dasyatidae

b.锯鳐科 Pristidae

（2）全头亚纲 Holocephali

2. 硬骨鱼系 Osteichthyes

硬骨鱼系是世界上现存鱼类中最多的一类，有 2 万种以上，大部分生活在海水域，部分生活在淡水中。

辐鳍亚纲 Actinopterygii

占世界上现存鱼类总数的 90%以上，是鱼类中数量最多的一个类群。

（1）硬鳞总目 Chondrostei

1）白鲟科 Polydontidae

2）鲟科 Acipenseridae

（2）真骨总目 Tdeostei

1）鲱形目 Clupeiformes

a. 鲱科 Clupeidae

b. 鳀科 Engraulidae

c. 银鱼科　Salangidae

d. 蛙科 Salmonidae

2）鲤形目 Cypriniformes

a. 鲤科 Cyprinidae

b. 鲇（鲶）科 Siluridae

c. 胡子鲶科 Clariidae

d. 鳅科 Cobitidae

e. 鮡科 Sisoridae

f. 鮠科 Bagridae

3）鳗鲡目 Angviliformes

a. 鳗鲡科 Anguillidae

b. 海鳝科 Muraenidae

c. 海鳗科 Muraenesoceidae

4）海龙目 Syngnathiformes

海龙科 Syngnathidae

5）鲈形目 Perciformes

a. 鮨科 Serranidae

　　b．石首鱼科 Sciaenidae

　　c．鲾科 Leiognathidae

　　d．石鲈科 Pomadasyidae

　　e．金线鱼科 Scatophagidae

　　f．带鱼科 Trichiuridae

　　g．鲭科 Scombridae

　6）鲀形目 Tetraodontiformes

　　a．兰子鱼科 Siganidae

　　b．三刺鲀科 Triacanthidae

　　c．鲀科（河鲀科）Tetraodontidae

　　d．刺鲀科 Diodontidae

　　e．翻车鲀科 Molidae

　7）蝶形目 Pleuronectiformes

　8）海蛾鱼目 Pegasiformes

　9）灯笼鱼目 Scopeliformes

　10）合鳃目 Symbranchiformes

（二）棘皮动物

　　棘皮动物 Echinodermata 世界海洋中现存的棘皮动物约有 5 300 种,中国有 500 种左右。营海底固着生活或移动性生活。多分布在温带、亚热带和热带海洋中。中国主要分布在南方各省沿海。

　　全世界现存的棘皮动物依据生活过程中固着柄的有无分为 2 个亚门 5 个纲。即有柄亚门和游走亚门（无柄亚门），海百合纲、海星纲、蛇尾纲、海胆纲和海参纲。

　　1. 有柄亚门 Pelmatozoa

　　海百合纲 Crinoidae 如多节新海百合 *Metacrinus multisegmentatus*

　　2. 游走亚门 Eleutherozoa

　　（1）海星纲 Asteroidea 如林氏海燕 *Asterina limboonkengi*

　　（2）蛇尾纲 Ophiuroidea 如滩栖阳遂足 *Amphiura vadicola*

　　（3）海胆纲 Eeninodea 如细雕刻肋海胆 *Temnopleurus toreuma ticus*

　　（4）海参纲 llolothlilroidea 如棘刺锚参 *Protankyra bidentata*

（三）甲壳动物

甲壳纲 Crustacea

　软甲亚纲 Malacostraca

　　十足目 Decapoda

　　　游泳亚目 Natanita

　　　　真虾部 Eucyphidea

　　　　　罗氏沼虾 *Macrobrachium rosenbergii*

        对虾部 Penaeidea
          对虾科 Penaeidae
          樱虾科 Sergestidae
       猥虾部 Stenopodidea
          樱花虾 *Stenopus hispidus*
     爬行亚目 Reptantia
       长尾部 Macrura
         龙虾科 Palinuridae
         蝉虾科 Scyllaridae
       异尾部 Anomura
          铠甲虾总科 Galatheidea
          寄居蟹总科 Paguridea
          蝉蟹总科 Hippidea
       短尾部 Brachyura
    磷虾目 Euphausiacea
    糠虾目 Mysidacea
    口足目 Stomatopoda

（四）软体动物

本门动物可分为 7 纲，其中瓣鳃纲，腹足纲、头足纲种类多，分布广，其他纲即无板纲、多板纲、单板纲、掘足纲多为海产。下面重点叙述前面所列三个纲：

1. 瓣鳃纲 Lamellibranchia

（1）列齿目 Taxodonta

蚶科 Arcidae：代表种：泥蚶 *Arca granosa* Linnaeus、魁蚶 *A.inflata* Reeve、毛蚶 *A.subcrenata* Lischke

（2）异柱目 Anisomyaria

1）贻贝科 Mytilidae：代表种：贻贝 *Mytilus edulis* Linnaeus、厚壳贻贝 *M.corusis* Gould、偏顶蛤 *Modiolus modiolus* Linnaeus。

2）珍珠贝科 Pteriidae：代表种：马氏珠母贝 *Pinctada martensii* 等。

3）牡蛎科 Ostreidae：代表种：近江牡蛎 *Ostrea rivularis* Gould、长牡蛎 *O.gigas* Thunberg、大连湾牡蛎 *O.talienwhanensis* Crosse 等。

（3）真瓣鳃目 Eulamellibranchia

1）珍珠蚌科 Margaritanidae

2）蚌科 Unionidae

3）帘蛤科 Veneridae：代表种：文蛤 *Meretrix meretrix* Linnaeus、青蛤 *Cyclina sinensis* （Gmelin）、日本镜蛤 *Dosinia japonica*（Reeve）、薄片镜蛤 *D. laminata*（Reeve）、蛤仔 *Ruditapes philippinara*（Adams et Reeve）、江户布目蛤 *Protothaca jadoensis*（Lischke）等。

4）竹蛏科 Solenidae：代表种：缢蛏 *Sinonovaculac nstricta*（Lamarck）、长竹蛏 *Solen gouldii* Conrad、大竹蛏 *S. grandis* Dunker 等。

2. 腹足纲 Gastropoda

腹足纲是贝类中最大的一纲，约有 88 000 种，仅次于昆虫纲，为动物界第二大纲。本纲分为 3 亚纲：

（1）前鳃亚纲 Prosobranchia

1）原始腹足目 Archaeogastropoda：代表种：羊鲍 *Haliotis ovina* Gmelin、杂色鲍 *H.diversicolor* Reeve 等。

2）中腹足目 Mesogastropoda

田螺科 Viviparidae

锥螺科 Turritellidae：代表种：棒锥螺 *Turritella bacillum* Kiener、笋锥螺 *T.terebra* Linnaeus 等。

宝贝科 Cypraeidae：代表种：阿纹绶贝 *Mauritia arabica*（Linnaeus）、货贝 *Monetaria moneta*（Linnaeus）等。

3）新腹足目 Neogastropoda

骨螺科 Muricidae：如红螺 *Rapana thomasiana* Crosse。

蛾螺科 Buccinidae：如泥东风螺 *Babylonia 1utosa*（Lamarck）。

盔螺科 Galeodidae：如管角螺 *Hemifusustuba* Gmelin。

榧螺科 olividae：如榧螺 *Oliva olira*。

涡螺科 Volutidae：如瓜螺 *Cymbium melo*（Solander）。

（2）后鳃亚纲 Opisthobrancia

头楯目 Cephalaspidae

阿地螺科 Atyidae：如泥螺 *Bullacta exarata*（Rhilippi）。

（3）肺螺亚纲 Pulmonata（略）

3. 头足纲 Cephalopoda

头足纲现存种类约有 500 种，被发现的化石种约 1 万种。本纲动物以鳃和腕的数目及其形态特征作为分类依据，划分为 2 个亚纲 3 个目。以二鳃亚纲 Dibranchia 为例作一介绍。

二鳃亚纲 Dibranchia

（1）十腕目 Decapoda：如金乌贼 *Sepia esculenta* Hoyle、针乌贼 *S. andreana* Strap、曼氏无针乌贼 *Sepiella maindroni* Rochebrune 等。

（2）八腕目 Octopoda：

章鱼科 Octopodidae：如长蛸 *Octopus variabilis*（Sasaki）、短蛸 *O.ochellatus* Gray 等。

（五）多毛类

1. 沙蚕科 Nereidae

如岩岸习见的有多齿围沙蚕 *Perinereis nuntia*、独齿围沙蚕 *P. cultifera*、异须沙蚕 *Nereis heterocirrata* 和双管阔沙蚕 *Platynereis bicanaliculata* 等，珊瑚礁中的有周氏突齿沙蚕 *Leonnates jousseaumei*，而喜居泥沙滩的有日本刺沙蚕 *Neanthes japonica*、双齿围沙蚕

Perinereis aibuhitensis、锐足全刺沙蚕 *Nectoneanthes oxypoda* 和红角沙蚕 *Ceratonereis erythraeensis* 等。

2. 裂虫科 Syllidae

如南海潮间带有额刺裂虫 *Ehlersia cornuta*、单裂虫 *Hapsyllis spongicola* 等。

3. 吻沙蚕科 Glyceridae

如长吻沙蚕 *Glycera chiror*、中锐吻沙蚕 *G. rouxi* 和浅古铜吻沙蚕 *G. subaenea* 等。

4. 叶须虫科 Phylldocidae

如巧言虫 *Eulalia viridis*、栗色淡须虫 *Genetyllis castanea* 和覆瓦背叶虫 *Notophyllum imbricatum* 等。

5. 鳞沙蚕科 Aphroditidae 和多鳞虫科 Polynoidae

如澳洲鳞沙蚕 *Aphrodita australis*，岩石缝隙或石块下的短毛海鳞虫 *Halosydna breisetosa*、覆瓦哈鳞虫 *Harmothoe imbricata* 和软背鳞虫 *Lepidonotus hetypus*。

6. 仙虫科 Amphinomidae

如海毛虫 *Chlocia flava*、梯斑海毛虫 *C. parva*、扁疣帝虫 *Eurythoe complanata* 和大背肛虫 *Notopyaos gigas* 等，习见于热带海区岩石、珊瑚中。

7. 矶沙蚕科 Eunicidea

如矶沙蚕 *Eunice aphroditois*。

8. 花索沙蚕科 Arabellidae

如花索沙蚕 *Arabell airicolor*。

9. 索沙蚕科 Lumbrineridae

如异足索沙蚕 *Lumbrinereis heteropoda*。

10. 海稚虫科 Spionidae

如奇异稚齿虫 *Paraprionospio pinnata*、短鳃伪才女虫 *Pseudopolydora pqucibranchiata*。

11. 磷虫科 Chaetopteridae

如磷虫 *Chaetopterus varipoedatus*。

12. 丝鳃虫科 Cirratulidae

如丝鳃虫 *Cirratulus cirratus* 和须鳃虫 *Cirriformia tentaculata*。

13. 海蛹科 Opheliidae

如中阿曼吉虫 *Armandia intermedia*、日本臭海蛹 *Travistia japonica*、多眼虫 *Polyophthalmus pictus* 等。

14. 小头虫科 Capitellidae

如小头虫 *Capitella capitata*、背蚓虫 *Notomastus latericens*、丝异须虫 *Heteromastus filiformis* 等。

15. 沙蠋科 Arenicolidae 又称 Lugworm

如巴西沙蠋 *Arenicola brasiliensis*。

16. 不倒翁虫科 Sternaspidae

如不倒翁虫 *Sternaspis scutata*。

17．笔帽虫科 Pectinaridae

如日本双边帽虫 *Amphictene japonica*、乳突笔帽虫 *Pectinuria papillosa*。

18．蛰龙介科 Terebellidae

如扁蛰虫 *Loimia medusa*、长鳃树蛰虫 *Pista brevibranchia* 和树蛰虫 *P. cristata*。

19．缨鳃虫科 Sabellidae

如温哥华真旋虫 *Eudistylis vanconve*、刺缨虫 *Potumimma myriops*、斑鳍缨虫 *Branchiomma cingulata*。

20．石灰虫科（龙介虫科）Serpulidae

常见的有内刺盘管虫 *Hydroides ezoensis*、华美盘管虫 *H. elegans* 和龙介虫 *Serpula vermicularis* 等。

21．角吻沙蚕科 Goniadidae

如色斑角吻沙蚕 *Goniada maculata*、日本角吻沙蚕 *G. japonica*、寡节甘吻沙蚕 *G. gurjanovae*。

22．海女虫科 Hesionidae

如小健足虫 *Micropodarke dubia*、海女虫 *Hesione splendida*。

23．齿吻沙蚕科 Nephtyidae

双鳃内卷齿蚕 *Aglaophamus dibranchis*。

24．欧努菲虫科 Onuphidae

智利巢沙蚕 *Diopatra chiliensis*。

25．竹节虫科 Maldanidae

拟节虫 *Praxillella praetermissa*。

（六）多孔动物

现知海绵动物约有 1 万种，主要依据骨针的成分和形状，分为以下 3 纲。
——钙质海绵纲 Calcarea
——六放海绵纲 Hexactinellida
——寻常海绵纲 Demopongiae

（七）腔肠动物

全世界的腔肠动物约有 9 000 种以上，依据动物体的基本形态、世代交替现象的有无、口道的有无及其长短等，将本门动物分为水螅纲、钵水母纲和珊瑚纲。现将钵水母纲和珊瑚纲简介如下：

1．钵水母纲 Scyphozoa

（1）十字水母目 Stauromedusae：如高杯水母 *Lucernayia* 等。
（2）立方水母目 Cubomedusae：如灯水母 *Charybdea* 等。
（3）旗口水母目 Semaeostome：如海月水母 *Aurlia* 等。
（4）根口水母目 Rhizostomae：如海蜇 *Rhopilema* 等。

2. 珊瑚纲 Anthozoa

本纲约有 6 100 种，又分为以下两个亚纲：

（1）八放珊瑚亚纲 Octocorallia

1）海鸡冠目 Alcyonacea：如海鸡冠 *Alcyonium* 等。

2）海鳃目 Pennatulacea：如海鳃 *Pennatula*、笙珊瑚 *Tubipora* 等。

3）柳珊瑚目 Gorgonacea：如红珊瑚 *Corallium*、黑珊瑚 *Plexauea* 等。

（2）六放珊瑚亚纲 Hexacoralla

本亚纲主要有海葵目、石珊瑚目、角海葵目和角珊瑚目。

1）海葵目 Actiniaria：如细指海葵 *Metrdium* 等。

2）角海葵目 Ceriantharia：如角海葵 *Cerianthus* 等。

3）石珊瑚目 Madreporaria：如菊珊瑚 *Meandrina* 等。

4）角珊瑚目 Antipatharia：如角珊瑚 *Antipathes* 等。

第六节　潮间带生物监测

一、潮间带简介

（一）底栖（Benthic）区

指海水浸没的海底或海岸，从被波浪所能冲刷的地带起，直至最深的海底止均属此区。该区为底栖生物栖息的区域。这一区又分为：潮间带、潮下带、深海带、深渊带和超深渊带。

1. 潮间（Intertidal）带

这一带系高潮时，海水浪花所能波及的高潮线起至大潮时海水退得最低的地方止。在高潮线和低潮线之间，暴露出来的有沙、泥、岩石和珊瑚礁等不同的底质。这一地区，栖息着丰富的各种生物。

2. 潮下（Sublittoral）带

指大陆架的海底，其范围由低潮线至水深约 200 m 止。这一带生活的动植物很多，是海洋渔业中的主要作业区（渔场）。

3. 深海（Bathyal）带或称大陆坡（Continental slope）

其深度 200 m 左右到大约 1 000～2 000 m 处。这一带的范围狭窄，但深度变化很大。

4. 深渊（Abssal）带

这一带范围广阔占洋底的绝大部分，一般自 1 000 或 2 000 m 到 6 000 m 左右的深度，水温一般不到 4℃。

5. 超深渊（Hadal）带

也称海沟，最深处可达 11 000 m。

通常所谓深海（Deep-Sea）一般是指后三个带的总称。海洋环境区分略图见图 5.6。

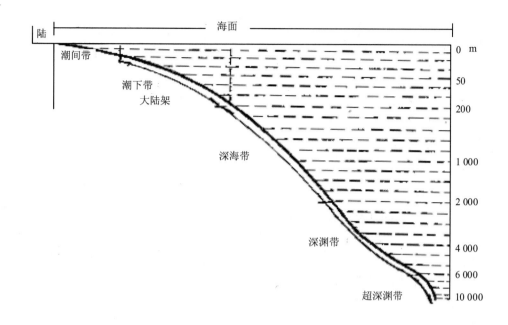

图 5.6 海洋环境区分略图

（二）潮汐

我们介绍海洋环境的划分，是为了使大家初步了解海洋的各个区域环境不同，生活的动物种类也不同。要采集不同的动物种类，就得根据它们的生活环境选择适宜区域进行。在大陆架动物的种类最多，所以，通常采集都在那里进行。只有采集一些特殊的动物才去深海。在大陆架采集，最方便的是在潮间带采集，因为这一区域，在潮退了之后完全暴露出来，我们在海滩上可以自由自在地采集。在这一区域采集，就必须对潮汐涨落有所了解，否则，当你到达海边时正是高潮，就无法到海滩上采集。因此，我们需要对潮汐做个简单介绍。

不论是沿海居民或是到过海边的人，都会看到海水的涨落现象。海水都在不停地进行有规律性的涨落，满潮时，海水涨到岸边是一望无际的汪洋大海；涸潮时，海水退出岸边很远的地方，暴露大片泥、沙滩、岩石、珊瑚礁和沙洲。海水这种有规律的涨落运动，就是众所周知的潮汐现象。潮汐是由月球和太阳对地球相互吸引的结果而产生的。

在我国沿海各地大部分是半日潮。一昼夜二涨二落，即出现两次高潮和两次低潮。这两次涨落彼此之间大致相同，即前一次高潮和低潮的潮差与后一次高潮和低潮的潮差大致相等，涨潮时间和落潮时间几乎相等（6 h12.5 min）。

但也有些地区，一昼夜只有一次涨落潮，即出现一次高潮一次低潮，高潮和低潮之间，大约相距 12 h25 min，这种潮汐称为"全日潮"。

还有一种是"混合潮"，"混合潮"是介于半日潮和全日潮之间的类型，有时它接近半日潮，有时又具有全日潮的特征。

我们到海边采集是利用低潮时，在露出的大片海滩上进行，所以最好是在大潮时间，潮水退得愈低愈好。在冬季因气压较高，而且我国沿海，冬季多西北风（由陆吹向外海），所以，冬季潮水退得最大，便于采集。在北方因天冷，动物活动较少或下移，不如春秋采集较为适宜。

二、潮间带生物调查

（一）调查内容和方法

1. 调查内容

（1）生物调查

不同生境动植物的种类、数量（栖息密度、生物量或现存量）及其水平和垂直分布的调查。

污染生态效应调查，例如：污染指示生物的出现或消失；主要种类的增减、异常、死亡；种群动态；丰度、多样性、生长率、生殖力的改变；各生物类群比例关系的变化以及群落结构的演替等。

主要种类体内污染物质的测定。

（2）环境调查

环境基本特征：包括港湾形态、潮汐类型、滩涂阔狭、沉积物类型、污染源分布及位置等。

水文气象要素：除记录天气（晴、阴、雨）、气温、水温、底温、风向、风速、潮汐类型外，应着重观测潮流（流向和流速）、水色、浪冲击度等。

水化要素：盐度、溶解氧（DO）、化学需氧量（COD）、pH 值等，并依据调查区污染源性质和调查目的，选测有关项目。

沉积物要素：粒度、有机质、硫化物、氧化还原电位等，并依据调查区污染性质和调查目的，选测有关项目。

2. 调查方法

（1）调查地点的选择

选点时首先应了解有关地点的历史、现状和未来若干时期的可能变化（如：建厂、围垦和其他海岸工程建设）。

选点时应根据调查目的，结合污染源分布状况，考虑污染可能影响的范围而确定。

调查区内可能有沿岸、沙滩、泥沙滩、泥滩等多种海岸类型，选点应力求包括有不同类型，若有困难，为保证资料的可比性，所选的点的沉积物类型应力求一致。

应在远离污染源的地方，选一生态特征大体相似的清洁区（非污染区）作为对照点。

（2）潮间带的划分

调查地点选定后，应依据当地的潮汐水位参数或岸滩生物的垂直分布，将潮间带划分为若干区（带）、层（亚带），划分方法如下：

潮汐水位参数划分法

1）半日潮类型

高潮区（带）：最高高潮线至小潮高潮线之间的地带；

中潮区（带）：小潮高潮线至小潮低潮线之间的地带；

低潮区（带）：小潮低潮线至最低低潮线之间的地带。

2）日潮类型

高潮区（带）：回归潮高潮线至分点潮高潮线之间的地带；

中潮区（带）：分点潮高潮线至分点潮低潮线之间的地带；

低潮区（带）：分点潮低潮线至回归潮低潮线之间的地带。

3）混合潮类型

高潮区（带）：高高潮线至低高潮线之间的地带；

中潮区（带）：低高潮线至高低潮线之间的地带；

低潮区（带）：高低潮线至低低潮线之间的地带。

生物垂直分布带划分法

根据生物群落在潮间带的垂直分布来划分，由于生物群落可随纬度高低、沉积物类型、外海内湾、盐度梯度、向浪背浪、背阴向阳等复杂环境因素的不同而改变，因此，要提供一个统一模式是困难的。一般而言，岩石岸大体分为：滨螺带；藤壶—牡蛎带；藻类带。泥沙滩可有：绿螂—沙蚕—招潮蟹滩（或南方的盐碱植物带）；蟹类—螺类滩；蛤类滩。各地在调查时可根据各区、层的群落优势种给予更确切的命名。

（3）断面和取样站布设

断面布设：调查地点选定后，对该地生境要有宏观概念，选取不被人或少被人为破坏、具代表性的地段布设调查断面。

每一调查地点，通常要设主、辅两条断面，若生境无大差异，可只设一固定断面。

断面位置应有陆上标志，走向应与海岸垂直。

取样站布设：依据潮带划分，各潮区（带）均应布有取样站位，通常高潮区（带）布设 2 站，中潮区（带）布设 3 站，低潮区（带）布设 1～2 站则可。

岩石岸布站应密切结合生物带的垂直分布；软相滩涂除考虑生物的垂直分布外，应特别注意潮区（带）的交替、沉积物类型的变化和镶嵌。

各站间距离视沿岸坡度、滩涂阔狭酌定。确定站位后，最好设有固定标志，以便今后调查找到原位。为防标志物遗失，尚需按站序测量、记录各站间距离。

岩沼和滩涂水洼地，是一种特殊生境，在污染调查中具有重要意义，应另外布站取样。

（4）调查时间

潮间带采样受潮汐限制，为获得低潮区（带）样品，必须在大潮期间进行。若断面或站数较多而工作量较大时，可安排大潮期间调查各断面的低潮区（带），小潮期间再进行高、中潮区（带）的调查。

基础（背景）调查，应按照生物季节（春：3 至 5 月、夏：6 至 8 月、秋：9 至 11 月、冬：12 月至 2 月），一年最少调查 4 次。

监测性调查，可根据各地实情选择若干固定月份定期进行（如枯水期、丰水期等）。但为了资料比较，所选月份应力求与基础调查月份一致，并注意尽可能避开当地主要生物种类的繁殖期。

若属应急调查（偶发污染事故、赤潮等），则应进行跟踪观测，并酌情对事故后所造成的影响作若干次必要的调查。

（二）野外调查

1. 采样工具和设备

采样器和定量框：泥、沙等软相沉积物的生物取样，用滩涂定量采样器。其结构包括框架和挡板两部分，均用 1.5～2.0 mm 厚的不锈钢板弯制而成。规格：25 cm×25 cm×30 cm。配套工具是平头铁锹，见图 5.7。

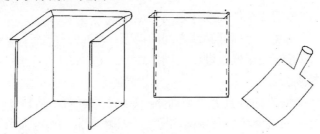

（a）框架（25 mm×25 mm×25 mm）　（b）挡板（25 mm×30 mm）　（c）平头铁锹

图 5.7　滩涂定量采样器

岩岸生物取样用 25 cm×25 cm 的定量框。若在高生物量区取样，可考虑用 10 cm×10 cm 定量框。计算覆盖面积，则用相应的计数框。其框架可用镀锌铁皮或 3 mm 厚的塑料板制成。配套工具有小铁铲（或木工凿子）、刮刀和捞网，见图 5.8。

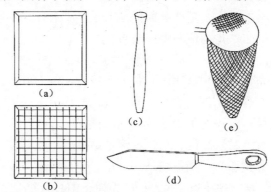

a—定量框；b—计数框；c—小铁铲；d—刮刀；e—刮刀

图 5.8　岩岸采样工具

漩涡分选装置和过筛器

漩涡分选装置：用于潮间带滩涂调查的生物样品淘洗时，必须配备有 3～5kW 的简易汽油抽水泵作动力。

过筛器：当无漩涡分选装置时，或遇某些不宜该装置淘洗的样品，可用过筛器。筛网孔目 1.0 mm。

其他外业调查常用设备。

2. 生物样品采集

（1）定量取样

滩涂定量取样用定量采样器，样方数每站通常取 8 个（合计 0.5 m^2）。若滩面沉积物类型较一致、生物分布较均匀，可考虑取 4 个样方。样方位置的确定切忌人为，可用标志绳索（每隔 5 m 或 10 m 有一标志）于站位两侧水平拉直，各样方位置要求严格取在绳索所标位置，无论该位置上生物多寡，均不要移位。取样时，先将取样器挡板插入框架凹槽，用臂力或脚力将其插入滩涂内；继而观察记录框内表面可见的生物及数量；然后，用铁锹清除挡板外侧的泥沙再拔去挡板，以便铲取框内样品。铲取样品时，若发现底层仍有生物存在，应将取样器再往下压，直至采不到生物为止。若需分层取样，可视沉积物分层情况确定。

岩石取样一般用 25 cm×25 cm 的定量框，每站取 2 个样方。若生物栖息密度很高，且分布较均匀，可考虑采用 10 cm×10 cm 的定量框。确定样方位置应在宏观观察基础上选取能代表该水平高度上生物分布特点的位置。取样时，应先将框内的易碎生物（如牡蛎、藤壶等）加以计数，并观察记录优势种的覆盖面积。然后再用小铁铲、凿子或刮刀将框内所有生物刮取干净。

对某些栖息密度很低的底栖生物（如海星、海胆、海仙人掌等）或营穴居、跑动很快的种类（沙蟹、招潮蟹、弹涂鱼等），可采用 25 m^2、50 m^2 或 100 m^2 的大面积计数（个数或洞穴数），并采集其中的部分个体，求平均个体重，再换算成单位面积的数和量。

（2）定性采集

为全面反映各断面的种类组成和分布，在每站定量取样的同时，应尽可能将该站附近出现的动植物种类收集齐全，以作分析时参考，但定性样品务必与定量样品分装，切勿混淆。

3. 供分析体内污染物质的生物样品采集

样品要求：

——采集供分析体内污染物质累积情况的生物种类，应按以下基本原则选择：

——固定生活在一定区域、个体大小和数量适于分析测定的经济种和优势种；

——力求在各断面全年均能采到的种类；

——对污染物质有较强忍受能力和较高富集能力的种类；

——为保护水产养殖业和人体健康，对附近养殖品种也应采样分析。

4. 生物样品的预处理

采得的所有定量和定性标本，需经洗净，最好能按照种分开装瓶（或用封口塑料袋装）。若容器不足，应按照食性及个体软硬分装，以防标本损坏。

滩涂定量调查，若因时间关系，不能将余渣中的标本拣取干净，可只拣出特殊标本后把余渣另行装瓶（袋），回实验室在双筒解剖镜下仔细挑拣。

谨防不同站或同一站的定量和定性标本混杂，务必按站在定量或定性标本装瓶（袋）后，立即用铅笔写好相应标签，分别投入各瓶（袋）中。

按序加入 5% 中性甲醛固定液。余渣固定时，可依固定液水样量，按 1 000 ml 加入 1 g 虎红的量染色，便于室内标本挑拣。

为方便标本鉴定，对一些受刺激易引起收缩或自切的种类（如腔肠动物、纽形动物），宜先用水合氯醛或乌来糖少许进行麻醉后再行固定；多毛类可先用淡水麻醉然后用镊子轻夹头部使吻伸出，再加固定液；藻类标本除用 5%中性甲醛溶液固定外，最好能带回一些完整的新鲜藻体，制作腊叶标本，以保持原色和长久保存。

供分析测定体内污染物质的生物样品，切勿用甲醛溶液固定。而应洗净进行冰冻保鲜。各份样品用纱布或封口塑料袋包装，放入写明采集地点、时间、断面、潮区（带）的竹制或塑料标签。回实验室应及时送检。

5. 野外记录

野外记录要有专人负责，认真填写"潮间带生物野外采集记录表"，绘制站位分布图，记录环境基本特征、生物分布、生物异常等现象，负责填写标签。

各断面的生物带以及出现的污染迹象、生物异常、死亡、群落演替等现象，应用摄像机或照相机拍录下来。

野外记录是第一手资料，应用铅笔（或碳素墨水）填记，字迹必须清晰，禁止涂改，记后应妥善收存，严防受潮或丢失。

三、室内标本整理、鉴定和保存

（一）标本整理

1. 核对

按调查地点、断面、站序，将定量和定性标本分开。

依野外记录，核对各站取得的标本瓶（袋）数，发现不符，应及时查找。

2. 分离、登记

标本分离须按站进行，必要时可按样方分离，以免不同站（或不同样方）的标本混入。若有余渣带回，切勿遗忘将其中标本拣出归入。

分离的标本经初步鉴定，以种为单位分装，并及时加入固定液。除海绵、苔藓虫等含钙动物用 5%中性甲醛溶液固定外，其余仍用 75%酒精保存。

按分类系统依次排列、编号，用绘图墨水写好标签，标签上填写的除标本号和种名因分离可能改变外，其余各项均与野外投放的标签一致。待墨汁干后，分投各标本瓶中。

按新编号分别将定量和定性标本登记于"潮间带生物定量采集记录表"和"潮间带生物定性采集记录表"中。

3. 称重、计算

定量标本须固定 3 天以上方可称重，若标本分离时已有 3 天以上的固定时间，称重可与标本分离、登记同时进行。

称重时，标本应先置吸水纸上吸于体表固定液。称重软体和甲壳动物保留其外壳（必要时，对某些经济种或优势种可分别称其壳和肉重）。大型管栖多毛类的栖息管子、寄居蟹的栖息外壳以及其他生物体上的伪装物、附着物，称重时应予剔除。

称重采用感量为 0.01 g 的药物天平、扭力天平或电子天平。在称重前或后还需计算各种生物的个体数（岩岸采集的易碎生物个体数由野外记录查得。群体仅用重量表示）。

将称重、计数结果填入相应栏目，并注明是湿重（甲醛湿重或酒精湿重）、干重（烘或晒）。必要时可考虑称取灰分重。

依据取样面积，将各种数据换算为单位面积的栖息密度和生物量。

（二）标本鉴定

优势种和主要类群的种类应力求鉴定到种，疑难者可请有关专家鉴定或先进行必要的特征描述，暂以 SP_1、SP_2、SP_3······表示，然后再行分析、鉴定。

鉴定时若再发现一瓶中有两种以上生物，应将其分出另编新号，注明标本原出处，并及时更改标签和表格中有关数据。

种类鉴定结果若与原标签定出种名不符，亦应立即更换标签和更改表中有误种名。

（三）标本保存

经鉴定、登记后的标本，应按调查项目编号归类，妥善保存，以备检查和进一步研究。且须建立制度，定期检查、添加或更换固定液，以防标本干涸和霉变。

第七节　海洋生物监测常用评价方法

一、指标生物

在海洋污染的生物学评价中所谓指标生物，通常是指在污染环境中，能正常生活与繁殖、并随污染程度的发展，其比率趋向增加的生物种。目前，广义而言，应该包括对污染敏感的种类，即环境污染，其数量急剧减少并最终消失的种类。

二、编组比率

编组比率是指标生物概念的发展，考虑的不是某些生物种，而是生物类群。由于不同生物分类群的抗污能力不同，可根据其在群落组成中比例关系的改变，反映环境污染状况。一般认为：污染环境，多毛类种类比率趋于增加，而棘皮动物、甲壳动物的比率趋向减少。

三、丰度

是表示群落（或样品）中种类丰富程度的指数。其计算方式有多种，本标准采用马卡列夫（Margalef，1958）的计算式如下式：

$$d=（S-1）/\log_2 N$$

式中：d——表示丰度；

　　S——样品中的种类总数；

　　N——样品中的生物总个体数。

一般而言，健康的环境，种类丰度高，污染环境，种类丰度降低。

四、多样性指数

反映群落种类多样性的数学模式也有许多，一般采用种类和数量信息函数表示的香农-韦弗（Shannon-Weaver，1963）多样性指数。

$$H' = -\sum_{i=1}^{s} \left(\frac{n_i}{N} \right) \log_2 \left(\frac{n_i}{N} \right)$$

式中：H'——种类多样性指数；

S——样品中的种类总数；

n_i——第 i 种的个体数（n_i）或生物量（ω_i）与总个体数（N）或总生物量（W）的比值（n_i/N 或 ω_i/W）。

一般认为，正常环境，该指数高；环境受污，该指数降低。

五、均匀度

该指数是皮诺（Pielou，1966）提出，其式是：

$$J = H' / H_{max}$$

式中：J——均匀度；

H'——前式计算的种类多样性指数值；

H_{max}——$\log_2 S$ 多样性指数的最大值，S 为样品中总种类数。

J 值范围为 0～1 之间，J 值大时，体现种间个体数分布较均匀；反之，J 值小反映种间个体数分布欠均匀。由于污染环境的种间个体数分布差别大，亦则 J 是低的。

六、优势度

优势度与均匀度是相对应的指数，指数值范围也是 0～1 之间，在污染环境中，个体数分布可能集中在少数耐污种类上，使其指数值增高，其式是：

$$D_2 = (N_1 + N_2) / NT$$

式中：D_2——优势度；

N_1——样品中第一优势种的个体数；

N_2——样品中第二优势种的个体数；

NT——样品中的总个体数。

七、种类相似性指数

本标准采用杰卡德（Jaccard）指数和克齐卡诺基（Czekanowki）指数。其表示式分别为：

$$J_c (\%) = 100c / (a + b - c)$$

$$C_c (\%) = 200c / (a + b)$$

式中：a——样品 A 的生物种类数（或属数）；

　　b——样品 B 的生物种类数（或属数）；

　　c——样品 A 和 B 的共有种数（或属数）。

当 A、B 两份样品（或两调查地点、或两断面）的种类完全相同时，相似性为 100%；反之，若不存在共有种，则相似性为零。

八、群落相似性分析

不同调查地点或断面的生物群落相似性，用桑德斯（Sanders，1960）提出的公式计算并进行聚类、比较。

$$PSC=100-0.5\Sigma|a'-b'|$$

式中：PSC——相似性系数；

　　a'——样品 A 各生物种的栖息密度与总栖息密度的比值；

　　b'——样品 B 各生物种的栖息密度与总栖息密度的比值。

本式也可用生物量或覆盖度的比值进行计算。

样品 A 和 B，除可代表不同地点、不同断面的比较外，为反映时间尺度变化，也可以是表示同一地点（或断面）不同调查时间的比较。

九、群落的划分

应用 Bray-Curtis 相似系数聚类树状图（CLUSTER）和多维尺度排序（MDS）对群落进行划分（见图 5.9、图 5.10）。

Bray-Curtis 相似系数的计算公式为：

$$D_{jk}=\frac{\sum_{i=1}^{p}\left|X_{ij}-X_{ik}\right|}{\sum_{i=1}^{p}\left|X_{ij}+X_{ik}\right|}$$

式中：$i=1$，2，3，$\cdots$，p；物种数。

　　$j=1$，2，3，$\cdots$，n；样方数。

　　$D_{jk}=$样方 j 和 k 之间的距离系数。

　　X_{ij}，$X_{ik}=$种 i 在样方 j 和 k 中的观测值。

等级聚类技术（CLUSTER）基于每对样品间的某种相似性定义（如 Bray-Curtis 相似系数）将样品逐级连接成组并通过 1 个树枝图来表示群落结构。聚类分析旨在找出样品的"自然分组"以使组内样品彼此间较组间的样品更相似，但在决定以何种相似性水平来分组时带有主观任意性。它强调的是组的划分而不是在连续尺度上展现样品间的关系，因此比较适用于环境条件明显不同，样品能够明确划分成组的情况。

一般在聚类分析后还应结合多维尺度排序（MDS）进行分析，以克服聚类树状图的缺点。

多维尺度排序分析方法（MDS）将样本间的相似关系转变为低维相似关系，一般在二维平面上连续地展示样本间的相似关系。MDS 把样本间生物的相似性关系转变成图上样本间的距离来表示，使复杂的样本间群落结构的相似性和差异关系一目了然。

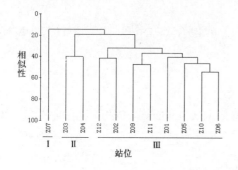

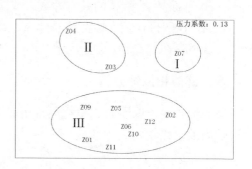

图 5.9　Bray-Curtis 相似性聚类树状图　　　　　图 5.10　多维尺度排序

十、丰度生物量比较法

丰度生物量比较法（Abundance Biomass Comparison，简称 ABC 方法）可以分析底栖生物群落结构的稳定性及受到的扰动程度，由英国学者 Warwick 于 1986 年提出。丰度/生物量比较曲线，即 ABC 曲线（Abundance and Biomass Curves），是将生物量和丰度的 K-优势度曲线绘入同一张图，图中 X 轴是依种类丰度或生物量的重要性的相对种数（对数）排序，Y 轴是丰度或生物量优势度的累积百分比。

稳定的群落结构近似平衡，群落的生物量由一个或几个大个体的物种占优势，且这些种的数量很少，绘出的图形是生物量的 k-优势度曲线始终位于丰度曲线之上；在中度扰动时，大个体优势种消失且丰度与生物量间不平衡降低，丰度与生物量曲线间的差异不存在、或相互交叉、重叠；当环境被严重污染，群落受到严重扰动，失去平衡时，底栖群落逐渐由一种或几种个体较小的种类占优势，此时的整条的丰度曲线位于生物量曲线之上。

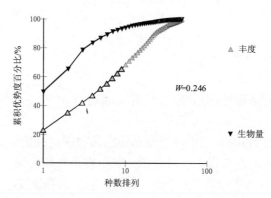

图 5.11　丰度生物量累积 k-优势度曲线

聚类树状图（CLUSTER）、多维尺度排序（MDS）和丰度/生物量比较曲线均可以应用 Primer 软件进行统计、绘制。

第六章 入海河流监测

入海河流是陆源污染物进入近岸海域的主要途径，做好入海河流监测，是掌握沿海地区入海河流污染物入海通量状况、正确评价和分析近岸海域环境质量、加强近岸海域环境管理的基础。

本部分内容主要介绍入海河流入海断面水质及污染物入海量监测的基本要求和特殊要求，其他与地表水监测相同部分，参见系列教材中相关水环境监测和监测技术分析部分的相关内容，不再重复。

第一节 入海河流监测基本要求

一、入海河流监测基本要求

入海河流监测的基本技术要求按照《地表水和污水监测技术规范》（HJ/T 91—2002）的相关规定执行。其中，入海河口断面要设置在临近入海的位置，能反映入海河水水质和污染物入海量。

二、入海河流监测的特殊技术要求

入海河流水质监测技术与地表水河流监测断面相同。对污染物入海量的监测要求，中国环境监测总站以《全国沿海地区入海河流监测技术要求（暂行）》对入海河流监测工作进行了规范。

（一）工作范围

入海河流污染物监测工作范围包括所有执行《地表水环境质量标准》（GB 3838—2002）的入海河流、沟、渠。对于执行污水综合排放标准的排污河、沟、渠，根据执行标准列入直排海污染源的监测范围，相关技术要求按照直排海污染源监测要求执行。

（二）入海河流监测频次

入海河流监测断面监测频次：从 2013 年开始，每月监测一次。

（三）水质监测项目

入海河流水质监测项目包括《地表水环境质量标准》（GB 3838—2002）表 1 中的24 项以及硝酸盐、铁、锰和盐度。在评价水体级别时，按《地表水环境质量标准》（GB

3838—2002）表 1 评价，总氮、硝酸盐、铁、锰、盐度等按照标准不参加水质评价，共评价 22 项。总氮、硝酸盐、铁、锰按规定进行入海总量计算和统计。自行开展硫酸盐、硅酸盐等项目的监测结果，与规定监测项目同时报送。

（四）流量数据获取

按照工作分工，河流水文数据由水文部门负责监测和提供。在可及时获得当地水利部门测定的月、季度和年流量数据的，应直接采用水利部门测定的数据。对不能获得流量监测数据可通过以下 4 种方式获得。

（1）按照《河流流量测验规范》（GB 50179）开展流量监测。

（2）对于监测断面无法取得水利部门流量数据，也无法进行监测，但可取的上游断面水利部门流量监测数据的地方，可以通过以下方法进行计算：

上游断面流量（水利部门数据或自测数据）加上从上游断面到入海断面（实际监测断面）间的陆域入河水量之和减去取水量计算获得。

（3）对于无法取得流量数据也无法进行监测的地方，可采用前五年的月、季度和年平均流量替代每季度和年均值。

（4）只能获得前五年年均流量数据的，按照在第四季度上报前五年年均流量数据方式处理。

对于大江大河，如长江、珠江、黄河等，一般采用水利部门的监测流量数据；自行开展流量监测的，一般只针对水利部门不监测或不报告的河流。

第二节　样品采集

一、监测断面的布设原则

入海河流监测断面在总体和宏观上须能反映其水环境质量状况和监测污染物入海量。各断面的具体位置须能反映所在区域环境的污染特征；尽可能以最少的断面获取足够的有代表性的环境信息；同时还须考虑实际采样时的可行性和方便性。

（1）对城市污染排放控制，可设入境断面和入海口断面。

（2）断面位置应避开死水区、回水区、排污口处，尽量选择顺直河段、河床稳定、水流平稳，水面宽阔、无急流、无浅滩处。

（3）监测断面力求与水文测流断面一致，以便利用其水文参数，实现水质监测与水量监测的结合。

（4）监测断面的布设应考虑社会经济发展，监测工作的实际状况和需要，要具有相对的长远性。

（5）流域规划、近岸海域污染防治规划和污染源限期达标目标确定监测断面。

（6）监视整治效果的监测断面，由所在地区环境保护行政主管部门确定。

（7）入海河口断面要设置在能反映入海河水水质并临近入海的位置。

（8）监测断面考虑对污染物时空分布和变化规律的了解、优化的基础上，以最少的垂线和测点取得代表性最好的监测数据。

二、监测断面的布设

（1）入海河流大多受到潮汐影响，一般按照潮汐河流监测断面的布设原则设定，设有防潮桥闸的潮汐河流，根据需要在桥闸的上、下游分别设置断面。

（2）根据入海河流的水文特征，受潮汐影响的入海河流在设定对照断面一般设在潮区界以上。若感潮河段潮区界在该城市管辖的区域之外，则在城市河段的上游设置一个对照断面，作为入境断面。

（3）潮汐河流的断面位置，尽可能与水文断面一致或靠近，以便取得有关的水文数据。

（4）选定的监测断面和垂线均应经环境保护行政主管部门审查确认，并在地图上标明准确位置，在岸边设置固定标志。同时，用文字说明断面周围环境的详细情况，并配以照片。这些图文资料均存入断面档案。断面一经确认即不准任意变动。确需变动时，需经环境保护行政主管部门同意，重作优化处理与审查确认。

三、采样点位的确定

在一个监测断面上设置的采样垂线数与各垂线上的采样点数应符合表 6.1 和表 6.2。

表 6.1　采样垂线数的设置

水面宽	垂 线 数	说 明
≤50 m	一条（中泓）	1.垂线布设应避开污染带，要测污染带应另加垂线
50～100 m	二条（近左、右岸有明显水流处）	2.确能证明该断面水质均匀时，可仅设中泓垂线
>100 m	三条（左、中、右）	3.凡在该断面要计算污染物通量时，必须按本表设置垂线

表 6.2　采样垂线上的采样点数的设置

水 深	采样点数	说 明
≤5 m	上层一点	1．上层指水面下 0.5 m 处，水深不到 0.5 m 时，在水深 1/2 处
5～10 m	上、下层两点	2．下层指河底以上 0.5 m 处
>10 m	上、中、下三层三点	3．中层指 1/2 水深处 4．封冻时在冰下 0.5 m 处采样，水深不到 0.5 m 处时，在水深 1/2 处采样 5．凡在该断面要计算污染物通量时，必须按本表设置采样点

四、水质样品采集

（一）采样前的准备

（1）确定采样负责人
主要负责制订采样计划并组织实施。

（2）制定采样计划
采样负责人在制订计划前要充分了解该项监测任务的目的和要求；应对要采样的监测

断面周围情况了解清楚；并熟悉采样方法、水样容器的洗涤、样品的保存技术。在有现场测定项目和任务时，还应了解有关现场测定技术。

（3）采样计划内容

应包括确定的采样垂线和采样点位、测定项目和数量、采样质量保证措施，采样时间和路线、采样人员和分工、采样器材和交通工具以及需要进行的现场测定项目和安全保证等。

（4）采样器材与现场测定仪器的准备

采样器材主要是采样器和水样容器。水样保存及容器洗涤方法由《地表水和污水监测技术规范》（HJ/T 91—2002）和《水质采样样品保存和管理技术规定》（HJ 493—2009）作出了规定，其中物理、化学及生化分析指标要求见本章附表 6.1。所列洗涤方法，系指对已用容器的一般洗涤方法。如新启用容器，则应事先作更充分的清洗，容器应做到定点、定项。

（5）采样器的材质和结构应符合水质采样器相关技术要求的规定。

（二）采样及保存方法

（1）采样器：根据采样条件可以使用聚乙烯塑料桶、单层采水瓶、直立式采水器和自动采样器，作为样品采集的采样器。

（2）样数量：在地表水质监测中通常采集瞬时水样，所需水样量在《地表水和污水监测技术规范》（HJ/T 91—2002）和《水质采样样品保存和管理技术规定》中进行了规定，其中物理、化学及生化分析指标要求见本章附表 6.1。此采样量已考虑重复分析和质量控制的需要，并留有余地。

（3）在水样采入或装入容器中后，应立即按物理、化学及生化分析指标要求（见本章附表 6.1）的要求加入保存剂。

（4）油类采样：采样前先破坏可能存在的油膜，用直立式采水器把玻璃材质容器安装在采水器的支架中，将其放到 300 mm 深度，边采水边向上提升，在到达水面时剩余适当空间。

（5）样品采集时，应采集盐度小于 3 的样品，以保证监测的污染物入海量的准确性。

（三）注意事项

（1）应选择低潮位时采样，采集的样品盐度应小于 3，以保证采集样品能代表入海河流污染物入海量的准确。

（2）采样时不可搅动水底的沉积物。

（3）采样时应保证采样点的位置准确。必要时使用定位仪（GPS）定位。

（4）认真填写"水质采样记录表"，用签字笔或硬质铅笔在现场记录，字迹应端正、清晰，项目完整。

（5）保证采样按时、准确、安全。

（6）采样结束前，应核对采样计划、记录与水样，如有错误或遗漏，应立即补采或重采。

（7）如采样现场水体很不均匀，无法采到有代表性的样品，则应详细记录不均匀的情况和实际采样情况，供使用该数据者参考。并将此现场情况向环境保护行政主管部门反映。

（8）测定油类的水样，应在水面至 300 mm 采集柱状水样，并单独采样，全部用于测定。并且采样瓶（容器）不能用采集的水样冲洗。

（9）测溶解氧、生化需氧量和有机污染物等项目时，水样必须注满容器，上部不留空间，并有水封口。

（10）如果水样中含沉降性固体（如泥沙等），则应分离除去。分离方法为：将所采水样摇匀后倒入筒形玻璃容器（如 1～2L 量筒），静置 30 min，将不含沉降性固体但含有悬浮性固体的水样移入盛样容器并加入保存剂。测定水温、pH、DO、电导率、总悬浮物和油类的水样除外。

（11）测定油类、BOD_5、DO、硫化物、余氯、粪大肠菌群、悬浮物、放射性等项目要单独采样。

（四）水质采样记录表

在"水质采样记录表"应中包括采样现场描述与现场测定项目两部分内容，均应认真填写。

（1）水温：用经检定的温度计直接插入采样点测量。深水温度用电阻温度计或颠倒温度计测量。温度计应在测点放置 5～7 min 待测得的水温恒定不变后读数。

（2）pH 值：用测量精度为 0.1 的 pH 计测定。测定前应清洗和校正仪器。

（3）DO：用膜电极法（注意防止膜上附着微小气泡）。

（4）透明度：用塞氏盘法测定。

（5）电导率：用电导率仪测定。

（6）氧化还原电位：用铂电极和甘汞电极以 mV 计或 pH 计测定。

（7）浊度：用目视比色法或浊度仪。

（8）水样感官指标的描述颜色：用相同的比色管，分取等体积的水样和蒸馏水作比较，进行定性描述。水的气味（嗅）、水面有无油膜等均应作现场记录。

（9）水文参数：水文测量应按 GB50179—93《河流流量测验规范》进行。潮汐河流各点位采样时，还应同时记录潮位。

（10）气象参数：气温、气压、风向、风速和相对湿度等。

（五）水样的保存及运输

（1）凡能做现场测定的项目，均应在现场测定。

（2）水样运输前应将容器的外（内）盖盖紧。装箱时应用泡沫塑料等分隔，以防破损。箱子上应有"切勿倒置"等明显标志。同一采样点的样品瓶应尽量装在同一个箱子中；如分装在几个箱子内，则各箱内均应有同样的采样记录表。运输前应检查所采水样是否已全部装箱。

（3）运输时应有专门押运人员。水样交化验室时，应有交接手续。

第三节　分析方法

入海河流选择分析方法的原则为：

（1）监测因子的分析测试应采用国家颁布的环境质量标准中规定的相应监测方法。

（2）未列入环境质量标准的监测因子，其分析测试应参照有关标准中规定的监测方法或相应的等效方法。按以下方式选择：

1）首先选用国家标准分析方法，统一分析方法或行业标准方法。

2）当实验室不具备使用标准分析方法时。也可采用原国家环境保护局监督管理司环监[1994]017 号文和环监[1995]号文公布的方法体系。

3）在某些项目的监测中，尚无"标准"和"统一"分析方法时，可采用 ISO、美国 EPA 和日本 JIS 方法体系等其他等效分析方法，但应经过验证合格，其检出限、准确度和精密度应能达到质控要求。

入海河流水质常用监测分析方法见《地表水和污水监测技术规范》（HJ/T 91—2002）的规定，参见本章附表 6.2。

为避免和减少与本系列培训教材的其他分册内容的重复，各项目分析方法内容略。

附表 6.1　物理、化学及生化分析指标的保存技术

序号	测试项目/参数	采样容器	保存方法及保存剂用量	可保存时间	最少采样量/ml	容器洗涤方法	备注
1	pH	P 或 G		12 h	250	I	尽量现场测定
2	色度	P 或 G		12 h	250	I	尽量现场测定
3	浊度	P 或 G		12 h	250	I	尽量现场测定
4	气味	G	1～5℃冷藏	6 h	500		大量测定可带离现场
5	电导率	P 或 BG	12 h		250	I	尽量现场测定
6	悬浮物	P 或 G	1～5℃暗处	14 d	500	I	
7	酸度	P 或 G	1～5℃暗处	30 d	500	I	
8	碱度	P 或 G	1～5℃暗处	12 h	500	I	
9	二氧化碳	P 或 G	水样充满容器，低于取样温度	24 h	500		最好现场测定
10	溶解性固体（干残渣）	见"总固体（总残渣）"					
11	总固体（总残渣，干残渣）	P 或 G	1～5℃冷藏	24 h	100		
12	化学需氧量	G	用 H_2SO_4 酸化，pH≤2	2 d	500	I	
		P	−20℃冷冻	1 月	100		最长 6 月
13	高锰酸盐指数	G	1～5℃暗处冷藏	2 d	500	I	尽快分析
		P	−20℃冷冻	1 月	500		
14	五日生化需氧量	溶解氧瓶	1～5℃暗处冷藏	12 h	250	I	冷冻最长可保持 6 月（质量浓度小于 50 mg/L 保存 1 月）
		P	−20℃冷冻	1 月	1 000		

序号	测试项目/参数	采样容器	保存方法及保存剂用量	可保存时间	最少采样量/ml	容器洗涤方法	备注
15	总有机碳	G	用 H_2SO_4 酸化，pH≤2；1~5℃	7 d	250	I	
16	溶解氧	溶解氧瓶	加入硫酸锰，碱性 KI 叠氮化钠溶液，现场固定	24 h	500	I	尽量现场测定
17	总磷	P 或 G	用 H_2SO_4 酸化，HCl 酸化至 pH≤2	24 h	250	IV	
		P	−20℃冷冻	1 月	250		
18	溶解性正磷酸盐		见"溶解磷酸盐"				
19	总正磷酸盐		见"总磷"				
20	溶解磷酸盐	P 或 G 或 BG	1~5℃冷藏	1 月	250		采样时现场过滤
		P	−20℃冷冻	1 月	250		
21	氨氮	P 或 G	用 H_2SO_4 酸化，pH≤2	24 h	250	I	
22	氨类（易释放、离子化）	P 或 G	用 H_2SO_4 酸化，pH 1~2；1~5℃	21 d	500		保存前现场离心
		P	−20℃冷冻	1 月	500		
23	亚硝酸盐氮	P 或 G	1~5℃冷藏避光保存	24 h	250	I	
24	硝酸盐氮	P 或 G	1~5℃冷藏	24 h	250	I	
		P 或 G	用 HCl 酸化，pH 1~2	7 d	250		
		P	−20℃冷冻	1 月	250		
25	凯氏氮	P 或 BG	用 H_2SO_4 酸化，pH 1~2，1~5℃避光	1 月	250		
		P	−20℃冷冻	1 月	250		
26	总氮	P 或 G	用 H_2SO_4 酸化，pH 1~2	7 d	250	I	
		P	−20℃冷冻	1 月	500		
27	硫化物	P 或 G	水样充满容器。1 L 水样加 NaOH 至 pH 9，加入 5%抗坏血酸 5 ml，饱和 EDTA 3 ml，滴加饱和 $Zn(Ac)_2$，至胶体产生，常温避光	24 h	250		
28	硼	P	水样充满容器密封	1 月	100		
29	总氰化物	P 或 G	加 NaOH 到 pH≥9 1~5℃冷藏	7 d，如果硫化物存在，保存 12 h	250	I	
30	pH 6 时释放的氰化物	P	加 NaOH 到 pH>12；1~5℃暗处冷藏	24 h	500		
31	易释放氰化物	P	加 NaOH 到 pH>12；1~5℃暗处冷藏	7 d	500	24 h（存在硫化物时）	

序号	测试项目/参数	采样容器	保存方法及保存剂用量	可保存时间	最少采样量/ml	容器洗涤方法	备注
32	F^-	P	1～5℃，避光	14 d	250	I	
33	Cl^-	P 或 G	1～5℃，避光	30 d	250	I	
34	Br^-	P 或 G	1～5℃，避光	14 h	250	I	
35	I^-	P 或 G	NaOH, pH 12	14 h	250	I	
36	SO_4^{2-}	P 或 G	1～5℃，避光	30 d	250	I	
37	PO_4^{3-}	P 或 G	NaOH, H_2SO_4 调 pH=7, $CHCl_3$ 0.5%	7 d	250	IV	
38	NO_2, NO_3	P 或 G	1～5℃冷藏	24 h	500		保存前现场过滤
		P	−20℃冷冻	1 月	500		
39	碘化物	G	1～5℃冷藏	1 月	500		
40	溶解性硅酸盐	P	1～5℃冷藏	1 月	200		现场过滤
41	总硅酸盐	P	1～5℃冷藏	1 月	100		
42	硫酸盐	P 或 G	1～5℃冷藏	1 月	200		
43	亚硫酸盐	P 或 G	水样充满容器。100 ml 加 1 ml 2.5%EDTA 溶液，现场固定	2 d	500		
44	阳离子表面活性剂	G 甲醇清洗	1～5℃冷藏	2 d	500		不能用溶剂清洗
45	阴离子表面活性剂	P 或 G	1～5℃冷藏，用 H_2SO_4 酸化，pH 1～2	2 d	500	IV	不能用溶剂清洗
46	非离子表面活性剂	G	水样充满容器。1～5℃冷藏，加入 37%甲醛，使样品成为含 1%的甲醛溶液	1 月	500		不能用溶剂清洗
47	溴酸盐	P 或 G	1～5℃	1 月	100		
48	溴化物	P 或 G	1～5℃	1 月	100		
49	残余溴	P 或 G	1～5℃避光	24 h	500		最好在采集后 5 min 内现场分析
50	氯胺	P 或 G	避光	5min	500		
51	氯酸盐	P 或 G	1～5℃冷藏	7 d	500		
52	氯化物	P 或 G		1 月	100		
53	氯化溶剂	G, 使用聚四氟乙烯瓶盖	水样充满容器。1～5℃冷藏；用 HCl 酸化，pH 1～2。如果样品加氯，250 ml 水样加 20 mg $Na_2S_2O_3 \cdot 5H_2O$	24 h	250		
54	二氧化氯	P 或 G	避光	5min	500		最好在采集后 5 min 内现场分析
55	余氯	P 或 G	避光	5min	500		最好在采集后 5 min 内现场分析
56	亚氯酸盐	P 或 G	避光 1～5℃冷藏	5min	500		最好在采集后 5 min 内现场分析

序号	测试项目/参数	采样容器	保存方法及保存剂用量	可保存时间	最少采样量/ml	容器洗涤方法	备注
57	氟化物	P（聚四氟乙烯除外）		1月	200		
58	铍	P 或 G	1 L 水样中加浓 HNO$_3$ 10 ml 酸化	14 d	250	酸洗III	
59	硼	P	1 L 水样中加浓 HNO$_3$ 10 ml 酸化	14 d	250	酸洗 I	
60	钠	P	1 L 水样中加浓 HNO$_3$ 10 ml 酸化	14 d	250	II	
61	镁	P G 或	1 L 水样中加浓 HNO$_3$ 10 ml 酸化	14 d	250	酸洗II	
62	钾	P	1 L 水样中加浓 HNO$_3$ 10 ml 酸化	14 d	250	酸洗II	
63	钙	P 或 G	1 L 水样中加浓 HNO$_3$ 10 ml 酸化	14 d	250	II	
64	六价铬	P 或 G	NaOH，pH 8～9	14 d	250	酸洗III	
65	铬	P 或 G	1 L 水样中加浓 HNO$_3$ 10 ml 酸化	1月	100	酸洗	
66	锰	P 或 G	1 L 水样中加浓 HNO$_3$ 10 ml 酸化	14 d	250	III	
67	铁	P 或 G	1 L 水样中加浓 HNO$_3$ 10 ml 酸化	14 d	250	III	
68	镍	P 或 G	1 L 水样中加浓 HNO$_3$ 10 ml 酸化	14 d	250	III	
69	铜	P	1 L 水样中加浓 HNO$_3$ 10 ml 酸化	14 d	250	III	
70	锌	P	1 L 水样中加浓 HNO$_3$ 10 ml 酸化	14 d	250	III	
71	砷	P 或 G	1 L 水样中加浓 HNO$_3$ 10 ml（DDTC 法，HCl 2 ml）	14 d	250	III	使用氢化物技术分析砷用盐酸
72	硒	P 或 G	1 L 水样中加浓 HCl 2 ml 酸化	14 d	250	III	
73	银	P 或 G	1 L 水样中加浓 HNO$_3$ 2 ml 酸化	14 d	250	III	
74	镉	P 或 G	1 L 水样中加浓 HNO$_3$ 10 ml 酸化	14 d	250	III	如用溶出伏安法测定，可改用 1 L 水样中加浓 HClO$_4$ 19 ml
75	锑	P 或 G	HCl，0.2%（氢化物法）	14 d	250	III	
76	汞	P 或 G	HCl，1%，如水样为中性，1 L 水样中加浓 HCl 10 ml	14 d	250	III	

序号	测试项目/参数	采样容器	保存方法及保存剂用量	可保存时间	最少采样量/ml	容器洗涤方法	备注
77	铅	P 或 G	HNO_3，1%，如水样为中性，1 L 水样中加浓 HNO_3 10 ml	14 d	250	III	如用溶出伏安法测定，可改用 1 L 水样中加浓 $HClO_4$ 19 ml
78	铝	P 或 G 或 BG	用 HNO_3 酸化，pH 1～2	1 月	100	酸洗	
79	铀	酸洗 P 或酸洗 BG	用 HNO_3 酸化，pH 1～2	1 月	200		
80	钒	酸洗 P 或酸洗 BG	用 HNO_3 酸化，pH 1～2	1 月	100		
81	总硬度	见"钙"					
82	二价铁	P 酸洗或 BG 酸洗	用 HCl 酸化，pH 1～2，避免接触空气	7 d	100		
83	总铁	P 酸洗或 BG 酸洗	用 HNO_3 酸化，pH 1～2	1 月	100		
84	锂	P	用 HNO_3 酸化，pH 1～2	1 月	100		
85	钴	P 或 G	用 HNO_3 酸化，pH1～2	1 月	100	酸洗	
86	重金属化合物	P 或 BG	用 HNO_3 酸化，pH 1～2	1 月	500	最长 6 月	
87	石油及衍生物	见"碳氢化合物"					
88	油类	溶剂洗 G	用 HCl 酸化至 pH≤2	7 d	250	II	
89	酚类	G	1～5℃避光。用磷酸调至 pH≤2，加入抗坏血酸 0.01～0.02 g 除去残余氯	24 h	1 000	I	
90	苯酚指数	G	添加硫酸铜，磷酸酸化至 pH＜4	21 d	1 000		
91	可吸附有机卤化物	P 或 G	水样充满容器。用 HNO_3 酸化，pH 1～2；1～5℃避光保存	5 d	1 000		
		P	−20℃冷冻	1 月	1 000		
92	挥发性有机物	G	用 1+10 HCl 调至 pH≤2，加入抗坏血酸 0.01～0.02 g 除去残余氯；1～5℃避光保存	12 h	1 000		
93	除草剂类	G	加入抗坏血酸 0.01～0.02 g 除去残余氯；1～5℃避光保存	24 h	1 000	I	
94	酸性除草剂	G（带聚四氟乙烯瓶塞或膜）	HCl, pH 1～2，1～5℃冷藏如果样品加氯，1 000 ml 水样加 80 mg $Na_2S_2O_3·5H_2O$	14 d	1 000	萃取样品同时萃取采样容器	不能用水样冲洗采样容器，不能水样充满容器

序号	测试项目/参数	采样容器	保存方法及保存剂用量	可保存时间	最少采样量/ml	容器洗涤方法	备注
95	邻苯二甲酸酯类	G	加入抗坏血酸 0.01～0.02 g 除去残余氯；1～5℃避光保存	24 h	1 000	I	
96	甲醛	G	加入 0.2～0.5 g/L 硫代硫酸钠除去残余氯；1～5℃避光保存	24 h	250	I	
97	杀虫剂（包含有机氯、有机磷、有机氮）	G（溶剂洗，带聚四氟乙烯瓶盖）或 P（适用草甘膦）	1～5℃冷藏	萃取 5 d	1 000～3 000 不能用水样冲洗采样容器，不能水样充满容器		萃取应在采样后 24 h 内完成
98	氨基甲酸酯类杀虫剂	G 溶剂洗	1～5℃	14 d	1 000		如果样品被加氯，1 000 ml 水加 80 mg $Na_2S_2O_3 \cdot 5H_2O$
		P	−20℃冷冻	1 月	1 000		
99	叶绿素	P 或 G	1～5℃冷藏	24 h	1 000		棕色采样瓶
		P	用乙醇过滤萃取后，−20℃冷冻	1 月	1 000		
		P	过滤后−80℃冷冻	1 月	1 000		
100	清洁剂	见"表面活性剂"					
101	肼	G	用 HCl 酸化到 pH=1，避光	24 h	500		
102	碳氢化合物	G 溶剂（如戊烷）萃取	用 HCl 或 H_2SO_4 酸化，pH 1～2	1 月	1 000		现场萃取不能用水样冲洗采样容器，不能水样充满容器
103	单环芳香烃	G（带聚四氟乙烯薄膜）	水样充满容器。用 H_2SO_4 酸化，pH 1～2 如果样品加氯，采样前 1 000 ml 样加 80 mg $Na_2S_2O_3 \cdot 5H_2O$	7 d	500		
104	有机氯	见"可吸附有机卤化物"					
105	有机金属化合物	G	1～5℃冷藏	7 d	500		萃取应带离现场

序号	测试项目/参数	采样容器	保存方法及保存剂用量	可保存时间	最少采样量/ml	容器洗涤方法	备注
106	多氯联苯	G 溶剂洗，带聚四氟乙烯瓶盖	1～5℃冷藏	7 d	1 000		尽可能现场萃取。不能用水样冲洗采样容器，如果样品加氯，采样前 1 000 ml 样加 80 mg Na$_2$S$_2$O$_3$·5H$_2$O
107	多环芳烃	G 溶剂洗，带聚四氟乙烯瓶盖	1～5℃冷藏	7 d	500		尽可能现场萃取。如果样品加氯，采样前 1 000 ml 样加 80 mg Na$_2$S$_2$O$_3$·5H$_2$O
108	三卤甲烷类	G，带聚四氟乙烯薄膜的小瓶	1～5℃冷藏，水样充满容器	14 d	100		如果样品加氯，采样前 100 ml 样加 8 mg Na$_2$S$_2$O$_3$·5H$_2$O

注：1. P 为聚乙烯瓶（桶），G 为硬质玻璃瓶，BG 为硼硅酸盐玻璃瓶，表 2、表 3 同此。

2. Ⅰ、Ⅱ、Ⅲ、Ⅳ表示四种洗涤方法。如下：

Ⅰ：洗涤剂洗一次，自来水洗三次，蒸馏水洗一次。对于采集微生物和生物的采样容器，须经 160℃干热灭菌 2 h。经灭菌的微生物和生物采样容器必须在两周内使用，否则应重新灭菌。经 121℃高压蒸汽灭菌 15 min 的采样容器，如不立即使用，应于 60℃将瓶内冷凝水烘干，两周内使用。细菌检测项目采样时不能用水样冲洗采样容器，不能采混合水样，应单独采样 2 h 后送实验室分析。

Ⅱ：洗涤剂洗一次，自来水洗二次，（1+3）HNO$_3$荡洗一次，自来水洗三次，蒸馏水洗一次。

Ⅲ：洗涤剂洗一次，自来水洗二次，（1+3）HNO$_3$荡洗一次，自来水洗三次，去离子水洗一次。

Ⅳ：铬酸洗液洗一次，自来水洗三次，蒸馏水洗一次。如果采集污水样品可省去用蒸馏水、去离子水清洗的步骤。

附表 6.2　水和污水监测分析方法

序号	监测项目	分析方法	最低检出浓度（量）	有效数字最多位数	小数点后最多位数（5）	备注
1	水温	温度计法	0.1℃	3	1	GB 13195—91
2	色度	1. 铂钴比色法	—	—	—	GB 11903—89
		2. 稀释倍数法	—	—	—	GB 11903—89
3	臭	1. 文字描述法	—	—	—	（1）
		2. 臭阈值法	—	—	—	（1）
4	浊度	1. 分光光度法	3 度	3	0	GB 13200—91
		2. 目视比浊法	1 度	3	1	GB 13200—91

序号	监测项目	分析方法	最低检出浓度（量）	有效数字最多位数	小数点后最多位数（5）	备注
5	透明度	1. 铅字法	0.5 cm	2	1	（1）
		2. 塞氏圆盘法	0.5 cm	2	1	（1）
		3. 十字法	5 cm	2	0	（1）
6	pH	1. 玻璃电极法	0.1（pH 值）	2	2	GB 6920—86
7	悬浮物	1. 重量法	4 mg/L	3	0	GB 11901—89
8	矿化度	1. 重量法	4 mg/L	3	0	（1）
9	电导率	1. 电导仪法	1 μS/cm（25℃）	3	1	（1）
10	总硬度	1. EDTA 滴定法	0.05 mmol/L	3	2	GB 7477—87
		2. 钙镁换算计	—	—	—	（1）
		3. 流动注射法	—	—	—	（1）
11	溶解氧	1. 碘量法	0.2 mg/L	3	1	GB 7489—87
		2. 电化学探头法	—	3	1	GB 11913—89
12	高锰酸盐指数	1. 高锰酸盐指数	0.5 mg/L	3	1	GB 11892—89
		2. 碱性高锰酸钾法	0.5 mg/L	3	1	（1）
		3. 流动注射连续测定法	0.5 mg/L	3	1	（1）
13	化学需氧量	1. 重铬酸盐法	5 mg/L	3	0	GB 11914—89
		2. 库仑法	2 mg/L	3	0	（1）
		3. 快速 COD 法（①催化快速法，②密闭催化消解法，③节能加热法）	2 mg/L	3	1	需与标准回流 2 h 进行对照 （1）
14	生化需氧量	1. 稀释与接种法	2 mg/L	3	1	GB 7488—87
		2. 微生物传感器快速测定法	—	3	1	HJ/T 86—2002
15	氨氮	1. 纳氏试剂光度法	0.025 mg/L	4	3	GB 7479—87
		2. 蒸馏和滴定法	0.2 mg/L	4	2	GB 7478—87
		3. 水杨酸分光光度法	0.01 mg/L	4	3	GB 7481—87
		4. 电极法	0.03 mg/L	3	3	
16	挥发酚	1. 4-氨基安替比林萃取光度法	0.002 mg/L	3	4	GB 7490—87
		2. 蒸馏后溴化容量法	—	—	—	GB 7491—87
17	总有机碳	1. 燃烧氧化—非分散红外线吸收法	0.5 mg/L	3	1	GB 13193—91
		2. 燃烧氧化—非分散红外法	0.5 mg/L	3	1	HJ/T 71—2001
18	油类	1. 重量法	10 mg/L	3	0	（1）
		2. 红外分光光度法	0.1 mg/L	3	2	GB/T 16488—1996
19	总氮	碱性过硫酸钾消解—紫外分光光度法	0.05 mg/L	3	2	GB 11894—89
20	总磷	1. 钼酸铵分光光度法	0.01 mg/L	3	3	GB11893—89
		2. 孔雀绿—磷钼杂多酸分光光度法	0.005 mg/L	3	3	（1）
		3. 氯化亚锡还原光光度法	0.025 mg/L	3	3	（1）
		4. 离子色谱法	0.01 mg/L	3	3	（1）

序号	监测项目	分析方法	最低检出浓度（量）	有效数字最多位数	小数点后最多位数（5）	备注
21	亚硝酸盐氮	1. N-（1-萘基）-乙二胺比色法	0.005 mg/L	3	3	GB 13580.7—92
		2. 分光光度法	0.003 mg/L	3	4	GB 7493—87
		3. α-萘胺比色法	0.003 mg/L	3	4	GB13589.5—92
		4. 离子色谱法	0.05 mg/L	3	2	（1）
		5. 气相分子吸收法	5 µg/L	3	1	（1）
22	硝酸盐氮	1. 酚二磺酸分光光度法	0.02 mg/L	3	3	GB 7480—87
		2. 镉柱还原法	0.005 mg/L	3	3	（1）
		3. 紫外分光光度法	0.08 mg/L	3	2	（1）
		4. 离子色谱法	0.04 mg/L	3	2	（1）
		5. 气相分子吸收法	0.03 mg/L	3	3	（1）
		6. 电极流动法	0.21 mg/L	3	2	（1）
23	凯氏氮	蒸馏—滴定法	0.2 mg/L	3	2	GB 11891—89
24	酸度	1. 酸碱指示剂滴定法	—	3	1	（1）
		2. 电位滴定法	—	4	2	（1）
25	碱度	1. 酸碱指示剂滴定法	—	4	1	（1）
		2. 电位滴定法	—	4	2	（1）
26	氯化物	1. 硝酸银滴定法	2 mg/L	3	1	GB 11896—89
		2. 电位滴定法	3.4 mg/L	3	1	（1）
		3. 离子色谱法	0.04 mg/L	3	2	（1）
		4. 电极流动法	0.9 mg/L	3	1	（1）
27	游离氯和总氯（活性氯）	1. N,N-二乙基-1,4-苯二胺滴定法	0.03 mg/L	3	3	GB 11897—89
		2. N,N-二乙基-1,4-苯二胺分光光度法	0.05 mg/L	3	2	GB 11898—89
28	二氧化氯	连续滴定碘量法	—	4	4	GB 4287—92 附录A
29	氟化物	1. 离子选择电极法（含流动电极法）	0.05 mg/L	3	2	GB 7484—87
		2. 氟试剂分光光度法	0.05 mg/L	3	2	GB 7483—87
		3. 茜素磺酸锆目视比色法	0.05 mg/L	3	2	GB 7482—87
		4. 离子色谱法	0.02 mg/L	3	3	（1）
30	氰化物	1. 异烟酸—吡唑啉酮比色法	0.004 mg/L	3	3	GB 7486—87
		2. 吡啶—巴比妥酸比色法	0.002 mg/L	3	4	GB 7486—87
		3. 硝酸银滴定法	0.25 mg/L	3	2	GB 7486—87
31	石棉	重量法	4 mg/L	3	0	GB 11901—89
32	硫氰酸盐	异烟酸—吡唑啉酮分光光度法	0.04 mg/L	3	2	GB/T 13897—92
33	铁（II，III）氰化合物	1. 原子吸收分光光度法	0.5 mg/L	3	1	GB/T 13898—92
		2. 三氯化铁分光光度法	0.4 mg/L	3	1	GB/T 13899—92
34	硫酸盐	1. 重量法	10 mg/L	3	0	GB 11899—89
		2. 铬酸钡光度法	1 mg/L	3	1	（1）
		3. 火焰原子吸收法	0.2 mg/L	3	2	GB 13196—91
		4. 离子色谱法	0.1 mg/L	3	2	（1）

序号	监测项目	分析方法	最低检出浓度（量）	有效数字最多位数	小数点后最多位数（5）	备注
35	硫化物	1. 亚甲基蓝分光光度法	0.005 mg/L	3	3	GB/T 16489—1996
		2. 直接显色分光光度法	0.004 mg/L	3	3	GB/T 17133—1997
		3. 间接原子吸收法		3	2	（1）
		4. 碘量法	0.02 mg/L	3	3	（1）
36	银	1. 火焰原子吸收法	0.03 mg/L	3	3	GB 11907—89
		2. 镉试剂 2B 分光光度法	0.01 mg/L	3	3	GB 11908—89
		3. 3,5-Br$_2$-PADAP 分光光度法	0.02 mg/L	3	3	GB 11909—89
37	砷	1. 硼氢化钾—硝酸银分光光度法	0.000 4 mg/L	3	4	GB 11900—89
		2. 氢化物发生原子吸收法	0.002 mg/L	3	4	（1）
		3. 二乙基二硫代氨基甲酸银分光光度法	0.007 mg/L	3	3	GB 7485—87
		4. 等离子发射光谱法	0.2 mg/L	3	2	（1）
		5. 原子荧光法	0.5 μg/L	3	1	（1）
38	铍	1. 石墨炉原子吸收法	0.02 μg/L	3	3	HJ/T 59—2000
		2. 铬菁 R 光度法	0.2 μg/L	3	2	HJ/T 58—2000
		3. 等离子发射光谱法	0.02 mg/L	3	3	（1）
39	镉	1. 流动注射—在线富集火焰原子吸收法	2 μg/L	3	1	环监测[1995]079 号文
		2. 火焰原子吸收法	0.05 mg/L（直接法）	3	2	GB 7475—87
			1 μg/L（螯合萃取法）	3	1	GB 7475—87
		3. 双硫腙分光光度法	1 μg/L	3	1	GB/T7471—87
		4. 石墨炉原子吸收法	0.10 μg/L	2	2	（1）
		5. 阳极溶出伏安法	0.5 μg/L	3	1	（1）
		6. 极谱法	10^{-6} mol/L	3	1	（1）
		7. 等离子发射光谱法	0.006 mg/L	3	3	（1）
40	铬	1. 火焰原子吸收法	0.05 mg/L	3	2	（1）
		2. 石墨炉原子吸收法	0.2 μg/L	3	1	（1）
		3. 高锰酸钾氧化—二苯碳酰二肼分光光度法	0.004 mg/L	3	3	GB 7466—87
		4. 等离子发射光谱法	0.02 mg/L	3	3	（1）
41	六价铬	1. 二苯碳酰二肼分光光度法	0.004 mg/L	3	3	GB 7467—87
		2. APDC—MIBK 萃取原子吸收法	0.001mg/L	3	4	（1）
		3. DDTC—MIBK 萃取原子吸收法	0.001 mg/L	3	4	（1）
		4. 差示脉冲极谱法	0.001 mg/L	3	4	（1）
42	铜	1. 火焰原子吸收法	0.05 mg/L（直接法）	3	2	GB 7475—87
			1 μg/L（螯合萃取法）	3	1	GB 7475—87
		2. 2，9-二甲基-1，10-菲啰啉分光光度法	0.06 mg/L	3	2	GB 7473—87

序号	监测项目	分析方法	最低检出浓度（量）	有效数字最多位数	小数点后最多位数（5）	备注
42	铜	3. 二乙基二硫代氨基甲酸钠分光光度法	0.01 mg/L	3	3	GB 7474—87
		4. 流动注射—在线富集火焰原子吸收法	2 μg/L	3	1	（1）
		5. 阳极溶出伏安法	0.5 μg/L	3	1	（1）
		6. 示波极谱法	10^{-6} mol/L	3	1	（1）
		7. 等离子发射光谱法	0.02 mg/L	3	3	（1）
43	汞	1. 冷原子吸收法	0.1 μg/L	3	2	GB 7468—87
		2. 原子荧光法	0.01 μg/L	3	3	（1）
		3. 双硫腙光度法	2 μg/L	3	1	GB 7469—87
44	铁	1. 火焰原子吸收法	0.03 mg/L	3	3	GB 11911—89
		2. 邻菲罗啉分光光度法	0.03 mg/L	3	3	
45	锰	1. 火焰原子吸收法	0.01 mg/L	3	3	GB 11911—89
		2. 高碘酸钾氧化光度法	0.05 mg/L	3	2	GB 11906—89
		3. 等离子发射光谱法	0.002 mg/L	3	4	（1）
46	镍	1. 火焰原子吸收法	0.05 mg/L	3	2	GB 11912—89
		2. 丁二酮肟分光光度法	0.25 mg/L	3	2	GB 11910—89
		3. 等离子发射光谱法	0.02 mg/L	3	3	（1）
47	铅	1. 火焰原子吸收法	0.2 mg/L(直接法)	3	2	GB 7475—87
			10 μg/L（螯合萃取法）	3	0	GB 7475—87
		2. 流动注射—在线富集火焰原子吸收法	5.0 μg/L	3	1	环监[1995]079 号文
		3. 双硫腙分光光度法	0.01 mg/L	3	3	GB 7470—87
		4. 阳极溶出伏安法	0.5 mg/L	3	1	（1）
		5. 示波极谱法	0.02 mg/L	3	3	GB/T 13896—92
		6. 等离子发射光谱法	0.10 mg/L	3	2	（1）
48	锑	1. 氢化物发生原子吸收法	0.2 mg/L	3	2	（1）
		2. 石墨炉原子吸收法	0.02 mg/L	3	3	
		3. 5-Br-PADAP 光度法	0.050 mg/L	3	3	
		4. 原子荧光法	0.001 mg/L	3	4	（1）
49	铋	1. 氢化物发生原子吸收法	0.2 mg/L	3	2	（1）
		2. 石墨炉原子吸收法	0.02 mg/L	3	3	（1）
		3. 原子荧光法	0.5 μg/L	3	2	（1）
50	硒	1. 原子荧光法	0.5 μg/L	3	1	（1）
		2. 2,3-二氨基萘荧光法	0.25 μg/L	3	2	GB 11902—89
		3. 3,3'-二氨基联苯胺光度法	2.5 μg/L	3	1	（1）
51	锌	1. 火焰原子吸收法	0.02 mg/L	3	3	GB 7475—87
		2. 流动注射—在线富集火焰原子吸收法	4 μg/L	3	0	（1）
		3. 双硫腙分光光度法	0.005 mg/L	3	3	GB 7472—87
		4. 阳极溶出伏安法	0.5 mg/L	3	1	（1）
		5. 示波极谱法	10^{-6} mol/L	3	1	（1）
		6. 等离子发射光谱法	0.01 mg/L	3	3	（1）

序号	监测项目	分析方法	最低检出浓度（量）	有效数字最多位数	小数点后最多位数（5）	备注
52	钾	1. 火焰原子吸收法	0.03 mg/L	3	2	GB 11904—89
		2. 等离子发射光谱法	1.0 mg/L	3	1	（1）
53	钠	1. 火焰原子吸收法	0.010 mg/L	3	3	GB 11904—89
		2. 等离子发射光谱法	0.40 mg/L	3	2	（1）
54	钙	1. 火焰原子吸收法	0.02 mg/L	3	3	GB 11905—89
		2.EDTA 络合滴定法	1.00 mg/L	3	2	GB 7476—87
		3. 等离子发射光谱法	0.01 mg/L	3	3	（1）
55	镁	1. 火焰原子吸收法	0.002 mg/L	3	3	GB 11905—89
		2.EDTA 络合滴定法	1.00 mg/L	3	2	GB 7477—87（Ca，Mg 总量）
56	锡	火焰原子吸收法	2.0 mg/L	3	1	（1）
57	钼	无火焰原子吸收法	0.003 mg/L	3	4	（2）
58	钴	无火焰原子吸收法	0.002 mg/L	3	4	（2）
59	硼	姜黄素分光光度法	0.02 mg/L	3	3	HJ/T49—1999
60	锑	氢化物原子吸收法	0.0025 mg/L	3	4	（2）
61	钡	无火焰原子吸收法	0.006 18 mg/L	3	3	（2）
62	钒	1. 钽试剂（BPHA）萃取分光光度法	0.018 mg/L	3	3	GB/T15503—1995
		2. 无火焰原子吸收法	0.007 mg/L	3	3	（2）
63	钛	1. 催化示波极谱法	0.4 μg/L	3	1	（2）
		2. 水杨基荧光酮分光光度法	0.02 mg/L	3	3	（2）
64	铊	无火焰原子吸收法	4 ng/L	3	0	（2）
65	黄磷	钼-锑-抗分光光度法	0.002 5 mg/L	3	4	（2）
66	挥发性卤代烃	1. 气相色谱法	0.01～0.10 μg/L	3	3	GB/T17130—1997
		2. 吹脱捕集气相色谱法	0.009～0.08 μg/L	3	3	（1）
		3.GC/MS 法	0.03～0.3 μg/L	3	3	（1）
67	苯系物	1. 气相色谱法	0.005 mg/L	3	3	GB 11890—89
		2. 吹脱捕集气相色谱法	0.002～0.003 μg/L	3	4	（1）
		3.GC/MS 法	0.01～0.02 μg/L	3	3	（1）
68	氯苯类	1. 气相色谱法（1,2-二氯苯、1,4-二氯苯、1,2,4-三氯苯）	1～5 μg/L	3	1	GB/T17131—1997
		2. 气相色谱法	0.5～5 μg/L	3	1	（1）
		3.GC/MS 法	0.02～0.08 μg/L	3	3	（1）
69	苯胺类	1. N-（1-萘基）乙二胺偶氮分光光度法	0.03 mg/L	3	3	GB 11889—89
		2. 气相色谱法	0.01 mg/L	3	3	（1）
		3. 高效液相色谱法	0.3～1.3 μg/L	3	2	（1）
70	丙烯腈和丙烯醛	1. 气相色谱法	0.6 mg/L	3	1	HJ/T 73—2001
		2. 吹脱捕集气相色谱法	0.5～0.7 μg/L	3	1	

序号	监测项目	分析方法	最低检出浓度（量）	有效数字最多位数	小数点后最多位数（5）	备注
71	邻苯二甲酸酯（二丁酯，二辛酯）	1. 气相色谱法 2. 高效液相色谱法	0.01 mg/L 0.1～0.2 μg/L	3 3	3 2	HJ/T 72—2001
72	甲醛	1. 乙酰丙酮光度法 2. 变色酸光度法	0.05 mg/L 0.1 mg/L	3 3	2 2	GB13197—91（1）
73	苯酚类	1. 气相色谱法	0.03 mg/L	3	3	GB 8972—88
74	硝基苯类	1. 气相色谱法 2. 还原—偶氮光度法（一硝基和二硝基化合物） 3. 氯代十六烷基吡啶光度法（三硝基化合物）	0.2～0.3 μg/L 0.20 mg/L 0.50 mg/L	3 3 3	2 2 2	GB 13194—91（1） （1）
75	烷基汞	气相色谱法	20 ng/L	3	0	GB 14204—93
76	甲基汞	气相色谱法	0.01 ng/L	3	3	GB/T 17132—1997
77	有机磷农药	1. 气相色谱法（乐果、对硫磷、甲基对硫磷、马拉硫磷、敌敌畏、敌百虫） 2. 气相色谱法（速灭磷、甲拌磷、二嗪农、异稻瘟净、甲基对硫磷、杀螟硫磷、溴硫磷、水胺硫磷、稻丰散、杀扑磷）	0.05～0.5 μg/L 0.000 2～0.005 8mg/L	3 3	2 5	GB 13192—91 GB/T 14552—93
78	有机氯农药	1. 气相色谱法 2. GC/MS 法	4～200 ng/L 0.5～1.6 ng/L	3 3	0 1	GB 7492—87 （1）
79	苯并[a]芘	1. 乙酰化滤纸层析荧光分光光度法 2. 高效液相色谱法	0.004 μg/L 0.001 μg/L	3 3	3 4	GB 11895—89 GB 13198—91
80	多环芳烃	高效液相色谱法（荧蒽、苯并[b]荧蒽、苯并[k]荧蒽、苯并[a]芘、苯并[g,h,i]苝、茚并（1,2,3-c,d）芘）	ng/L 级	3	2	GB 13198—91
81	多氯联苯	GC/MS	0.6～1.4 ng/L	3	1	（1）
82	三氯乙醛	1. 气相色谱法 2. 吡唑啉酮光度法	0.3 ng/L 0.02 mg/L	3 3	2 3	（1） （1）
83	可吸附有机卤素(AOX)	1. 微库仑法 2. 离子色谱法	0.05 mg/L 15 μg/L	3 3	2 0	GB 15959—1995 （1）
84	丙烯酰胺	气相色谱法	0.15 μg/L	3	2	（2）
85	一甲基肼	对二甲氨基苯甲醛分光光度法	0.01 mg/L	3	3	GB 14375—93
86	肼	对二甲氨基苯甲醛分光光度法	0.002 mg/L	3	3	GB/T 15507—95

序号	监测项目	分析方法	最低检出浓度（量）	有效数字最多位数	小数点后最多位数（5）	备注
87	偏二甲基肼	氨基亚铁氰化钠分光光度法	0.005 mg/L	3	3	GB 14376—93
88	三乙胺	溴酚蓝分光光度法	0.25 mg/L	3	2	GB 14377—93
89	二乙烯三胺	水杨醛分光光度法	0.2 mg/L	3	2	GB 14378—93
90	黑索今	分光光度法	0.05 mg/L	3	2	GB/T 13900—92
91	二硝基甲苯	示波极谱法	0.05 mg/L	3	2	GB/T 13901—92
92	硝化甘油	示波极谱法	0.02 mg/L	3	3	GB/T 13902—92
93	梯恩梯	1. 分光光度法	0.05 mg/L	3	2	GB/T 13903—92
		2. 亚硫酸钠分光光度法	0.1 mg/L	3	2	GB/T 13905—92
94	梯恩梯、黑索今、地恩锑	气相色谱法	0.01～0.10 mg/L	3	3	GB/T 13904—92
95	总硝基化合物	分光光度法	—	3	3	GB 4918—85
96	总硝基化合物	气相色谱法	0.005～0.05 mg/L	3	3	GB 4919—85
97	五氯酚和五氯酚钠	1. 气相色谱法	0.04 μg/L	3	2	GB 8972—89
		2. 藏红T分光光度法	0.01 mg/L	3	3	GB 9803—88
98	阴离子洗涤剂	1. 电位滴定法	0.12 mg/L	4	2	GB 13199—91
		2. 亚甲蓝分光光度法	0.50 mg/L	3	1	GB 7493—87
99	吡啶	气相色谱法	0.031 mg/L	3	3	GB 14672—93
100	微囊藻毒素-LR	高效液相色谱法	0.01 μg/L	3	3	（2）
101	粪大肠菌群	1. 发酵法				（1）
		2. 滤膜法				
102	细菌总数	1. 培养法				（1）

注：（1）《水和废水监测分析方法（第四版）》，中国环境科学出版社，2002 年。

（2）《生活饮用水卫生规范》，中华人民共和国卫生部，2001 年。

（3）我国尚没有标准方法或达不到检测限的一些监测项目，可采用 ISO、美国 EPA 或日本 JIS 相应的标准方法，但在测定实际水样之前，要进行适用性检验，检验内容包括：检测限、最低检出浓度、精密度、加标回收率等。并在报告数据时作为附件同时上报。

（4）COD、高锰酸盐指数等项目，可使用快速法或现场检测法，但须进行适用性检验。

（5）小数点后最多位数是根据最低检出浓度（量）的单位选定的，如单位改变其相应的小数点后最多位数也随之改变。

第七章 直排海污染源监测

本部分内容主要介绍直排入海污染源监测的基本要求和特殊要求，部分与污染源监测相同的内容参见系列教材中相关分册，质量保证和质量控制内容参见第九章，内容不再重复。

第一节 直排海污染源监测的技术要求

一、基本技术要求

为加强近岸海域环境监督与管理，掌握陆域直排海污染源情况，有效控制陆源污染物入海总量，防止陆源污染物损害海洋环境。基本技术要求按照《地表水和污水监测技术规范》（HJ/T91—2002）《水质采样样品保存和管理技术规定》（HJ 493—2009）和《水污染物排放总量监测技术规范》（HJ/T92—2002）规定执行。

二、直排海污染源监测的特殊技术要求

中国环境监测总站制定了《陆域直排海污染源监测技术要求（试行）》，对陆域直排海污染源监测提出了规范性要求。

（一）监测范围和频次

1. 监测范围

例行监测中，陆域直排海污染源监测范围为通过大陆岸线和岛屿岸线直接向海域排放污染物的日排水大于或等于 100 t 的污水排放单位，包括工业源、畜牧业源、生活源和集中式污染治理设施、市政污水排放口等。

入海河流监测断面下游的排放口和执行污染物排放标准的直排入海污水河、沟、渠入海断面污染物监测也属于陆域直排海污染源监测范围。

2. 监测频次

例行监测中，日排水大于或等于 100 t 的污水陆域直排海污染源监测的频次为每季度 1 次。列入国家、省、市（县）重点污染源监测，监测频次大于每季度 1 次的，按照相关规定执行。采样时间应能反映所监测污染源的污染物排放的变化特征，具有较好的代表性。

（二）监测内容和项目

陆域直排海污染源监测的主要内容是监测直排入海的污染物浓度、污水流量、污水排

放时间、污水入海量、污染物入海总量等，同时记录监测工况、排污单元名称、排污单位法人代码和行业分类代码、排污口名称、排污口代码、入海口位置和纳污海域等纳入直排海污染源基础信息。

监测项目为各排污口执行标准中规定的项目和国家总量控制指标；在特定区域，除标准规定项目外对所有排口增加区域入海总量控制指标，如总氮、总磷等。

直排海污染源执行的排放标准由当地环境保护行政主管部门确定。

（三）直排海污染源核查与信息更新

每年第一季度，应根据上年对直排海污染源核查的结果对直排海污染源信息更新，对新增的污染源组织开展监测工作。有关报表要求见第十章相关内容。

第二节　采样方法

一、点位设置

（1）《污水综合排放标准》规定的一类污染物设置在车间排口，《污水综合排放标准》规定的二类污染物排污单位的直排入海总排口，其他标准规定的污染物按照规定设置。

（2）各地应根据排污单位的生产状况及排水管网设置情况，参照《水污染物排放总量监测技术规范（HJ/T 92—2002）》的规定，对法定排污监测点的排污去向进行筛选，以确认满足相应要求的监测点位。

（3）采样点位一经确定，不得随意改动。采样点位应设置明显标志。

（4）经设置的采样点应建立采样点管理档案，内容包括采样点性质、名称、位置和编号，采样点测流装置，排污规律和排污去向，采样频次及污染因子等。

（5）经确认的采样点是法定排污监测点，如因生产工艺或其他原因需变更时，由当地环境保护行政主管部门和环境监测站重新确认。

二、样品采集

（一）采样方法要求

采样容器材质、样品采集及保存方法等，按照《地表水和污水监测技术规范》（HJ/T 91—2002）《水质采样样品保存和管理技术规定》（HJ 493—2009）和《水污染物排放总量监测技术规范》（HJ/T 92—2002）的规定执行。参见第六章第二节内容。

（二）样品采集与保存

样品采集与保存等与入海河流监测相同，参见第六章第二节水质样品采集相关内容。

（三）采样应注意的问题

（1）用样品容器直接采样时，必须用水样冲洗三次后再行采样。但当水面有浮油时，采油的容器不能冲洗。

（2）采样时应注意除去水面的杂物、垃圾等漂浮物。

（3）对不同的监测项目应按规定选择的容器材质、加入的保存剂及其用量与保存期、应采集的水样体积和容器的洗涤方法；测定 pH、COD、BOD_5、DO、硫化物、油类、有机物、余氯、粪大肠菌群、悬浮物、放射性等项目的样品，不能混合，只能单独采样。

（4）用于测定悬浮物、BOD_5、硫化物、油类、余氯的水样，必须单独定容采样，全部用于测定。

（5）在选用特殊的专用采样器（如油类采样器）时，应按照该采样器的使用方法采样。

（6）采样时应认真填写污水采样记录表，表中应有以下内容：污染源名称、监测目的、监测项目、采样点位、采样时间、样品编号、污水性质、污水流量、采样人姓名及其他有关事项等。具体格式可由各省制定。

三、平均浓度的确定

（1）污染物排放单位的污水排放渠道，在已知其"浓度—时间"排放曲线波动较小，用瞬时浓度代表平均浓度所引起的误差可以容许时（小于 10%），在某时段内的任意时间采样所测得的浓度，均可作为平均浓度。

（2）如"浓度—时间"排放曲线虽有波动但有规律，用等时间间隔的等体积混合样的浓度代表平均浓度所引起的误差可以容许时，可等时间间隔采集等体积混合样，测其平均浓度。

（3）如"浓度—时间"排放曲线既有波动又无规律，则必须以"比例采样器"作连续采样。即确定某一比值，在连续采样中能使各瞬时采样量与当时的流量之比均为此比值。以此种"比例采样器"在任一时段内采得的混合样所测得的浓度即为该时段内的平均浓度。

四、流量测量方法

污水流量是获得污染物排海量的重要参数和必测项目。一般可采用以下方法获得：

1. 污水流量计法

污水流量计的性能指标必须满足污水流量计技术要求。

2. 容积法

将污水纳入已知容量的容器中，测定其充满容器所需要的时间，从而计算污水量的方法。本法简单易行，测量精度较高，适用于计量污水量较小的连续或间歇排放的污水。对于流量小的排放口用此方法。但溢流口与受纳水体应有适当落差或能用导水管形成落差。

3. 流速仪法

通过测量排污渠道的过水截面积，以流速仪测量污水流速，计算污水量。适当地选用流速仪，可用于很宽范围的流量测量。多数用于渠道较宽的污水量测量。测量时需要根据渠道深度和宽度确定点位垂直测点数和水平测点数。本方法简单，但易受污水水质影响，难用于污水量的连续测定。排污截面底部需硬质平滑，截面形状为规则几何形，排污口处须有 3～5 m 的平直过流水段，且水位高度不小于 0.1 m。

4．量水槽法

在明渠或涵管内安装量水槽，测量其上游水位可以计量污水量。常用的有巴氏槽。用量水槽测量流量与溢流堰法相比，同样可以获得较高的精度（±2%～±5%）和进行连续自动测量。其优点为：水头损失小、壅水高度小、底部冲刷力大，不易沉积杂物。但造价较高，施工要求也较高。

5．溢流堰法

是在固定形状的渠道上安装特定形状的开口堰板，过堰水头与流量有固定关系，据此测量污水流量。根据污水量大小可选择三角堰、矩形堰、梯形堰等。溢流堰法精度较高，在安装液位计后可实行连续自动测量。为进行连续自动测量液位，已有的传感器有浮子式、电容式、超声波式和压力式等。利用堰板测流，由于堰板的安装会造成一定的水头损失。另外，固体沉积物在堰前堆积或藻类等物质在堰板上黏附均会影响测量精度。在排放口处修建的明渠式测流段要符合流量堰（槽）的技术要求。以上方法均可选用，但在选定方法时，应注意各自的测量范围和所需条件。

在以上方法无法使用时，可用统计法。根据企业采水量、消耗量（如蒸发消耗和绿化用水）等统计计算。同时根据统计法和用测流方式获得流量数据，可检查排口排放污水的正常与否。

如污水为管道排放，所使用的电磁式或其他类型的流量计应定期进行计量检定。

排污河、沟、渠的流量测定参见第六章入海河流流量测定相关内容。

第三节　分析方法

各类直排入海的排污单位（或单元）监测项目和分析方法按照《水污染物排放总量监测技术规范》（HJ/T 92—2002）规定和排口执行的污染物排放标准执行。其中未涉及类别的排污企业监测项目其分析方法按该类别污染物控制标准确定方法执行。

对上述标准中所列方法不能满足监测要求时，可按照《水和废水监测分析方法》（第四版，增补版）方法执行，或采用国外标准方法执行。采用国外标准方法进行监测时，应按照规定，通过方法验证等工作，建立监测分析方法。

凡需现场监测的项目，应进行现场监测。其他注意事项可参见地表水质监测的采样部分。

各项目分析需要注意的问题，也参见第六章相关内容、系列教材《污染源境监测》和《分析测试技术》等分册相关内容。

第四节　直排入海污染源核查

为更好地开展直排污染源监测，应在每年对直排污染源进行核查。

一、核查以地级市监测站为主，根据核查结果确定监测的污染源。核查与应结合环境质量监测、污染源调查和污染物减排工作减少不必要的重复劳动。同时，负责直排污染源和入海河流监测的各省、自治区、直辖市环境监测中心（站）在核查后，组织汇总，按照统一的要求，编制每年的直排海污染源监测报告。

二、核查主要以调查已有污染源变化和新增污染源为主，包括：

1. 日排放量大于 100 m³（含 100 m³）直排海污染源数量、所在城市、受纳海水控制类别、执行排放标准及类别；

2. 已开展监测日排放量大于 100 m³（含 100 m³）直排海污染源总数（以 2006 年上报监测数据数量为准）；

3. 日排放量大于 100 m³（含 100 m³）直排海污染源未开展监测的原因。

三、核查中确定的日排放量大于 100 m³（含 100 m³）直排海污染源，应全部纳入以后的直排海污染源监测工作中。

第八章 数据管理与分析

第一节 数据处理与统计

一、数据整理

（一）测量数据的有效数字及规则

表示测试结果的量纲及其有效数字位数，应参照该分析方法中具体规定填报。若无此规定时，一般一个数据中只准许末尾一个数字是估计（可疑）值。数值修约和计算按《数值修约规则与极限数值的表示和判定》（GB/T 8170—2008）或所依据的标准分析方法执行。测定结果的有效数字位数不能超过方法检出限所能达到的有效位数。有效数字位数与所采用的测定方法、使用的仪器设备精度及待测物质含量有关，一般容量法和重量法可有4位有效数字，分光光度法、原子吸收法、气相色谱法等通常最多只有3位有效数字，当待测物质含量较低时只有2位有效数字。带有计算机处理的分析仪器，其打印或显示结果的数字位数较多时并不代表其有效位数的增加。在一系列操作中，使用多种计量仪器时，有效数字以最少一种计量仪器的位数表示。

（二）异常值的判断和处理

异常值的判断和处理参照《数据的统计处理和解释正态样本异常值的判断和处理》（GB 4883—2008）执行。

对异常值的判断和剔除应慎重。当出现异常高值时，应认真查找原因。首先分析采样地点附近是否存在异常明显的污染源，如需要了解则要进行附近地区环境变化、建设项目、企业生产内容和产量变化、新增污染源排口污染物类型与排放时间、排放途径及总量等情况进行调查分析。其次要根据质量控制分析采样、分析操作过程可能存的误差，检查仪器和器具玷污、固定剂使用是否合理或过期等。

在排除外环境干扰或采样误差情况下，则需要从实验室分析进行排查，分析实验条件、使用试剂的等级纯度、仪器设备稳定状态、计量器具玷污等。

比较该点位历史同期监测结果。原因不明的异常高值不得轻易剔除。

二、数据统计与汇总

监测数据产生后，在对数据准确性确认后进行必要的统计，监测结果的计量单位应采用中华人民共和国法定计量单位。平行样的测定结果在允许偏差范围内时，用其平均值报告测定结果。

水质、沉积物、生物（微生物除外）数据统计方法基本相同。一般以算术均值表示。在表述浓度时空分布时，采用以样品个数为计算单元的统计平均值。当在参与质量评价时，则以站位、排口、断面为计算单元的统计平均值。

（一）单个指标监测结果统计

单个指标平均值统计：主要应用于表述监测项目浓度范围及时空分布，其平均值的计算顺序为先框定区域范围→框定时间范围→对区域范围内所确定的时间段内所有样品进行算术平均值的计算，以样品个数为计算单元。

简单算术平均值主要用于未分组的原始数据。设一组数据为 X_1，X_2，…，X_n，简单的算术平均数的计算公式为：$M=(X_1+X_2+\cdots+X_n)/n$。

当项目测值低于检出限的测试结果，按检出限的 1/2 量参加统计计算。

1. pH 平均值

pH 值一般不进行平均值计算。如需要则按下列公式计算平均值：

$$pH_{平均} = -\log[H^+]_{平均}$$

$$[H^+]_{平均} = \frac{\sum_{i=1}^{n}[H^+]_i}{n}$$

$$[H^+]_i = 10^{-pH_i}$$

式中： $pH_{平均}$ —— 参与统计的所有样品的 pH 值平均值；

pH_i —— 第 i 个样品的 pH 值；

n —— 样品个数。

2. 微生物平均值

微生物均值以几何平均数表示。统计微生物均值当一个样品只有一个数据时，直接引用此数据，当有多个数据时则采用几何平均数求均值。一个站位内多层次样品、某一区域多个站位等平均值均按几何均值表示。

几何平均数（geometric mean）是指 n 个观察值连乘积的 n 次方根就是几何平均数。

$$\bar{x} = \sqrt[n]{a_1 \times a_2 \times \cdots \times a_n}$$

式中：a_1、a_2、…、a_n —— 单个样品测值；

n —— 样品数。

（二）近海站位和区域的项目平均值统计

项目站位平均值一般应用于评价该站位某时间段或空间概念的均值。当站位分层次、分期监测时，由于样品量的不同，其参与平均的权重不同，特别应注意与简单平均值计算的不同。

近岸海域水质站位平均值的计算顺序为：平行样取算术平均值→层次平均→期平均→站位年平均。

当需要确定某一区域的近岸海域水质监测指标年度平均值时，则次序应为框定区域范围→将区域范围内各站年平均平均即可。

（三）入海河流数据统计

1. 断面数据均值计算

单次监测结果，只有一个测定点位的直接采用；多个测定点位的，根据具体情况按所有点位平均方式获取断面平均值或先层次再断面平均方式取值。

多次监测数据时，应采用多次监测结果的算术平均值进行评价。季度均值统计一般应有 2 次以上（含 2 次）监测数据的算术平均值。年度平均应以该断面该年所有监测按次计算算术平均值。

多次监测数据的均值按照：平行样取算术平均值→（层次平均→）断面平均→月平均→季度平均→年平均计算相应的平均值。

2. 入海总量计算

进行污染物浓度和流量同步监测的入海河口污染物通量的计算：

（1）月监测入海量计算

1）进行污染物浓度和流量同步监测的入海河口污染物通量的方式如下：

月污染物入海量=污染物监测浓度×月入海量流量

季度污染物入海量=3 个月污染物入海量之和

年度污染物入海量=季度污染物入海量之和

2）只能获得季度流量的只计算季度污染物入海量，由 3 个月污染物浓度均值与入海水量乘积获得。

3）只能获得年度流量的只计算年度污染物入海量，由 12 个月污染物浓度均值与入海水量乘积获得。

2013 年开始实施月监测后，污染物入海量全部计算按照月监测结果的入海量计算。

（2）双月监测入海量计算

对 2013 年前实施双月监测的，跨季度监测结果的入海量计算方式如下：

1）进行污染物浓度和流量同步监测的入海河口污染物通量的计算：

季度污染物入海量=不跨季度 2 个月浓度监测值×不跨季度 2 个月入海量流量+跨季度 2 个月浓度监测值×本季度月的月入海量流量

年污染物入海量：4 个季度污染物入海量之和。

2）只能获得年度流量的只计算年度污染物入海量，由 6 个月污染物浓度均值与入海水量乘积获得。

（3）季度监测入海量计算

对 2013 年前实施季度监测的，跨季度监测结果的入海量计算方式如下：

进行污染物浓度和流量同步监测的入海河口污染物通量的计算：

季度污染物入海量＝污染物监测浓度×季度入海水量

年污染物入海量＝4 个季度污染物入海量之和

只能获得年度流量的只计算年度污染物入海量，由 4 个季度污染物浓度均值与入海水量乘积获得。

3. 如某项污染物未检出，则该项污染物不参与统计

监测数据和资料整理应包括监测点位位置、污染物浓度、流量、污染物入海量等。

（四）直排海污染源监测数据统计

1. 总量计算

计算方法 a：污染物浓度和污水流量实行同步监测的排污口

污染物入海量（t/a）＝污染物平均浓度（mg/L）×污水平均流量（m³/h）×污水排放时间（h/a）×10⁻⁶

计算方法 b：未进行污染物浓度和污水流量同步监测的排污口

一般适用于排污河（沟、渠）。

污染物入海量（t/a）＝污染物平均浓度（mg/L）×污水入海量（万 t/a）×10⁻²

加权平均浓度低于检出限的项目（按 1/2 计算）不参与总量计算。污染物排放总量应包括正常和非正常情况下的排污量之和，非正常情况排污量，按照非正常情况监测或计算结果计。

2. 直排海污染源项目浓度统计

单次测值直接采用；有多次监测数据时应采用多次监测结果的算术平均值。年度平均值则以该项目年内所有测值的算术平均值。在评价直排海污染源是否达标时，可采用项目年度均值比较、年度各次监测达标比例等。

第二节　数据管理与上报

一、数据校对、审核与管理

（一）数据校对和审核

每一步数据处理过程都可能引入误差，应对原始数据和拷贝数据仔细校对以减少错误。对可疑数据，应与样品分析的原始记录进行校对。

按照"三级审核"要求，原始记录应有分析人员、校验人员、审核人员的签名。分析人员负责填写原始记录；校对人员检查数据记录是否完整、抄写或录入计算机时是否有误、数据是否异常等。数据审核包括质量控制、准确性、逻辑性、可比性和合理性的审核。

数据审核在质量保证和质量控制方面应重点考虑：监测方法、监测条件、数据的有效位数、数据计算和处理过程、计量单位、质控数据（如平行样、加标样、空白样、标准样和检出限等）等。

数据审核在数据的准确性、逻辑性、可比性和合理性方面，重点考虑：监测站位附近

的污染源与环境、入海河流：同流域的上游与下游等。近岸海水点位离岸的远近、与历史数据的比较、同一监测点位的同一监测因子连续多次或多年监测结果之间的变化趋势、同一监测点位各年度同一时间段样品测试结果，有关联的监测因子分析结果的相关性和合理性等。

（二）数据管理

数据管理是指对数据的组织、编目、定位、存储、检索和维护等，它是数据处理的中心问题。数据经历人工管理、文件管理和计算机数据库管理。目前大都采用计算机对不同类型的数据进行收集、整理、组织、存储、加工、传输、检索等，其目的之一是从大量原始的数据中抽取、推导出对人们有价值的信息，然后利用信息作为行动和决策的依据；另一目的是为了借助计算机科学地保存和管理复杂的、大量的数据，以便人们能够方便而充分地利用这些信息资源。数据管理是数据处理的核心，是指对数据的组织、分类、编码、存储、检索、维护等环节的操作。

监测数据是监测单位的原始产品，在尚未加工成品（监测报告）前，对原始产品进行有效管理，是监测机构长期数据积累的需要，也是今后为更好地生产出精品的需要。

监测数据管理应有相应的安全、维护、使用等管理规定，建立流程或程序文件。明确数据存储、上报、应用等各环节责任人、审核人与审定人。采用纸质文件管理时，则需要建立资料查阅、借用等细则，保存可依档案要求执行。采用计算机管理数据时除建立数据管理员职责外，对数据系统进行必要的密码设置与定期更换。定时做好数据异盘备份或系统备份，以电子文档形式保存或保存到非系统安全计算机中。

"近海网"成员单位目前采用纸质数据和电子文档上报两种形式。数据一旦上报就不能进行修改，如确需修改，则需要按规定流程执行。在报出数据后如发现数据计算输入错误时，必须由单位出具证明，说明原因才能进行修改。

二、"近海网"海水水质数据上报要求

（一）数据上报方式

（1）数据按照逐级上报的形式进行，由近岸海域环境质量监测的承担站将数据上报所属近岸海域环境监测分站，各分站再将收集、汇总和审核好的数据报送中国环境监测总站。

（2）数据上报分纸质文件和数据库导出电子文件（dbf格式）上报两种方式。

（3）纸质文件以快递形式上报；电子文件以内网上传形式到总站服务器。

（二）数据上报时间

（1）开展近岸海域环境质量监测的承担站，于每年5月31日和11月31日前将上半年、下半年监测数据分别报送所属分站。

（2）各分站将收集、汇总和审核本分站负责近岸海域环境质量点位监测数据，于每年6月10日、12月10日前将审核后的上半年、下半年监测数据分别报送中国环境监测总站。

（三）数据上报格式

1. 纸质形式数据上报格式

纸质形式上报格式主要将监测站位的基础信息与监测结果以报表的形式上报。报表中的各字段名称详见表 8.1。

表 8.1 海水水质数据上报表

城市代码	城市名称	站位代码	站位名称	监测类型	采样点水平向代码	采样点垂直向代码	潮汐	潮时	水期代码	年	月	日	时	分	项目代码	项目名称	监测值

2. 填报说明

（1）城市代码和城市名称分别填写站点所在城市的行政区代码和地名。

（2）站点代码和站点名称填写水质监测国控点的代码和名字，站点代码和站点名称一般是一致的。

（3）监测类型一般填写常规监测。

（4）采样点水平向代码填写该站点采样时水平方位，1-左、2-中、3-右，如果采样在水平方向仅采一个，那么就只填写 2。

（5）采样点垂直向代码填写该站点采样时垂直层次，1-表层、2-中层、3-底层。

（6）潮汐填写大和小，分别代表采样时大潮、小潮；潮时填写采样时涨急、落急、高平、低平；水期代码分别填写 FZ、FT、KZ、KT、PZ、PT，分别表示采样时是丰水期涨、丰水期停、枯水期涨、枯水期停、平水期涨、平水期停。

（7）年月日时分分别填写采样时的时间。

（8）项目代码项目名称监测值填写采集到样品的代码、名称和分析值，应该注意的是项目代码和项目名称应该规范填写，目前数据库的水质项目代码对应的项目名称见表 8.2。

表 8.2 项目代码和项目名称对应表

项目代码	项目名称	项目代码	项目名称
001	水温	019	锌
002	盐度	020	大肠菌群
003	悬浮物	021	粪大肠菌群
004	溶解氧	022	生化需氧量（BOD_5）
005	pH	023	铬（六价）
006	活性磷酸盐	024	总铬
007	化学需氧量	025	硒（四价）
008	亚硝酸盐氮	026	镍
009	硝酸盐氮	027	氰化物
010	氨氮	028	硫化物

项目代码	项目名称	项目代码	项目名称
011	无机氮	029	挥发酚
012	石油类	030	六六六
013	汞	031	DDT
014	铜	032	马拉硫磷
015	铅	033	甲基对硫磷
016	镉	034	苯并芘
017	非离子氨	035	阴离子表面活性剂
018	砷		

3. 电子文件（dbf 格式）上报

该上报方式是由近岸海域环境质量数据处理系统直接导出的文件进行上报，不需要人为更改导出的数据文件。近岸海域环境质量数据处理系统导出方式按照数据库使用说明进行。

三、"近海网"海洋沉积物数据上报要求

（一）数据上报方式

同海水水质数据上报要求。

（二）数据上报时间

同海水水质数据上报要求。

（三）数据上报格式

1. 纸质数据文件上报格式

表 8.3　海洋沉积物数据上报表

城市代码	城市名称	站位代码	站位名称	监测类型	地质类型	深度	潮汛	水期代码	年	月	日	时	分	项目代码	项目名称	监测值

2. 填报说明

（1）城市代码和城市名称分别填写站点所在城市的行政区代码和地名。

（2）站点代码和站点名称填写水质监测国控点的代码和名字，站点代码和站点名称一般是一致的。

（3）监测类型一般填写常规监测。

（4）地质类型填写该样品分析出来的类型，如：粉砂、黏土质粉砂等。

（5）深度填写该站点是在几米层采样，如果只采表层，那么填写 0，如果分层采柱状样品，那么填写实际采样深度。

（6）潮汛填写大和小，分别代表采样时大潮、小潮；水期代码分别填写 FZ、FT、KZ、KT、PZ、PT，分别表示采样时是丰水期涨、丰水期停、枯水期涨、枯水期停、平水期涨、平水期停。

（7）年月日时分分别填写采样时的时间。

（8）项目代码项目名称监测值填写采集到样品的代码、名称和分析值，应该注意的是项目代码和项目名称应该规范填写。目前数据库的沉积物项目代码对应的项目名称见表8.4。

表 8.4　项目代码和项目名称对应表

项目代码	项目名称	项目代码	项目名称
001	铬	013	滴滴涕
002	油类	014	甲基汞
003	砷	015	硒
004	铜	016	含水率
005	锌	017	氧化-还原电位
006	镉	018	粒度
007	铅	019	有机质
008	总汞	020	有机氯
009	有机碳	021	大肠菌群
010	硫化物	022	粪大肠菌群
011	多氯联苯	023	总氮
012	六六六	024	总磷

3. 电子文件（dbf 格式）上报

同近岸海域环境水质监测数据上报方式。

四、"近海网"生物监测数据上报

（一）数据上报方式

同近岸海域环境水质监测数据上报方式。

（二）数据上报时间

开展近岸海域环境质量监测的承担站，于采样结束 45 个工作日后报送所属分站，再由各分站将收集、汇总和审核本分站负责近岸海域环境质量点位监测数据报送总站。

（三）数据上报格式

1. 纸质数据文件上报格式

纸质形式上报数据一般按采样记录表、分析记录表形式上报。生物监测各种表式详见表 8.5～表 8.14。

2．电子文件（dbf 格式）上报

同近岸海域环境水质监测数据上报方式。

表8.5 海洋生物采样记录表

海　区		站　号		水 深/m	
采集时间	自　　年　月　日　时　分至　月　日　时　分				
采集项目	瓶　号	绳 长/m	倾 角/度		
			开　始		终　了
浅水Ⅰ型浮游生物网					
浅水Ⅱ型浮游生物网					
浅水Ⅲ型浮游生物网					
浮游植物表层拖网					
浮游植物采水　层					
层					
层					
叶绿素 a					
微 生 物					
底栖定量					
底拖定性					
备　注					

采集者　　　　　　　　记录者　　　　　　　　校对者

表8.6 粪大肠菌群检验表

站号	样品号	采样时间	接种水样量/ml	接种试管数	初发酵试管数	复发酵试管数	粪大肠菌群数/（个/L）	检测限/（个/L）
温度记录								
日　期								
温　度								

分析方法：多管发酵法　　　　　　方法来源：

分析仪器：　　　　　　　　　仪器编号：　　　　样品来源

检验＿＿＿＿　校对＿＿＿＿　审核＿＿＿＿　　　　报告日期＿＿年＿＿月＿＿日

表 8.7　浮游植物定性调查记录表

第　页共　页

海　区		站　位		水深/m	
采样时间		样品号		绳长/m	
	种 类 名 称（中文）			种 类 名 称（中文）	
1			—		
...			—		
分析方法：镜检法			分析仪器：LeicaDM4000B/LeicaDMLB2 显微镜		
方法来源：GB 17378.7—2007			仪器编号：4200105/4200104		

鉴定者　　　校对者　　　审核者　　　报告时间　　年　月　日

表 8.8　浮游植物个体计数记录表

第　页共　页

海　区		站　号		样品号		采样层次	
采样体积/ ml		浓缩体积/ ml		计数体积/ ml		采样时间	
编号	种 类 名 称（中文）			小计（个）		细胞密度 （$\times 10^3$cells/L）	
1							
...							
	浮 游 植 物 总 计						
分析方法：浓缩计数法			分析仪器：LeicaDM4000B/LeicaDMLB2 显微镜				
方法来源：GB 17378.7—2007			仪器编号：4200105/4200104				

分析者　　　校对者　　　审核者　　　报告时间　　年　月　日

表 8.9　大型浮游动物个体计数记录表

第　页共　页

海　区		站　位		样品号		水深/m	
采样时间		取样量				绳长/m	
编号	种 类 名 称（中文）			数　量	个/m³	备注	
1							
样品湿重/mg		生物量/（mg/m³）			密度/（个/m³）		
分析方法：镜检法、重量法			分析仪器：LeicaMZ12.5/LeicaMZ16 体视显微镜				
方法来源：GB 17378.7—2007			仪器编号：4200102/401014				

分析者　　　校对者　　　审核者　　　报告时间　　年　月　日

表 8.10　潮间带生物生态调查野外采集记录表

区域_____断面_____　采样日期___年___月___日　　　　第　页共　页

潮区	属性	生　物　采　样			生　物　残　毒　分　析　样　品			
		次数	面积/m²	瓶号	品名（1）样品号	品名（2）样品号	品名（3）样品号	品名（4）样品号
	定性							
	定量							
现场描述								

采样者　　　　　　记录者　　　　　　　　校对者

表 8.11　潮间带生物定性标本登记表

地　点_____　断　面_____　潮　区_____底质_____

采 集 日 期_____年___月___日　　　　　　　　　　第　页共　页

序号	种 类 名 称（中文）	数　量	备注	序号	种 类 名 称（中文）	数　量	备注
1				14			
...							

方法：镜检、目检　　　　　　　　分析仪器：LeicaS6D 体视显微镜
方法来源：GB17378.7—2007　　　仪器编号：4200103

标本鉴定者　　　　校对者　　　　审核者　　　报告时间　　　年　月　日

表 8.12　大型底栖生物定性标本登记表

第　页共　页

海　区		站　位		样　品　号	
水深/m		拖网时间/min		采样时间	
	种　类　名　称（中文）			数　量	备　注
1					
...					

分析方法：镜检、目检　　　　　　分析仪器：LeicaS6D 体视显微镜
方法来源：GB 17378.7—2007　　仪器编号：4200103

分析者　　　校对者　　　审核者　　　报告时间　　　年　月　日

表 8.13　底栖生物定量登记表

海　区		站　号			样　品　号	
水深/m		取样面积/m²			采样时间	
类　群	种名	个数	密度/（个/m²）	重量/g	生物量/（g/m²）	备注

方法：镜检、分类称重　　　　　分析仪器：LP502 电子天平、LeicaS6D 体视显微镜
方法来源：GB 17378.7—2007　　仪器编号：4200107　　　　4200103

分析者　　　校对者　　　审核者　　　报告时间　　　年　月　日

表 8.14　潮间带生物定量标本登记表

第　页共　页

地　点			样品号		潮　区	
采集日期	年　月　日		底质		取样面积/m²	
类　别	种　类	个数	密度/ （个/m²）	重量/ g	生物量/ （g/m²）	备　注

分析方法：镜检、分类称重　　　　　分析仪器：LP502 电子天平、LeicaS6D 体视显微镜
方法来源：GB 17378.7—1998　　　　仪器编号：4200107　　　　4200103
分析者　　　　校对者　　　　审核者　　　报告时间　年　月　日

五、"近海网"入海河流数据上报

（一）数据上报方式

（1）数据按照逐级上报的形式进行，每季度各成员单位完成监测后，将当季度的监测结果报本省（自治区、直辖市）负责入海河流监测的监测中心（站），各省（自治区、直辖市）负责入海河流监测的监测中心（站）将每季度监测结果汇总后，报送中国环境监测总站。不需报送年度监测结果。

（2）数据上报分纸质文件上报和 Excle（或 DBF）电子文档上报两种方式。

（3）数据传输格式纸质文件以快递形式上报。数据库导出文件以内网形式上传到总站服务器。

（二）报送时间和规定

各省、自治区、直辖市负责入海河流监测的监测中心（站）在 3 月 20 日、6 月 20 日、9 月 20 日和 12 月 15 日之前将本辖区当季度监测数据汇总表报总站。报送文件按照规定命名。

（三）数据上报格式

1. 监测断面信息

监测断面信息上报格式及填写要求见表 8.15 和表 8.16。

（1）入海河流监测断面信息报表 8.15 目前以 Excel 表格方式编制，电子文档通过省站逐级下发。

（2）报表将作为各入海河流监测断面的基础信息存入数据库。在上报监测数据时，不必每次填写和上报已有信息。监测新的入海河流时，在上报监测数据的同时，请按照本表格，补充或完善监测断面信息。

（3）以入海河流和监测断面作为数据处理的统计属性依据，必须正确填写，不能空缺。

（4）数据库字段属性作为参考提供给各站，以便了解填报要求。

表 8.15　入海河流监测断面信息报表

序号	省份	城市	县（县级市/区）	河流名称	断面名称	断面代码	河流状况	排放海区代码	排放海域代码

续表 8.15

排放海湾代码	经度	纬度	多年平均径流量/（m³/L）	受纳海水控制类别	断面管理级别	水质管理类别	执行标准

续表 8.15

监测单位	监测频次	是否监测	监测项目	未监测原因

表 8.16　入海河流监测断面信息报表填写要求与说明

序号	填写要求与说明	数据库字段属性（参考）
年份		N4
省份	填省（区、市）简称，如：辽宁、天津、广西	C6
城市	填地级城市和直辖市辖区简称，如：大连、唐山、塘沽、奉贤；参见城市信息表（以电子文档通过省级站下发）	C8
县（县级市/区）	填县、县级市、区简称加县、市、区，如：旅顺口区、乐亭县等	C12
河流名称	按照地表水监测的正式名称填写。对没有开展监测的河流，按照当地的正式称谓填写	C16
断面名称	按照地表水监测的正式名称填写。对没有开展监测的河流，选择可以开展监测或将要开展监测的入海断面，并按照当地的正式称谓填写	C16
断面代码	按照地表水监测的断面代码填写。对没有开展监测的河流，按照已规定断面代码的，按规定填写，尚未规定断面代码的，暂不填写	N10
河流状况	对常年有水入海的"常年"；对于间断入海的填写"间断"	C4
排放海区	按照断面所处位置和海区海域海湾编码表（后附）填写	N1
排放海域代码	按照断面所处位置和海区海域海湾编码表（后附）填写，不在规定编码表内的海湾暂不填写	C6
经度	按照对断面 GPS 定位确定，以度为单位保留小数 4 位。对多个采样点	N8（4）
纬度	的断面，本处填写断面的中心点经纬度，其他点位在年度报告中说明	N8（4）
多年平均径流量/万 m³	根据水利部门提供的数据填写，或参考相关年鉴	N14
受纳海水控制类别	按照受纳海水控制目标和海水质量标准填写，可从地方市或省级环保局获得。其中一类填"1"、二类填"2"、三类填"3"、四类填"4"	N1
断面管理级别	指监测断面为哪一级控制，按国家级填"国"；省级填"省"；市级填"市"等；直辖市的市控填"省"，区控填"市"；对于区域规划控制断面填"区"。如存在同属于二个或二个以上控制级别的按照最高级别填写，如同属国家级和省级控制的填写"国"，不同时填写	C3
水质管理类别	指断面地表水的类别。其中Ⅰ类填"1"、Ⅱ类填"2"、Ⅲ类填"3"、Ⅳ类填"4"、Ⅴ类填"5"	C2

序号	填写要求与说明	数据库字段属性（参考）
执行标准	由于部分河流执行地方标准，因此本项作为评价的参考。本项只填写标准编号和执行等级，不填写标准名称	暂无要求
监测单位	填开展监测工作的监测站正式名称，如大连市环境监测中心、秦皇岛市环境保护监测站	C
监测频次	全部不填写单位，全部换算为次/a，如填 1、表示 1 次/a，4 表示 4 次/a 或 1 次/季，依次类推。自动监测填"99"	N2
是否监测	监测填"是"，未监测填"否"	C2
监测项目	开展监测的所有项目	C
未监测原因		暂无要求

2. 浓度监测数据上报格式

入海河流浓度监测数据见表 8.17。

（1）表 8.17 目前以 Excel 表格方式编制，表格的电子文档通过省站逐级下发。

（2）表格中河流名称、断面名称必须与入海河流监测信息表报送一致。

（3）浓度数据按照季度内监测频次填报每次监测的结果，不填写季度内几次监测的平均值；浓度数据只填写监测的项目，未监测项目不填；未检出项目浓度按照检出限负值填写。

（4）流速数据按实测数据或水利部门提供的数据填写，对无法获得流速数据的，每月数据可不填写。

（5）水量必须按照所标单位正确填写，可以按照监测结果换算；水量需对应监测的时间，即开展月、双月和季度监测的对应填报当月、双月和季度水量；对无法获得水量数据的，按照以下四种方式执行：

1）按照《河流流量测验规范》（GB 50179）开展流量监测。

2）对于监测断面无法取得水利部门流量数据，也无法进行监测，但可取的上游断面水利部门流量监测数据的地方，可以通过以下方法进行计算。上游断面流量（水利部门数据或自测数据）加上从上游断面到入海断面（实际监测断面）间的陆域入河水量之和减去取水量计算获得。

3）对于无法取得流量数据也无法进行监测的地方，可采用前五年的月、季度和年平均流量替代每季度和年均值。

4）只能获得前五年年均流量数据的，按照在第四季度上报前五年年均流量数据方式处理。

（6）监测应采用适合相应浓度水平的标准监测方法，监测数据的有效位数和保留小数，根据选定的监测方法确定。

（7）本表格可将未测定项目隐藏处理，但不可删除表中未测定项。

表 8.17 入海河流浓度监测数据报表

项目名称	年	河流名称	河流代码	断面名称	断面代码	水期代码	月	日	水量	水温
字符代码	YY	Rname	Rcode	Rsname	Rscode	Rsc	MM	DD		W_temp
单位									$10^4\ m^3$	℃

续表 8.17

流速	盐度	pH	电导率	溶解氧	高锰酸盐指数	生化需氧量	氨氮	石油类	挥发酚	汞
Wq			W_cond	DO	COD_{Mn}	BOD_5	NH_4-N	Oils	V_phen	W_Hg
M^3/S	$^0/_{00}$		ms/m	mg/L	mg/L	mg/L	mg/L	mg/L	mg/L	mg/L

续表 8.17

铅	化学需氧量	总氮	总磷	铜	锌	氟化物	硒	砷	镉	六价铬
W_Pb	COD_{Cr}	N_total	P_total	W_Cu	W_Zn	F	Se	As	Cd	Cr^{6+}
mg/L	mg/L	mg/L	mg/L	mg/L	mg/L	mg/L	mg/L	mg/L	mg/L	mg/L

续表 8.17

氰化物	阴离子表面活性剂	硫化物	粪大肠菌群	硫酸盐	氯化物	硝酸盐	铁	锰	硅酸盐
Cn_total	An_SAA	S	Colo_org	SO_4	Cl	NO_3_n	W_Fe	W_Mn	W_Mn
mg/L	mg/L	mg/L	个/L	mg/L	mg/L	mg/L	mg/L	mg/L	mg/L

3. 总量监测数据上报格式

总量监测数据上报格式见表 8.18。

（1）表 8.18 目前以 Excel 表格方式编制，表格的电子文档通过省站逐级下发。

（2）本表格河流名称、断面名称必须与入海河流监测信息表报送一致。

（3）总量监测值只填写监测的项目，未监测项目不填写；未检出项目，总量填"0"。

（4）总量数据保留小数位数根据浓度监测数据的有效位数确定。

（5）流速：为实测流速、按水利部门测定流速或间接计算流速，精确到小数点后 2 位，无法获得和未测的不填写。

（6）污染物入海量：为每季度污染物入海总量，有效数字保留到小数点后 2 位，并在每年监测报告中注明监测方法。

（7）本表格可将未测定项目隐藏处理，但不可删除未监测项。

表 8.18　入海河流总量监测数据报表

项目名称	年	河流名称	河流代码	断面名称	断面代码	水期代码	月	日	高锰酸盐指数	生化需氧量	氨氮
字符代码	YY	Rname	Rcode	Rsname	Rscode	Rsc	MM	DD	COD_{Mn}	BOD_5	$NH_4\text{-}N$
单位									t	t	t

续表 8.18

石油类	挥发酚	汞	铅	化学需氧量	总氮	总磷	铜	锌	氟化物	硒
Oils	V_phen	W_Hg	W_Pb	COD_{Cr}	N_total	P_total	W_Cu	W_Zn	F	Se
t	t	t	t	t	t	t	t	t	t	t

续表 8.18

砷	镉	六价铬	氰化物	阴离子表面活性剂	硫化物	硫酸盐	硝酸盐	铁	锰
As	Cd	Cr^{6+}	Cn_total	An_SAA	S	SO_4	NO_3_n	W_Fe	W_Mn
t	t	t	t	t	t	t	t	t	t

六、"近海网"直排海污染源数据上报

（一）数据上报方式

同入海河流数据上报方式。

（二）报送时间和规定

各省、自治区、直辖市负责直排海污染源监测的监测中心（站）在 3 月 20 日、6 月 20 日、9 月 20 日和 12 月 15 日之前将本辖区当季度监测数据汇总表报总站。

（三）数据报送格式

1. 直排海污染源监测排污口信息表

排污口信息表及填报说明见表 8.19 和表 8.20。

（1）直排海污染源监测排污口信息表 8.19 以 Excel 表格方式编制，电子文档通过省站逐级下发。

（2）报表将作为各排污口的基础信息，存入数据库，在上报监测数据时不必每次填写和上报已有信息，以减少今后监测结果上报工作量。

（3）在监测新的排污口时，上报监测数据的同时，请按照本表格，补充新增排污口信息。

（4）排污口代码将作为排污口数据处理的唯一属性，排污口代码必须正确填写，不能

空缺；排污口代码不重复使用，每个排污口代码仅对应一个排污口。

（5）排污口停用或永久取消时，其排污口代码也不再用于其他排口。

（6）所有已搬迁、永久停产和日污水排放量小于 100 m³ 的排污口暂不列入本信息统计。

（7）由于排放标准的复杂性，执行标准编号、类别和级别以能够找到标准值为原则，简要填写，不填写标准名称。

（8）数据库字段属性作为参考提供，以便进一步了解填报要求。

表 8.19 直排海污染源监测排污口信息表

序号	省份	城市	县（县级市/区）	企业或单元名称	排污口名称	排污口代码	经度	纬度	企业法人代码	行业代码	海区代码	海域代码	海湾代码

续表 8.19

控制级别	纳污环境功能区编码	受纳海水控制类别	执行标准编号、类别和级别	是否监测	监测单位	监测频次（次/a）	主要污染因子	未测原因

表 8.20 直排海污染源监测排污口信息表填表说明

序号	项目	填写说明	数据库字段属性（参考）
1	省份	填省（区、市）简称，如：辽宁、天津、广西	C6
2	城市	填地级城市和直辖市辖区简称，如：大连、唐山、塘沽、奉贤；参见城市信息表（以电子文档方式通过省站逐级下发）	C8
3	县（县级市/区）	填县、县级市、区简称加县、市、区，如：旅顺口区、乐亭县等	C8
4	企业或单元名称	按照营业执照正式名称填写	暂无要求
5	排污口名称	按照每个排污口，根据各地方统一的排污口名称填写，信息按照每个排污口统计	暂无要求
6	排污口代码	排污口代码设为 8 位，如 LN02A001，其中第 1、2 位为沿海省（直辖市、自治区）代码，取省（直辖市、自治区）名称的二位拼音首位字母，如 LN 为辽宁；第 3、4 位为地区代码，如 LN02 为大连（天津、上海、海南的县区另行编号）；第 5 位为排污口类型，分别为 A—工业污水、B—生活污水、C—综合污水；第 6、7、8 位为排污口序号。此项不能够空缺，必须填写	C8
7	经度	按照 GPS 定位确定，以度为单位，保留小数 4 位。注意：此项不要填写企业或工厂的中心位置的经度和纬度，填写采样位置的经度和纬度	N8（4）
8	纬度		N8（4）
9	企业法人代码	按照企业法人代码证填写；部分市政排口无负责单位，没有企业法人代码的排口不填写	C18

序号	项目	填写说明	数据库字段属性（参考）
10	行业代码	统一按"国民经济行业分类与代码（GB/T 4754—2002）"（以电子文档方式通过省站逐级下发）填写；对于直排入海的集中式工业园区和未经处理而直排入海的市政污水（含综合污水）排放口的"行业分类代码"栏，本方案暂时分别统一为"199"和"200"；行业代码按"行业信息表"的细目 4 位填写，如：0810 表示铁矿采选，填 0810；4411 表示火力发电，填 4411。排污口编码一经确定后，不得改变；其他属性发生变化，如企业名称编码，排口的信息应做相应的改变	C4
11	海区代码	按照排污口所处位置和海区海域海湾编码表（以电子文档方式通过省站逐级下发）填写。对于海区海域海湾编码表中为未列的海湾暂不填写	N1
12	海域代码		C4
13	海湾代码		C6
14	控制级别	指排污单元为哪一级控制的重点污染源，按国家级填"国"；省级填"省"；市级填"市"等；直辖市的市控填"省"，区控填"市"。存在同属于二个或二个以上控制级别的按照最高级别填写，如同属国家级和省级控制的填写"国"，不同时填写	C2
15	纳污环境功能区编码	按照现行纳污近岸海域环境功能区编码填写。近岸海域环境功能区编码可从地方市或省级环保局获得。对于排入混合区的可填写外围占主体的一个功能区的编码，如：混合区（SD026BⅡ）表示混合区处于 SD026BⅡ 范围或主要与 SD026BⅡ 交界	C10
16	受纳海水控制类别	按照受纳海水控制目标和海水质量标准填写，可从地方市或省级环保局获得。其中一类填"1"、二类填"2"、三类填"3"、四类填"4"。	N1
17	执行标准编号、类别和级别	按照排放标准编号、时限或类别、级别简要填写，不填写标准名称；以根据填写内容可找到执行的标准值为原则，如"GB 8978—1996-老二"，表示执行《污水综合排放标准》1997 年以前建设，二级标准；"GB 8978—1996 新甘蔗制糖二"表示 GB 8978—1996《污水综合排放标准》中 1998 年 1 月 1 日后建设，"甘蔗制糖"二级标准；"GB 18918—2002 表 1 二"表示执行《城镇污水处理厂污染物排放标准》GB 18918—2002 表 1 二级标准。对于计算的标准值按照标准来源标明，如"GB 8978—1996-新二，GB 8978—1996 新甘蔗制糖二"表示由综合排放标准新改扩二级标准和 GB 8978—1996《污水综合排放标准》中 1998 年 1 月 1 日后建设的"甘蔗制糖"二级标准计算排口标准限值	暂无要求
18	是否监测	监测填"是"，未监测填"否"	C2
19	监测单位	开展监测工作的监测站正式名称，如大连市环境监测中心、秦皇岛市环境保护监测站	暂无要求
20	监测频次（次/a）	全部不填写单位，全部换算为次/a，如填 1、表示 1 次/a，4 表示 4 次/a 或 1 次/季，依次类推。自动监测填"99"	C2
21	主要污染因子	填写所有开展的监测项目，对未开展的监测企业排口，按照环评的评价项目或验收监测时测定的项目填写	暂无要求
22	未监测原因		暂无要求

2. 监测浓度数据上报表

监测浓度数据上报格式与内容见表 8.21。

（1）表 8.21 以 EXCEL 表格方式编制，电子文档通过省站逐级下发。

（2）企业名称、排污口代码必须与直排海污染源监测排污口信息表报表一致；浓度值只填写监测的项目，未监测项目不填写，未检出项目浓度按照检出限负值填写；企业名称、排污口代码和是否达标必须填写，不达标排口必须填写不达标项目；污水量必须填写，污水流量和污水排放时间根据实际情况填写，如不能获得原始数据可不填写。

（3）报送文件按照规定的方式命名。

（4）项目单位：污水流量为 m^3/h，污水排放时间为 h，污水量为 $10^4 m^3$，pH 为量纲一，色度为稀释倍数，粪大肠菌群数为个/L，总汞、总镉、总铍为 ug/L，苯并[a]芘、烷基汞为 ng/L，其他为 mg/L。

（5）污水量根据核算或单元实际记录计算结果填写，不可空缺；污水流量填写根据排污单元实际记录计算的总平均值；污水排放时间填写按照实际记录排放时间的总和；对不能获得排污单元记录的，可暂不填写。

（6）监测应采用合适的标准方法，监测数据的有效位数监测方法确定。

（7）本表格监测项目根据排污口执行的标准的项目填写，可将未测定项目隐藏处理，但不可删除。

表 8.21　直排海污染源监测浓度数据上报表

YYYY	MM	DD	企业名称	排污口代码	排污口名称	是否达标	不达标项目	污水流量/（m³/h）	污水排放时间/h
年	月	日							

续表 8.21

污水量（10⁴ m³/a）	w001 化学需氧量	w002 五日生化需氧量	w003 悬浮物	w004 pH	w005 石油类	w006 挥发酚	w007 氟化物	w008 动植物油

续表 8.21

w009 六价铬	w010 硫化物	w011 氨氮	w012 总锌	w013 总硒	w014 总铜	w015 总砷	w016 总铅	w017 总铍	w018 总镍	w019 总锰	w020 总汞

续表 8.21

w021 总铬	w022 总镉	w023 总余氯	w024 总有机碳	w025 色度	w026 阴离子表面活性剂	w027 氰化物	w028 粪大肠菌群数	w029 苯	w030 甲苯	w031 乙苯

续表 8.21

w033	w034	w035	w036	w037	w038	w039	w040	w041
元素磷	有机磷农药	硝基苯类	显影剂及氧化物总量	五氯酚及五氯酚钠	烷基汞	四氯乙烯	四氯化碳	色度（稀释倍数）

续表 8.21

w042	w043	w044	w045	w046	w047	w048	w049	w050	w051
三氯乙烯	三氯甲烷	马拉硫磷	氯苯	磷酸盐（以 P 计）	邻-二氯苯	邻-二甲苯	邻苯二甲酸二辛脂	邻苯二甲酸二丁脂	乐果

续表 8.21

w052	w053	w054	w055	w056	w057	w058	w059	w060	w061
可吸附有机卤化物（AOX）	间-甲酚	间-二甲苯	甲醛	甲基对硫磷	对-硝基氯苯	对硫磷	对-二氯苯	对-二甲苯	彩色显影剂

续表 8.21

w062	w063	w064	w065	w066	w067	w068	w069	w070
丙烯腈	苯酚	苯并[a]芘	苯胺类	2,4-二硝基氯苯	2,4-二氯酚	2,4,6-三氯酚	总氮	总磷

3. 直排海污染源监测总量数据上报格式

直排海污染源监测总量数据上报表见表 8.22。

（1）表 8.22 以 Excel 表格方式编制，表格的电子文档通过省站逐级下发。

（2）各省、自治区、直辖市直排海污染源总量监测数据文件按规定要求命名。

（3）企业名称、排污口代码必须与信息表一致。

（4）总量数据只填写监测的项目，未监测项目不填写；未检出项目的总量填"0"。

（5）总量数据保留小数位数根据浓度监测数据的有效位数确定。

（6）项目单位：苯并[a]芘、烷基汞和重金属为 kg，其他为 t。

（7）表 8.22 可将未测定项目隐藏处理，但不可删除。

表 8.22 直排海污染源监测浓度数据上报表

YYYY 年	MM 月	DD 日	企业名称	排污口代码	排污口名称	是否达标	不达标项目	污水流量/（m³/h）	污水排放时间/h

续表 8.22

污水量 ($10^4\,m^3/a$)	w001 化学需 氧量	w002 五日生化 需氧量	w003 悬浮物	w004 pH	w005 石油类	w006 挥发酚	w007 氟化物	w008 动植 物油

续表 8.22

w009 六价铬	w010 硫化物	w011 氨氮	w012 总锌	w013 总硒	w014 总铜	w015 总砷	w016 总铅	w017 总铍	w018 总镍	w019 总锰	w020 总汞

续表 8.22

w021 总铬	w022 总镉	w023 总余 氯	w024 总有机 碳	w025 色度	w026 阴离子表 面活性剂	w027 氰化 物	w028 粪大肠 菌群数	w029 苯	w030 甲苯	w031 乙苯

续表 8.22

w033 元素 磷	w034 有机磷 农药	w035 硝基 苯类	w036 显影剂及 氧化物总量	w037 五氯酚及 五氯酚钠	w038 烷基汞	w039 四氯 乙烯	w040 四氯 化碳	w041 色度（稀 释倍数）

续表 8.22

w042 三氯 乙烯	w043 三氯 甲烷	w044 马拉 硫磷	w045 氯苯	w046 磷酸盐 （以 P 计）	w047 邻-二 氯苯	w048 邻-二 甲苯	w049 邻苯二甲 酸二辛脂	w050 邻苯二甲 酸二丁脂	w051 乐果

续表 8.22

w052 可吸附有机 卤化物（AOX）	w053 间- 甲酚	w054 间-二 甲苯	w055 甲醛	w056 甲基对 硫磷	w057 对-硝 基氯苯	w058 对硫磷	w059 对-二 氯苯	w060 对-二 甲苯	w061 彩色 显影剂

续表 8.22

w062 丙烯腈	w063 苯酚	w064 苯并[a]芘	w065 苯胺类	w066 2,4-二硝基氯苯	w067 2,4-二氯酚	w068 2,4,6-三氯酚	w069 总氮	w070 总磷

第三节　近岸海域数据库简介

一、数据库

为加强全国近岸海网数据上报能力，规范数据上报格式，满足全国"近海网"各成员单位对数据统计、分析的需求，中国环境监测总站向各分站提供了《近岸海域生态环境监测管理信息系统》。此数据库在"近海网"成员单位免费使用，需要者可与中国环境监测总站近岸海域环境监测中心站联系。

目前的数据库按照近岸海域生态环境监测的技术规范和业务内容设计开发，适用于近岸海域环境监测的数据储存和处理。该软件具有以下基本特点：

（1）业务实用性强，专门为近岸海域环境质量监测的日常数据管理设计开发。数据库涵盖了海水水质、海洋沉积物、海洋生物残毒、海洋生物、质量控制等方面。

（2）在普通的计算机和 WIN/2000 及以上环境中即可正常运行。

（3）软件界面的设计和操作符合环境监测软件的习惯特点，安装方便，简单易学。

（4）功能全面，实现了对监测数据的录入、导入、存储、校验、审核、查询、统计分析、图形图表、导出上报等方面的统一管理。有一般分析功能、高级通用功能、系统管理平台。

二、数据库安装所需环境要求

（一）硬件环境

CPU：Inter P3 800MHz 及以上；
内存：512MB 及以上；
硬盘空间：500MB 及以上；
尽可能配置 UPS，确保断电后可以 6 h 连续使用。

（二）软件环境

Windows 2000/XP/2003 操作系统；
MS Office 办公软件。

三、安装所需内容

（1）XP Service Pack：Windows XP 的 Service Pack，安装 SQL Server 2005 数据库时系统要求的基本条件。

（2）Frame Work2.0：DotNet 的 Frame Work，安装 SQL Server 2005 数据库时系统要求的基本条件。

（3）SQL Server 2005 ExPress：SQL Server 2005 ExPress 数据库安装程序。

（4）SQL Server 2005 Mangement Studio Express：SQL Server 2005 ExPress 数据库的管

理工具，方便对数据库的操作。

（5）EDTS.exe 文件：《近岸海域环境质量数据处理系统》安装文件。

（6）KEY.txt：《近岸海域环境质量数据处理系统》序列号。

四、安装步骤

由于本数据库涉及系统组件的安装，在安装前需关闭其他所有应用程序，以保证系统的正确安装。

（1）安装 XP Service Pack：如果计算机系统已自带 Windows XP 的 Service Pack 则省略。

（2）安装 Frame Work 2.0。

（3）安装 SQL Server 2005 ExPress。

（4）SQL Server 2005 Mangement Studio Express。

（5）安装近岸海域环境质量数据处理系统：

第一步：运行近岸海域环境质量数据处理系统 SetUp.exe 文件，显示安装开始页面。点击下一步按钮，进入安装许可协议界面；点击取消按钮，则取消安装，退出安装界面。安装程序主界面，如图 8.1 所示：

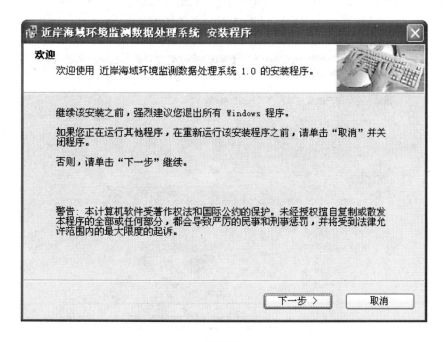

图 8.1

第二步：进入安装许可协议界面后，请详细阅读文本框中的软件使用许可协议。如果接受，点击我同意该许可协议的条款按钮，然后选择下一步按钮，进入用户信息确认界面；如果不接受该协议，则点击我不同意该许可协议的条款按钮，然后选择取消按钮退出安装；点击上一步按钮，返回到安装主界面。安装许可协议界面，如图 8.2 所示：

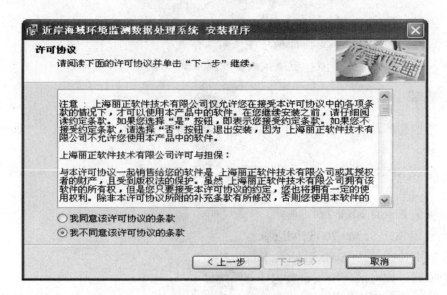

图 8.2

第三步：进入用户信息确认界面后，在文本框中分别输入用户名称和公司名称。点击下一步按钮，进入序列号确认界面；点击上一步按钮，回到许可协议界面；点击取消按钮，则取消安装，退出安装界面。用户信息确认界面，如图 8.3 所示：

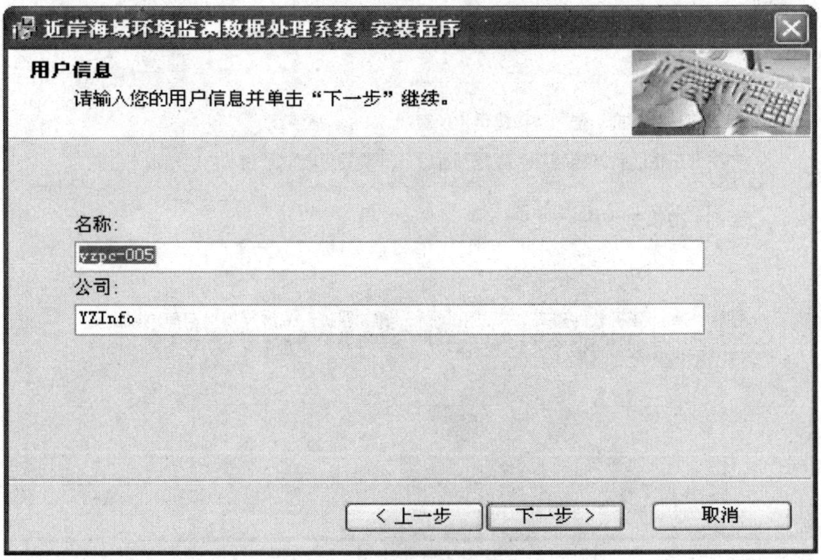

图 8.3

第四步：进入序列号确认界面后，正确输入近岸海域环境质量数据处理产品序列号，序列号由四组四位数字组成。点击下一步按钮，进入安装文件夹界面。序列号确认界面如图 8.4 所示：

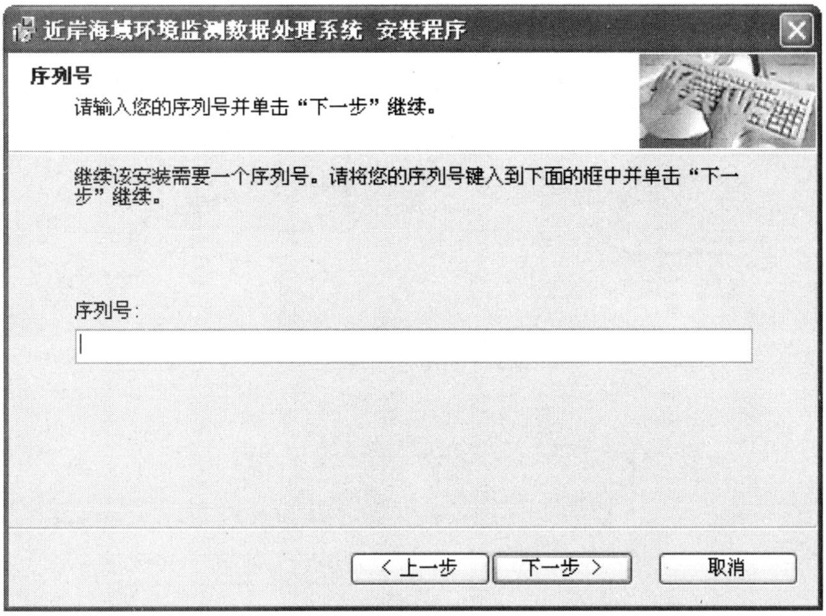

图 8.4

第五步：点击下一步按钮，依次确认安装文件夹和快捷方式文件夹。如图 8.5 和图 8.6 所示：

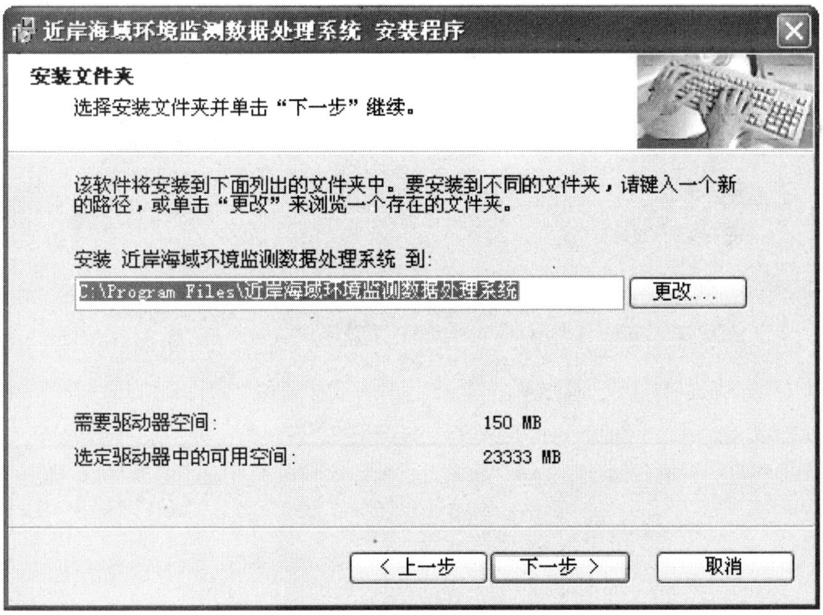

图 8.5

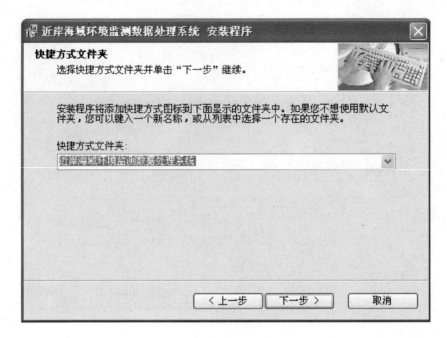

图 8.6

　　第六步：进入准备安装界面，确认安装设置信息，如果有错误，点击上一步按钮进行修改；点击下一步按钮，开始复制文件；点击取消按钮，退出安装操作。准备安装界面，如图 8.7 所示：

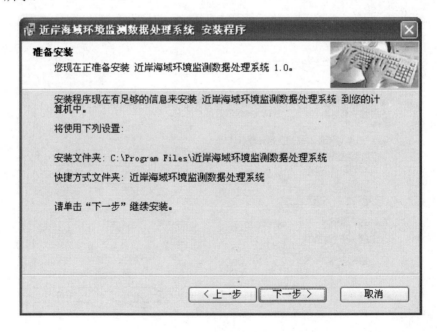

图 8.7

　　安装过程界面，如图 8.8 所示：

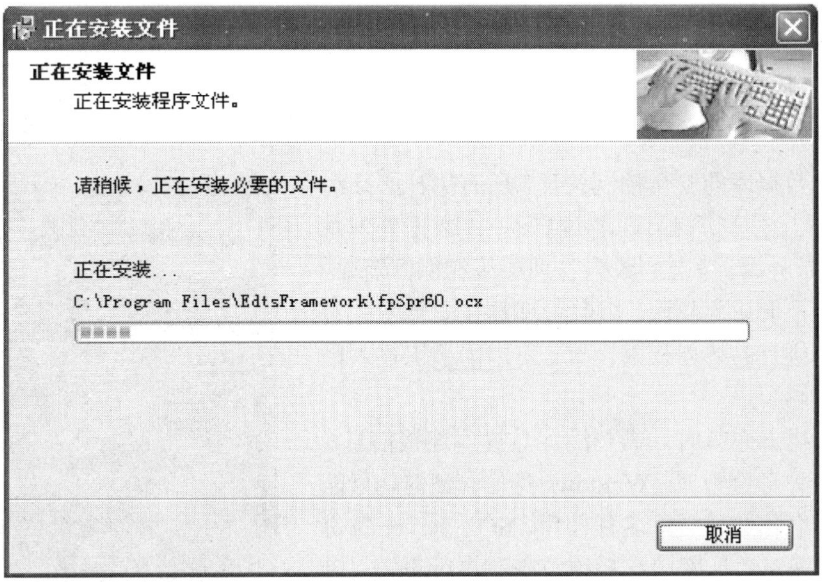

图 8.8

第七步：等到安装完成后，系统弹出成功安装界面，点击完成按钮，即可完成安装操作。成功安装界面如图 8.9 所示：

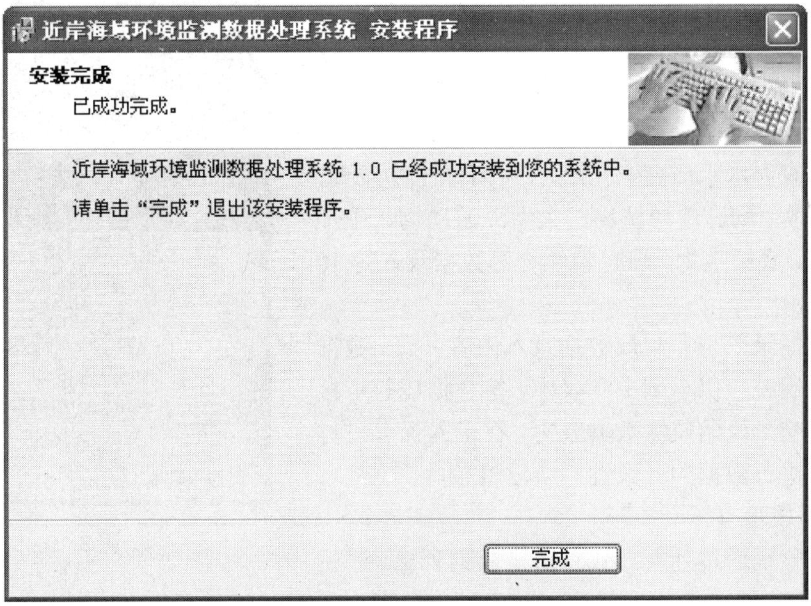

图 8.9

注意：安装本系统后一定要重新启动计算机，以确保 SQL Server 数据库的正常运行。

五、数据库使用说明与注意问题

（一）使用说明

为确保数据库的安全控制管理，所有用户必须经过系统认可，才可访问，即通过启动"数据处理系统"进入登录界面。考虑到数据管理层级和保密需要，不同用户有不同访问权限。后台管理员在安装系统时对客户端均进行的访问权限设置，用户需手工输入用户名称及密码。

第一次进入系统时，需要配置数据库连接信息。系统提供两种身份验证，Windows 身份验证时，只需设置服务器名称和数据库名称即可。SQL Server 身份验证时，还需对数据库用户名称及密码进行设置。以后再次登录如使用相同的服务器及数据库，用户直接输入用户名称和密码进入系统即可。系统将自动检查用户的密码和用户名称是否合法，为合法用户则进入系统主界面如图 8.10。

此系统包括数据录入、数据校验、统计报表、数据导入导出、质量控制、数据管理和系统管理。

1. 数据录入

数据录入包括常规数据和非常规数据录入二种。涉及的要素有海水水质、海洋沉积物、海洋生物残毒、叶绿素 a、微生物、浮游植物、大型浮游动物、中小型浮游动物、底栖生物、潮间带生物等数据录入等 10 个模块。

常规数据录入与非常规数据录入内容一致。数据经界面录入后统一保存到中间表中，待数据校验审核通过后再提交到原始监测数据表中。在录入保存过程中，将自动进行数据的一致性、合法性校验。

2. 数据校验

数据校验是通过列表方式将选定数据列出，产生中间表，也可以 Excel 格式导出。对中间表数据进行审核校验并修改不合格数据，最后将审核通过的数据提交，保存到原始监测数据表中，数据审核提交后将不能更改。

3. 统计报表

统计报表包括海水水质统计报表、海洋沉积物统计报表、海洋生物残毒统计报表、微生物统计报表、叶绿素 a 统计报表、浮游植物统计报表、大型浮游动物统计报表、中小型

图 8.10

浮游动物统计报表、底栖生物统计报表和潮间带生物统计报表。分监测结果统计、评价结果统计、原始数据检索等。最大的特点可以进行不同空间和不同时间的交叉统计。

4. 数据导入与导出

数据导入是将外部为 dbf 格式的数据表的历史数据导入到本系统相应的数据库表中；数据导出是将系统中的数据表以 dbf 的格式导出到外部。

5. 质量控制

质量控制主要完成质量控制基本信息和监测数据的录入、查询和原始数据、上报统计数据、分析方法等导入导出以及质控数据和上报数据的统计报表。

质控统计可以进行精密度合格判定、加标回收率合格判定、相对误差判定、标准样品合格判定、空白合格判定等多种功能。不同的统计结果由系统自动计算得到，并以原有设定的报表形式表示。

6. 数据管理

数据管理包括数据维护、数据备份和数据恢复三部分。数据维护模块主要是对基础监测数据表以及基本信息数据表进行数据维护。数据备份主要是备份目前所使用的数据库。数据恢复主要是用于对已备份过的数据库的恢复操作。

7. 系统管理

系统管理包括用户管理、网络环境、备份设置、背景图片、字体设置四部分。用户管理用于管理登录系统的用户合法性及用户的使用权限。网络环境主要用于设置或修改服务器名称、数据库名称、数据库用户名称及密码等网络相关参数。备份设置主要是设置是否在系统关闭时自动备份数据库。背景图片可为数据处理系统主窗体更换背景图片。字体设置可以对数据处理系统主窗体的标题字体和内容字体进行属性设置。

以上各个模块具体操作可参照《近海环境质量监测数据处理系统》操作手册。

（二）使用应注意的问题

（1）第一次运行本系统需连接本机数据库，请关闭其他应用软件。

（2）在录入某要素监测数据前，需要先维护测点信息表和该要素项目信息表。测点信息表包括测点代码、编号、经纬度、所在海域、城市及重要海域等。要素项目信息包括水质、海洋沉积物、海洋生物残毒、微生物、叶绿素 a 等项目信息，浮游植物、大型浮游动物、中小型浮游动物、底栖生物、潮间带生物种类信息等。质控管理中有加标回收率合格判定标准信息表、质控样合格判定标准信息表、空白合格判定标准信息表和精密度合格判定标准信息表。功能区水质评价需要各地近岸海域环境功能区名称、编码、面积、水质保护目标、该功能区内的测点等。

而且各要素项目名称、代码、种类名称与代码、合格判定等信息均要与国家标准或规定一致，切不可自造或随意减加字符。

有动态变化的属性如功能区面积、功能内监测站位变化等需要按年度维护，数据统计时按年度调用。

（3）当表格中的数据超过一万条时，系统将不能对数据进行修改维护工作，只有关闭、导航和查询按钮可用，用户可利用查询按钮对数据进行过滤，使数据少于一万条时，才进行相应操作。

（4）导入数据时一定全面查验，特别对 Excel 格式导入数据，要将每条记录进行格式、字段名、字段长度等整理。如有不符将不能导入。同时要严格审核时间、空间与要素项目的对接，当导入数据与原数据空间、时间、区域等关键字重合时，则新的数据将覆盖原数据。一般在导入数据时可以做一些自定标志，避免混淆。

（5）对记录所做的任何修改，例如增加、删除、清空。都只有在单击保存按钮后，才可存入数据库中，否则操作无效。

（6）数据录入可纵向与横向录入。进行数据录入先要选择库表、录入方式和录入项目并习惯进行排列，将所选项目保存成组，下次进入时不必重新选择，以节省时间。

数据录入可根据表头字段逐个进行相关内容的录入，部分字段的值可在下拉列表框中得到；部分字段存在关联，选择名称，自动加载代码。可以充分利用提高效率。如数据行不够，可利用增加行进行空白数据行的添加，也利用复制行，可快速的录入部分字段值相同的数据。可利用删除选中行删除不需要的数据行，支持删除多行。

（7）在单记录窗体中，数据填写完毕需单击应用按钮，录入的数据将显示在录入主界面的表格中。单击录入主界面上的保存按钮后，数据才能保存到中间表中。

（8）在非常规数据录入时，测点代码、测点名称、项目名称一定要取有特征性的且不可和常规监测重复的名字，以防止数据库出现混乱。

第九章 监测方案、质量保证和质量控制

第一节 监测方案的设计与准备

近岸海域环境监测是海洋综合管理的基础和重要组成部分，既是一项环境管理的基础工作，更是一项政府管理工作内容。近岸海域环境监测是以近岸海域环境为对象，准确、及时、全面地掌握海洋环境各要素的时空分布、变化状况及其规律。并在预定时间、站点或海域，对海洋要素按规范、标准进行长期、连续的测量活动。

近岸海域环境监测前期调查，包括了解监测目的、对象、方法和时间。一般监测目的是为了解不同情况海洋要素的状况及其在时间、空间的变化规律，监测对象包括海洋与人类经济、社会生活相关的各种环境与资源要素、不仅仅是水文气象、海洋污染范围内的项目，还应包括站点和区域相对固定的海洋环境、资源和权益的全部自然、非自然构成要素，站点和区域是相对固定的。监测方法必须是执行统一的、有效的规范、标准和规程。监测时间上必须是长期的、连续的。目的、对象对监测提出了要求与问题，监测方法是解决问题的手段，监测区点的时间是满足要求的保证。环境问题的提出，要求人们去认识和探寻解决问题的手段与途径。因此，项目前期调查先明确调查任务的目的、对象等工作内容。

监测方案的设计是海洋环境监测的第一个关键环节。监测方案设计的根本目的是以最省的费用获取空间与时间上最有代表性的关于海洋环境质量和环境参数的数据——即在费用、人力和物力条件约束下，寻求达到预期监测目标的最有代表性的环境参数、最合理的监测站位布设和时间分配。在设计方案时，可利用综合知识、过去的经验和当前的信息资料。监测方案为一定情况下决策性的详细说明，一般包括监测类型、采样量、频率、采样周期、采样站位和采样时间。方案应强调：

- ➢ 组织形式，负责人；
- ➢ 何时、何地、采何样、如何采；
- ➢ 采样设备，包括样品保存、运输和校验；
- ➢ 样品容器，包括清洗、加固定剂；
- ➢ 可用的标准，样品的舍取；
- ➢ 样品预处理程序，例如干燥、混合和保管；
- ➢ 分样程序；
- ➢ 样品记录的保存，例如标签、记录、辅加材料；
- ➢ 质量保证和质控措施方法。

一、监测方案编制原则

监测方案的编制遵循以下原则：
- ➢ 满足监测任务规定所达到的要求；
- ➢ 符合相关监测技术标准；
- ➢ 充分利用现有资料和成果；
- ➢ 立足现有监测设备和人员条件；
- ➢ 实用性和操作性强；
- ➢ 体现监测任务的时效性。

二、资料准备

监测方案编制前，应收集下列基本资料：
- ➢ 监测海域的地形、地貌和水文资料；
- ➢ 监测海域的污染源资料，包括陆域污染源和海上污染源；
- ➢ 监测海域的海洋功能区划、环境功能区划；
- ➢ 沿海地区经济、社会发展规划资料；
- ➢ 监测海域的海洋资源开发利用现状及存在的主要环境问题；
- ➢ 监测海域环境监测历史资料。

三、监测方案基本内容及要求

（一）监测目的和基本原则

1. 监测目的

环境监测是环境管理的基本手段和环境决策的科学依据，2002 年出版的《中国大百科全书》（环境科学）的定义为"用化学、物理、生物的方法或综合性方法间断或连续地测定污染因子的强度（或浓度），观测和研究这些污染因子在空间和时间上的变化趋势、规律及其对环境影响的全部工作过程"。其目的是了解环境质量和污染状况，作为环境管理和环境决策的科学依据。近岸海域环境监测作为环境监测的一个组成部分，目的是为近岸海域环境管理和决策提供科学依据。近岸海域环境监测一般分为环境质量例行监测、专项监测、应急监测和科研监测等。根据监测任务的要求，阐明监测任务的由来、性质、监测目的和要达到的目标等。

2. 制定监测方案的基本原则

（1）法律依据

环境监测主要依据国家、行业和地方的相关法律法规、污染防治规划、总量控制要求、环境质量标准和污染物排放标准等。

（2）科学性和实用性

监测不是目的，是为了保证环保措施的实施；监测数据不是越多越好，而是越有用越好；监测手段不是越现代化越好，而是越准确、可靠、实用越好。在制定监测方案时，做到监测数据满足使用即可。

（3）优先污染物和总量控制指标优先监测

优先污染物包括：毒性大、危害严重、影响范围广的污染物质；并且污染呈上升趋势，对环境具有潜在危险的污染物质；具有广泛代表性的污染因子。另外，优先监测的污染物一般应具有相对可靠的测试手段和分析方法，或者有可等效性采用的监测分析方法，能获得比较准确的测试数据；能对监测数据作出正确的解释和判断。污染总量控制指标：一般最具有广泛代表性的污染因子作为污染总量控制指标。

（4）全面规划、合理布局

环境问题的复杂性决定了环境监测的多样性，要对监测布点、采样、分析测试及数据处理作出合理安排。当今环境监测技术发展的特点是监测布点设计最优化，自动监测技术普及化，遥感遥测技术实用化，实验室分析和数据管理计算机化以及综合观测体系网络化。制定监测方案时，应区别不同情况，采取不同的技术路线，发挥各自技术路线的长处。

（二）监测范围和站位设置

1. 监测范围

监测范围指根据需要了解环境状况和开展监测的区域，监测目的不同监测范围也有所不同。监测范围的确定取决于监测对象。如选择可能对周围环境产生影响的区域和能全面反映所受影响的情况，并能充分满足对环境评价的要求。监测的范围不可无限制扩大，使评价费用增加，也不能任意缩小，使监测结果难以获得正确的结论。不同监测任务应有不同的监测范围，比如环境质量监测、工程项目的环境影响评价、区域或流域的环境质量评价、环境风险评价等就各有不同的监测范围，监测范围有很大的差异。目前，全国近岸海域环境监测网开展的海洋监测范围是全国的近岸海域，包括整个近岸海域范围和各近岸海域环境质量功能区。

2. 环境监测点位设置基本要求

环境监测网络是由各监测点位组成，监测点位设置是环境监测重要的一环，决定监测数据的质量和价值。设置的监测点位的基本特征是能满足代表性、可比性和可行性的要求，其中：

（1）代表性：监测点位应能满足总体设计对反映环境质量状况的时空代表性要求，或反映污染源的排放强度或污染状况。

（2）可比性：测点在启用后的各阶段、频次间的监测数据应具有时空可比性，同时不同测点间的监测数据也应具有可比性。在各监测点位使用的条件应尽可能做到统一化、规范化和标准化，包括采样的方式、周期、频率、测定项目和方法、样品保存和运输等。

（3）可行性：选择测点时要考虑在点位上实际采样时的仪器设备、安全、交通运输等一系列物质条件的可能性，同时考虑点位与实验室的距离、实验室装备、投入的人力和物力为可接受的范围。

3. 环境监测点位布设优化

监测点位布设优化是指在一定区域范围内优化设置监测点位的工作。一般遵从以下原则开展的点位布设的优化工作：

（1）尺度原则：点数随尺度和空间范围的增大而增多。

（2）信息量原则：应以尽可能最少的监测点数获取最大代表性的数据。在实际监测工作中应做到以有限的监测点数获取足够的环境质量或污染源的信息。信息量应包括：污染源监测中污染源的各种参数和相关生产设施的运行情况；对环境监测而言，环境中存在的各种污染因子的污染状况、所描述区域内污染物的污染特性及其分布规律、区域内的污染源强度和污染水平、污染物变化趋势等。

（3）经济原则：各种尺度的优化布点都要进行代表性和经费评估，从中找出最佳的点数，注意经济效果，节省非必要的监测经费投资。

（4）不断优化的原则：随着自然和社会环境的变化，污染物的构成和分布规律都会发生变化，应该根据污染情况的变化，不断地优化最佳观测点。

（5）可控性原则：监测点是环境管理的控制点，是为环境管理服务的。如环境质量监测网站点位的基本特征应能满足代表性、可比性和可行性的要求。优化布点时，应有针对性地选择优化设计参数。常用的优化设计参数有污染物浓度值及其频数分布、污染物超标率及其频数分布等。

4. 近岸海域环境监测点位设置

近岸海域环境监测点位根据监测目的和性质，明确监测范围，在监测范围内设置合理的监测站位，并明确具体的经纬度。近岸海域环境监测点位一般以经纬度确定，监测站位必须标明站位编码，编码按照统一规定执行，特定区域也可以增加地名表述。监测站位的布设以能真实反映监测海域环境质量状况和空间趋势为前提，以最少量的站位所获得的监测结果能满足监测目标为原则。监测站位布设须综合考虑以下因素：

（1）一定的数量和密度，在突出重点的前提下（重要渔场和养殖区、自然保护区、海上废弃物倾倒区、环境敏感区），能反映监测海域环境的全貌。

（2）兼顾污染源分布和海域污染状况。

（3）兼顾海域环境质量站位与近岸海域环境功能区的关系。

（4）兼顾各类环境介质站位的相互协调。

环境质量监测站位布设一般采用网格法；环境功能区监测站位一般设在功能区的中心位置；河口、排污口附近海域及海湾等近岸站位布设一般采用收敛型集束式（近似扇形）与控制点相结合的方式，即依据污染源特点和水动力条件分别设置 2～4 条断面，在每条断面上设 3～5 个测站；在开阔沿岸区设置监测站位可平行于海岸布设或网格式布站。

环境质量监测站位布设时还应注意：入海污染源环境影响监测和大型海岸工程环境影响监测等专题监测的对照站位应设在基本不受该类污染源或海岸工程的污染影响处，并避开主要航线、锚地、海上经济活动频繁区、排污口附近海区；沉积物质量监测站位布设时要考虑入海径流和潮汐作用的影响，一般与水质监测站位相一致；生物监测站位依据污染源、生物栖息环境状况，与水质、沉积物质量站位相协调。对某些进行过监测或基线调查的海域，可采用一些统计学方法进行测站布设或优化，如方差分析法、聚类分析法、最优化分割法、R 型因子分析法等。

（三）监测内容、项目及其分析方法

1. 监测内容

监测内容根据监测目的和性质确定。环境质量监测一般以环境质量标准规定的项目作为监测的主要对象，在考虑污染排放或输入的影响时，还要开展污染输入相关的监测内容；污染源监测以排放标准规定的项目作为监测的主要对象。近岸海域环境质量监测的内容一般包括水质、沉积物质量、海洋生物、潮间带生态监测、生物体污染物残留量和简易水文气象等，考虑输入影响时，还开展入海河流、直排海污染源、陆域面源和空气沉降等监测内容。

2. 监测项目

监测项目根据监测目的和监测海域的环境特征选择。同时根据现有实验室条件选择符合有关技术标准的分析方法。确定监测项目选择参考原则为：

（1）依据污染物特性和分布确定。对自然性、化学活性、毒性、扩散性、持久性、生物可分解性和积累性等做全面分析，选择影响面广、持续时间长的主要超标污染指标和不易被微生物分解并能使海洋动植物发生病变的污染物应作为首选监测项目。

（2）依据污染物入海量确定。一般入海量大，且被历年监测调查证实的海域主要污染物应选为监测项目。

（3）依据监测海域特征污染物和根据社会经济发展确定的潜在主要污染物确定监测项目。

（4）依据可实现性选择监测项目。在实施监测中有可靠、成熟的监测方法和监测设备支持，并能保证获得有意义的监测结果。

（5）依据标准选择监测项目。监测所获得的数据要可评价的标准或可通过比较分析能作出确定的解释和判断。无法评价的监测项目所获得的监测结果，除科研监测外，无实际现实意义。

3. 监测方法

监测方法包括监测点位设置、采样时间和频率、采样设备和方法、样品的保存、样品前处理和分析、数据处理以及质量保证等。在分析方法选用时，首先选用国家标准分析方法，其次选用统一分析方法或行业分析方法。如尚无上述分析方法时，可采用 ISO、美国 EPA 和日本 JIS 方法体系等其他等效分析方法，但应经过验证合格，其检出限、准确度和精密度应能达到质量控制要求。

（四）监测频率

测站的位置主要决定监测数据的空间代表性，而监测频率则决定监测数据的时间代表性。监测频率过高费用太大，也没有必要，太低则使数据缺乏代表性，适度的监测频率可在投入较少的情况下，较准确地把握环境质量的时间变化趋势和规律。

确定监测频率的一般原则为：力求以最低和符合经济条件的采样频率，取得最有时间代表性的样品；充分考虑污染物排放入海的规律、影响范围、污染物在环境介质中的时间变异程度、海域水体功能及有关的水文特征；既要满足监测的目的与评价的需要，又实际

可行。

对近岸海域监测而言，近海海域水质监测每年 2~4 次；近岸区水质监测需要较高的频率，特别是重点污染区站点应每月 1 次；养殖区的养殖季节和海滨旅游区的旅游旺季则适当加密，一般为每周 1 次，必要时重点区域监测频率应更高；沉积物监测频率 1 年 1 次；生物监测一般与水质监测频次相同；生物残毒监测每年 1 次（成熟期）或 2 次（初长期和成熟期）；生物效应监测视具体情况而定；岸滨和岛屿定点监测频率应明显加大，最多可达每月一至数次连续小时监测（第 2~3 h 采样 1 次）；对需要了解水质连续变化的重要区域，可以采取连续自动监测。由于目前经济基础决定，目前近岸海域各项监测内容的频次尚在不断完善。

（五）进度安排

进度安排是监测方案中监测结果时效性的体现，根据监测任务的需要，明确监测过程中准备工作、采样、实验室分析、数据汇总整理、报告编写、成果鉴定或验收等各阶段的时限，保证监测目的对时效性的落实。

（六）组织分工

根据监测内容和项目，明确监测任务各承担单位或岗位的职责和任务，一般分单位间的组织分工和单位内各工作岗位的组织分工。明确项目总负责人或首席科学家、安全负责人、各工作岗位的负责人和责任人及其职责和任务。明确各个环节的工作流程、注意事项与安全保障要求。

（七）数据管理

根据监测报告制度、业务主管部门的规定或与监测任务委托方签订的技术合同要求，对监测任务承担单位提出监测资料内容、形式和时间的上报或/和归档要求。

（八）质量保证和质量控制

对监测工作全过程，包括人员、准备工作、样品采集、处理和运输、实验室分析、数据处理等各个环节，规定质量保证措施。对于近岸海域环境监测，应特别注意监测用船和采样设备的防玷污处理，具体要求见本章第三节和第四节。

（九）监测成果形式

监测成果的形式根据监测任务的要求明确。环境质量监测和污染源监督性等国家或地方监测任务的监测成果形式，一般由上级业务主管部门以文件形式规定；其他委托监测的成果形式由监测单位和监测任务委托方以合同规定的方式确定。

（十）经费预算

国家和地方的监测任务的运行费用或运行补助费，分别由任务组织单位提出。预算根据监测内容、项目、监测频次和预计样品数量编制。近岸海域环境质量监测预算内容一般包括：监测用船租金（含油料消耗）、外业作业人员的旅差与伙食补贴等、样品采集、现场和实验室分析测试、监测方案和监测报告编制、不可预计费（基于海上作业影响因素的复杂性）等。

四、监测准备

国家和地方近岸海域监测工作按照国家和地方环境监测计划安排，各级环境监测站根据国家和地方环境监测计划制订年度计划，根据制订的年度计划开展准备工作。其他委托监测根据委托合同开展准备工作。

每次监测的准备包括以下内容：

➢ 确定监测项目负责人、技术负责人和安全负责人；

➢ 进行技术设计，编写分工计划，组织监测队伍并明确岗位责任；

➢ 收集、分析调查海区与调查任务有关的文献、资料；

➢ 做好采样、现场分析、样品保存设备和条件准备；

➢ 申报航行计划，做好出海准备；

➢ 做好实验室样品接收和分析准备；

➢ 做好监测结果处理和报告的准备。

五、调查计划的调整

（1）近岸海域监测计划应严格执行，确需改动时，应以书面形式正式报上一级监测机构或项目委托单位批准。

（2）进行近岸海域监测作业时，在遵循最佳效益和确保安全的原则下，负责人和技术负责人可根据实际情况对站位、观测对象及作业程序进行适当补充，并同时将调整情况以书面或报告形式报上一级监测机构或项目委托单位。

六、调查人员条件和职责调查人员

1. 监测项目负责人

监测项目负责人基本条件和职责如下：

（1）具有与调查项目相符的业绩和良好的组织领导能力；掌握本项目重点学科的基本理论、专业知识，正确解释调查结果中出现的现象；熟悉国家相关法律、法规，具有较强的质量意识；具备高级专业技术职称；

（2）全面负责本调查项目的组织领导工作与资源配置，保证调查项目按时完成和成果质量。

2. 技术负责人

技术负责人基本条件和职责如下：

（1）应取得由合法资质机构颁发的且与调查项目相符的上岗资质证书，具备高级专业技术职称；应掌握本航次重点学科的基础理论、专业知识与主要专业操作技能，能正确处理调查作业中出现的问题；应熟悉国家相关法律、法规，具有较强的质量意识。

（2）在项目负责人的领导下，负责本航次调查活动的技术领导，保证完成本航次调查任务。

（3）负责质量计划的实施，保证海上调查数据、样品的完整和准确可靠，保证实现本航次质量目标。

3. 学科负责人

在综合调查中设学科负责人，其基本条件和职责如下：

（1）应取得由合法资质机构颁发的且与调查项目相符的上岗资质证书，具备中级以上专业技术职称；应掌握本学科调查基础理论、专业知识与主要要素的操作技能，能正确处理调查作业中出现的问题；

（2）在技术负责人领导下，负责本学科海上作业的顺利完成，返航后负责样品分析和数据处理等内业活动的圆满完成，负责向调查项目负责人提交该航次本学科的完整调查资料；

（3）负责实施质量计划相关条款，保证本学科样品、调查数据的完整和准确可靠，保证实现质量目标。

4. 作业人员

作业人员基本条件和职责如下：

（1）应取得由合法资质机构颁发的与调查项目相符的上岗资质证书，能胜任海上调查工作，坚守岗位，尽职尽责；

（2）能按规定的方法和技术要求，按时完成本职调查工作，保证调查数据的准确可靠；

（3）必要时，技术负责人可以指定一名人员，负责本航次的质量保证工作。

七、监测条件要求

（一）监测船及采样设施

1. 监测船基本要求

监测船应满足如下一般要求：

（1）船体结构牢固，抗浪性强，受风压面小，有充分的安全性能以及适于多种海况下作业条件；供电设备能满足照明、绞车、拖网采样、实验室检测设施以及各种电子仪器的需要；有周密、可靠、有效的安全和消防措施及设备。

（2）有准确可靠的测深、导航定位系统和通讯系统；海洋声、光调查船应噪声低，有较好的防电磁干扰能力。

（3）有满足海洋调查作业用的甲板及相关机械设备，有满足观测、采样和样品存贮的充足空间，有符合各种环境质量要素样品处理或分析用的实验室（包括空间、供水、排水、电源、照明和通风、冷藏冷冻装置、高压气瓶装置等）、数据和资料汇总整理间（或计算机房）；开展生物调查应有满足需要的拖网绞车，船尾适于拖网作业。

（4）船上应装有侧推可变螺距及减摇装置；河口及近岸浅水监测船，要求排水量100～150 t，吃水0.5 m，航速12 kn左右，并具有抗搁浅性能；中近海水域监测船，要求排水量600～2 000 t，吃水2～5 m，航速14～16 kn；远洋调查船应有较大续航力和自持力，能在广泛的洋区调查作业；极地考察船应具有相应的抗风暴和破冰、抗冰能力。

（5）可在不同航速下连续航行，开展生物监测的要求装有可变螺距和减摇装置，具有稳定的 2～3 节慢速性。

（6）设可控排污装置，专用监测船必须设可控排污装置，兼用监测船亦需改装排污系统，以减少船舶自身对采集样品的玷污；应特别注意监测用船的防玷污处理，减少船舶自身对采集样品的影响。

对没有配备监测船需要租用时，应尽量按照上述条件联系监测船。

2．监测船管理要求

调查船应满足如下管理要求：

（1）应通过船舶和有关检验机构的检查，符合适航标准和安全检查条例。

（2）船长及船员应具有相应职位的资质证书，熟悉本职业务，明确调查任务对船舶的作业要求，并能积极主动地配合完成调查任务。

（3）应保证调查人员的必要工作条件和生活条件。

（4）应按计划完成备航和安全检查、教育工作，能按时出海作业；在不影响安全的前提下，船舶的行动应尊重首席科学家的意见。

（5）应按调查任务的需要准确地操纵船舶，保证航行安全。

（6）凡属船上固定的调查设备，均需经常保持良好状态。

对没有配备监测船需要租用时，还应将租用船的其他相关规定纳入到管理要求中。

3．采样设施要求

（1）设水文、水样采取、沉积物采样和浮游生物采样绞车 2～4 部，生物采样用吊杆一部。

（2）浅海绞车缆绳长 200 m；中近海绞车缆绳长 600 m；采集水样的绞车、缆绳及导轮应无油和暴露金属。

（3）生物采样场所设船艉部。要求宽广平坦，避开通风筒、天窗等突出物并设收放式栏杆。

（4）采样绞车处应装有保护栏杆的突出活动操作平台。

（5）采样场所应有安置样品的足够空间。

（二）实验室

1．实验室基本条件

无论移动或固定实验室（包括观测场及作业场），均应满足如下一般要求：

（1）实验室（包括观测场及作业场）应安排在方便工作、安全操作的地方。

（2）应配有满足调查要求的水、电、照明、排风、消防设施和相应实验、办公设备。

（3）实验室内的温度、湿度、空间大小、采光等环境应符合规定。

（4）测量、办公用仪器设备应摆放整齐、有序，固定牢固，便于操作。

（5）实验室应尽量避免受外界或内部的污染以及机械、噪声、热、光及电磁等干扰。

2．专用监测船实验室条件

（1）设在位置适中，摇摆度较小处。并靠近采样操作场所。

（2）有良好的通风装置、空调设备、超净工作台、通风橱、水槽等专用设备，有足够的白色照明灯。

（3）独立的淡水供水系统，排水槽及管道需耐酸碱腐蚀。

（4）电源：交流 220 V，380 V；直流 6 V，12 V，24V。

（5）实验桌面耐酸碱，并设有固定各种仪器的支架、栏杆、夹套等装置。

（6）配有样品冷藏装置、防火器材及急救药品等。

（7）附近应有装置高压气瓶的安全隔离小间。

对没有配备监测船需要租用时，应尽可能根据监测的内容按上述条件联系监测船只。

3. 实验室制度

实验室应制定周密、切实可行的规章制度，至少应满足如下管理要求：

（1）对仪器设备应实行标志管理：满足原技术指标的加贴绿色合格标志；虽因某项性能消失、某段范围超差或降级使用，但仍能满足使用要求的加贴黄色准用标志；发现故障或超检的加贴红色停用标志。

（2）样品、试剂应按规定包装、存放，分类摆放牢固有序，标志应清楚，防止混淆、丢失、遗漏、变质及交叉污染。

（3）剧毒、贵重、易燃、易爆物品应以特定程序管理、特殊设施存放。

（4）应建立仪器设备的管理制度，应规定仪器设备交接班检查和定期通电检查、维护的要求。

（5）进出实验室（包括观测场及作业场）或交接班应认真检查水、电、热供应设施是否处于正常开关状态。

（6）建立三废处理制度，应规定收集、处理、排放废物、废水、废气和过期试剂的有关要求。

（7）应建立并保持对有特殊要求实验室的环境条件测试记录。

（8）应保持实验室（包括观测场及作业场）洁净、整齐、有序。

（三）浮标和潜标

1. 基本性能

浮标和潜标应具备如下基本性能：

（1）应有牢固的浮体和系泊系统（潜标应有自动释放装置）。

（2）应有在规定的布放时间内自动供电和自动可靠地采集、贮存和定时传输资料的能力。

（3）在布放海区极限海况条件下应能连续正常工作。

（4）应具有在规定时间内防生物附着能力和防腐蚀能力。

（5）应具有报告其工作状况和位置的能力。

（6）浮标应具有夜间灯光显示装置和雷达波反射装置。

2. 管理要求

浮标和潜标应满足一下管理要求：

（1）布放的位置（潜标还应固定在设计深度上）应使观测资料有良好的代表性，应避开航道和其他危险区，尽可能避免布放在渔船作业区。

（2）布放和回收浮标，应选择适宜的海况条件，由专人指挥，按规定程序实施。

（3）应经常监测浮标位置。当发现距岸不大于 300km 的浮标移位超过 1.0km，或距岸大于 300km 的浮标移位超过 2.0km 时，应立即记录移位后的实际位置，并将浮标重新拖回并系留到原位置上。移位超过规定距离后，观测到的资料，不能作为原位置资料使用。

（4）正常工作时应按期对浮标各部分进行检修或更换，出现故障应立即进行维修。

（5）浮标接收站应选建在有利于遥控指令发射和资料接收的位置上，应配备可靠的资料接收和处理设备，接收设备应配备有效的防雷击装置。

（四）监测仪器设备

近岸海域监测的仪器设备应满足以下要求：

（1）使用的仪器设备的技术指标满足监测的技术要求。

（2）国内仪器设备生产单位应取得由国家有关质量技术监督部门颁发的《制造计量器具许可证》或型式批准证书；研制、开发的科研样机应经授权的国家法定计量检定机构鉴定合格。

（3）进口仪器设备应经过国务院计量行政部门型式批准。

（4）计量用仪器设备应送授权的法定计量检定机构检定或校准；没有授权机构的，由持有单位按合法化了的自校或互校方法进行自校或互校；仪器设备应在检定、校准证书有效期内使用；仪器设备使用时，应按性质校验或校准。

（5）无法在室内检定、校准的仪器设备，应与传统仪器进行现场比对，考察其有效性。

（6）对测量中需定标的仪器，应按规定定标，并列入操作程序。

（7）出海前，设备应由使用者对出海仪器设备按上述条件逐一检查并记录和备案。

（8）监测仪器设备的运输、安装、布放、操作、维护，应按其使用说明书的规定进行。

（9）采样和现场测试设备必须注意采取防玷污措施。

（五）标准物质

（1）监测中，一般应使用国家相关部门批准生产的有证标准物质（CRM），并在使用有效期内使用。对使用的标准物质在实验记录中应标明批号。国内没有标准物质产品的项目，应经专门人员、以专用仪器、实验室，用具有出厂检验合格证且在有效使用期内化学试剂配置，并接受互校或比对。

（2）出海前由使用者对出海用标准物质和化学试剂按上述条件逐一检查并记录和备案。

八、海上监测一般规定

（一）监测的导航定位

（1）海洋环境基本要素调查的导航定位设备一般为全球定位系统（GPS）或差分全球定位系统（DGPS），GPS 应符合 GB/T 15527 的要求，DGPS 应符合 GB/T 17424 的要求。

（2）导航定位设备安装、操作应按其使用说明书进行。按规定定期进行校准和性能测试，标定其系统参数。

（3）调查船应配备能胜任的导航定位操作人员，并备有相应的图件和技术资料。在海上调查开始前，应由导航定位人员将设计好的调查测线和测点画在导航定位图上或输入导航定位计算机内。返航后及时将完整的导航定位资料提供给技术负责人。

（4）航海部门人员应在航海日志中准确记录与海洋调查有关的时间、站号、站位、航向、航速、水深等信息，并及时向调查人员提供航行参数和测线、测点的编号。在利用调查船进行漂泊调查时，应在进入、离开调查站位时分别报告一次时间与船位。条件允许时，应尽可能加密测定船位，并向首席科学家提供船舶漂移轨迹。

（5）导航定位准确度应符合监测的要求，推荐的海洋地质地球物理调查（除采样活动外）定位准确度为±10 m；对达不到的，可按其他各专业、各要素调查定位准确度，为±50 m。

（二）海上监测相关规定

1. 规章制度

为保证海上监测工作的质量与安全。应建立相应的值班、交接班、岗位责任、安全保密、仪器设备检查保养、资料校核保管等各项制度。

2. 时间标准

近海调查一律用北京标准时间，全年不变。每天校对时间一次，计时误差不得超过设计允许范围。

远洋监测或国际联合监测，必要时也可采用世界标准时，但需在资料载体上注明。计时误差不得超过设计允许范围。

3. 定位要求

（1）在河口及有陆标的近岸海域，水、沉积物及生物监测的站点的定位误差不得超过500 m；其他海域站点定位误差不得超过100 m。

（2）河口区断面位置，用地名、河（江）名及当地明显目标特征距离表示。

（3）潮间带生物生态监测，断面间距误差不得超过两断面距离的 1%；断面上各测点间距不得超断面长度 0.5%。

（4）专项监测调查，定位精度按特定要求自行规定。

（5）实际站位应尽量与标定站位相符。两者相差近岸不得超过 100 m；中近海不得超过 2 000 m。

4. 样品处理和资料保管

样品取得后，须在现场测试的样品应及时分析；需带回测试的样品应立即进行预处理和分装。样品登记表和资料载体以及初步计算的结果，均须标注清楚；样品和资料应随时包装整理，专人负责保管，发生危急事故时，须全力抢救。

第二节　监测安全

一、安全规章制度

近岸海域水质、沉积物及生物等采样，必须制定相应的出海采样安全规章制度，并认真执行。包括以下内容：

（1）必须认真考虑在各种天气条件下，确保操作人员和仪器设备的安全。在大面积水体上采样，操作人员要系好安全带，备好救生圈，各种仪器设备均应采取安全固定措施。

（2）在冰层覆盖的水体采样之前，首先要仔细检查薄冰的位置和范围。如果采用整套呼吸装置和其他潜水装置进行水下采样，必须对其可靠性经常进行检查和维修。

（3）在所有水域采样时要防止商船、捕捞船及其他船只靠近，要随时使用各种信号表明正在工作的性质。

（4）尽量在安全地点采样，避免在危险岸边等不安全地点采样。如果不可避免，不得单独一个人采样，可由一组人实施，并要采取相应措施。安装在岸边或浅水海域的采样设备，要采取保护措施。

（5）采样时，要采取一些特殊防护措施，避免某些偶然情况出现，如腐蚀性、有毒、易燃易爆、病毒及有害动物等对人体的伤害。

（6）使用电动采样设备操作时，加强安全措施。

二、人员安全要求

出海采集近岸海域水质、沉积物及生物等采样，必须制定相应的出海采样安全规章制度，并要求全体出海采样人员认真执行，包括以下内容：

（1）进行海洋环境监测的监测人员须经过技术培训，具备资格证书方可上岗。

（2）监测计划中，为获取可比的样品，所有的采样人员应接受相同的训练。在复杂情况下，训练有助于对采样计划和需要解决的问题的了解。

（3）从事海上作业及分析的科研人员必需经过海事部门的海上安全的专门训练并取得合格证书后方可上船作业。

（4）出海调查人员应熟悉所用船舶的应变部署系统，掌握应变部署和自救办法，掌握消防知识及消防器材的使用方法。

（5）采样作业须待到船舶稳定后方可进行。

（6）采样作业期间，在船舷操作人员必须穿戴工作救生衣，并戴好安全帽，任何人员禁止穿拖鞋上甲板。

（7）夜间作业，甲板上每个岗位至少二人，禁止单独上甲板操作。

（8）在每个作业区各设安全监督员一名，其职责为监督和督促工作人员按安全要求进行操作。

（9）航次期间，船舶靠泊港口、码头后，所有人员不准随意上岸，需上岸的人员须征得有关领导同意后方可上岸，并在规定时间内及时回船，并须 3 人以上结伴同行。

三、海上调查采样注意事项

（1）船舶到监测站位前 5 min，各采样岗位有关人员应进入准备状态。

（2）海上作业必须防风浪袭击，甲板上堆存的装备、物品必须用绳索捆绑固定，必要时加盖防雨布。

（3）实验室仪器、试剂等均应预先固定，防止翻倒，玻璃器皿等要防止滑落、打翻。

（4）防火、防爆、设备保护及事故救护等应遵守船舶的各项安全管理规定、安全措施。

（5）应制定具体明确的人身、仪器、资料的安全保障措施，建立安全岗位责任制和必要的奖惩制度。

（6）特别应注意规定在大风大浪、夜间、雷暴和雨雪等恶劣天气下工作及遇到特殊情况（如船舶碰撞、火灾、海啸等灾害）时采取的应急安全措施。

（7）出海人员应按照规定购买人身意外保险。

四、入海河流及直排海污染源监测安全

入海河流监测安全按照地表水监测安全要求执行。

直排海污染源监测安全按照污染源污水监测和所监测企业相关规定执行。

第三节　质量保证与质量控制

一、概念

（一）环境监测质量保证

环境监测质量保证（QA）是整个环境监测过程的全面质量管理，包含了保证环境监测数据正确可靠的全部活动和措施，目的是为了获得高质量可靠的监测数据。其主要内容是制订完整可行的监测计划；根据需要和可能、经济成本和效益，确定对监测数据的质量要求；规定相应的分析测量系统等采样方法、样品处理和保存，实验室供应，仪器设备、器皿选择和校准，试剂、基准物质的选用，分析测量方法，质量控制程序，数据的记录和整理，技术培训，实验室的清洁度和安全以及编写的有关文件、指南、手册等均属于质量保证的内容。

（二）环境监测质量控制

环境监测质量控制（QC）是指为达到监测计划所规定的监测质量而对监测过程采用的控制方法，它是质量保证的一部分。环境监测质量控制包括：①实验室内部质量控制简称"内部控制"。内部控制是实验室自我控制质量的常规程序，它能反映分析质量稳定性状况，以便及时发现分析中异常情况，随时采取相应的校正措施。一般包括空白实验、校准曲线和工作曲线核查、仪器设备标定和检验、平行样分析、加标样分析、密码样分析，是实验室自我控制的常规程序。②实验室外部质量控制简称"外部控制"或实验室间质量

控制。外部控制实际是实验室间测定数据的对比试验，通过这项试验可以发现一些实验室内部不易核对的误差来源。采用的方法有分析测量系统的现场评价、分发标准样品（标准物质）或质量控制样品进行实验室间的评价。目的在于协助各实验室发现问题，加强实验室间测定结果的可比性，提高实验室的检测水平。

（三）环境监测质量保证和质量控制的意义

环境监测的质量保证和质量控制是环境监测工作的一个组成部分。为了使监测数据能够准确地反映环境质量的现状，预测污染的发展趋势，质量保证和质量控制的作用是使环境监测数据具有代表性、准确性、精密性、可比性和完整性，以达到环境管理对环境监测工作的质量要求。其中：

1. **代表性**（representation）

是指代表性的时间和地点，并按规定的采样要求采集有效的样品。所采集的样品必须能够反映所监测对象总体的真实状况，监测数据能够反映污染物在所监测环境介质（如水、气、土壤等）中存在状况和环境（水、气、土壤、声学环境等）的状况。

任何污染物在环境（水、气、土壤）介质中的分布不可能是非常均匀的，因此要使监测数据如实反映环境质量和污染源的排放状况，就必须充分考虑所测污染物的时空分布。一般通过优化布设采样点位，使所采集的样品具有代表性。

2. **完整性**（completeness）

完整性强调工作总体规划的切实完成，即保证按预期计划取得有系统性和连续性的有效样品，而且无缺漏地获得这些样品的监测结果及有关信息。

3. **可比性**（compatibility）

指用不同的测定方法测量同一样品的某一组分时，所得结果的符合程度。可比性不仅要求各实验室之间对同一样品的监测结果应相互可比，使用不同标准方法得出监测结果应具有良好的可比性，相同项目在没有特殊情况时，历年同期的数据也应是可比的。同时，通过标准样品（或标准物质）的量值传递与溯源，实现国际间、行业间的数据一致和可比以及大的环境区域之间、不同时间之间监测数据的可比。

4. **准确性**（accuracy）

准确性指测定值与真实值的符合程度。监测数据的准确性受样品采集、运输、保存和实验室分析等环节的影响。准确度常用以一个特定的分析程序所获的分析结果（单次测定值或重复测定值的均值）与假定的或公认的真值之间的符合程度。它常用绝对误差或相对误差表示。一般分析方法和测量系统准确度的评价方法为使用标准样品（标准物质）或以标准样品做回收率测定的办法评价。

5. **精密性**（precision）

精密性与准确性都是监测分析结果的固有属性，必须按照所用方法的特征使之正确实现。数据的准确性是指测定值与真值的符合程度，而其精密性则表现为测定值有无良好的重复性和再现性。它以监测数据的精密度表示，是使用特定分析程序再受控条件下重复分析均一样品所得测定值之间的一致程度，反映了分析方法或测量系统存在的随机误差的大小。测试结果的随机误差越小，测试的精密度越高。精密度常用极差、平均偏差、相对平均偏差、标准偏差和相对标准偏差表示。

"错误的数据比没有更可怕"，目前世界各国都在积极开展质量保证计划，以保证工作的质量。

（四）近岸海域环境监测质量保证和质量控制的发展与现状

近岸海域监测质量保证工作，实质上是伴随着我国海洋监测业务而开展的。20 世纪 70 年中期开始进行海洋环境监测以来，质量保证和质量控制一直是环境监测的一个组成部分，由于监测内容主要在海水水质监测，因此质量保证和质量控制工作多体现在水质监测上；随着 20 世纪 90 年代国家环境监测和海洋环境监测工作的制度化、规范化、技术标准化的建立，海洋环境监测质量管理体系逐步形成，尤其是 1992 年国家发布并实施《海洋监测规范》，统一了监测分析方法，海洋环境监测的质量保证和质量控制体系在标准化方面取得了实质性的进展。

随着近岸海域监测质量保证和质量控制的发展，综合监测人员质量控制、监测质量控制工作体系、采样实验室质量保证等方面的实践，2007 年版的《海洋监测规范》补充和完善了相关内容；2007 年中国环境监测总站（以下简称总站）组织制定和下发的《全国近岸海域环境监测网质量保证和质量控制工作规定（试行）》，对目前开展的近岸海域环境质量监测、入海河流和直排海污染源监测的质量保证和质量控制工作作出了具体规定。2008 年环保部颁布的《近岸海域环境监测规范》（HJ 442—2008），标志着我国环保系统的近岸海域环境监测在质量保证和质量控制方面已经建立了完整的标准体系，使近岸海域环境监测和质量管理有据可依。

随着监测技术的不断发展，监测项目和内容的不断拓展，与此相配套的近岸海域监测技术的质量保证和质量控制也在不断完善，如 2012 年总站组织编制和下发了《近岸海域水质自动连续监测技术要求（试行）》，同时组织《近岸海域水质自动连续监测技术规范》的标准制订的工作。目前，我国环境监测部门正在讨论制定各类监测质量保证系统化的规划，总结前几十年质量保证工作，进一步开拓其在各方面的新技术应用，使之不断充实完善，以便在监测工作中逐步地全面实现质量保证系统化的目标。

二、实验室质量保证与质量控制基础知识

（一）常用术语和定义

1. 准确度（Accuracy）

是由特定的分析程序所获得的分析结果（单次测定值或重复测定值的均值）与所希望的或公认的真值之间的符合程度。它是反映分析方法或测量系统存在的系统误差和随机误差两者的综合指标，并决定其分析结果的可靠性。准确度用绝对误差和相对误差表示。

评价准确度的方法有两种，第一种是用某一方法分析标准物质，据其结果确定准确度；第二种是"加标回收"法，即在样品中加入标准物质，测定其回收率，以确定准确度，多次回收实验还可发现方法的系统误差，这是目前常用而方便的方法，其计算式如下：

回收率＝（加标试样测定值－试样测定值）÷加标量×100%

2. 精密度（Precision）

是指由特定的分析程序在受控条件下重复测量均一样品所得测定值的一致程度（与真值无关，区别于准确度）。它反映分析方法或测量系统所存在随机误差的大小。极差、平均偏差、相对平均偏差、标准偏差和相对标准偏差都可用来表示精密度大小，较常用的是标准偏差或相对标准偏差。

（1）平行性：平行性是指在同一实验室中，当分析人员、分析设备和分析时间都相同时，用同一分析方法对同一样品进行双份或多份平行测定结果之间的符合程度。

（2）重复性：重复性是指在同一实验室中，当分析人员、分析设备和分析时间三因素中至少有一项不相同时，用同一分析方法对同一样品进行的两次或两次以上独立测定结果之间的符合程度。

（3）再现性：再现性是指在不同实验室（分析人员、分析设备、分析时间不同），用同一分析方法对同一样品进行多次测定结果之间的符合程度。

通常室内精密度是指平行性和重复性的总和；而室间精密度（即再现性），通常用分析标准溶液的方法来确定。

3. 标准空白（standard blank）

标准系列中零浓度的响应值。

4. 分析空白（analysis blank）

在与样品分析全程一致的条件下，空白样品的测定结果。

5. 校准曲线（calibration curve）

样品中待测项目的量值（X）与仪表给出的信号值（Y）之间的相关曲线。校准曲线分为标准曲线和工作曲线。

工作曲线（working curve）：标准系列的测定步骤与样品完全相同的条件下测定得到的校准曲线。

标准曲线（standard curve）：标准系列的测定步骤比样品分析过程有所简化的条件下测定得到的校准曲线。

6. 方法灵敏度（method sensibility）

某一测定方法的灵敏度，在量值上等于响应信号的指示量与产生该信号的待测物质的浓度或质量的比值。它反映了待测物质单位浓度或单位质量变化所导致的响应信号指示量的变化程度。

7. 检出限（detection limit）

通过一次测量，就能以 95% 的置信概率定性判定待测物质存在所需要的最小浓度或量。

8. 测定限（limit of determination）

测定限为定量范围的两端，分别为测定上限和测定下限。

测定下限：指在测定误差能满足预定要求的前提下，用特定的方法能准确定量测定待测物质的最小浓度或最小量。

测定上限：指在测定误差能满足预定要求的前提下，用特定的方法能准确定量测定待测物质的最大浓度或最大量。

9．最佳测定范围

最佳测定范围也称有效测定范围，指在限定的误差能满足预定要求的前提下，特定方法的测定下限至测定上限之间的浓度范围。在此范围内能够准确地定量测定待测物质的浓度或量。

10．平行样（parallel sample）

独立取自同一个样本的两个以上的样品。根据取样不同，控制过程也不同，如现场平行样控制从采样到分析的全过程，而实验室平行样只控制实验室的分析过程。一般近岸海域水质分析要求中的平行样是指现场平行样。

11．现场空白样

现场空白是指在采样现场以纯水作样品，按照测定项目的采样方法和要求，与样品相同条件下装瓶、保存、运输，直至送交实验室分析。

12．加标回收

在测定样品的同时，于同一样品的子样中加入一定量的标准物质进行测定，将其测定结果扣除样品的测定值，以计算回收率。现场加标样是指取一组现场平行样，将实验室配制的一定浓度的被测物质的标准溶液，等量加入到其中一份已知体积的水样中，另一份不加标。

13．现场质控样

是指将标准样与样品基体组分接近的标准控制样，带到采样现场，按样品要求处理后与样品一起送实验室分析。

14．误差

测量值与真值之差异称为误差，测量值与真值之差异相对真值的比例为相对误差。其中真值（True value）为某一物理量本身具有的客观存在的真实数值，即为该量的真值；绝对误差和相对误差按下述公式计算：

绝对误差=测量值－真值

相对误差=绝对误差÷真值

15．偏差（Deviation）

各个单次测定值与平均值之差。它分绝对偏差、相对偏差、标准偏差等。计算方法为：

绝对偏差=测定值－均值

相对偏差（RD）=绝对偏差－均值，以百分数表示。

标准偏差（Standard Deviation）：样本分量与样本均值之差的平方和除以样本量减一的平方根。

$$标准偏差 s = \sqrt{\frac{\sum(x-\bar{x})^2}{n-1}}$$

相对标准偏差（RSD，Relative Standard Deviation）或称变异系数（CV，Coefficient of Variation），为样本标准偏差与样本均值之比。

$$相对标准偏差 = \frac{s}{\bar{x}} \times 100\%$$

（二）质量控制主要内容

1. 监测全过程的质控要点

监测全过程的质控要点，主要包括布点系统、采样系统、运贮系统、分析测试系统、数据处理系统和综合评价系统的控制，见表 9.1。

表 9.1　环境分析与监测全过程质控要点

监测过程	质　控　要　点	
布点系统	1. 监测范围与对象 2. 监测点位数量优化 3. 监测经费支持水平	一定经费支持下的监测空间代表性及可比性控制
采样系统	1. 采样时间、次数和采样频率控制及优化 2. 采集工具和方法的统一规范化	控制时间代表性及可比性
运贮系统	1. 样品的运输过程控制 2. 样品固定保存控制	可靠性和代表性控制
分析测试系统	1. 实验条件（环境、水、试剂、设备等）控制 2. 分析方法准确度、精密度、检测范围控制 3. 分析人员素质、实验室内质量控制 4. 实验室间质量的控制	控制准确性、精密性、可靠性、可比性
数据处理系统	1. 数据整理、处理及精度检验控制 2. 数据分布、分类管理制度的控制	控制可靠性、可比性、完整性、科学性
综合评价系统	1. 信息量的控制 2. 成果表达控制 3. 结论完整性、透彻性及对策控制	控制真实性、完整性、科学性、适用性

2. 实验室内质量控制技术与程序

（1）基本要求

实验室质量控制技术包括实施统计学控制和完成测试过程准确度要求的所有实践和程序。在实施质控过程中，缺少任何环节或其中某一个环节失控，都会影响到测试结果，所以要使各要素都处于受控状态。实验室内质量控制技术和活动的实施，是在室技术负责人、质量保证负责人指导下由质控人员进行的。在确定了监测项目之后，应选定适宜的方法，进行基础训练，并实施相应的质量控制技术，其程序如图 9.1 所示。

（2）实验室质量控制技术

实验室分析质量控制是环境监测的重要组成部分。为取得满足质量要求的监测结果，当按监测计划规定采集的样品送到实验室进行分析测试时，必须在分析过程中实施质量控制技术、管理规定和所采取的一系列活动。由这些质量技术和管理规定所组成的程序，就是实验室质量控制程序。实验室质量控制包括实验室内质量控制和实验室间质量控制。

（3）实验室内质量控制技术

实验室内质量控制，包括实验室内自控和他控。自控是分析测试人员自我控制分析质量的过程；他控属于外部质量控制，是由独立于实验室之外他人对监测分析人员实施质量控制的过程。该过程可选用合适的标准样品，也可用标准溶液或质控样等，按照规定的质量控制程序进行分析，用来控制测定误差，根据发现的异常现象，针对所存在的问题查找原因，并作出相应的校正和改进。

自控情况下的质量控制技术有：空白值和检出限的核查，平行双样分析，加标回收率测定，标准物质比对分析，方法比较实验以及使用质量控制图等。

可用于他控方式的质量控制技术有：密码样测定，密码加标样分析，密码方式的标准物质比对分析，室内互检，室间外检等。

由于各种质量控制方法，均对分析质量的某一或几个方面控制，因此，一般是各种方法按照一定比例全面执行。

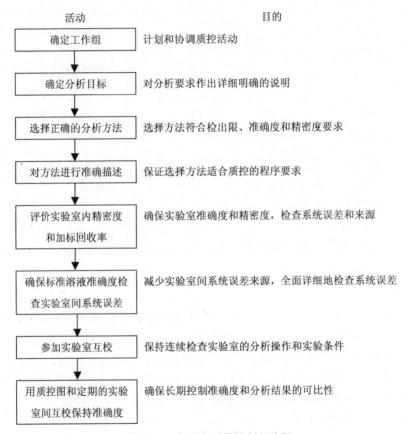

活动　　　　　　　　　　　　　　　目的

确定工作组　　　　　　计划和协调质控活动

确定分析目标　　　　　对分析要求作出详细明确的说明

选择正确的分析方法　　选择方法符合检出限、准确度和精密度要求

对方法进行准确描述　　保证选择方法适合质控的程序要求

评价实验室内精密度和加标回收率　　确保实验室准确度和精密度，检查系统误差和来源

确保标准溶液准确度检查实验室间系统误差　　减少实验室间系统误差来源，全面详细地检查系统误差

参加实验室互校　　　　保持连续检查实验室的分析操作和实验条件

用质控图和定期的实验室间互校保持准确度　　确保长期控制准确度和分析结果的可比性

图 9.1　实验室质量控制程序图

（4）方法选定

方法是分析测试的核心。每个分析方法有其特性和适用范围，应正确选择适宜的分析方法。选择方法的原则是：优先选用已经验证的统一分析方法；如无统一分析方法时，须先做方法验证。

选择方法标准的次序为：首选国家标准分析方法，其次选用统一分析方法或行业分析方法，如尚无上述分析方法时，可采用 ISO、美国 EPA 方法体系等其他等效分析方法，但应经过验证合格，其检出限、精密度和准确度应能达到质控要求。

由于实验条件不同和用于验证的标准物质其代表范围有限，每个分析人员用新方法时，无论是标准还是成熟技术，应先进行验证，经评价符合要求时，方可进行样品测定。

方法选择按照准确测定监测对象的要求进行，其中考察方法检出限和监测范围尤为重要，是决定采用方法和开展监测成败的重要一环，目前很多实验室有所忽略，应特别引起注意。从历年近海网成员单位上报的数据看，曾有 24 个单位汞的检出限大于等于一类海水水质标准值 0.05 μg/L；铅有 14 个单位检出限大于等于一类海水标准值 1 μg/L；镉有 2 个单位检出限大于一类海水标准。从中反映出这些单位的方法选择与标准要求存在一定的差距，还需要进一步规范方法的选择。

（5）基本实验

在选定分析方法之后，必须反复多次进行实验，以熟练掌握实验技能和操作条件。基本实验包括空白实验、检出限的估算和校准曲线的绘制及检验，密码样分析等。对于接触新测试项目的任何分析人员，都应按照要求完成上述基本实验。只有当他们的实验检出限、精密度和准确度等指标达到方法规定的要求，接受质控人员安排的质控样和实验样品测定，评价测试结果合格后，才能上岗。

（6）对空白试验的控制

分析空白的控制程序都会影响痕量测定的准确度。空白试验有助于发现异常值，经多次实验，可计算实验室方法的检出限，确定测定限。空白试验，在一定程序上反映着实验室的基本状况和分析人员的技术水平。为了促进痕量分析的准确度和测定限，控制分析空白的变异显得尤为重要。减少空白值唯一实践的方法就是通过控制空白来完成。

空白：导致分析空白玷污的四个主要因素是分析环境、分析试剂、仪器和分析人员。对于空白试验值的控制，要求平行双样测定结果的相对偏差一般不得大于 50%。当空白试验值偏高时，应全面检查空白试验用水、试剂的空白、量器和容器是否玷污、仪器的性能及环境状况等。

检出限：检出限是指所用方法在给定可靠程度内，从零浓度样品中测到待测物质的最小浓度或最小量。所谓零浓度样品，是指具有与样品组成完全相同而不含待测物质的样品。检出限与分析时使用的试剂、水、仪器的稳定性和仪器噪声有关。"检出"是定性检出，即断定样品中确实存在有浓度高于空白的待测物质。置信水平不同，检出限则不一样。即使置于同一置信水平，不同仪器、不同方法，其检出限的规定也不尽相同。检出限因实验室、样品种类和分析人员不同而异。因此，每个实验室检出限都应按照《水和废水监测分析方法》中介绍的适用方法获得。

（7）校准曲线的绘制与检验

校准曲线包括标准曲线和工作曲线。标准曲线是指在省略某些分析步骤，用标准系列制备的曲线。工作曲线是指制备标准系列的步骤与样品分析步骤完全一致的条件下产生的，它是反映了分析全过程的一切影响因素而形成的曲线，可用来计算检出限、测定限、灵敏度等参数。

校准曲线只能在其线性范围内使用，既不能在高浓度任意外推，也不能向低浓度端随意顺延。超过线性范围的样品，其测定值不能直接用回归方程进行计算。校准曲线不得长期使用，更不得互相借用。

（8）精密度控制

平行双样应根据样品的复杂程序、所用方法、仪器精密度和操作技术水平，一般随机抽取 10%～20%的样品进行平行双样的测定；一批样品数量较少时，应增加测定率，保证每批样品至少测定一份平行双样；现场平行双样要以密码方式分散在整个测试过程，不得集中测试平行双样。

（9）准确度控制

海洋监测中一般采用标准物质或质控样作为准确度控制手段。每批样品自检至少带一个已知浓度的质控样；内标校准要选定一个或数个合适的内标物质，应与待测物质的化学性质相近而不受方法或基体的干扰；加标回收的加标量应与样品中待测物浓度相近，一般控制在 0.5～3 倍之间；加标后测定值不应超出方法测定上限的 90%；当样品中待测物浓度高于校准曲线的中间浓度时，加标量控制在待测物浓度的半量。

（10）质控图

分析质量控制图是保证分析质量的有效措施之一。它能直观地描述数据质量的变化情况、监视测定过程，及时发现分析误差的异常变化或变化趋势，判断分析结果的质量是否异常，从而采取必要的措施加以纠正。质控图通常分为精密度控制图、准确度控制图、均值极差控制图和加标回收率控制图等。

（11）各类质控技术的特性与局限性

各类质控技术具有一定的优点特点，但也存在局限性，共存的问题则在于样品的基体和待测物浓度的未知性，针对此类问题，根据不同的目的，选用不同的质控技术，也可选用多种技术同时进行，使分析过程始终处于受控状态，提高分析测试的质量，确保数据准确可靠。

（12）实验室间质量控制技术

实验室间质量控制又称为质量评价。其目的在于监测协同工作实验室之间在保证基础数据质量前提下，为提供准确可比的测试结果，由上一级监测中心发放标准样品在所属监测实验室之间进行对比分析，也可用质控样以随机考核的方式进行实际样品的考核，以检查各实验室是否存在系统误差，监测分析质量是否受控，分析结果是否有效。

实验室间质量控制工作需要有足够数量的实验室参加，数据的数量能满足数理统计处理的要求，便于分析人员和数据使用者了解分析方法、分析误差及数据质量。包括以下内容：

1）标准溶液的校核。

2）统一分析方法。

3）制定允许差进行质量控制。

4）实验室间质量考核及相互校准。

质控技术特性及相互比较见表 9.2。

表 9.2 质控技术特性及相互比较

序号	方法	质控类别	技术特性	技术局限性
1	平行样	自控及他控	反映批内结果精密度	不能反映结果的准确度
2	空白试验	自控	有助于发现异常值	空白测定结果的偏高或异变，并不意味着测定结果的准确度受到影响
3	加标回收	自控	检查准确度，可显示误差的某些来源，消除相同样品基体效应的影响	只能对相同样品测定结果的精密度和准确度作出孤点统计，当加标物质形态与待测物不同时，常掩盖误差而造成判断失误
4	方法对照分析	自控	能有效地反映测试结果精密度与准确度	只对测试质量作出孤立点统计，几种方法同时使用有困难
5	密码样测定	他控	检查准确度，可显示系统误差的某些来源，消除相同样品基体效应的影响	只能对相同样品测定结果的精密度和准确度作出孤点统计，当加标物质形态与待测物不同时，常掩盖误差而造成判断失误
6	标准物质对比分析	自控及他控	当标准物质的组成及形态与样品相同时，能反映同批样品测定结果的准确度	对同批测定结果的质量仅能给出孤立的统计，如标准物质的组成和形态与样品不同时，难以确切地反映测试质量
7	质控图	自控及他控	可以发现分析过程中的异常现象，对每天工作方法准确度和精密度进行评价，说明测试数据是有效、可疑，还是无效	只有当分析结果符合正态分布时，质控图才严格有效

三、海洋监测标准物质

（一）标准物质（标准样品）

标准物质（Reference Materials 简写为 RMs）和有证标准物质（Certified Reference Materials，编写为 CRMs）能使被测定的或已确定的量值在不同地区传递。在分析化学方面，标准物质是很好的、充分确定一种或多种性质用来校准分析仪器或使测量过程生效的物质。有证标准物质应附有经一定权威机构认证的标准物质证书，其一种或多种特征量应能溯源于准确所表示的特征值的国际单位制的基本单位，而且每一种标准物质必须在证书中所记载的量值水平的不确定度范围内准确可靠。在我国计量系统将这类"Reference Materials"称为"标准物质"，而标准化系统称为"标准样品"。

标准物质或标准样品可以传递不同地点之间的测量数据（包括物理的、化学的、生物的或技术的），可以是纯品物质，也可以是混合的气体、液体或固体，甚至是简单的人造物体。

（二）标准物质的作用

标准物质主要应用于以下几个方面：①校准分析仪器；②评价分析方法的准确度；③监视和校正连续测定中的数据漂移；④提高协作实验结果的质量；⑤在分析工作的质量保证计划中用以了解和监督工作质量；⑥用做技术仲裁的依据；⑦用做量值传递与追

溯的标准。

（三）海洋环境标准物质及其分类

海洋监测标准物质是监测分析的物质标准，是保证海洋监测分析数据准确、可靠不可缺少的物质基础，是量值传递的基准。世界上发达国家和一些有关国际组织从 20 世纪六七十年代开始研制环境标准物质，迄今为止已研制出大量的环境标准物质。

从 80 年代初，我国逐步重视环境标准物质的发展，自 1979 年起，国家海洋局第二海洋研究所就开始研制海上试用的 7 项标准溶液、6 种水质标准物质 12 个浓度、7 种标准溶液，并进行了海洋调查监测贻贝和近海海洋沉积物标准样品的研制。

标准物质主要有两种分类法：习惯分类法和国际常用分类法。

我国标准物质的等级：分为一级标准物质和二级标准物质。其编号由国家质量监督检验检疫总局统一指定、颁发，按国家颁布的计量法进行管理。一级标准物质（GBW）准确度具有国内最高水平，主要用于评价标准方法，作仲裁分析的标准，为二级标准物质定值，是量值传递的依据，二级标准物质 GBW（E）用与一级标准物质进行比较测量的方法或一级标准物质的定值方法定值，可作为工作标准直接使用。

目前，近岸域水质、沉积物、生物体残留样部分标准物质（样品）见表 9.3～表 9.5。

表 9.3　近海水质部分标准物质（样品）购置一览表

序号	监测项目	常用分析方法	编号	研制单位
1	盐度	盐度计法	GBW（E）130010-130011	天津：国家海洋标准计量中心
2	氨氮	靛酚蓝分光光度法	GBW08631-08633	国家海洋局第二海洋研究所（杭州）
3	硝酸盐氮	镉柱还原比色法	GBW08634-08637	国家海洋局第二海洋研究所（杭州）
4	亚硝酸盐氮	盐酸萘乙二胺比色法	GBW08638-08641	国家海洋局第二海洋研究所（杭州）
5	活性磷酸盐	磷钼蓝分光光度法	GBW08623	国家海洋局第二海洋研究所（杭州）
6	活性硅酸盐	硅钼黄分光光度法	GBW（08642-08649	国家海洋局第二海洋研究所（杭州）
7	石油类	紫外分光光度法 荧光分光光度法	GBW（E）080913	国家海洋环境监测中心（大连）
8	汞	冷原子吸收法	GBW（E）080042	国家海洋局第二海洋研究所（杭州）
9	铜	无火焰原子吸收法	GBW（E）080040	国家海洋局第二海洋研究所（杭州）
10	铅	无火焰原子吸收法		
11	镉	无火焰原子吸收法		
12	锌	火焰原子吸收法		
13	砷	砷化氢—硝酸银分光光度法 氢化物发生-原子荧光光度法	GBW（E）080230-080231	国家海洋局第二海洋研究所（杭州）

表9.4　近海海洋沉积物标准样品

序号	标准名称	编号	分析项目	规格	研制单位
1	近海海洋沉积物标准物质	GBW07314	约60项	70 g	国家海洋局第二海洋研究所（杭州）
2	南海海洋沉积物标准物质	GBW07334	52项保证值，11项参考值	70 g	国家海洋局第二海洋研究所（杭州）
3	黄海海洋沉积物标准物质	GBW07333	45项保证值，8项参考值	70 g	国家海洋局第二海洋研究所（杭州）

表9.5　生物体标准样品

序号	标准名称	编号	分析项目	规格	研制单位
1	牡蛎	GSBZ 19002-95	28项保证值，14项参考值	15 g	环保部标准样品研究所
2	贻贝	GBW08571	17项保证值，20项参考值	5 g	国家海洋局第二海洋研究所（杭州）
3	海带	GBW08571	22项保证值，31项参考值	12 g	国家海洋局第二海洋研究所（杭州）
4	黄鱼	GBW08571	18项保证值，11项参考值	12 g	国家海洋局第二海洋研究所（杭州）

（四）使用标准物质注意事项

特别要指出的是，不能以为有了标准物质就可以在任何情况下得到准确可靠的测试结果。因为标准物质是一种传递准确度的工具，只有当它与测定方法相结合、使用得当时，才能发挥其应有的作用。在使用时要注意以下几个方面：

（1）选择与待测样品的基体组成和待测成分的浓度水平相类似的标准物质。

（2）根据海洋监测工作的需要选择不同级别的标准物质。如在研制标准物质时必须使用一级标准物质，而在普通实验室进行分析质控时则可使用二级标准物质或工作标准物质。

（3）注意标准物质证书上规定的有效期限能否满足实际工作的需要。

（4）要认真、仔细了解物质的量值特点、化学组成、最小取样量和标准值的测定条件等内容。

（5）要注意标准物质证书中规定的保存条件，并按要求妥善保管。

（6）必须在测量系统经过标准化并达到稳定后方可使用标准物质。

（7）标准物质（标准样品）容器是否因损坏等原因造成玷污。

（五）内控样的配制与应用

内控样是为了自我控制分析质量而配制的人工合成样或已定值的天然标准参考物。要求在测定样品的同时，加测内控样。

内控样的质量要求：含量准确、组分均匀、性质稳定，并与环境样品组成相近。用于海水中某些测项的内控样，可选经过定值的清洁海水及其加标的人工合成样，还加入多种成分，以适应多项目的需要。但要考虑：

（1）各组分的比例应与环境样品相似；

（2）各组分的稳定性相近；

（3）各组分所需贮存条件相同；

（4）各组分浓度应与环境样品相近；当溶质含量极微时，浓度变化显著，可先配成较高浓度溶液，临用时稀释；

（5）一次配制足够六个月的用量，稳定期应与此相适应；

（6）贮存中注意室温、光线、微生物的影响。尤其在频繁的取用中要特别提防来自环境和器具的玷污。

四、海洋环境监测全程质量管理与控制总体要求

海洋监测全程质量控制是整个海洋监测过程的全面质量管理，它包括了为保证环境监测数据准确可靠的全部活动和措施。对所获取的样品，从现场调查、站位布设、样品采集、贮存与运输、实验室分析、数据处理、综合评价和信息利用全过程的质量保证。质量控制是为达到监测质量要求所采取的作业技术和活动，是监测过程的控制，是质量保证的一部分，见图 9.2。

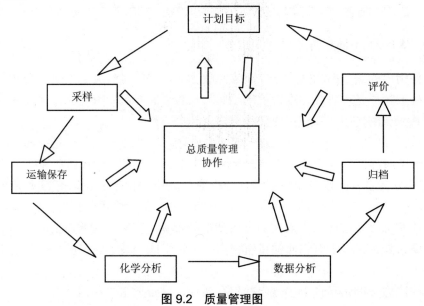

图 9.2　质量管理图

（一）运用系统分析方法，制订最优质的质量保证方案和计划

一个科学的、完整的、可行的质量保证计划，应在技术上、经济上和法律上是合理的，三者合理性应是完整的，缺一不可。

在制订采样计划之前，收集海域和采样站位的基本资料，结合有关历史资料判断该海域化学污染物的种类及主要污染源，确定监测项目，选择合适的采样设备及分析方法。确

定采样负责人，制订详细的采样计划——采样质量保证措施、采样人及分工等。采样计划是整个监测计划的重要组成部分，在采样计划中要明确采样时间及海上航行路线、采样地点、采样方式、采样器材、海上安全保障措施、分析用标准方法、样品的预处理程序、分样程序、样品记录的保存、质量保证方法和质控措施等。工作计划中需要执行哪些和做多少质量保证方面的工作，这个应在每项监测计划制订时考虑进去。

（二）优化布点的站位设置

监测站位的布设应考虑采样计划要求并结合水域类型和采样位置的水文特征、水体的功能、水环境自净能力等因素的差异性，同时结合气象情况和环境等自然特征及污染源分布，综合诸因素提出优化布点的方案，在研究、论证的基础上确定，在优化的基础上设置采样断面。确定尺度原则、信息量原则、信息性原则、经济性原则、不断优化原则、可控性原则、代表性、可比性、可行性原则，力求在总体和宏观上能反映近岸海域、环境功能区、主要港湾的海水水质状况。

（三）采样过程的质量保证

采样人员需持证上岗，并熟悉采样器的使用、采样操作技术要求、采样记录要求、样品编号及交接要求等。为保证海洋监测数据的准确性和可比性，必须重视样品采集、贮存和运输及分析全过程中每一步骤的可靠性和科学性。采用先进的精密仪器和准确的分析技术固然重要，而样品的采集是全部分析技术的基础，必须同等强调样品采集的质量。有关研究表明，由于海洋环境监测的特殊性，在东海近海水质无机氮类、油类、无机磷、重金属等的测定中，测定结果不确定度主要来自现场的随机因素，说明海洋环境监测、海上采样过程等对样品的最终测定结果是至关重要的。海上采样必须选择适当的采样装置、盛放样品的容器及保存条件，容器空白、样品空白及现场加标样品的数目和频率、样品容器的标识及其他记录保存等都必须严格控制，同时监测船上的设备和仪器在出海前都要经过严格的检定与调试，现场观测仪器、分析仪器全部经过计量检定合格。

按照采样计划和海上航行气象条件确定采样时间，根据水深决定采样层次。各站位样品统一编号，并标明采样站位、项目、日期、项目序号等，采样人员认真登记核对相关记录（采样地理位置、日期和时间、气候条件、站位编号、样品编号、站位经纬度、采样深度和总深度、采样器、有关样品的质量说明、采样人、分样人、记录人、船名及现场记录。）采样现场的指挥中心，负责协调采样人员、实验室分析人员、船长等的各项工作，并监督采样、分析人员是否按规范要求进行采样、样品保存及分析。

（四）分析质量控制

近岸海域监测船上所用分析仪器、玻璃器皿均进行检定校正；监测所用船上所有分析人员都要持证上岗；选定的分析方法符合要求；制备的实验用水及配制的试剂；实验室的环境条件均合格。规范要求每批样品测定全程序空白值；明码平行样、密码平行样、加标回收测定、质控样的测定来控制分析的精密度和准确度。

（五）数据处理及审核工作质量保证

在记录测量值时，同时考虑计量器具的精密度和准确度以及测量仪器本身的读数误差。有效位数记录到最小分度值，最多保留一位不确定数字。数值修约严格执行 GB 8170—1987 数值修约规则。监测结果单位采用法定计量单位。可疑数据的取舍要经过相应的统计检验。审核的重点：是否按照方案计划的要求，完成全部样品的分析测定，不准有样品或遗漏现象；每批样品的分析测定是否采取了质控措施，是否在允差范围内，整个分析过程是否处于受控状态进行判断评价；每个测定的数据或参数是否处于各自合理适当的范围内，数据是否严格执行三级审核等。

监测数据处理按规定和法定计量单位的规定执行，数据记录按统一格式上报，数据资料报表要齐全、完整。并对是否按照方案计划的要求，样品是否有遗漏现象；每批样品的分析测定是否采取了质控措施，是否在允差范围内；每个测定的数据是否合理，数据是否执行三级审核等这些要素进行审核。

（六）综合分析评价的质量保证是监测质量保证的最终环节

海洋监测的综合分析评价工作在海洋监测质量保证中具有特殊的地位，它直接影响到监测成果及监测效益的发挥，其分析水平代表着监测为管理服务的水平标志。综合分析是高层次的信息加工、分析、利用技术，就单个监测数据而言，其作用和价值都是有限的，说明不了什么问题，更难代表一种规律，也不会成为环境管理的重要依据。只有一定数量的数据和信息，经综合分析处理，才能得到我们所需的规律。要保证综合分析数据的工作质量，必须从占有数据、资料阶段抓起，也就是说要制定和执行严格的技术规范的方法来控制数据、资料的准确性和可比性，保证数据、资料的质量；为保证数据、资料的质量，一个重要的措施就是建立严格的系统分析制度，对必须做的数据、资料综合分析工作内容进行严格的规定，这些规定应载入技术规范。

目前随着统计方法和手段的不断发展，一些统计软件、图形处理软件的大量推出，给数据的综合分析提供了不少方便，结合地理信息系统等软件，新的信息产品不断输出，综合分析的质量保证有了快速提高。

第四节　近岸海域环境监测质量保证与质量控制

一、基本要求

近岸海域环境监测质量保证是整个近岸海域环境监测过程的全面质量管理，《海洋监测规范》（GB 17378—2007）和《近岸海域环境监测规范》（HJ 442—2008）已作了明确的规定和要求。对于近岸海域环境质量监测，应特别注意监测用船和采样设备的防玷污处理。

组织机构、人员、仪器设备、监测用船、数据资料等参见第一节和第二节相关内容。

各近海网成员单位应根据所开展的监测任务类型和所承担的具体监测项目有针对性地参加近海网或全国监测系统的实验室能力验证等实验室间质量控制活动，确保监测质量的提高。

二、水质质量保证与质量控制

（一）采样前和采样的质量控制

采样前，选择符合要求材料的样品瓶，清洗后检查试剂空白和样品瓶的空白。一般洗涤后抽查10%（不得少于2个）进行空白测试，若测定结果大于检出限，应查找原因。由试剂引起，则更换试剂；样品瓶引起的，则重新洗涤该批项目样品瓶，直至测试合格。

近岸海域水质采样应在前甲板采集，以减少污染影响。

水质样品采集采用现场空白样、现场平行样、现场加标样或质控样进行样品采集、贮运过程中的质量控制；采样质量控制样品数量一般应为水样总数的10%～20%，其固定剂的添加、运输保存、分析与样品同等处理。

现场空白样，一天不得少于一个，测定结果应小于该项目分析方法的最低检出限，并与实验室空白比较无显著差异。现场平行样一般应占样品总量的10%以上，每批样品不少于2组，现场加标样或质控样应占样品总量的10%以上，每批样品不少于2个。现场平行样和现场加标样或质控样的合格判定可参考表9.6执行。

表9.6 实验室质量控制参考标准

分析结果所在数量级	平行双样相对偏差	精密度/%		准确度/%		
		室内相对标准偏差	室间相对标准偏差	加标回收率	室内相对误差	室间相对误差
10^{-4}	1.0	≤5	≤10	95～105	≤±5	≤±10
10^{-5}	2.5	≤5	≤10	90～110	≤±5	≤±10
10^{-6}	5	≤10	≤15	90～110	≤±10	≤±15
10^{-7}	10	≤10	≤15	80～110	≤±10	≤±15
10^{-8}	20	≤15	≤20	60～110	≤±15	≤±20
10^{-9}	30	≤15	≤20	60～120	≤±15	≤±20
10^{-10}	50	≤20	≤25	60～120	≤±20	≤±25

注意事项：现场空白样所用的纯水，其制备方法及质量要求与室内空白样纯水相同。纯水要用洁净的专用容器，由采样人员带到采样现场，运输过程中应注意防止玷污。现场空白使用每台采样设备一天不得少于一个。

现场平行样要注意控制采样操作和条件的一致。对水质中非均相物质或分布不均匀的污染物，在样品灌装时摇动采样器，使样品保持均匀。现场平行样一般每批样品至少采集二组平行样。对近岸海域水质样品分析而言，采集现场平行样，可使用同一采样器采样后，分装两个以上的样品。但对有特殊项目或受采样器条件和要求限制的项目，应分别采集样品，如石油类。

现场加标样是取一组现场平行样，将实验室配制的一定浓度的被测物质的标准溶液，等量加入到其中一份水样中，另一份不加标。然后按样品要求进行处理送实验室分析。将测定结果与实验室加标样对比，掌握测定对象在采样、运输过程中的准确变化状况。现场加标除加标在采样现场进行、按样品要求处理外，还要求应和实验室内加标样一致。现场使用的标准溶液与实验室使用的为同一标准溶液。现场加标应由熟练的质控人员或分析人员担任。现场质控样是指将标准样与样品基体组分接近的标准控制样，带到采样现场，按样品要求处理后与样品一起送实验室分析。

现场样品采集、登记、预处理、记录等按相应的技术规范执行。

采样结束对采样计划、记录和样品进行核对，发现问题立即采取补救措施。

样品交接过程中要根据采样记录认真进行核对。

（二）样品贮存运输的质量控制

样品采集之后，不管过滤与否，为使样品不失其代表性，应尽早进行分析。但往往由于船上实验室受条件限制或时间关系，不能立即进行分析，需要妥善保存样品。正确样品贮存就是为了保证使待测组分的变化降到最低程度，尽量减少分析结果的偏高或偏低。由于海洋环境监测样品成分的不同，同样的贮存环境条件很难保证对不同类型样品中待测物都是可行的，所以贮存环境条件应根据样品的性质和组成，选择适当的保存剂，有效的贮存程序和技术。对在样品的保存、运输过程中可能造成的污染，要有相应的防范措施，此过程应对以下各个环节进行控制：

（1）对海水样品容器及材质选择；

（2）样品容器的洗涤；

（3）水样的固定与贮存；

（4）样品贮存运输的环境条件；

（5）样品标示和记录。

现场样品运输、交接和记录等按相应的技术规范执行。

（三）实验室分析质量控制

水质监测质量控制采用平行样分析、加标样分析、标准样品分析、质控样分析等方法。

平行样测定率应达到 10% 以上，加标样、标准样品、质控样测定率应达到 10%～20%。当样品数量少于 10 个时，每批样品测定数不少于 1 组或 1 个。

水质平行样的相对偏差允许值，如原方法无此规定，均按表 9.6 执行。样品加标回收率，不得超出方法给出的范围值。若无此规定，均按表 9.6 执行。

标准样品的测试结果应在给定保证值的范围内。质控样品测试结果相对误差允许值可参考表 9.6 执行，或按分析质量控制图来控制。

每批平行样合格率在 90% 以上，分析结果有效；合格率在 70%～90% 时随机抽 30% 的样品进行复查，复查结果与原结果总合格率达 90% 以上时，结果有效；合格率在 50%～70% 时，应复查 50% 的样品，累计合格率达 90% 以上时，结果有效；合格率小于 50% 时，需重新取样分析。上报数据时，按平行双样结果的均值计算。

当质控样超出允许误差时，应重新分析超差的质控样并随机抽取一定比例样品进行复查。如复查的质控样品合格且复查样品的结果与原结果不超出平行双样允许偏差，则原分析结果有效，如复查的质控样仍不合格，表明本批分析结果准确度失控，分析结果不得接受，应找出原因加以排除后，再行分析。

加标样品和样品的分析条件基本或完全相同，干扰物质和操作误差导致的效果相同，以测定结果的差值计算回收率存在不能确切反映样品测定结果的实际问题。加标回收率注意事项：①加标物的形态应该和待测物的形态相同。②加标量应和样品中所含待测物的测量精密度控制在相同的范围内，即 a）加标量应和样品中所含待测物的含量相等或相近，并注意对样品容积的影响；b）当待测污染物含量接近方法检出限时加标量应控制在校准曲线的低浓度范围；c）在任何情况下加标量均不应该大于待测物含量的 3 倍；d）加标后的测定值不应超出方法测量上限的 90%；e）当样品中待测物浓度高于校准曲线的中间浓度时，加标量应控制在待测物浓度的半量。

三、沉积物质量保证与质量控制

（一）样品采样、贮存运输质量控制

（1）采取有代表性的样品。

（2）采样器材质强度高，耐磨性好。

（3）采样时，如海流速度大可加大采样器配重，保证采样点位置准确，应避免搅动水体和沉积物，特别是在浅海区。

（4）表层样品采集深度不应小于 5 cm。

（5）采样器提升时，沉积物流失过多应重采。

（6）沉积物样品采集用现场采平行双样进行质量控制，平行样一般应占样品总量的 10%以上。当样品总数小于或等于 10 个时，可只采集 1 个现场平行样。

（7）沉积物采集后，滤去水分，剔除砾石、木屑、杂草及贝壳等动植物残体。

（8）从采样器中取样应使用非金属器具，以防玷污；样品分装也应防止交叉玷污。

（9）样品采集完毕后应放清洁样品箱，有条件的应冷藏保存。

（10）采样完毕，打开采泥器壳口，弃去残留沉积物，冲洗干净备用。

应特别注意挥发性物质在采样和保存期间的损失，应制定专门的采样和管理程序。

（二）实验室分析质量控制

沉积物质量控制采用平行样分析、标准样品分析等方法，可根据具体情况，采用密码或明码两种方式。

从分析样中按表 9.7 比例任意抽取检查样，分别另编样品号，与原样品同等测试。

表 9.7　沉积物分析抽取检查样比例

分析样个数	<10	10～30	>30
检查样抽取百分数/%	20～50	10～20	10

沉积物平行样（包括抽查样）的相对偏差允许值，按表 9.8 执行。每批平行样合格率

在 90%以上，分析结果有效；合格率在 70%～90%时随机抽 30%的样品进行复查，复查结果与原结果总合格率达 90%以上时，结果有效；合格率在 50%～70%时，应复查 50%的样品，累计合格率达 90%以上时，结果有效；合格率小于 50%时，超差的样品需重新称样进行测定，直至结果合格为止；上报数据时，按平行双样结果的均值计算。

表 9.8　沉积物平行双样相对偏差表

分析结果所在数量级	10^{-4}	10^{-5}	10^{-6}	10^{-7}	10^{-8}	10^{-9}
相对偏差允许限/%	4	8	15	20	30	40

每批样品应插入 2～3 个海洋沉积物标准物质进行分析，用于检验有无系统误差，样品数量较少时，不应少于 1 个。

四、生物体污染物残留量质量保证与质量控制

生物体污染物残留量样品分析的质量控制同沉积物质量。

五、海洋生物质量保证与质量控制

（一）微生物质量控制

微生物质量按照《近岸海域环境监测规范》（HJ 442—2008）要求执行。

（1）微生物样品采集用现场平行双样进行质量控制，平行样应占样品总量的 10%以上，样品总数小于等于 10 个，可只采集 1 组现场平行样。

（2）微生物在同类同批的水样中，选出最先的 15 个阳性水样由同一实验人员作平行双样分析，试验结果列于表 9.9。表中 n_1、n_2 为双样分析的两组数据，如果任一双样结果中有一个为零，则将 n_1、n_2 均加 1，再计算对数值。

（3）取待测水样中的 10%，做双样分析，按上所述计算结果。当对数值的差值大于 $3.27 \overline{R}$（精密度判据）时，表示试验的精密度已失控，须废弃自上一次精密度检查之后的双样试验结果，并找出原因加以纠正后，方可继续监测水样。

表 9.9　精密度判断值的计算

水样号	双样试验结果		双样试验结果的对数值		对数值的差距 $R_{\lg}$
	n_1	n_2	$\lg n_1$	$\lg n_2$	$\lvert \lg n_1 - \lg n_2 \rvert$
1	89	71	1.949 4	1.851 3	0.098 1
2	38	34	1.579 8	1.531 5	0.048 3
3	58	67	1.763 4	1.826 1	0.062 7
…					
…					
…					
14	7	6	0.845 1	0.778 2	0.066 9
15	110	121	2.041 4	2.082 8	0.041 4

计算：

$$\sum R_{lg} = 0.098\,1+0.048\,3+0.062\,7+\cdots+0.066\,9+0.041\,4= 0.718\,89$$

$$\bar{R} = \frac{\sum R_{lg}}{n} = \frac{0.718\,89}{15} = 0.047\,9$$

精密度判断值$=3.27\bar{R}=3.27\times0.047\,9=0.156\,6$

（4）定期用最新获得的 15 对双样试验数据计算出最新的精密度判据值 $3.27\ \bar{R}$，用以比较和检查控制精密度的程度。精密度检验的实例见表 9.10。

表 9.10 微生物监测双样计数的精密度检验

编号	试验日期	双样试验结果		双样试验结果的对数值		对数值的差距 R_{lg}	差距能否接受	
		n_1	n_2	$\lg n_1$	$\lg n_2$		$3.27\bar{R}_{lg}$ 判断	
1	8.29	71	65	1.851\,3	1.812\,9	0.038\,4	0.125\,6	A
2	8.30	110	121	2.041\,4	2.082\,8	0.041\,4	0.135\,4	A
3	8.31	73	50	1.863\,3	1.699\,0	0.164\,3	0.537\,3	U

计算：$3.27\times0.038\,4=0.125\,6$ 判断：$0.125\,6<3.27\bar{R}<0.156\,6$ 可接受（A）

$3.27\times0.041\,4=0.135\,4$ $0.135\,4<3.27\bar{R}<0.156\,6$ 可接受（A）

$3.27\times0.164\,3=0.537\,3$ $0.537\,3>3.27\bar{R}>0.156\,6$ 不可接受（U）

（二）叶绿素 a 质量控制

叶绿素 a 采用平行样分析进行实验室内质量控制，平行样分析比例不少于待测样品10%，样品数量较少时，不应少于 1 个。平行双样的相对偏差要求同水质。

（三）浮游生物及底栖生物质量控制

浮游生物及底栖生物质量控制的关键是种类的鉴定问题，海洋生物种类分类系统按《海洋生物分类代码》（GB/T 17826）执行。原则上生物的分类鉴定，尤其是优势种，应鉴定到种的水平上并计数，确实鉴定不到种的，可上升至上一级分类单位。鉴于海洋生物种类繁多，且地区间差异较大，故宜采用实验室内或实验室间互校的办法。要求实验室内不同鉴定人员对固定种（属）所鉴定的误差以不超 10%为宜。

六、入海河流污染物通量监测质量保证与质量控制

入海河流污染物通量监测质量保证与质量控制执行原国家环境保护总局《环境监测质量保证管理规定》以及《地表水和污水监测技术规范》（HJ/T 91—2002）《海洋监测规范 第四部分：海水分析》（GB 17378.4）和《全国近岸海域环境监测网质量保证和质量控制工作（试行）》的规定。

（一）人员及监测仪器设备的质量控制

（1）所有参与监测工作的人员均需根据岗位，经过作业、专业培训和相关监测技术培

训，持证上岗。

（2）监测工作中使用的计量仪器和器具需按要求，经过检定或校准，并在有效期内使用。

（3）船用仪器设备必须在出航前对其进行全面检查和调试，确认合格后方可使用，应特别注意监测用船和采样设备的防玷污处理。

（二）样品采集质量控制

现场样品采集、登记、预处理、运输、交接和记录等按相应的技术规范执行，包括：

（1）采样人员必须通过岗前培训，切实掌握采样技术，熟知水样固定、保存、运输条件。

（2）采样断面应有明显的标志物，采样人员不得擅自改动采样位置。

（3）用船只采样时，采样船应位于下游方向，逆流采样，避免搅动底部沉积物造成水样污染。采样人员应在船前部采样，尽量使采样器远离船体。在同一采样点上分层采样时，应自上而下进行，避免不同层次水体混扰。

（4）采样时，除细菌总数、大肠菌群、油类、DO、BOD_5、有机物、余氯等有特殊要求的项目外，要先用采样水荡洗采样器与水样容器 2～3 次，然后再将水样采入容器中，并按要求立即加入相应的固定剂，贴好标签。应使用正规的不干胶标签。

（5）每批水样，应选择部分项目加采现场空白样，与样品一起送实验室分析。

（6）每次分析结束后，除必要的留存样品外，样品瓶应及时清洗。水环境例行监测水样容器和污染源监测水样容器应分架存放，不得混用。各类采样容器应按测定项目与采样点位，分类编号，固定专用。

（三）实验室内质量控制

采用平行样分析、加标回收样分析、标准样品或质控样品分析等进行实验室内质量控制。每批样品的平行样测定率应达到10%以上，加标回收样、标准样品或质控样品测定率应达到10%，当样品数量较少时，每批样品的每个项目应至少测定 1 个平行样和加标回收样（或标准样品或质控样品）。入海河流和直排污染源的质控要求及质控样品进行合格判定参照《地表水和污水监测技术规范》（HJ/T 91—2002）和《水和废水监测分析方法（第四版）》，相应结果填入质控表。

质控数据上报按照《全国近岸海域环境监测网质量保证和质量控制工作（试行）》的规定执行，参见第八章。

（四）实验室间质量控制

各近海网成员单位应根据所开展的监测任务类型和所承担的具体监测项目有针对性地参加近海网或全国监测系统的实验室能力验证等实验室间质量控制活动，确保监测质量的提高。

（五）数据资料的质量保证与管理

监测数据处理按规定和法定计量单位的规定执行，数据记录按统一格式上报，数据资料报表要齐全、完整。

七、直排海污染源监测质量保证与质量控制

直排海污染源监测的质量保证和质量控制执行原国家环境保护总局《环境监测质量保证管理规定》以及《水污染物排放总量监测技术规范》(HJ/T 92—2002)《地表水和污水监测技术规范》(HJ/T 91—2002)和《全国近岸海域环境监测网质量保证和质量控制工作(试行)》的规定。

质控数据上报按照《全国近岸海域环境监测网质量保证和质量控制工作(试行)》的规定执行,参见第八章。

(一)人员、监测仪器设备的质量控制

所有参与监测工作的人员均需根据岗位经过作业专业培训和相关监测技术培训,持证上岗。

监测工作中使用的计量仪器和器具需按要求经过检定或校准,并在有效期内使用。注意采样和现场监测设备的防玷污处理。

(二)样品采集质量控制

现场样品采集、登记、预处理、运输、交接和记录等按相应的技术规范执行。

直排污染源的质控要求及质控样品进行合格判定参照《地表水和污水监测技术规范》(HJ/T 91—2002)和《水和废水监测分析方法(第四版)》执行。

质量控制汇总结果填入质控表。

(三)实验室内质量控制

采用平行样分析、加标回收样分析、标准样品或质控样品分析等进行实验室内质量控制。每批样品的平行样测定率应达到10%以上,加标回收样、标准样品或质控样品测定率应达到10%,当样品数量较少时,每批样品的每个项目应至少测定1个平行样和加标回收样(或标准样品或质控样品)。

直排污染源的质控要求及质控样品进行合格判定参照《地表水和污水监测技术规范》(HJ/T 91—2002)和《水和废水监测分析方法(第四版)》,相应结果填入质控表。

直排污染源的质控数据上报按照《全国近岸海域环境监测网质量保证和质量控制工作(试行)》的规定执行,参见第八章。

(四)实验室间质量控制

各近海网成员单位应根据所开展的监测任务类型和所承担的具体监测项目,有针对性地参加近海网和全国监测系统的实验室能力验证等实验室间质量控制活动,确保监测质量的提高。

(五)数据资料的质量保证与管理

监测数据处理按相关和法定计量单位的规定执行,数据记录按统一格式上报,数据资

料报表要齐全、完整。

八、目前近岸海网开展的质量保证与质量控制活动

近岸海网的质量保证工作，实质上是伴随着海洋监测业务开展的，质量保证和质量控制工作逐渐纳入到海洋监测业务的日常工作中。总站先后发布了《近岸海域环境监测网监测工作管理暂行规定（试行）》（总站海字[2007]49 号）、《近岸海域环境质量水质监测质量保证和质量控制检查技术规定（暂行）》（总站海字[2009]92 号）等相应的管理规定和技术规定，明确了近岸海域环境监测工作中的质量保证管理工作的职责、程序及相应的技术要求，建立了较为完善的适合海洋监测的质量保证体系。近海网各成员单位根据总站的要求，也建立了相应的海洋监测质保体系。近几年，近海网通过每年开展实验室能力验证工作、质控抽测比对和质控检查工作、年度质控报告编制等工作，进一步强化了日常质量保证和质量控制活动。

（一）近岸海域水质监测实验室能力验证

为了进一步加强和推进全国近岸海域环境监测工作的质量管理，保证近岸海域水质监测数据的准确有效，将实验室能力验证工作列入监测业务技术管理的一项目重要内容。自 2004 年开始，每年举办一期实验室能力验证，由总站及"海网办"统筹安排，近岸海网中心站具体实施，目的是进一步了解各成员单位的整体实力及实验室仪器配置、人员素质、分析能力等情况，识别实验室间存在的差异，发现、分析并检查个别实验室存在的问题，有利于规范质量控制，为制订长远发展计划打下基础。目前，该项工作已在全国近岸海域环境监测网范围内作为例行化、制度化的工作运行。

截至 2012 年已先后举办过三氮、无机氮、活性磷酸盐、化学需氧量、重金属铜、铅、锌、镉、总铬、镍、砷、汞、等 14 项多浓度样品的实验室能力验证工作，对合格率较低的项目连续比对了两年。从连续 9 年的能力验证活动来看，近海网各成员的比对效果较为理想，合格率均为 92%以上，说明海网各成员单位监测能力整体上处于较高的水平（见表9.11）。从近几年的比对结果看，也存在一些问题，如监测技术力量的不足和实验室设施欠缺，有些项目的检出限达不到方法规定的要求；分析方法选择错误；空白偏高；个别实验室发生了结果计算错误，导致结果偏离；项目填报错误；出现省、地区区域性不合格现象等问题。

表 9.11 2004—2012 年近岸海域水质实验室间能力验证情况

年度	项目	参加单位	合格单位数/个	不合格单位数/个	合格率/%
2004	硝酸盐氮	57	53	4	93.0
	亚硝酸盐氮		57	0	100
	氨氮		55	2	96.5
	活性磷酸盐		57	0	100
2005	COD	64	56	8	87.5
2006	铜	57	55	2	96.5
	铅		56	1	98.2

年度	项目	参加单位	合格单位数/个	不合格单位数/个	合格率/%
2007	汞	54	41	13	75.9
	砷	55	51	3	92.7
2008	汞	55	49	6	89.1
	锌	51	49	2	96.1
	镉	56	52	4	92.8
	铅	55	54	1	98.2
2009	无机氮	56	50	0	100
	活性磷酸盐		49	0	100
2010	铅	50	48	1	98.0
	镉		49	1	98.0
2011	铜	52	48	4	92.3
	铅		49	2	96.1
	锌		47	2	95.9
	镉		48	3	94.1
2012	总铬	50	47	3	92.2
	镍	38	37	1	97.4

（二）近岸海域环境质量水质监测质控检查

为加强近岸海域环境质量水质监测质量保证和质量控制，不断提高近岸海域环境质量水质监测质量，总站于 2009 年 5 月制定了《近岸海域环境质量水质监测质量保证和质量控制检查技术规定（暂行）》（总站海字[2009]92 号）。并从 2009 年开始，实施了检查行动。目前，此项检查已纳入年度例行工作。

总站组织检查组按照检查表（见表 9.12）的 25 项内容每年对一定数量的近海网成员单位进行质控检查。从近几年检查的情况来看，现场空白样采集、分层采样器、实验室记录、采样记录、样品保存容器、试剂瓶标签、仪器设备、前处理、加标回收样品、海水标准样品、监测分析方法选择和分析方法检出限等方面，部分单位不同程度上存在问题，有不符合规范要求的现象。检查组对检查情况进行了现场反馈、并对存在的问题和不足提出了改进性建议。

表 9.12 近海海域水质监测质控检查表

被检查单位			
检查时间			
检查内容是否符合规范要求（在相应处打"√"）			
容器空白	是 否 部分存在问题	现场空白样	是 否 部分存在问题
中层和底层采样器	是 否 部分存在问题	采样记录	是 否 部分存在问题
样品运输与保存时间	是 否 部分存在问题	实验室记录	是 否 部分存在问题
样品保存容器	是 否 部分存在问题	容器清洗	是 否 部分存在问题
采样瓶标签	是 否 部分存在问题	试 剂	是 否 部分存在问题
试剂瓶标签	是 否 部分存在问题	纯 水	是 否 部分存在问题

仪器设备	是　否　部分存在问题	前处理	是　否　部分存在问题
空白样	是　否　部分无	平行样	是　否　部分无
加标回收样品	是　否　部分无	标　样	有　否　部分无
实验人员上岗证	是　否　部分无	实验操作	是　否　部分存在问题
监测分析方法选择	是　否　部分存在问题	分析方法检出限	是　否　部分存在问题
质量控制程序执行	是　否　部分执行	海上安全	是　否　部分无
检查分析项目			
总体评价（主要针对上述方面进行总结，特别要求对不符合要求和部分存在问题的内容详细说明，不足可加页）			

填表说明：

容器空白：是否按规定进行容器空白实验，检查容器清洗是否存在问题。

现场空白样：是否按规定做现场空白样实验，检查采样到分析的过程。

中层和底层采样器：对开展分层采样单位的海水采样器，检查是否符合分层采样的要求。

采样记录：采样、交接记录是否完整，是否按规定保存。

样品运输与保存时间：根据采样记录的运输保存条件和样品保存时间，检查是否符合样品保存的要求。

实验室记录：检查是否按照规范和三级审核制度规范记录。

样品保存容器：检查是否按规范选择合适材质采样瓶；对选用其他材质的采样瓶，是否进行过可用性检测或验证。

容器清洗：检查是否根据采样和分析项目对容器选择适用的清洗方法。

采样瓶标签：采样瓶标签填写是否符合要求，是否与记录一致。

试剂：是否在有效期内，纯度是否符合要求，对纯度不符合要求的试剂是否进行适当的提纯处理。

试剂瓶标签：检查试剂瓶标签规范性，并通过试剂瓶标签检查配制的试剂是否按规定配制和使用，并在规定的使用期内使用。

纯水：是否根据不同的分析项目，选用合适方式处理的纯水。

仪器设备：是否在规定有效期内使用。

前处理：对需要前处理的项目，是否进行前处理。

空白样：分析时，是否按规定分析空白样。

平行样：分析时，是否按规定分析平行样。

加标回收样品：分析时，是否按规定分析加标回收样品。

标准样品：分析时，是否按对有标准样品（标准物质）的项目分析标准物质。

实验人员上岗证：参加分析人员是否持证上岗。

实验操作：实验人员在实验操作时，是否规范操作。

监测分析方法：方法是否选择规范中所规定的方法。

分析方法检出限：选择方法的检出限是否符合所监测水质浓度水平的要求。

质量控制程序执行。检查质量控制程序，从实验安排，实验、报告和报告报送环节检查质量保证和质量控制程序执行情况。

海上安全：是否有海上安全保证措施和配套安全设备，人员是否进行海上安全教育。

检查分析项目：填写当次检查中所有检查过的项目。

近岸海域环境质量质控检查，关注的是从细节上抓质量，从程序上抓规范，从问题上抓完善。通过对几年来的质控检查实施情况看，近岸海域环境监测的质量保证和质量控制工作有了进一步的提高。

（三）近岸海域环境质量水质监测质控抽测比对

在开展近岸海域水质监测质控检查的同时，根据《近岸海域环境质量水质监测质量保证和质量控制检查技术规定（暂行）》（总站海字[2009]92 号），近海网还组织开展了质控抽测比对活动。通过近岸海域现场监测工作比对，掌握从采样到分析全过程的质量活动，锻炼队伍，不断提高近岸海域监测数据的准确性和可靠性。该项工作从 2009 年开始实施，抽测频次为 1 次/a，安排在近岸海水常规监测时进行。

2009 年抽测工作主要安排在近岸海域环境监测中心站（浙江舟山海洋生态环境监测站）负责监测的东海海域，总站人员在中心站开展监测的同时单独采样和测定，选取 30 个点位单独测定 pH，选取 5 个点位单独采样和测定活性磷酸盐和无机氮（包括氨氮、硝酸盐氮、亚硝酸盐氮），5 个点位单独采样和测定化学需氧量。

2010 年质控比对抽测对象为近岸海域环境监测中心站负责东海海域的 30 个站位；总站人员随"浙海环监"号选取了 35 个站位现场采样和测定 pH，并选取了 9 个站位采样和实验室测定 COD、选取了 6 个站位采样和实验室测定无机氮（硝酸盐氮、亚硝酸盐氮和氨氮）以及活性磷酸盐。

2011 年比对抽测对象为辽宁省沿海各城市监测站和河北省秦皇岛市监测站负责渤海和黄海近岸海域的 32 个站位；近岸海域环境监测中心站、辽宁省沿海城市监测站和河北省秦皇岛市环境监测站在"浙海环监"号监测船同时采样，同时分析比对，共 32 个点位，抽测海水水质、沉积物和海洋生物，项目包括海水水质的水温、盐度、透明度、COD、DO、pH、硝酸盐氮、亚硝酸盐氮、氨氮和活性磷酸盐、硅酸盐、石油类、汞、砷、铜、镉、铅、锌。

2012 年质控比对抽测对象为渤海西部和黄海北部近岸海域的 42 个国控点；涉及河北省唐山、沧州、天津直辖市、山东省东营、潍坊、烟台和威海等沿海监测站。抽测内容为海水水质：水温、盐度、透明度、COD、DO、pH、硝酸盐氮、亚硝酸盐氮、氨氮和活性磷酸盐、硅酸盐、石油类、汞、砷、铜、镉、铅、锌。表层沉积物：粒度、石油类、汞、砷、铜、镉、铅、锌、铬、有机碳、总氮、总磷、硫化物、六六六、DDT、PAHs、PCBs。海洋生物：叶绿素 a、浮游植物、浮游动物、底栖生物。

连续 4 年来的抽测工作，比对范围不断扩大，项目不断增加，类别也由单一的海水水质扩展到沉积物和海洋生物。从抽测比对情况来看，海水水质总体情况较好，结果大都符合规定要求。但部分测点部分项目如水质的锌、铅、汞、活性磷酸盐等的比对结果存在一定差异，沉积物和海洋生物比对分析结果也存在一定差异。

该项工作的开展，一方面，进一步锻炼和提高了总站和近海网成员单位的近岸海域环境监测技术水平，使总站、分站、中心站技术人员在监测技术方面，相互之间、与城市站之间加强交流，树立了各单位监测质量保证和质量控制意识，保证了近岸海域水质监测数据的准确性和可靠性；另一方面，各单位在比对和检查过程中查找问题并分析原因，为进一步加强近岸海域环境监测能力建设，健全和完善近岸海域环境监测业务能力奠定了基础；同时也为近海网今后对实验室间质量控制评价指标、测定值精密度和准确度量化指标等，建立相应的评价体系提出了更高的要求。

（四）近岸海域环境监测日常质量保证与质量控制及报告

近岸海域环境监测（包括近岸海域环境质量监测、入海河流监测和直排海污染源监测等）的日常质量保证和质量控制工作，主要是根据《近岸海域环境监测工作管理暂行规定（试行）》，制定相应的工作程序和规定。

1. 职责及分工

（1）中国环境监测总站（以下简称总站）负责近海网质量保证与质量控制工作，制订工作方案，进行技术指导、检查与评估，组织开展实验室能力验证和相关技术培训。

（2）近岸海域环境监测中心站（以下简称中心站）协助总站开展海网质量保证和质量控制工作，并负责具体实施。根据各单位提交的质量保证和质量控制报告，编制全国近岸海域环境质量监测、入海河流监测和直排污染源监测质量保证和质量控制年度报告，组织开展全国近海网环境监测技术培训。

（3）沿海省、自治区、直辖市环境监测站（以下简称省级站）组织开展入海河流和直排污染源质量保证与质量控制工作，编制并上报本省（自治区、直辖市）入海河流和直排污染源监测质量保证与质量控制报告，开展相关监测技术培训，协助中国环境监测总站近岸海域环境监测分站组织开展本辖区近岸海域环境质量监测质量保证与质量控制工作和相关监测技术培训。

（4）中国环境监测总站近岸海域环境监测各分站（以下简称分站）组织开展负责区域近岸海域环境质量监测、质量保证与质量控制工作，汇总质控数据、编制并上报本分站负责范围的近岸海域环境质量监测质控报告、开展相关技术培训。协助省级站组织开展入海河流和直排污染源质量保证与质量控制工作和监测技术培训。

（5）承担近岸海域监测任务的监测站（以下简称承担站）负责本站质量保证与控制工作，编制和上报本站承担的近岸海域监测、入海河流监测和直排污染源监测的质量保证与质量控制报告。

2. 日常质量管理要求

（1）全国近岸海域环境监测网（以下简称近海网）各成员单位应通过计量认证，监测人员持证上岗，具备全程序质量保证和质量控制的运行机制。严格按照相关标准、监测（调查）规范和技术规程开展监测。

（2）各近海网成员单位应根据所开展的监测任务类型和所承担的具体监测项目有针对性地参加近海网的实验室能力验证等实验室间质量控制活动，确保监测质量的提高。

（3）各近海网成员单位在每年完成监测活动后必须提交相应的质控报告。

3. 质控报告

各近海网成员单位在年度监测工作任务完成后，应对监测质量控制与质量保证进行总结，编制质控报告，对监测工作的规范性、获得的数据科学与准确性进行如实评估。

（1）质控报告编写内容

质控报告应依据监测类型、目的、内容和具体要求编写，应包括以下全部或部分内容。

1）前言：项目任务来源、监测目的、监测任务实施单位、实施时间与时段、监测船只与航次、合作单位等的简要说明。

2）综述：概括阐述监测过程质量控制与质量保证情况及总体质控结论。

3）质控概况：简要说明监测区域、范围，监测站位（断面）布设、监测时间与频率，质控措施（包括采样准备、样品采集、样品运输、实验室分析、数据处理等各环节）是否符合规范或技术导则、国家标准等要求。实施监测单位资质、人员上岗、仪器设备检定等情况。

4）质控结果与评价：应对不同监测类型进行具体分析，说明质量控制的方式和方法，并对样品的受控情况进行统计，对精密度和准确度进行评价，列出各项目的相对偏差、相对标准偏差、相对误差及合格率等结果。

5）质控结果分析：针对质控的评价结果，进行同一区域不同单位、不同监测时段质量控制结果比较分析，不同区域同一监测时段质量控制结果比较分析，对共性问题进行原因分析。

6）对策措施与建议：依据质量控制结果，对存在的问题提出整改对策、措施与建议。

7）附质控结果统计报表。

（2）上报程序与期限

承担全国近岸海域环境质量例行监测任务的网络成员单位于当年12月15日前将质控报告及质控报表上报至各自所在分站和省级站；各分站和省级站于次年1月15日前将质控报告及质控报表上报至总站和近岸海域环境监测中心站。

（3）上报格式及要求

按规定表式填写质控数据及各分析方法，上报质控报表1～表5；

质控报告传输一律采用纸质和电子文档同时报送；质控报表报送电子版（EXCEL 格式）；装有数据库的单位，按质控数据库导出电子文件上报。

报送的纸质报告需经校核、签发后加盖公章；电子版需审核后报出。

4. 存在问题

（1）能力建设跟不上监测质控的需求

目前大部分地方监测站缺少专业采样船，租用船只达不到采样规范和安全的要求，同时租用的船只缺少专业化、规范化的采样设备和环境设施，在客观条件上也制约影响了现场采样质量。部分监测站因仪器设备的原因，所选择的测定方法其不确定度不能满足海洋监测规范要求。

（2）技术支持还不能完全满足海洋监测质控要求

在海洋监测工作中，虽然我国已颁布了《近岸海域监测规范》，对质量控制已有明确的规定，但其实用性和可操作性还需进一步从程序和管理等方面进行深入研究和探索。同时，目前现有的海洋标准物质和质控样缺少且项目不全，影响质控工作开展。沉积物、海洋生物标样则更缺乏。由于标样浓度单一，基体有差异，导致了质控效果不甚理想。

（3）样品采集过程中的质量保证工作尚未得到足够重视

现行的质量控制主要包括实验室内部质量控制和实验室外部质量控制。实验室内部质量控制均属于内部"静态"的质量控制。由于海洋环境监测的特殊性，测定结果不确定度主要来自现场的随机因素，海洋环境监测、海上采样过程等对样品的最终测定结果是至关重要的。但目前海洋环境监测工作中普遍存在"重内业分析、轻外业采样"的现象，造成采样设备陈旧，采样人员缺少专业知识、质量意识淡薄等现象。

（4）质量意识影响了质控的效果

总站对每年开展的质控数据填报已规定了统一的报表格式及模板，也进行了质控表格填报培训，但从上报的质控报表来看，存在的问题较多。一是时效性及规范性问题，如未能在规定的时间按统一的要求上报，主要表现在迟报、未按要求报 EXCEL 格式或分站未报数据库导出格式；二是正确性与完整性有所欠缺，主要体现在未能按质控数据库的导入要求上报数据、汇总数据与原始数据个数有差异、报表有少报漏报现象、有些项目出现不合理的质控数据，例如出现了非离子氨、石油类等实验室平行样，海洋盐度、化学需氧量加标回收，非离子氨标样分析、所有项目的平行样测定相对偏差全为零等不合理的数据。主要原因还是部分监测人员和数据审核人员责任心不强，数据三级审核制度执行不到位。

（5）质控评价体系有待进一步完善

目前近海网质控工作的程序、机制和措施已相对比较完善，但对采样技术、实验室技术、精密度和准确度等具体定量化研究刚刚起步，实验室间质量控制评价、各项目测定值精密度和准确度、现场空白评价等都没有明确的量化评价指标，这些都有待于进一步研究。

第十章 综合分析与报告

本部分内容主要介绍近岸海域监测相关的综合分析与报告的基本知识、基本要求和特殊要求，有关综合评价方法介绍，参见系列教材中相关分册，内容不再重复。

第一节 环境质量标准与排放标准的正确使用

一、标准基础知识

为防治环境污染，维护生态平衡，保护人体健康，国务院环境保护行政主管部门和省、自治区、直辖市人民政府依据国家有关法律规定，对环境保护工作中需要统一的各项技术规范和技术要求，制定环境标准。环境标准分为国家环境标准、地方环境标准和环境保护行业标准。

我国的国家环境标准主要包括国家环境质量标准、国家污染物排放标准（或控制标准）、国家环境监测方法标准、国家环境标准样品标准和国家环境基础标准。

国家环境质量标准是为保障人体健康、保护生物资源和环境，依据现有技术，综合经济条件，针对环境中有害物质和污染因子制定的限制性规定。目前国家环境质量标准包括地表水、地下水、海水、渔业水质、大气、土壤、声环境等质量标准，其中国家现有各类水环境环境质量标准共 5 项，涉及海洋沉积物和生物质量标准共 2 项，参见表 10.1。

表 10.1 国家水环境和涉海质量标准

序号	标准名称	标准编号	发布时间	实施时间
1	地表水环境质量标准	GB 3838—2002	2002-04-28	2002-06-01
2	海水水质标准	GB 3097—1997	1997-12-03	1998-07-01
3	地下水质量标准	GB/T 14848—93	1993-12-30	1994-10-01
4	农田灌溉水质标准	GB 5084—92	1992-01-04	1992-10-01
5	渔业水质标准	GB 11607—89	1989-08-12	1990-03-01
6	海洋沉积物标准	GB 18668—2002	2002-03-10	2002-10-01
7	海洋生物质量	GB 18421—2001	2001-08-02	2002-03-01

国家污染物排放标准又称为控制标准，是为了实现环境质量目标，结合技术经济条件和环境特点，对排入环境的有害物质或有害因素所作的控制规定。如工业企业排入环境的水、气、固废等污染控制标准，各类开发或活动行为排入环境的控制标准如生活垃圾焚烧污染控制标准、污水海洋处置工程污染控制标准、海洋石油开发工业含油污水排放标准等。

现有国家污染物排放标准（或控制标准）涉及的类别较多，有水、气、声、土壤、固废等。海洋涉水污染物排放标准见表 10.2。

表 10.2　现有海上涉水污染物排放标准

序号	标准名称	标准编号	发布时间	实施时间
1	海洋石油勘探开发污染物排放浓度限值	GB 4914—2008	2008-10-19	2009-05-01
2	船舶污染物排放标准	GB 3552—83	1983-04-09	1983-10-01

国家环境监测方法标准是为监测环境质量和污染物排放，规范采样、分析测试、数据处理等技术的标准或方法。如海洋监测规范，水污染物排放总量监测技术规范，生态环境状况评价技术规范，水质、大气、固废、噪声等要素中各指标的采样、分析方法。铁、锰的测定－火焰原子吸收分光光度法土壤质量 六六六和滴滴涕测定的气相色谱法等。涉水环境监测的监测方法标准和技术规范等见表 10.3。

表 10.3　2000 年后发布的国家环境监测方法标准

序号	标准名称	标准编号	发布时间	实施时间
1	水质 挥发性有机物的测定 吹扫捕集/气相色谱-质谱法	HJ 639 2012	2012-12-03	2013-03-01
2	水质 石油类和动植物油类的测定 红外分光光度法	HJ 637—2012	2012-02-29	2012-06-01
3	水质 总氮的测定 碱性过硫酸钾消解紫外分光光度法	HJ 636—2012	2012-02-29	2012-06-01
4	水质 总汞的测定 冷原子吸收分光光度法	HJ 597—2011	2011-02-10	2011-06-01
5	水质 梯恩梯的测定 亚硫酸钠分光光度法	HJ 598—2011	2011-02-10	2011-06-01
6	水质 梯恩梯的测定 N-氯代十六烷基吡啶—亚硫酸钠分光光度法	HJ 599—2011	2011-02-10	2011-06-01
7	水质 梯恩梯、黑索今、地恩梯的测定 气相色谱法	HJ 600—2011	2011-02-10	2011-06-01
8	水质 甲醛的测定 乙酰丙酮分光光度法	HJ 601—2011	2011-02-10	2011-06-01
9	水质 钡的测定 石墨炉原子吸收分光光度法	HJ 602—2011	2011-02-10	2011-06-01
10	水质 钡的测定 火焰原子吸收分光光度法	HJ 603—2011	2011-02-10	2011-06-01
11	水质 挥发性卤代烃的测定 顶空气相色谱法	HJ 620—2011	2011-09-01	2011-11-01
12	水质 氯苯类化合物的测定 气相色谱法	HJ 621—2011	2011-09-01	2011-11-01
13	水质 游离氯和总氯的测定 N,N-二乙基-1,4-苯二胺滴定法	HJ 585—2010	2010-09-20	2010-12-01
14	水质 游离氯和总氯的测定 N,N-二乙基-1,4-苯二胺分光光度法	HJ 586—2010	2010-09-20	2010-12-01
15	水质 阿特拉津的测定 高效液相色谱法	HJ 587—2010	2010-09-20	2010-12-01
16	水质 五氯酚的测定 气相色谱法	HJ 591—2010	2010-10-21	2011-01-01
17	水质 硝基苯类化合物的测定 气相色谱法	HJ 592—2010	2010-10-21	2011-01-01
18	水质 单质磷的测定 磷钼蓝分光光度法（暂行）	HJ 593—2010	2010-10-21	2011-01-01
19	水质 显影剂及其氧化物总量的测定 碘-淀粉分光光度法（暂行）	HJ 594—2010	2010-10-21	2011-01-01

序号	标准名称	标准编号	发布时间	实施时间
20	水质　彩色显影剂总量的测定　169 成色剂分光光度法（暂行）	HJ 595—2010	2010-10-21	2011-01-01
21	水质多环芳烃的测定　液液萃取和固相萃取高效液相色谱法	HJ 478—2009	2009-09-27	2009-11-01
22	水质　氰化物的测定　容量法和分光光度法	HJ 484—2009	2009-09-27	2009-11-01
23	水质　铜的测定　二乙基二硫代氨基甲酸钠分光光度法	HJ 485—2009	2009-09-27	2009-11-01
24	水质　铜的测定　2,9-二甲基-1,10 菲啰分光光度法	HJ 486—2009	2009-09-27	2009-11-01
25	水质　氟化物的测定　茜素磺酸锆目视比色法	HJ 487—2009	2009-09-27	2009-11-01
26	水质　氟化物的测定　氟试剂分光光度法	HJ 488—2009	2009-09-27	2009-11-01
27	水质　银的测定　3,5-Br$_2$-PADAP 分光光度法	HJ 489—2009	2009-09-27	2009-11-01
28	水质　银的测定　镉试剂 2B 分光光度法	HJ 490—2009	2009-09-27	2009-11-01
29	水质样品的保存和管理技术规定	HJ 493—2009	2009-09-27	2009-11-01
30	水质采样技术指导	HJ 494—2009	2009-09-27	2009-11-01
31	水质采样方案设计技术指导	HJ 495—2009	2009-09-27	2009-11-01
32	水质　总有机碳的测定　燃烧氧化—非分散红外吸收法	HJ 501—2009	2009-10-20	2009-12-01
33	水质　挥发酚的测定　溴化容量法	HJ 502—2009	2009-10-20	2009-12-01
34	水质　挥发酚的测定　4-氨基安替比林分光光度法	HJ 503—2009	2009-10-20	2009-12-01
35	水质　五日生化需氧量（BOD$_5$）的测定　稀释与接种法	HJ 505—2009	2009-10-20	2009-12-01
36	水质　溶解氧的测定　电化学探头法	HJ 506—2009	2009-10-20	2009-12-01
37	水质　氨氮的测定　纳氏试剂分光光度法	HJ 535—2009	2009-12-31	2010-04-01
38	水质　氨氮的测定　水杨酸分光光度法	HJ 536—2009	2009-12-31	2010-04-01
39	水质　氨氮的测定　蒸馏-中和滴定法	HJ 537—2009	2009-12-31	2010-04-01
40	水质　总钴的测定　5-氯-2-（吡啶偶氮）-1,3-二氨基苯分光光度法（暂行）	HJ 550—2009	2009-12-30	2010-04-01
41	水质　二氧化氯的测定　碘量法（暂行）	HJ 551—2009	2009-12-30	2010-04-01
42	地震灾区地表水环境质量与集中式饮用水水源监测技术指南（暂行）	环境保护部公告 2008 年第 14 号	2008-05-20	2008-05-20
43	近岸海域环境监测规范	HJ 442—2008	2008-11-4	2009-01-01
44	水质　二噁英类的测定　同位素稀释高分辨气相色谱-高分辨质谱法	HJ 77.1—2008	2008-12-31	2009-04-01
45	水质　汞的测定　冷原子荧光法（试行）	HJ/T 341—2007	2007-03-10	2007-05-01
46	水质　硫酸盐的测定　铬酸钡分光光度法（试行）	HJ/T 342—2007	2007-03-10	2007-05-01
47	水质　氯化物的测定　硝酸汞滴定法（试行）	HJ/T 343—2007	2007-03-10	2007-05-01
48	水质　锰的测定　甲醛肟分光光度法（试行）	HJ/T 344—2007	2007-03-10	2007-05-01
49	水质　铁的测定　邻菲啰啉分光光度法（试行）	HJ/T 345—2007	2007-03-10	2007-05-01
50	水质　硝酸盐氮的测定　紫外分光光度法（试行）	HJ/T 346—2007	2007-03-10	2007-05-01
51	水质　粪大肠菌群的测定　多管发酵法和滤膜法（试行）	HJ/T 347—2007	2007-03-10	2007-05-01
52	水污染源在线监测系统安装技术规范（试行）	HJ/T 353—2007	2007-07-12	2007-08-01
53	水污染源在线监测系统验收技术规范（试行）	HJ/T 354—2007	2007-07-12	2007-08-01
54	水污染源在线监测系统运行与考核技术规范（试行）	HJ/T 355—2007	2007-07-12	2007-08-01
55	水污染源在线监测系统数据有效性判别技术规范（试行）	HJ/T 356—2007	2007-07-12	2007-08-01
56	海洋调查规范	GB/T 12763—2007	2007-08-13	2008-02-01

序号	标准名称	标准编号	发布时间	实施时间
57	海洋监测规范	GB1737—2007	2007-10-18	2008-05-01
58	水质自动采样器技术要求及检测方法	HJ/T 372—2007	2007-11-12	2008-01-01
59	固定污染源监测质量保证与质量控制技术规范（试行）	HJ/T 373—2007	2007-11-12	2008-01-01
60	水质 化学需氧量的测定 快速消解分光光度法	HJ/T 399—2007	2007-12-07	2008-03-01
61	水质 氨氮的测定 气相分子吸收光谱法	HJ/T 195—2005	2005-11-09	2006-01-01
62	水质 凯氏氮的测定 气相分子吸收光谱法	HJ/T 196—2005	2005-11-09	2006-01-01
63	水质 亚硝酸盐氮的测定 气相分子吸收光谱法	HJ/T 197—2005	2005-11-09	2006-01-01
64	水质 硝酸盐氮的测定 气相分子吸收光谱法	HJ/T 198—2005	2005-11-09	2006-01-01
65	水质 总氮的测定 气相分子吸收光谱法	HJ/T 199—2005	2005-11-09	2006-01-01
66	水质 硫化物的测定 气相分子吸收光谱法	HJ/T 200—2005	2005-11-09	2006-01-01
67	地下水环境监测技术规范	HJ/T 164—2004	2004-12-09	2004-12-09
68	高氯废水化学需氧量的测定 碘化钾碱性高锰酸钾法	HJ/T 132—2003	2003-09-30	2004-01-01
69	水质 生化需氧量（BOD）的测定 微生物传感器快速测定法	HJ/T 86—2002	2002-01-29	2002-07-01
70	地表水和污水监测技术规范	HJ/T 91—2002	2002-12-25	2003-01-01
71	水污染物排放总量监测技术规范	HJ/T 92—2002	2002-12-25	2003-01-01
72	高氯废水化学需氧量的测定 氯气校正法	HJ/T 70—2001	2001-09-11	2001-12-01
73	水质 邻苯二甲酸二甲（二丁、二辛）酯的测定 液相色谱法	IIJ/T 72—2001	2001-09-29	2002-01-01
74	水质 丙烯腈的测定 气相色谱法	HJ/T 73—2001	2001-09-29	2002-01-01
75	水质 氯苯的测定 气相色谱法	HJ/T 74—2001	2001-09-29	2002-01-01
76	水质 可吸附有机卤素（AOX）的测定 离子色谱法	HJ/T 83—2001	2001-12-19	2002-04-01
77	水质 无机阴离子的测定 离子色谱法	HJ/T 84—2001	2001-12-19	2002-04-01
78	水质 铍的测定 铬箐 R 分光光度法	HJ/T 58—2000	2000-12-07	2001-03-01
79	水质 铍的测定 石墨炉原子吸收分光光度法	HJ/T 59—2000	2000-12-07	2001-03-01
80	水质 硫化物的测定 碘量法	HJ/T 60—2000	2000-12-07	2001-03-01
81	水质 硼的测定 姜黄素分光光度法	HJ/T 49—1999	1999-08-18	2000-01-01
82	水质 三氯乙醛的测定 吡唑啉酮分光光度法	HJ/T 50—1999	1999-08-18	2000-01-01
83	水质 全盐量的测定 重量法	HJ/T 51—1999	1999-08-18	2000-01-01
84	水质河流采样技术指导	HJ/T 52—1999	1999-08-18	2000-01-01

国家环境标准物质（标准样品）具有足够均匀的一种或多种特性量值经过充分确定了的材料与物质，主要用于评价测量方法、校准测量仪器、或确定其他材料与物质的特性量值。

环境保护部下属的标准样品研究所是负责完成国家环境保护标准制修订项目计划任务，承担全国标准样品技术委员会环境标准样品分技术委员会的技术管理工作，直属环境保护部，是环保部认可的唯一指定的专业研究，制备环境标准样品的研究单位。标样所研制的水质、大气、生物、土壤、固体废弃物、有机物等各类环境标准样品共 73 项、93 种，有机、无机标准溶液 100 余种，其中 66 项、87 种环境标准样品被批准为中华人民共和国国家标准。我国有证标准样品现由国家质量监督检验检疫总局批准、颁布和授权生产，并称之为国家标准样品，以"GSB"进行编号。环境保护部环境标准样品研究所研制的国家环境水质标准样品见表 10.4。

表 10.4 部分国家环境水质标准样品

序号	名称	编号	规格
1	水质 pH	GSB Z 50017—90	20
2	水质 电导率	GSB 07-2245—2008	30
3	水质 浊度	GSB 07-1377—2001	20
4	水质 总碱度	GSB 07-1382—2001	20
5	水质 总硬度	GSB Z 50007—88	20
6	水质 化学需氧量	GSB Z 50001—88	20
7	水质 生化需氧量	GSB Z 50002—88	20
8	水质 高锰酸盐指数	GSB Z 50025—94	20
9	水质 总有机碳	GSB 07-1967—2005	20
10	水质 阴离子表面活性剂	GSB 07-1197—2000	20
11	水质 挥发酚	GSB Z 50003—88	20
12	水质 甲醛	GSB 07-1179—2000	20
13	水质 苯胺	GSB Z 50034—95	20
14	水质 硝基苯	GSB Z 50035—95	20
15	水质 磷酸盐	GSB Z 50028—94	20
16	水质 总磷	GSB Z 50033—95	20
17	水质 氨氮	GSB Z 50005—88	20
18	水质 凯氏氮	GSB 07-1374—2001	20
19	水质 总氮	GSB Z 50026—94	20
20	水质 氟化物	GSB 07-1194—2000	20
21	水质 氯化物	GSB 07-1195—2000	20
22	水质 溴化物	GSB 07-1380—2001	20
23	水质 硫化物	GSB 07-1373—2001	20
24	水质 总氰化物	GSB Z 50018—90	20
25	水质 亚硝酸盐	GSB Z 50006—88	20
26	水质 硝酸盐	GSB Z 50008—88	20
27	水质 硫酸盐	GSB 07-1196—2000	20
28	水质 锂	GSB 07-1378—2001	20
29	水质 钠	GSB 07-1191—2000	30
30	水质 钾	GSB 07-1190—2000	20
31	水质 铍	GSB 07-1178—2000	20
32	水质 镁	GSB 07-1193—2000	20
33	水质 钙	GSB 07-1192—2000	20
34	水质 锶	GSB 07-1379—2001	20
35	水质 钡	GSB Z 50039—95	20
36	水质 硼	GSB 07-1979—2005	30
37	水质 铝	GSB 07-1375—2001	30
38	水质 铊	GSB 07-1978—2005	20
39	水质 铅	GSB 07-1183—2000	20

序号	名称	编号	规格
40	水质 砷	GSB Z 50004—88	20
41	水质 锑	GSB 07-1376—2001	20
42	水质 硒	GSB Z 50031—94	20
43	水质 钛	GSB 07-1977—2005	20
44	水质 钒	GSB Z 50029—94	20
45	水质 六价铬	GSB Z 50027—94	20
46	水质 总铬	GSB 07-1187—2000	20
47	水质 钼	GSB Z 50032—94	20
48	水质 锰	GSB 07-1189—2000	20
49	水质 铁	GSB 07-1188—2000	20
50	水质 钴	GSB Z 50030—94	20
51	水质 镍	GSB 07-1186—2000	20
52	水质 铜	GSB 07-1182—2000	20
53	水质 银	GSB Z 50038—95	20
54	水质 锌	GSB 07-1184—2000	20
55	水质 镉	GSB 07-1185—2000	20
56	水质 汞	GSB Z 50016—90	20
57	水质 铁与锰混合	GSB Z 50019—90	20
58	水质 氟、氯与硫酸根混合	GSB Z 50010—88	20
59	水质 氟、氯、硫酸根与硝酸根混合	GSB 07-1381—2001	20
60	水质 钾、钠、钙与镁混合	GSB Z 50020—90	30
61	水质 铜、铅、锌、镉、镍与铬混合	GSB Z 50009—88	20

国家环境基础标准：主要是对环境保护工作中，需要统一的技术术语、符号、代号（代码）、图形、指南、导则及信息编码等的规定。表 10.5 列举了部分国家环境基础标准。

表 10.5　国家环境基础标准列举

序号	标准名称	标准编号	实施时间
1	污染源编码规则（试行）	HJ 608—2011	2012-06-01
2	环境保护应用软件开发管理技术规范	HJ 622—2011	2011-12-01
3	环境监测质量管理技术导则	HJ 630—2011	2011-11-01
4	水污染物名称代码	HJ 525—2009	2010-04-01
5	废水排放去向代码	HJ 523—2009	2010-04-01
6	地表水环境功能区类别代码（试行）	HJ 522—2009	2010-04-01
7	环境信息化标准指南	HJ 511—2009	2010-02-01
8	环境数据库设计与运行管理规范	HJ/T 419—2007	2008-02-01
9	环境污染源类别代码	GB/T 16706—1996	1997-07-01
10	环境污染类别代码	GB/T 16705—1996	1997-07-01

地方环境标准包括地方环境质量标准和地方污染物排放标准（或控制标准）。地方标准必须是国家标准中所没有规定的项目，或国家标准有规定的项目地方标准制定严于国家

标准的项目，以起到补充完善的作用。

环境标准执行性质分类：强制性（GB）和推荐性（GB/T）二种。环境质量标准、污染物排放标准和法律、行政法规规定必须执行的其他环境标准属于强制性环境标准，强制性环境标准必须执行。强制性环境标准以外的环境标准属于推荐性环境标准。国家鼓励采用推荐性环境标准，推荐性环境标准被强制性环境标准引用，也必须强制执行。

二、标准的使用

环境质量标准体现国家的环境保护政策和要求，是衡量环境是否受到污染的尺度，是环境规划、环境管理和制定污染物排放标准的依据。近岸海域生态环境监测所应用的环境质量标准有：海水水质标准、渔业水质标准、沉积物质量标准、生物质量标准等。

污染物控制标准，我国制定的六类环境标准之一，是为了实现环境质量目标，结合技术经济条件和环境特点，对排入环境的有害物质或有害因素所作的控制规定。近岸海域生态环境监测所涉及的污染物控制标准主要应用于直排海污染源污染物浓度与总量控制、排口达标评价等。

国家环境标准样品：主要应用于在对各级环境监测分析实验室及分析人员进行质量控制考核；校准、检验分析仪器；制备标准溶液；进行分析方法验证以及其他环境监测工作活动中。已广泛应用于全国环境保护系统及其他各行业的实验室认可、计量认证、质控考核、方法验证、技术仲裁等日常工作中。

国家环境基础标准在使用环境保护专业用语和名词术语时，执行环境名词术语标准；在排污口和污染物处理、处置场所设置图形标志时，执行国家环境保护图形标志标准；在环境保护档案、信息进行分类和编码时，采用环境档案、信息分类与编码标准；在制定各类环境标准时，执行环境标准编写技术原则及技术规范；在划分各类环境功能区时，执行环境功能区划分技术规范；在进行生态和环境质量影响评价时，执行有关环境影响评价技术导则及规范；在进行自然保护区建设和管理时，执行自然保护区管理的技术规范和标准；在对环境保护专用仪器设备进行认定时，采用有关仪器设备环境保护部标准；其他需要执行国家环境基础标准的环境保护活动。

三、常用标准介绍

（一）海水水质标准

《海水水质标准》（GB 3097—1997）是全国"近海网"对监测海域水质及功能区水质达标情况评价的主要依据。《海水水质标准》按照海域的不同使用功能和保护目标，将海水水质分为四类。第一类适用于海洋渔业水域，海上自然保护区和珍稀濒危海洋生物保护区；第二类适用于水产养殖区，海水浴场，人体直接接触海水的海上运动或娱乐区以及与人类信用有关的工业用水区；第三类适用地一般工业用水区，滨海风景旅游区；第四类适用于海洋港口水域，海洋开发作业区。《海水水质标准》（GB 3097—1997）除对 35 项指标作出了限值要求或规定外，确定了海水水质分析方法，规定了非离子氨换算方法、无机氮计算方法。水质评价指标标准限值见表 10.6。

表 10.6　海水水质评价指标标准限值

项目	海水水质标准			
	第一类	第二类	第三类	第四类
漂浮物质	海面不得出现油膜、浮沫和其他漂浮物质	海面无明显油膜、浮沫和其他漂浮物质		
色、臭、味	海水不得有异色、异臭、异味	海水不得有令人厌恶和感到不快的色、臭、味		
悬浮物质	人为增加的量≤10	人为增加的量≤100	人为增加的量≤150	
大肠菌群（个/L）≤	10 000 供人生食的贝类增养殖水质≤700	—		
粪大肠菌群（个/L）≤	2 000 供人生食的贝类增养殖水质≤140	—		
水温（℃）	人为造成的海水温升夏季不超过当时当地1℃，其他季节不超过2℃	人为造成的海水温升不超过当时当地 4℃		
pH	7.8～8.5 同时不超出该海域正常变动范围的0.2pH单位	6.8～8.8 同时不超出该海域正常变动范围的0.5pH单位		
溶解氧　　　　＞	6	5	4	3
化学需氧量（COD）≤	2	3	4	5
生化需氧量（BOD₅）≤	1	3	4	5
无机氮（以N计）≤	0.2	0.3	0.4	0.5
非离子氨（以N计）≤	0.02			
活性磷酸盐（以P计）≤	0.015	0.03	0.045	
汞　　　　　　≤	0.000 05	0.000 2	0.000 5	
镉　　　　　　≤	0.001	0.005	0.01	
铅　　　　　　≤	0.001	0.005	0.01	0.05
六价铬　　　　≤	0.005	0.01	0.02	0.05
总铬　　　　　≤	0.05	0.1	0.2	0.5
砷　　　　　　≤	0.02	0.03	0.05	
铜　　　　　　≤	0.005	0.01	0.05	
锌　　　　　　≤	0.02	0.05	0.1	0.5
硒　　　　　　≤	0.01	0.02	0.05	
镍　　　　　　≤	0.005	0.01	0.02	0.05
氰化物　　　　≤	0.005	0.1	0.2	
硫化物（以S计）≤	0.02	0.05	0.1	0.25
挥发性酚　　　≤	0.005	0.01	0.05	
石油类　　　　≤	0.05	0.3	0.5	
六六六　　　　≤	0.001	0.002	0.003	0.005
滴滴涕　　　　≤	0.000 05	0.000 1		

项目	海水水质标准			
	第一类	第二类	第三类	第四类
马拉硫磷 ≤	0.000 5	0.001		
甲基对硫磷 ≤	0.000 5	0.001		
苯并[a]芘（μg/L）≤	0.0025			
阴离子表面活性剂（以LAS计）	0.03	0.1		

注：pH 量纲一，粪大肠菌群为个/L，其他均 mg/L；带"*"为选测项目。

目前海域水质评价主要有全指标评价和主要指标评价二种方式。全指标是除核素和病原体外的所有指标。主要指标一般包括有 pH、溶解氧、无机氮、活性磷酸盐、化学需氧量、石油类、铜、汞、铅、镉、非离子氨等。评价方法：采用单因子标准指数法，平均值和超标率均以样品个数为计算单元。海水类别按站位各指标均值计算，即该站位任一评价指标均值超过一类海水标准的，即为二类海水；超过二类海水标准的，即为三类海水；超过三类海水标准的，即为四类海水；超过四类海水标准的，即为劣四类海水。海水类别比例按面积计算，即以达到某一类别水质标准的海域面积占监测海域总面积的比值表示。

近岸海域环境功能区水质评价则是采用近岸海域环境功能区海水水质保护目标所对应的国家《海水水质标准》（GB 3097—1997）各类标准值。评价指标为 pH、无机氮、活性磷酸盐、化学需氧量和石油类。评价方法：采用单因子标准指数法，以监测站位的任一评价指标平均值与水质保护目标所对应的标准值比较，超过此标准限值的，即为不达标，所有评价指标均在所对应的标准限值内，该功能区水质即为达标。

（二）海洋生物评价标准

海洋生物评价内容有浮游植物、浮游动物、底栖生物与潮间带生物多样性状况。采用《近岸海域环境监测规范》（HJ 442—2008）提供的评价标准与方法。即海域的浮游动植物、底栖生物及潮间带生物，采用 Shannon-Weaver 生物多样性指数评价描述海洋生物生境质量等级。

生境质量等级划分依据《近岸海域环境监测规范》（HJ 442—2008）确定标准，具体为：H' 值<1 为极差，1≤H' 值<2 为差，2≤H' 值<3 为一般，H' 值≥3 为优良。多样性指数 H' 计算公式如下：

$$H' = -\sum_{i=1}^{s}\left(\frac{n_i}{N}\right)\log_2\left(\frac{n_i}{N}\right)$$

式中：S —— 种类数；

n_i —— 样品中第 i 种生物个体数；

N —— 样品中生物个体总数。

（三）海洋沉积物质量标准

《海洋沉积物质量》（GB 18668—2002）标准按照海域的不同使用功能和环境保护目标，

将海洋沉积物质量分为三类。第一类适用于海洋渔业水域，海洋自然保护区，珍稀与濒危生物自然保护区，海水养殖区，海水浴场，人体直接接触沉积物的海上运动或娱乐区，与人类食用直接有关的工业用水区。第二类适用于一般工业用水区，滨海风景旅游区。第三类适用于海洋港口水域，特殊用途的海洋开发作业区。

沉积物质量中共涉及 18 个项目，其中常用的评价指标为铜、铅、锌、镉、汞、砷、有机碳、石油类、硫化物、铬、六六六、滴滴涕和多氯联苯等 13 项。沉积物质量各项目标准限值见表 10.7。

表 10.7　沉积物质量各项目标准限值

序号	项目	指标		
		第一类	第二类	第三类
1	汞（$\times 10^{-6}$）≤	0.20	0.50	1.00
2	镉（$\times 10^{-6}$）≤	0.50	1.50	5.00
3	铅（$\times 10^{-6}$）≤	60.0	130.0	250.0
4	锌（$\times 10^{-6}$）≤	150.0	350.0	600.0
5	铜（$\times 10^{-6}$）≤	35.0	100	200.0
6	砷（$\times 10^{-6}$）≤	20.0	65.0	93.0
7	有机碳（$\times 10^{-2}$）≤	2.0	3.0	4.0
8	硫化物（$\times 10^{-6}$）≤	300	500	600
9	石油类（$\times 10^{-6}$）≤	500.0	1 000.0	1 500.0
10	铬（$\times 10^{-6}$）≤	80.0	150.0	270.0
11	六六六（$\times 10^{-6}$）≤	0.50	1.00	1.50
12	滴滴涕（$\times 10^{-6}$）≤	0.02	0.05	0.10
13	多氯联苯（$\times 10^{-6}$）≤	0.02	0.20	0.60
14	大肠菌群（个/g 湿重）≤	200	200	—
15	粪大肠菌群（个/g 湿重）≤	40	40	—

注：1. 除大肠菌群、粪大肠菌群外，其余数值测定项目均以干重计，

　　2. 对供人生食的贝类增养殖底质，大肠菌群（个/g 湿重）要求≤14，

　　3. 对供人生食的贝类增养殖底质，粪大肠菌群（个/g 湿重）要求≤3。

（四）生物体质量

1. 贝类生物体质量

《海洋生物质量标准》（GB 18421—2001）是以海洋贝类（双壳类）为环境监测生物，规定海域各类使用功能的海洋生物质量要求。适用于中华人民共和国管辖的海域，天然生长和人工养殖的海洋贝类。制定反映海洋环境质量的相关标准，与《海水水质标准》（GB 3097—1997）配套执行，用于评价海洋环境质量。

《海洋生物质量标准》（GB18421—2001）按照海域的使用功能和环境保护的目标划分为三类：第一类适用于海洋渔业水域、海水养殖区、海洋自然保护区与人类食用直接有关的工业用水区。第二类适用于一般工业用水区、滨海风景旅游区。第三类适用于港口水域和海洋开发作业区。《海洋生物质量标准》（GB 18421—2001）共涉及 13 指标，各指标限

值见表 10.8。

表 10.8　海洋贝类生物质量标准值

单位：鲜重 mg/kg

项目	第一类	第二类	第三类
感官要求	贝类的生长和活动正常，贝体不得粘油污等异物。贝肉的色泽，气味正常，无异色、异臭、异味		贝类能生存，贝肉不得有明显的异色、异臭、异味
粪大肠菌群/（个/kg）	3 000	5 000	—
麻痹性贝毒		0.8	
总汞	0.05	0.10	0.30
镉	0.2	2.0	5.0
铅	0.1	2.0	6.0
铬	0.5	2.0	6.0
砷	1.0	5.0	8.0
铜	10	25	50（*100）
锌	20	50	100（*500）
石油烃	15	50	80
六六六	0.02	0.15	0.50
滴滴锑	0.01	0.10	0.50

注：以贝类去壳鲜重计，六六六及 DDT 含量为四种异构体总和，*为牡蛎的标准值。

2. 鱼类及甲壳类

鱼类及甲壳类生物质量评价一般采用《全国海岸带和海涂资源综合调查简明规程》中的标准。各污染物指标评价标准限值见表 10.9。

表 10.9　全国海岸带和海涂资源综合调查简明规程中的指标限值

单位：湿重 mg/kg

生物类别	铜≤	铅≤	镉≤	锌≤	总汞≤	石油类≤
鱼类	20	2.0	0.6	40	0.3	20
甲壳类	100	2.0	2.0	150	0.2	20
软体类	100	10.0	5.5	250	0.3	20

（五）入海河流

入海河流监测项目包括《地表水环境质量标准》（GB 3838—2002）表 1 中的 24 项以及硝酸盐、铁、锰和盐度。

评价水体级别时，按《地表水环境质量标准》（GB 3838—2002）表 1 评价，其中总氮、硝酸盐、铁、锰、粪大肠菌群、盐度等不参加评价（见表 10.10）。

表 10.10　地表水环境质量标准基本项目标准限值

单位：mg/L

项　目　＼　分类		I 类	II 类	III 类	IV 类	V 类
水温		人为造成的环境水温变化应限制在：周平均最大温升≤1　周平均最大温降≤2				
pH 值（无量纲）		6~9				
溶解氧	≥	饱和率90%或7.5	6	5	3	2
高锰酸盐指数	≤	2	4	6	10	15
化学需氧量	≤	15	15	20	30	40
五日生化需氧量	≤	3	3	4	6	10
氨氮（NH_3-N）	≤	0.15	0.5	1.0	1.5	2.0
总磷（以 P 计）	≤	0.02 湖库 0.01	0.1 湖库 0.025	0.2 湖库 0.05	0.3 湖库 0.1	0.4 湖库 0.2
总氮（湖、库以 N 计）	≤	0.2	0.5	1.0	1.5	2.0
铜	≤	0.01	1.0	1.0	1.0	1.0
锌	≤	.05	1.0	1.0	2.0	2.0
氟化物（以 F^- 计）	≤	1.0	1.0	1.0	1.5	1.5
硒	≤	0.01	0.01	0.01	0.02	0.02
砷	≤	0.05	0.05	0.05	0.1	0.1
汞	≤	0.000 05	0.000 05	0.000 1	0.001	0.001
镉	≤	0.001	0.005	0.005	0.005	0.01
六价铬	≤	0.01	0.05	0.05	0.05	0.1
铅	≤	0.01	0.01	0.05	0.05	0.1
氰化物	≤	0.005	0.05	0.2	0.2	0.2
挥发酚	≤	0.002	0.002	0.005	0.01	0.1
石油类	≤	0.05	0.05	0.05	0.5	1.0
阴离子表面活性剂	≤	0.2	0.2	0.2	0.3	0.3
硫化物	≤	0.05	0.1	0.2	0.5	1.0
粪大肠菌群（个/L）	≤	200	2 000	10 000	20 000	40 000

（六）直排海污染源

陆域直排海污染源目前监测范围为通过大陆岸线和岛屿岸线直接向海域排放污染物的日排水大于或等于 100 t 的污水排放单位，包括工业源、畜牧业源、生活源和集中式污染治理设施、市政污水排放口等。入海河流监测断面下游的排放口属本监测范围。各类直排入海的排污单位（或单元）监测项目和分析方法按照《水污染物排放总量监测技术规范（HJ/T 92—2002）》的规定执行。该规范中未涉及类别的排污企业监测项目其分析方法按该类别污染物控制标准确定方法执行。

直排海污染源评价标准按行业、区域、经济类型、纳污海域环境功能区类型来确定。

对于直排入海的集中式工业园区和未经处理而直排入海的市政污水（含综合污水）一般采用《污水综合排放标准》（GB 8978—1996）。

城镇污水处理厂废水排放执行《城镇污水处理厂污染物排放标准》（GB 18918—2002）。

第二节　数据分析基本要求

一、基本要求

每项近岸海域环境监测工作任务（包括年度工作）完成后，应以科学的监测数据为基础，用简练的文字配以图表正确阐述和评价监测海域的水文、水质、沉积物质量、海洋生物等环境质量现状，分析环境质量的变化原因、发展趋势及存在的主要问题，并针对存在的问题提出适当的对策与建议。数据分析要突出科学、准确、及时、可比和针对性，对质量分析体现综合性和严谨性。

近岸海域环境结果与现状评价

近岸海域环境监测主要结果包括水文气象观测、水质、沉积物质量、海洋生物（微生物、叶绿素 a、浮游植物、浮游动物、底栖生物及赤潮生物）、生物体污染物残留量、潮间带生态、环境灾害（赤潮与污染事故）等监测结果与调查情况。

根据监测结果对近岸海域环境质量进行现状评价，主要包括水质、富营养化、沉积物质量、海洋生物、生物体污染物残留量、潮间带生态及海域环境功能区达标状况等。其中海洋生物评价内容应含生物种类，数量及分布、物种多样性与生物多样性、生物群落结构与分布（种类、密度）状况、优势种类等内容；潮间带生态应含水质、沉积物质量、生物（生物多样性、生物群落结构与分布状况、特定/优势种类）等内容。

二、海水评价

（一）评价项目

全项监测选取 pH、溶解氧、化学需氧量、五日生化需氧量、大肠菌群、无机氮、非离子氨、活性磷酸盐、汞、镉、铅、六价铬、总铬、砷、铜、锌、硒、镍、氰化物、硫化物、挥发性酚、石油类、六六六、滴滴涕、马拉硫磷、甲基对硫磷、苯并[a]芘、阴离子表面活性剂，共 28 项。

对非全项监测水期，一般选取 pH、溶解氧、化学需氧量、石油类、活性磷酸盐、无机氮、非离子氨、汞、铜、铅、镉等 11 项。

对其他任务，应根据不同的任务和实际需要作适当调整。

（二）评价标准

《海水水质标准》（GB 3097），评价水质达标和计算样品超标率时，统一采用二类海水水质标准。

（三）评价方法

统一采用单采用单因子污染指数评价法确定水质类别。对水质的评价应包括所有水质的站位比例或面积比例。监测因子站位超标率为区域超标站位占全部点位的比例。监测因子面积超标率为区域超标站位代表面积占全部监测站位代表面积的比例。

（四）结果表述

海水质量根据水质类别来描述。水质类别通常以百分比来表示，称为海水类别比例，包括站位和面积的比例两种。采用站位比表示水质类别比例的方法，反映监测点长期变化比较科学；采用面积比例，比较直观。评价可按要求分为年度、水期。

1．按站位计算

以某一类别的监测站位数与监测站位总数的比值来表示，即某一类别水质的站位数之和占所有监测站位数总和的百分比。计算公式为：

$$某类别海水的百分率(\%) = \frac{某类别水质站位数之和}{监测站位总数} \times 100\%$$

2．按面积计算

以达到某一类别水质标准的海域面积占监测海域总面积的比值来表示。各个监测站位代表一定的海域面积，用同一水质类别的面积之和，与所有站位所代表海域面积（即总面积）相比，得出百分比。计算公式为：

$$某类别海水的百分率(\%) = \frac{某类别水质面积之和（km^2）}{监测海域面积总和（km^2）} \times 100\%$$

（五）主要污染物的确定

在一定的区域内，根据各监测项目的实际监测结果，与《海水水质标准》（GB3097）二类海水标准值比较，一般以超标倍数和超标率大小综合考虑来确定主要污染物，当超标项目较多时，列出超标倍数和超标率最大的 3 项为主要污染物。超标倍数和超标率计算方法如下：

$$超标倍数 = \frac{某监测项目的均值}{该监测项目的二类标准值} - 1$$

$$超标率(\%) = \frac{某监测项目超二类标准的样品数}{样品总数} \times 100\%$$

（六）定性评价

1．海水水质级别

在描述某一监测站位海水水质状况时，按表 10.11 的 5 种方法表征：水质优、水质良、水质一般、水质差、水质极差。

表 10.11　海水水质级别表

水质类别	水质状况级别
一类海水	优
二类海水	良好
三类海水	一般
四类海水	差
劣四类海水	极差

2. 海水水质等级

在描述某一区域整体水质状况时，按表 10.12 的 5 种方法表征：水质优、水质良、水质一般、水质差、水质极差。

表 10.12　海水水质状况分级

确定依据	水质状况级别
一类≥60%，且一类二类海水比例≥90%	优
一类和二类海水比例≥80%	良好
一类和二类海水比例≥60%，且劣四类海水比例≤30% 或一类和二类海水比例<60%，且一类至三类比例≥90%	一般
一类和二类海水比例<60%且劣四类海水比例≤30%，或 30%<劣四类≤40%； 或一类和二类<60%且一类至四类≥90%	差
劣四类海水>40%	极差

3. 海水主要水质类别的确定

方法一：以站位数来确定，当某一水质类别的站位数所占比例达 50%及以上时，则可以指出该区域海水以某一水质类别为主；当各水质类别站位数所占比例均小于 50%时，最大比例的二个水质类别的站位数所占比例达 70%及以上时，则该二个类别为主要水质类别。

方法二：以测点面积来确定，当某一海水类别的面积所占比例达 50%及以上时，则可以指出该区域海水以某一水质类别为主；当各水质类别的面积所占比例均小于 50%时，最大比例的二个水质类别的面积所占比例达 70%及以上时，则该二个类别为主要水质类别。

当不满足以上条件时，不评价主要水质类别。

（七）监测指标空间分布特征

监测指标空间分布特征评价是将不同区域按照指标监测结果的平均值进行排序，以说明各区域的监测指标空间分布特征。或将不同区域的同一指标同一时间段内的监测结果在图层上做浓度等直线图，以直观展示监测指标的空间分布特征。当做历史数据汇总统计时，同一区域的不同时间段监测指标的浓度等直线图可直观展示指标的变化趋势与空间分布特征。

　　区域一般以现有海区（渤海、黄海、东海、南海），沿海行政区域（省、市、县）管辖海域来划分，也可按项目监测范围来确定（如项目建设区域或敏感区、对照区等）。

（八）富营养化状况评价

　　目前，最为著名的并被广泛应用的第 2 代河口及近岸海域富营养化评价模型，有美国的"国家河口富营养化评价（NEEA/ASSETS）"和欧盟的"综合评价法"（OSPAR-COMPP）。以上 2 种方法应用于我国河口/近岸海域尚不能完全适用，其主要问题包括：①某些评价指标不适用。例如方法中被作为重要评价指标的附生植物、水下植被、挺水植物等生境在欧美国家河口/近岸海域中普遍存在且监测资料较完善，但在我国近岸海域比较稀少，且监测资料甚少；②方法本身的局限性或缺陷。美国的 ASSETS 方法只适用于河口，欧盟的"综合评价法"以区域专属的背景（即未受人类活动干扰时的状态参数值）为参考标准，而该背景的获得十分困难，可操作性差；③方法十分繁琐，不易应用。

　　我国近岸海域富营养化评价模型与方法，是以营养盐为主的第 1 代评价体系，即根据氮、磷、COD 和叶绿素 a 浓度计算富营养化指数的各种数学公式。最为应用广泛的是由《海洋调查规范》（GB/T 12763.9—2007）第 9 部分 海洋生态调查指南——富养营化压力评价中介绍的二种富营养指数计算公式。

　　第一种考虑化学需氧量、总氮、总磷和叶绿素 a，计算公式如下：

$$富营养化指数\ E=C_{COD}/S_{COD}+C_{TN}/S_{TN}+C_{TP}/S_{TP}+C_{chla}/S_{chla}$$

　　上式中 C_{COD}、C_{TN}、C_{TP}、C_{chla} 分别为水体中化学需氧量、总氮、总磷和叶绿素 a 的实测浓度；S_{COD}、S_{TN}、S_{TP}、S_{chla} 分别为水体中化学需氧量、总氮、总磷和叶绿素 a 的评价标准，具体值分别为 3.0 mg/L、0.6 mg/L、0.03 mg/L、10 μg/L。

　　第二种方法考虑化学需氧量、溶解无机氮、溶解无机磷，计算公式如下：

$$富营养化指数E=\frac{化学需氧量×无机氮×活性磷性盐}{4\ 500}×10^6$$

　　上式中化学需氧量、无机氮、活性磷酸盐分别为水体中化学需氧量、溶解无机氮、溶解无机磷的实测浓度。

　　海域水体富营养是反映水质状况的重要方面。海域水体富营养状况评价用富营养程度等级来表述。水质富营养化程度等级按富营养化指数 E 划分确定，等级划分见表 10.13。

表 10.13　水质富营养程度等级划分

水质富养化程度等级	贫营养	轻度富营养	中度富营养	重富营养	严重富营养
指数 E	<1	≥1～<2.0	≥2.0～<5.0	≥5.0～<15.0	≥15.0

（九）环境质量趋势分析

　　针对近岸海域环境质量现状监测及评价结果，进行同一区域不同时段或多时段比较，不同区域同一时段比较，并进行必要的变化趋势分析与预测评价，包括区域内各指标在空间与时间上的变化原因分析。

三、沉积物质量评价

（一）评价项目

评价项目一般为汞、镉、铅、锌、铜、砷、有机碳、石油类等 8 项，也可根据不同的任务和实际需要作适当调整。

（二）评价标准

采用《海洋沉积物质量》（GB18668）。

（三）评价方法

用单因子污染指数评价法确定沉积物质量类别。

（四）结果表述

1. 沉积物质量类别比例

沉积物质量类别通常以百分比来表示。

（1）按站位计算

以某一类别的监测站位数与监测站位总数的比值来表示，即某一类别沉积物质量的站位数之和占所有监测站位数总和的百分比。计算公式为：

$$某类别沉积物质量百分率(\%)\frac{某类别沉积物质量站位数之和}{监测站位总数}\times100\%$$

（2）按面积计算

以达到某一类别沉积物质量标准的海域面积占监测海域总面积的比值来表示。各个监测站位代表一定的海域面积，用同一沉积物类别的面积之和，与所有站位所代表海域面积（即总面积）相比，得出百分比。计算公式为：

$$某类别沉积物的百分率(\%)=\frac{某类别沉积物质量面积之和（km^2）}{监测海域面积总和（km^2）}\times100\%$$

2. 主要污染物的确定

在一定的区域内，根据各监测项目的实际监测结果，与《海洋沉积物质量》（GB18668）标准值比较，以超标倍数和超标率大小综合考虑来确定主要污染物，当超标项目较多时，列出超标倍数和超标率最大的 3 项为主要污染物。超标倍数和超标率计算方法如下：

$$超标倍数=\frac{某监测项目的均值}{该监测项目的标准值}-1$$

$$超标率(\%)=\frac{某监测项目超标样品数}{样品总数}\times100$$

3．定性评价

（1）在描述某一监测站位沉积物质量状况时，按表 10.14 的 4 种等级描述：沉积物质量优良、沉积物质量一般、沉积物质量差、沉积物质量极差。

表 10.14　沉积物质量级别表

沉积物质量类别	沉积物质量级别
一类沉积物质量	优良
二类沉积物质量	一般
三类沉积物质量	差
劣三类沉积物质量	极差

（2）在描述某一区域整体沉积物质量状况时，按表 10.15 方法表征：沉积物质量优良、沉积物质量一般、沉积物质量差、沉积物质量极差。

表 10.15　沉积物质量分级

确定依据	沉积物质量级别
优于二类沉积物质量比例≥85%	优良
优于二类沉积物质量比例<85%，且劣三类沉积物质量比例≤30%	一般
优于二类沉积物质量比例<85%，且≤30%劣三类沉积物质量比例≤50%	差
劣三类沉积物质量比例≥50%	极差

（3）主要沉积物质量类别的确定

方法一：以站位数来确定，当某一沉积物质量类别的站位数所占比例达 50%及以上时，则可以指出该区域沉积物质量以某一类别为主；当沉积物质量各类别站位所占比例均小于 50%时，最大比例的二个沉积物质量类别的站位数所占比例达 70%及以上时，则该二个类别为主要沉积物质量类别。

方法二：以测点面积来确定，当某一沉积物质量类别的面积所占比例达 50%及以上时，则可以指出该区域沉积物质量以某一类别为主；当沉积物质量各类别的面积所占比例均小于 50%时，最大比例的二个沉积物质量类别的面积所占比例达 70%及以上时，则该二个类别为主要沉积物质量类别。

当不满足以上条件时，不评价主要沉积物质量类别。

（五）监测指标空间分布特征

监测指标空间分布特征评价是将不同区域按照监测指标监测结果的平均值进行排序，以说明各区域的监测指标空间分布特征。或在图层上进行监测指标浓度等直线图绘制，以直观展示空间分布特征。

（六）环境质量趋势分析

针对近岸海域沉积物环境质量现状监测及评价结果，进行同一区域不同时段或多时段比较，不同区域同一时段比较，并进行必要的变化趋势分析与预测评价，包括区域内各指标在空间与时间上的变化原因分析。

四、海洋生物评价

（一）评价参数

浮游植物、浮游动物及底栖生物的种类组成（特别是优势种分布）、种类多样性、均匀度和丰度以及栖息密度等。

（二）评价方法

海洋浮游生物、底栖生物用 Shonnon－Weaver 生物多样性指数法、描述法和指示生物法，定量或定性评价海域环境对海洋浮游生物、底栖生物的影响程度。

多样性指数计算公式如下：

$$H' = -\sum_{i=1}^{s}\left(\frac{n_i}{N}\right)\log_2\left(\frac{n_i}{N}\right)$$

式中：S —— 样品中的种类总数；

N —— 样品中的总个体数；

n_i —— 样品中第 i 种的个体数。

（三）评价标准

生物多样性指数评价指标见表 10.16。

表 10.16　生物多样性指数评价指标

指数 H′	≥3.0	≥2.0～<3.0	≥1.0～<2.0	<1.0
生境质量等级	优良	一般	差	极差

（四）结果表述

根据评价结果，确定海域环境对海洋生物的影响程度，即生物环境质量；通过定性或定量描述海域的生物种类、群落及结构组成，对照历史资料评价海洋浮游生物、底栖生物受海域环境影响的状况及变化趋势；根据指示生物种类的消失、出现、数量变化情况，评价海域环境特征污染物或环境质量状况及变化趋势。

五、生物体污染物残留量质量评价

（一）评价项目

评价项目为总汞、镉、铅、砷、铜、锌、石油烃、六六六、滴滴涕等。

（二）评价标准

海洋贝类生物质量评价执行 GB18421。

鱼类及甲壳类评价参照全国海岛资源调查简明规程（1990 年）中《海洋生物内污染物评价标准》的规定执行。

（三）评价方法

采用单因子污染指数评价法。

（四）结果表述

根据相关标准确定海洋生物体污染物残留量是否超标及质量类别。

特别注意：近岸海域环境质量评价通常采用单要素分别进行环境质量评价，一般根据环境要素的特点及实际，选择工作中最常见、有代表性、常规监测的污染物项目来确定评价指标，确定评价标准和评价方法。但当需要进行特殊分析时，除国家统一有要求外，可针对评价区域的污染源和污染物的排放实际情况，增加某些特征污染物作为评价参数，从侧面分析区域整体质量状况。

六、入海河流评价

（一）评价标准与项目

评价标准一般采用《地表水环境质量标准》。评价项目为表 1 和表 2 项目。表 3 项目仅作为特定断面水质要求如饮用水源等时才用到。

（二）评价方法

评价办法采用《地表水环境质量评价办法》。由于入海河流水质一般只表征入海河流断面（出境断面）的水质，其水质类别评价采用单因子评价法，即根据评价时段内该断面参评的指标中类别最高的一项来确定。不需要进行河流、流域（水系）水质评价。

（三）结果表征

入海河流监测结果可用断面水质类别、主要污染指标、入海污染物总量等进行表征。同时要考虑该断面所在功能区保护目标的符合性评价，用达标与不达标来表征。

七、直排海污染源评价分析

（一）监测结果与评价

直排海污染源监测报告首先应说明调查监测范围、区域特征与自然社会经济情况。然后根据本区域直排海污染源数量、行业分布、纳污海域不同环境功能区类型与现状水质状况，并按区域、行业、经济类型、纳污海域环境功能区类型汇总统计直排海污染源的废水量、污染物总量及排污大户，分析与区域经济结构的相互关系、污染物排放水平与排污特征，并根据各排污口的达标与否阐述减排举措实施的可能性与效果。

（二）比较分析

针对直排海污染源监测、调查结果，进行同一区域不同时段、同一区域不同行业的污染源数量、类型与排污量的比较，并对未达标排污口所在纳污海域的水质状况进行分析。

对入海河流污染物通量监测结果，进行同一河流不同时段污染物入海总量、类型、排放水平特征及河流水质类别比较，分析入海携带物对海域水质的影响程度与范围。

分别阐述入海河流和直排海污染源的污染物种类、总量及分布现状，同时结合当地地表水环境质量和近岸海域海水质量现状，分析海陆污染的相应关系，提出减排防污的对策建议。

第三节　环境监测报告及格式

环境监测报告是环境监测成果的集中体现，是环境监测为环境管理服务的具体形式，也是环境管理和决策的重要依据。编写环境质量报告是一项技术环节复杂、涉及专业广泛、质量要求较高的工作，只有进一步提高编制水平，才能使环境质量报告具有良好的社会性、准确性、科学性、可比性、及时性，更好地为环境管理服务。

一、环境监测报告的分类

环境监测报告按内容分为环境空气质量报告、地表水环境质量报告、声环境质量报告、海水水质报告、环境污染事故与生态破坏事件监测报告、污染源监测报告、环境质量综合报告等。按周期分为环境监测快报、简报、日报、预报、周报、旬报、月报、季报、年度环境质量报告等。近岸海域环境监测报告按监测周期和目的主要有以下三类：

（一）监测快报

是指采用文字型一事一报的方式报告突发性污染事故和对环境造成重大影响的自然灾害等事件（包括赤潮爆发、海上溢油等事故）发生后，所实施的对事发海域的污染物性质、强度、侵害影响范围、持续影响时间和资源损害程度等的短周期性应急监测情况及其原因分析和对策建议。

（二）监测期报及年报

是指阶段性或全年例行监测工作完成后，采用简练的文字并配以图表等方式对所获得数据进行分析和总结，从时间和空间上全面分析各环境因素分布和变化规律，运用各种图表，辅以简明扼要的文字说明，形象表征分析结果，准确、概括的总结，对于存在的主要环境问题结合相关因素进行综合分析，提出具体对策与建议。

（三）专题监测报告

是指为反映特殊区域、对象的环境状况和环境管理需求所开展的监测（包括近岸海域环境功能区环境质量监测、海滨浴场水质监测、陆域直排海污染源环境影响监测、海岸工程环境影响监测和赤潮多发区环境监测等）完成后，对监测和调查结果进行总结，重点结合特定区域自然、社会等因素分析各环境因素分布和变化规律，说清项目对海域环境产生影响的主要因子、影响范围、影响程度及可能导致的变化趋势，指出其存在问题并提出相关建议。

二、编制原则

（1）环境监测数据与环境管理统计数据相结合，所有引用数据均需翔实可靠，有出处、可查考。

（2）评价生态环境质量现状与预测未来变化相结合，贯彻现状、规律分析和趋势分析并重的原则，提高环境监测报告为环境规划服务的针对性。

（3）在分析环境质量变化原因时，做到环境污染因素与自然生态破坏因素相结合，既注意分析渐变因素，尽可能说清环境污染的来龙去脉。

（4）文字描述与图表形象表达相结合，环境监测报告应做到文字精练、可读性强。

三、环境监测报告的编制程序

（1）人员组织和分工。

（2）大纲编写和讨论。

（3）资料收集与数据处理。

（4）初稿编写。

（5）校对、审查及修改。

（6）审核及审定。

（7）发布和出版。

四、环境监测报告基本结构

环境监测报告根据其类型不同，表达方式也尽不一致，但报告基本结构和内容相差不大，我们这里以近岸海域监测报告为例进行叙述。

近岸海域监测报告由结构要素（封面、目录、前言、附件等）和报告（综述、概况、环境质量状况、主要环境问题及环保对策与建议）构成。

（一）结构要素

封页应具备报告题目、主持及编制单位及相关编制人员、编制日期等信息；目录应具备报告正文的章节和标题名称及相对应的页码等信息；前言应具备任务来源、监测目的、监测任务实施单位、实施时间与时段及合作单位等信息；附件包括参考文献、报告所引用的表、图等信息。

（二）报告

1．综述

对各环境要素监测和调查结果进行概括性的描述和分析。

2．概况

应包括海域自然概况、沿海地区社会经济状况、海洋自然资源状况及开发利用情况、环境功能区划以及监测工作概况等。以简要的文字结合图、表等方式对自然、社会、经济、人口、城市结构、能源利用等进行描述，同时说明监测区域与范围，监测站位布设，监测时间与频率，监测内容（包括监测及观测项目、采样方法、分析方法和仪器设备），采用的评价标准、评价项目及评价方法，全过程的监测质量保证与质量控制情况及总体质控结论等。

3．环境质量状况

主要对水文气象观测、水质、沉积物质量、海洋生物（微生物、叶绿素 a、浮游植物、浮游动物、底栖生物及赤潮生物）、生物体污染物残留量、潮间带生态、环境灾害（赤潮与污染事故）等环境要素进行分节叙述。全面说明各部分环境要素的监测结果与调查情况，使用适合的方法进行评价，从时间和空间上分析其分布和变化规律，并运用各种图表，辅以简明扼要的文字说明，形象表征分析结果。对各部分分析结果进行准确、概括的总结，并进行必要的变化趋势分析与预测评价。

4．主要环境问题及环保对策与建议

对各部分环境要素分析结果结合自然、社会、经济、人口、城市结构、能源利用、环保重大举措、污染物排放等相关因素进行综合分析，指出存在的主要问题，并提出包括法律、政策、管理和工程等方面的改善环境质量具体对策与建议。

五、近岸海域环境监测报告基本格式和内容

（一）基本格式

1．文本规格

文本外形尺寸为 A4（210 mm×297 mm）

2．封面格式

第一行：报告题目，如中国近岸海域环境质量报告书；视题目长短可分行写（幼圆小初，加粗，居中）；

第二行：报告唯一性标识或编号（如 2004 年度）（小三号宋体，加粗，居中）；

第三行插图：圆形绿色环保标志（徽章）（直径 3.5～4 cm）；

第四行：编制单位全称（如有多个单位可逐一列入，二号宋体，加粗，居中）；

第五行：××××年××月（小二号宋体，加粗，居中）；

以上各行间距应适宜，保持封面美观。

3．扉页内容

主持单位；

编制单位全称（加盖公章）；

编制人、校对人、审核人、签发人姓名；

以上各行字体大小、间距应适宜，保持封面美观。

（二）报告内容

1. 前言

任务来源与监测目的、监测任务实施单位、实施时间与时段、监测船只与航次及合作单位等简要说明。

2. 目录

章节检索。

3. 正文内容

第一章　综述

主要监测结论（如需要可按要素进行分节编排）。

第二章　概况

第一节　自然概况（如需要）

监测海域自然概况；

监测海域相对应的沿岸陆域入海河流与直排海污染源情况；

沿海地区社会经济状况；

监测海域的资源状况及开发利用情况；

监测海域的环境功能区类型、主要功能及保护目标（水质和沉积物质量目标）等。

第二节　监测工作概况

监测区域与范围；

监测站位布设（具体经纬度表与站位示意图）；

监测时间与频率；

监测内容（包括监测及观测项目、采样方法、分析方法和仪器设备）；

评价标准、评价项目及评价方法；

监测质量控制等。

第三章　环境质量状况

第一节　环境各要素监测结果与现状评价（如需要可按要素再进行编排）

水文气象观测结果

水质状况

水质监测结果；

富营养化状况；

水质评价结果与近岸海域环境功能区达标情况。

沉积物质量状况

监测结果；

沉积物质量评价结果。

海洋生物状况

海洋生物（叶绿素 a、浮游植物、浮游动物、底栖生物及赤潮生物等）数量分布、种类、生物量或密度、生物多样性等监测结果；

海洋生物（叶绿素 a、浮游植物、浮游动物、底栖生物等）评价结果。

生物体污染物残留量

监测结果；

现状评价。

潮间带生态

水质、沉积物质量、潮间带生物分布等监测结果；

潮间带生态现状评价。

环境灾害（如需要）

赤潮调查情况与监测结果；

环境污染事故（溢油、化学品及有毒有害物质泄漏等）。

第二节　近岸海域环境质量趋势分析

主要指标（主要超标指标均值、超标率，富营养化指数，水质类别比例与面积，生物多样性指数等）的时间和空间变化趋势；

不同区域同时段比较；

同一区域不同时段的比较；

与前一年度同期比较或多年度比较，并进行变化趋势分析；

环境功能区达标率比较；

变化趋势预测分析。

第四章　主要环境问题及环保对策与建议

第一节　存在的主要环境问题；

第二节　环保对策与建议。

4．附件（如需要）

附图、附表、附件（含参考文献）

5．编排注意事项

1~3 级标题分别使用小二号、三号、小三号黑体字，正文使用宋体四号字，以求有层次感。

插图：图名为小四号黑体字，放在图下；图与文章应尽量衔接。

插表：表名为小四号黑体字，放在表上；表号放在表名的前面，表与文章尽量衔接；表内字体为宋体五号字。

文字叙述中遇有计量单位、化学元素及指标名称等，统一参照文书处理和标准化规定的用法，如 mg/m^3，$t/（km^2 \cdot 月）$，等等。

凡计算公式中须用外文字母表示者，则应注以中文解释。

段落、表格等行间距尽量保持一致；正文采用两端对齐、表格内尽量字体上下、左右居中。

参考文献

[1]   National Coastal Condition Report-NCCR. 2001.

[2]   U.S. EPA（U.S. Environmental Protection Agency）2003. BEACH Watch Program：2002 Swimming Season. Office of Water，Office of Science and Technology，Standards and Health Protection Division. Washington，D.C.

[3]   OSPAR. Convention for the Protection of the Marine Environment of the North-East Atlantic. The convention was open for signature at the Ministerial Meeting of the Oslo and Pairs Commisions in Paris on 22 September 1992.

[4]   OSPAR. Convention for the Prevention of Marine Pollution by Dumping from Ships and Aircraft Signed in Oslo on 15th February 1972.

[5]   OSPAR. Convention for the Prevention of Marine Pollution from Land-based Sources，signed in Paris on 4th June 1974.

[6]   OSPAR. OSPAR Commission for the Protection of the Marine Environment of the North-East Atlantic，Annual Report 2002-2203.

[7]   OSPAR. Overview of OSPAR Assessments 1998-2006. OSPAR Commission 2006.

[8]   OSPAR. 2006 Report on the status of the OSPAR Network of Marine Protected Areas，Biodiversity Series. OSPAR Commission. 2006.

[9]   OSPAR. 2005 Assessment of data collected under the OSPAR Comprehensive Study on Riverine Inputs and Direct Discharges for the period 1990-2002.

[10]   OSPAR. OSPAR Report on Discharges，Spills and Emissions from Offshore Oil and Gas Installations in 2003. OSPAR Commission. 2005.

[11]   OSPAR. AMP Guidance on input trend assessment and the adjustment of loads. OSPAR Commission. 2003.

[12]   OSPAR. Comprhensive Atmospheric Monitoring Programme（CAMP）Observations from North-East Atlantic Coastal Sations in 2003.

[13]   OSPAR. Assessment of trends in atmospheric concentration and deposition of hazardous pollutants to the OSPAR maritime area，Evaluation of the CAMP network. OSPAR Commission. 2005.

[14]   European Chemicals Bureau. Technical Gudiance Document On Risk Assessment-Part2. European Communities. 2003.

[15]   National Water Quality Management Strategy. http：//www.environment.gov.au.

[16]   Australian Guidelines for water quality monitoring and reporting. National Water Quality Management Strategy Paper No.7.

       EHMP. 2008. Ecosystem Health Monitoring Program 2007-2008 Annual Technical Report. Moreton Bay
       terways and Catchments Partnership，Brisbane.

       ng Canada's Coastal and Marine Environment. 2004. www.npa-pan.ca.

[19] DFO. 2006 Aquatic Monitoring in Canada. DFO Can Sci. Advis. Sec. Proceed. Ser. 2006.

[20] Gulfwatch Contaminants Monitroing Program. http：//www.gulfofmaine.org/gulfwatch/.

[21] AMAP Trends and Effects Programme：1998-2003. Http：//www.amap.no/.

[22] Introduction to the new EU Water Framework Directive. http：//ec.europa.eu/ environment/water/ water-framework/info/intro_en.htm.

[23] A Marine Strategy Directive to save Europe's seas and oceans.

[24] Common Implementation Strategy for the Water Framework Directive（2000/60/EC）Guidance document no 5 transitional and Coastal Waters Typology，Reference Conditions and Classification Systems.

[25] Common Implementation Strategy for the Water Framework Directive（2000/60/EC）Guidance document no 7 Monitoring under the Water Framework Directive.

[26] 環境省.日本周辺海域における海洋汚染の現状—主として海洋環境モニタリング調査結果（1998—2007 年度）を踏まえて—》.2009 年 10 月.

[27] http：//www.env.go.jp/earth/kaiyo/monitoring/status_report/ja-1.pdf.

[28] http：//www.env.go.jp/earth/kaiyo/monitoring/status_report/ja-2.pdf.

[29] http：//www.env.go.jp/earth/kaiyo/monitoring/status_report/ja-3.pdf.

[30] 環境省水・大気環境局.水・土壌環境行政のあらまし—きよらかな水・安心快適な土づくり—〈資料編〉：環境基準一覧・1、水環境行政の歴史、水質の常時監視　平成 18 年 3 月.

[31] 環境省・平成 21 年版　環境・循環型社会・生物多様性白書（M）2009 年 6 月.

[32] http：//www.env.go.jp/policy/hakusyo/h21/index.html.

[33] 環境省・水・大気環境局. 平成 20 年度公共用水域水質測定結果.平成 21 年 11 月.

[34] http//www.env.go.jp/water/suiiki/h20/full.pdf.

[35] 万本太，等. 中国环境监测技术路线研究. 长沙：湖南科学出版社，2003.

[36] 王菊英，韩庚辰，张志锋，等. 国际海洋环境监测与评价最新进展. 北京：海洋出版社，2010.

[37] 美国环境保护局近海监测处. 河口环境监测指南. 北京：海洋出版社，1997.

[38] E.D. 哥德堡. 海洋污染监测指南. 北京：科学出版社，1983.

[39] 原国家环保总局水和废水监测分析方法编委会. 水和废水监测分析方法. 4. 北京：中国环境科学出版社，2002.

[40] 中国环境监测总站，等. 环境水质监测质量保证手册. 2. 北京：化学工业出版社，1994.

[41] 海水质量标准（GB 3079—1997）.

[42] 海洋沉积物标准（GB 18668—2002）.

[43] 海洋生物质量（GB 18421—2001）.

[44] 地表水环境质量标准（GB 3838—2002）.

[45] 污水综合排放标准（GB 8979—1996）.

[46] 城镇污水处理厂污染物排放标准（GB 18918—2002）.

[47] 水污染物排放总量监测技术规范（HJ/T 92—2002）.

[48] 地表水和污水监测技术规范（HJ/T 91—2002）.

[49] 海洋监测规范（GB 17378.4—2007）.

[50] 海洋调查规范（GB 12763—2007）.

[51] 水质采样 样品保存和管理技术规定（HJ 493—2009）.

[52] 近岸海域监测技术规范（（HJ442—2008））.

[53] 海洋调查规范（GB/T 12763—2007）.

[54] 环境监测质量管理技术导则（HJ630—2011）.

[55] 生活饮用水标准检验方法（GB/T5750—2006）.

[56] EPA Method 200.1、200.12、200.13、218.3、1631、1637、1640、7062、8141A、8260B、8270C、8270D、3535.

[57] ASTM D1691B、D1886B、49.0、353.4、365.5、366.0.

[58] NOAA 172.1.

[59] 水质有机磷农药的测定 气相色谱法（GB/T 13192—1991）.

[60] 液液萃取和固相萃取 高效液相色谱法（HJ 478—2009）.

[61] 食品卫生检验方法（GB/T 5009—2003）.

[62] 蜂蜜中 16 种磺胺残留量的测定方法 液相色谱-串联质谱法（GB/T 18932.17—2003）.

[63] 蜂蜜中氮霉素残留盘的测定方法液相色谱-串联质谱法（GB/T18932.19—2003）.

[64] 液相色谱-串联质谱法检测贝类产品中腹泻性贝类毒素. 分析化学，2011，39（1）：111-114.

[65] 环境保护部. 地表水环境质量评价办法（试行）.（环办[2011] 22 号）.

[66] 中国环境监测总站. 近岸海域环境监测网监测工作管理暂行规定（试行）.（总站海字[2007]49 号）.

[67] 中国环境监测总站. 海水浴场水质周报数据传输技术规定.（试行）（总站海字[2006]109 号）.

[68] 中国环境监测总站. 全国近岸海域环境监测网质量保证和质量控制工作规定（试行）. 总站海字[2007]152 号）.

[69] 中国环境监测总站. 全国近岸海域环境监测网直排污染源和入海河流污染物入海量监测核查要求.（总站海字[2007]121 号）.

[70] 中国环境监测总站.全国近岸海域环境监测网入海河流和直排海污染源污染物入海量监测报告编写内容与要求.（总站海字[2007]122 号）.

[71] 中国环境监测总站. 关于更新入海河流和直排海污染源监测技术要求的通知.（总站海字[2011]92 号）.

[72] 中国环境监测总站. 近岸海域环境质量水质监测质量保证和质量控制检查技术规定（暂行）.（总站海字[2009]92 号）.